Concilier l'inconciliable

Les régimes internationaux et européens de contrôle du commerce nucléaire

P.I.E. Peter Lang

Bruxelles · Bern · Berlin · Frankfurt am Main · New York · Oxford · Wien

Quentin MICHEL

Concilier l'inconciliable

Les régimes internationaux et européens de contrôle du commerce nucléaire

NON-PROLIFERATION
n° 6

Éditions scientifiques internationales
Bruxelles, 2012
1 avenue Maurice, B-1050 Bruxelles, Belgique
www.peterlang.com ; info@peterlang.com

Imprimé en Allemagne

ISSN 1377-0608
ISBN 978-90-5201-799-0
D/2012/5678/07

Information bibliographique publiée par « Die Deutsche Nationalbibliothek »

« Die Deutsche Nationalbibliothek » répertorie cette publication dans la « Deutsche Nationalbibliografie » ; les données bibliographiques détaillées sont disponibles sur le site http://dnb.de.

Table des matières

Préface

Au moment où l'Europe traverse la plus importante controverse publique sur l'avenir du nucléaire civil et où, en même temps, les États dotés d'armes nucléaires sont engagés dans le plus sérieux débat sur le désarmement nucléaire, visant « l'option zéro », cette étude fournit une contribution nécessaire et d'actualité sur les mesures de contrôle des risques de prolifération vu la croissance, à l'échelle mondiale, du commerce et des investissements de biens et de technologie nucléaires. L'étude permet de comprendre l'architecture, les mécanismes actuels ainsi que le fondement historique et juridique du régime de contrôle d'exportation : véritable face cachée de la non-prolifération des armes nucléaires. Dans l'analyse de cette architecture, celle spécifique de l'Union européenne joue un rôle prépondérant.

L'auteur retrace la complexité de l'évolution de ce régime partant du monopole nucléaire militaire à la coopération industrielle et commerciale civile mondialisée.

Présentée en six chapitres, le premier étant « préliminaire », l'étude se penche d'abord sur les origines et les approches des acteurs principaux de ce régime en évolution constante, ce qui permettra de suivre l'actualité de la politique des États dans ce domaine complexe de normes insuffisamment connues dont l'application assure toutefois le maintien du *statu quo* devenu statut immuable de la non-prolifération.

Ensuite, l'étude consacre le deuxième chapitre à l'évolution des accords et instruments internationaux. Le troisième chapitre porte spécifiquement sur l'Union européenne et part de la genèse du programme nucléaire européen, en suivant les étapes principales de la construction européenne jusqu'à la réglementation et la pratique du régime de contrôle des exportations en vigueur aujourd'hui.

L'ouvrage oppose tout d'abord brièvement la genèse courte et définitive de la fabrication de la bombe atomique – suivie de l'ère la plus glaciale de la guerre froide – à la complexe voire sinueuse naissance de l'utilisation de l'énergie atomique à des fins civiles dans un contexte devenu global. L'auteur présente une analyse complète, systématique et dialectique des éléments composant ce régime – ou plutôt ces régimes – et leur évolution.

L'étude offre plusieurs fils conducteurs tel que l'exige la complexité des sujets : en premier lieu, celui du dilemme de l'impossible cloisonnement strict des connaissances de la matière nucléaire qui démontrera tôt après la fin de la Seconde Guerre mondiale, la dichotomie qui caractérisera désormais l'utilisation de l'énergie et de la matière nucléaire. Cette dichotomie imposera le besoin d'interdire la divulgation et le partage ouvert de la technologie – dans la mesure où cette technologie pourrait servir clandestinement à des applications militaires, tout en favorisant simultanément la contribution souhaitée au commerce international exclusivement pacifique.

Le très bref monopole du secret de fabrication de la bombe sera suivi en l'espace de quelques années par la constitution d'un oligopole de fait des possesseurs. En effet, comme l'auteur l'explique il était évident que la science atomique devait désormais suivre deux chemins distincts et cloisonnés : celui fermé et secret du développement national de l'arme et, l'autre, partagé, international, de l'énergie nucléaire civile, mais surveillé et contrôlé par la communauté des États.

Les pages préliminaires soulignent l'importance des étapes initiales, marquées par des événements déterminants, qui ont conduit le régime à se consolider et se renforcer – tels l'éclatement de l'Union soviétique et la dénucléarisation des États nouveaux issus de l'URSS, « l'explosion pacifique » de l'Inde, la découverte du programme nucléaire militaire clandestin de l'Iraq, puis de la Libye et la perception d'une nouvelle menace de terrorisme « nucléaire » suite aux événements du 11 septembre 2001. Les conséquences politiques et juridiques immédiates de ces événements détermineront les régimes successifs de vérification et de contrôles des transferts de biens et de technologies nucléaires de plus en plus rigoureux.

Ce grand canevas permet au professeur Michel de développer de manière méthodique et analytique, en termes de plusieurs genèses apparemment indépendantes les unes des autres et évoluant de manière différente, l'établissement du régime international de contrôle des échanges commerciaux nucléaires proprement dit. Ce régime assure aujourd'hui le bon fonctionnement des échanges commerciaux de biens nucléaires d'une quantité, spécificité et complexité grandissante, comme l'auteur le démontre notamment dans la partie portant sur l'Europe, ainsi que le respect des obligations individuelles des États dans la mise en œuvre du Traité sur la non-prolifération des armes nucléaires (TNP).

Le bref discours à conséquences historiques du président Eisenhower « atoms for peace » a imposé définitivement le principe de la dichotomie de l'utilisation de l'atome, à la fois promotion et interdiction. Prononcée devant l'Assemblée générale des Nations unies, cette déclaration ouvrira à la communauté internationale – encore restreinte à cette époque – la voie aux échanges internationaux, marquée par le début de la vérification multilatérale encore théorique et limitée aux « projets » nucléaires de la nouvelle AIEA.

Le chapitre premier est consacré à une analyse détaillée de l'établissement et du fonctionnement des instruments et régimes successifs et parallèles de contrôle des échanges commerciaux.

Dans ce contexte, le TNP deviendra le pilier immuable du Droit international de la non-prolifération par lequel les possédants de l'arme nucléaire seront désormais les ayants droit. Un autre grand pas dans la genèse du régime sera la transformation de la vérification des échanges en vérification des engagements conclus par les États tant dotés que non dotés d'armes nucléaires.

En effet, l'histoire des mécanismes de contrôle part de la nécessité de définir pour pouvoir les gérer sur le plan international les obligations énoncées à l'Article III.2 du TNP. L'auteur consacre le chapitre II à l'explication des origines des instruments informels créés quasiment *ad hoc* – dans l'esprit de « gentlemen's agreement » (l'origine du NSG était le « Club de Londres ») basés informellement sur les quelques instruments de droit international formels disponibles c'est-à-dire le TNP, le Statut de l'AIEA et les accords bilatéraux de plus en plus contraignants conclus entre l'AIEA et les États non dotés d'armes nucléaires signataires au TNP.

Dans la perspective du caractère juridique de cette étude, l'auteur accorde une place importante à l'explication d'une autre dichotomie, souvent mal comprise, entre le rôle qui revient dans ce régime, d'un côté aux traités et autres instruments contraignants pour les États parties en termes de droit international et, de l'autre, aux recommandations, directives ou guidelines adressées aux États, c'est-à-dire les instruments « informels » – du « soft law » (droit « mou ») – adoptés pour la mise en œuvre de ce régime et qui toutefois sont dotés, dans la pratique des États, d'un caractère contraignant. Il s'agit notamment des recommandations (Guidelines) de quatre groupes – quasi-institutions informelles c'est-à-dire le Groupe Zangger, le Nuclear Suppliers Group (NSG), l'Arrangement de Wassenaar et le Régime de Contrôle de la Technologie des Missiles (MTCR). Ces groupes sont concernés par le cycle du combustible, les biens à double usage et des biens exclusivement liés aux vecteurs et leur technologie. Les deux derniers ne sont concernés que dans la mesure où leur domaine de compétence couvre des biens directement ou indirectement liés à des activités nucléaires.

L'auteur examinera séparément ces quatre institutions ou instruments selon une approche comparative fonctionnelle « transversale » en ce qui concerne leurs objectifs respectifs, leur système d'organisation, de participation et d'ouverture. Ce sont ces instruments qui gèrent le contrôle des échanges commerciaux nucléaires – suivant plus ou moins les mêmes principes, en premier lieu celui de la force des normes « informelles », auxquels souscrivent les États. Dans ce contexte, l'auteur relève l'absence de système indépendant de vérification et de sanctions en dehors des traités et des institutions à caractère formel et pouvant se prévaloir d'un droit de sanction fut-il indirect tel que le prévoit le statut de l'AIEA par l'accès du Conseil des gouverneurs au Conseil de sécurité des Nations unies.

Les chapitres III, IV et V sont consacrés à la spécificité de la « naissance » précoce de l'activité industrielle nucléaire et de la genèse complexe des normes nucléaires de l'Europe auxquelles fait déjà allusion le chapitre I dans un contexte euro-atlantique. Cette analyse est complétée par le récit de l'évolution du régime de non-prolifération des armes nucléaires et un examen méthodique des systèmes de contrôle des transferts des biens nucléaires mis en place graduellement par l'Union européenne.

Le fil rouge conducteur de ces chapitres est toutefois coupé à plusieurs reprises par les événements intra-européens et extérieurs qui ont marqué l'histoire de l'Union européenne : avant tout, l'élargissement de « l'Europe » des six à celle des vingt-sept États, les traités principaux tels que l'Acte unique européen, le Traité sur l'Union européenne (Maastricht), le Traité de Lisbonne modifiant d'une manière ou d'une autre la structure politique et institutionnelle et établissant des nouveaux domaines de politique communautaire : la clé du changement reste cependant l'évolution du partage des domaines de compétence entre États membres et Union. Pour l'extérieur, il s'agit tout d'abord de l'entrée en vigueur du TNP et – sans grand délai – du NSG et de ses directives, ainsi que des questions dues à l'adhésion ou non-adhésion au TNP d'États membres de l'Union européenne, et en conséquence, également, de la relation des États de l'Union – de l'Euratom – avec l'AIEA, devenue institution chargée de la conclusion d'accords de garanties conformément au TNP. Plus récemment, un événement à conséquences directes sera la Résolution 1540/2004 du Conseil de sécurité de l'ONU invitant tous les États à élaborer des dispositifs de contrôle de transferts de biens visant à prévenir la prolifération des armes nucléaires, biologiques et chimiques.

Ainsi, la place accordée à la non-prolifération dans l'espace politique européen, surmontant des conflits bilatéraux aigus relatés par l'auteur en tant que chapitres importants de l'histoire nucléaire propre à l'Europe, n'a cessé d'évoluer – parfois à fort petits pas – vers la Coopération politique européenne (CPE) comprenant les questions de non-prolifération nucléaire.

La spécificité du régime/des régimes de contrôle des exportations propres à l'Union européenne est, comme le démontre l'analyse, déterminée par le conflit théoriquement inévitable entre, d'un côté, le caractère supranational de l'Union – en premier lieu pour ce qui est du domaine exclusif de ses compétences en matière de commerce, et de l'autre, à l'inverse, la nature de la politique nucléaire – notamment de non-prolifération – restée domaine réservé de la politique de l'État membre.

Le dernier chapitre est consacré à l'examen détaillé analytique des systèmes de contrôle des transferts de biens nucléaires mis en place par l'Union européenne. Dans ce domaine, l'auteur constate un processus tendant vers l'élaboration d'une coordination renforcée de régimes communs et une certaine unanimité sur les principes de la non-prolifération, ce qui permet désormais au haut représentant de l'Union de s'exprimer au nom de l'Union dans les enceintes internationales ce qui ne reflète pas nécessairement l'unanimité entre États membres dotés et non dotés d'armes nucléaires ou entre États avec ou sans programme électronucléaire. Cette première partie du chapitre V est consacrée à l'analyse du régime communautaire de contrôle des exportations de biens et technologies à double usage ainsi qu'aux dispositions du Traité Euratom y afférent.

L'analyse part de la nécessité de coordonner les régimes de contrôle des transferts de biens nucléaires des États membres. Le sujet principal, dans ce contexte, est le système instauré par le Règlement, en 2009, visant à instituer un régime communautaire de contrôle des exportations, des transferts, du courtage et du transit des biens à double usage. Il s'agit principalement de réglementer les transferts extracommunautaires : exportation, ré-exportation, transit et opération de courtage. Les transferts intra-communautaires ne sont en principe pas soumis au système de contrôle. Néanmoins, il existe un régime d'exception au principe de libre circulation du système communautaire évalué par l'auteur. Une place importante revient aux procédures douanières conduites indépendamment par les États – en vue d'assurer le respect des engagements et responsabilités des États de l'Union à l'échelle internationale.

L'auteur procède ensuite à un examen détaillé des principes et procédures régissant les autorisations d'exportation – systèmes de contrôle des transferts des biens nucléaires – mis en place par l'Union européenne couvrant le règlement relatif aux contrôles des biens à double usage, le régime spécifique de contrôle des transferts de matières nucléaires ainsi que les sanctions et les systèmes de vérification.

Une partie du chapitre V est consacrée au droit d'option de l'Agence d'approvisionnement d'Euratom qui s'exerce sur les minerais et les matières brutes ou matières fissiles spéciales. En vertu du régime de propriété des matières nucléaires de l'Agence, organe spécialisé sous le contrôle de la Commission, il existe un « droit d'option » que l'Agence peut exercer dans certaines circonstances sur, notamment, les importations de minerais.

La dernière partie du chapitre analyse les systèmes de contrôle et de vérification de la destination finale d'une exportation. Ce contrôle, qui n'est pas ancré dans la réglementation des transferts ou du Traité Euratom, a été établi par les États membres en vertu de leurs engagements individuels au sein des différents instruments internationaux. Cette absence de contrôle est considérée comme présentant un risque de détournement lors du transfert des biens vers une destination finale. Il est noté par l'auteur que l'Union européenne connaît le principe et l'application du contrôle de la destination finale en ce qui concerne l'exportation de déchets et que le système de garanties généralisées de l'AIEA applique en effet un contrôle de vérification de destination finale pour ce qui en est des matières fissiles.

Le domaine juridique des sanctions distingue nécessairement entre sanctions contre un État tiers destinataire, par exemple pour violation des principes de non-prolifération, ou contre un État membre pour le non-respect de dispositions du Traité Euratom ou d'une réglementation spécifique. Dans le dernier cas, ce sont, en termes généraux, les principes et dispositions du droit communautaire à l'intervention de la Cour de justice de l'Union européenne qui sont applicables.

Dr Odette Jankowitsch-Prevor
Juriste, experte indépendante en droit nucléaire et international[1]

[1] Juriste au Bureau des affaires juridiques et chef de section au Bureau des relations extérieures, AIEA (1987-2001), Membre du Conseil d'Administration de l'École internationale de Droit nucléaire de Montpellier (EIDN) et du Conseil d'Administration de l'Association internationale du Droit nucléaire (AIDN).

Remerciements

Cet ouvrage n'aurait pu être réalisé sans la collaboration intense et efficace de Maryna Tsukanova, assistante au sein de l'Unité d'études européennes du Département de sciences politiques de l'Université de Liège.

Introduction

Le régime de contrôle des transferts d'équipements, de matières, d'installations et de technologies nécessaires aux programmes de recherche ou d'exploitation du nucléaire civil ou militaire, est intimement lié à l'histoire de l'arme atomique. Dès les premières découvertes scientifiques en physique nucléaire, au début des années 1930, les deux voies potentielles d'exploitation – civile et militaire – de cette énergie avaient été envisagées et étudiées. Cependant, le deuxième conflit mondial et la nécessité absolue pour les États belligérants de développer rapidement des armes de plus en plus puissantes, ont focalisé les recherches en physique nucléaire vers les utilisations militaires potentielles et, en particulier, vers la conception et l'élaboration d'une arme nucléaire. Ces recherches n'aboutiront qu'à l'issue du conflit, en juillet 1945, avec la première détonation d'un engin explosif nucléaire dans le désert du Nouveau Mexique, suivie peu après par le largage de Fat Man et de Little Boy sur les villes d'Hiroshima et de Nagasaki, avec les conséquences dévastatrices que l'on sait. La démonstration du pouvoir destructeur de cette arme et son influence sur la décision de capitulation du Japon laissaient clairement apparaître l'avantage stratégique que représenterait à l'avenir, pour un État, la maîtrise du savoir atomique militaire.

La concentration des recherches sur l'arme atomique n'avait pas pour autant occulté l'intérêt que pouvait apporter la fission nucléaire en tant que source d'énergie civile. Au contraire, les recherches militaires avaient entrouvert la voie aux développements des potentialités pacifiques de l'énergie nucléaire. Mais elles avaient également démontré que les utilisations civiles étaient intimement liées au savoir militaire et qu'un cloisonnement strict des connaissances ne pouvait guère être envisagé. Par ailleurs, il semblait peu concevable, pour des motifs politiques, de limiter le bénéfice des exploitations civiles aux seuls États détenteurs de l'arme nucléaire. Pour permettre ce partage des connaissances et afin de restreindre le risque de détournement vers une utilisation militaire, un contrôle des transferts assorti d'un système de vérification du respect des utilisations autorisées s'avérait plus que nécessaire. Dès lors, les États ont négocié et adopté un certain nombre d'accords formels et informels, tantôt bilatéraux tantôt multilatéraux, visant à permettre le développement des échanges commerciaux et la coopération industrielle, tout en essayant de restreindre le risque de prolifération des armes nucléaires. Ces accords ont subi, au fil des soixante dernières années, une série d'ajustements et de modifications dont l'objet essentiel est d'essayer de pallier les déficiences des régimes précédents ayant indirectement permis l'apparition de nouvelles puissances dotées de l'arme nucléaire.

De cet éternel dilemme entre nécessité de partage des connaissances et lutte contre la prolifération est issu le régime complexe de contrôle du transfert des biens relatifs aux armes nucléaires des États membres de l'Union européenne ; chaque État ayant constitué, en fonction de sa politique de non-prolifération et des accords auxquels il a participé, son propre régime de contrôle des transferts de ces biens. Hormis quelques dispositions spécifiques du Traité établissant la Communauté européenne de l'Énergie atomique ou du Traité sur le fonctionnement de l'Union européenne, de quelques actes qui intéressent le transfert des biens relatifs aux armes nucléaires, il n'y a pas eu de réelle intégration entre les politiques de transferts des États membres.

La suppression au 1er janvier 1993 des contrôles aux frontières internes de l'Union européenne a, en permettant la libre circulation de fait des biens relatifs aux armes nucléaires au sein de l'Union, affecté indirectement mais sensiblement l'étanchéité des régimes de contrôle nationaux. En effet, l'efficacité de ces régimes reposait sur l'existence de contrôles douaniers aux frontières internes, assurant que tout transfert de biens nucléaires disposait de toutes les autorisations requises, quand bien même le pays de destination finale était un État membre de l'Union. Le retransfert éventuel de ces biens était lui-même soumis aux conditions spécifiques imposées par l'État lors de l'octroi de l'autorisation initiale. Dans la mesure où les régimes de contrôle nationaux n'étaient pas toujours équivalents ni compatibles, la libre circulation de fait des biens risquait d'inciter les exportateurs à choisir l'État membre dans lequel ils allaient introduire les demandes d'autorisation de transfert, en fonction des conditions d'octroi jugées les plus favorables.

L'objet du présent ouvrage consiste à analyser et à retracer l'évolution des régimes internationaux de contrôle des transferts des biens relatifs aux armes nucléaires et de le confronter à ceux mis en place par les États membres de l'Union européenne. Plus particulièrement, il s'agit de comprendre comment l'Union européenne et ses États membres concilient, d'une part, leurs engagements internationaux en termes de lutte contre les risques posés par la prolifération des armes nucléaires et, d'autre part, le développement économique des industries liées au secteur nucléaire.

CHAPITRE PRÉLIMINAIRE

Quelques précisions sur la genèse d'une science et sur la naissance d'une ambiguïté d'exploitation

L'histoire de la science nucléaire commence en 1934 par la découverte de la radioactivité artificielle par Frédéric Joliot et sa femme, Irène Curie. Dans leur laboratoire parisien, l'Institut du Radium, ils constatèrent que certains éléments légers, tels que le bore, le magnésium ou l'aluminium continuent d'émettre des positrons pendant un certain laps de temps après avoir été bombardés avec des particules alpha. Ils en conclurent que ce phénomène ne pouvait s'expliquer que par la création, pendant un court instant, de formes radioactives des éléments bombardés.

Quatre ans plus tard, Otto Hahn et Fritze Strassman, deux chimistes allemands du Kaiser Wilhelm Institute de Berlin, observèrent qu'en bombardant de l'uranium avec des neutrons, ils retrouvaient, après analyse, des traces de baryum. À la recherche d'une interprétation possible à cette apparition de baryum dans la masse bombardée, ils firent part de leurs résultats à leur collègue, la physicienne Lise Meitner, réfugiée à Copenhague. Celle-ci, en collaboration avec le physicien Otto R. Frisch, émit l'hypothèse que le bombardement de neutrons provoquait l'éclatement de l'atome d'uranium en deux éléments de part égale, de masse atomique inférieure à celle de l'uranium, équivalente à un des isotopes du baryum. Ils qualifièrent ce phénomène *fission nucléaire*.

De plus, constatant qu'il existait une différence de masse entre l'atome d'uranium et la somme des éléments issus de sa fission, ils conclurent que la seule explication possible était la transformation de cette différence en énergie. Ce qui, en appliquant la célèbre formule d'Einstein $E=mc^2$, laissait entrevoir le potentiel extraordinaire d'énergie libérée par la fission de l'atome d'uranium[1].

Cette découverte, véritable révolution dans le monde de la physique nucléaire, allait focaliser rapidement l'attention de la plupart des équipes de recherches internationales. Nombre d'entre elles allaient conduire et

[1] La fission de la totalité des atomes contenus dans un kilogramme d'uranium 235 correspond environ à 22 000 000 kWh, soit l'équivalent de 3 000 tonnes de charbon. Cf. *Dictionnaire des métaux non ferreux*, Marabout Université, Secteur des métaux non ferreux de la Société générale de Belgique, Bruxelles, 1972, p. 148.

dupliquer, dans les mois qui suivirent, des expériences similaires, confirmant et affinant les premiers résultats obtenus par Hahn et Meitner[2].

Les publications sur le sujet se multiplièrent[3] et la fission nucléaire trouva même un certain écho dans la presse non spécialisée.

En avril 1939, le couple Joliot-Curie publia un article dans *Nature*, revue scientifique anglaise, démontrant que la fission de l'atome d'uranium libérait, outre une quantité impressionnante d'énergie, deux ou trois neutrons dits neutrons secondaires. Ils venaient de découvrir le fait primordial qui allait permettre la propagation du feu atomique indispensable à la réalisation de l'arme nucléaire. En effet, les neutrons secondaires, une fois libérés, se perdent dans la masse de matière avoisinante où ils peuvent créer d'autres fissions libérant de nouveaux neutrons qui, à leur tour, provoquent de nouvelles fissions multipliant de façon exponentielle le phénomène qualifié adéquatement de réaction en chaîne.

Avec cette découverte, l'étape théorique essentielle vers la réalisation d'une arme nucléaire était franchie.

Dès les premières publications, les deux axes, civil et militaire, d'exploitation de l'énergie libérée par la fission de l'atome ont été envisagés.

Cependant, jusqu'à la veille du deuxième conflit mondial, l'utilisation de la fission atomique à une large échelle, et ce à quelque fin que soit, apparaissait, pour la plupart des physiciens nucléaires, encore largement utopique. Einstein lui-même estimait que l'exploitation industrielle (civile ou militaire) de l'énergie libérée par la fission de l'atome avait autant de chances de réussir que « shooting birds in the dark in a country where they are only a few birds »[4]. De même, les travaux du physicien Niels Bohr[5] et d'un de ses élèves, John Wheeler, démontrèrent qu'une réaction en chaîne ne pouvait être envisagée qu'avec de l'uranium riche en isotope 235, le seul isotope fissile de l'uranium. Or, l'uranium naturel ne contient qu'une proportion infime d'uranium 235[6]. Il fallait donc, avant d'envisager une quelconque exploitation industrielle, élaborer et développer un procédé de sépara-

---

[2] Par exemple, les expériences conduites par le professeur Enrico Fermi à l'Université de Columbia ou encore les expériences entreprises au Carnegie Institution de Washington, à l'Université de Californie ou encore à la John Hopkins University.

[3] Par exemple, le journal scientifique anglais de référence *Nature* publia pas moins de 20 articles sur l'uranium entre janvier et juin 1939.

[4] « Abattre des oiseaux dans le noir dans un pays où il n'y en a que quelques uns ».

[5] Prix Nobel de Physique en 1922 pour ses contributions à la physique quantique et atomique.

[6] L'uranium naturel contient 0,7 % d'U-235 et 99,3 % d'U-238.

tion de ces deux isotopes de l'uranium, procédé qui, en 1940, restait encore à découvrir.

Si l'approche du deuxième conflit mondial pouvait laisser entrevoir l'avantage que représenterait la possession d'une arme nucléaire par un des États belligérants, il était certain pour la majorité des physiciens nucléaires que l'élaboration d'une telle arme pendant la durée supposée du conflit était techniquement impossible. Ainsi, en août 1939, Winston Churchill, alors simple membre du Parlement, avait averti le Secretary of State for Airs, suite à l'entretien qu'il avait eu avec le physicien Frederick Lindemann, que toute menace allemande de bombarder l'Angleterre avec une arme nucléaire devrait être considérée, à cette date, comme un bluff dont il n'y aurait pas lieu de tenir compte.

Cependant, certains physiciens nucléaires, comme Léo Szilard, étaient loin de partager l'optimisme et la confiance du monde scientifique dans l'impossibilité, à court terme, d'exploiter, sur le plan militaire, les potentialités offertes par la fission de l'atome.

Influencé, selon ses propres termes, par le roman de science-fiction *The world set free* de H.G. Wells, Szilard craignait que l'Allemagne nazie ne soit déjà engagée dans un vaste programme de recherche et d'élaboration d'une arme nucléaire. Dès 1939, il essaya de persuader ses collègues de ne plus publier les résultats de leurs travaux sur la fission nucléaire afin d'éviter la divulgation d'informations pouvant apporter un soutien quelconque au programme de recherche militaire du Troisième Reich[7].

La proposition de Szilard ne fut pas complètement comprise ni acceptée. Il est vrai qu'elle était en contradiction avec le principe fondamental de libre circulation des informations indispensables au développement de la recherche scientifique. De plus, en l'absence de consensus sur cette autocensure, ceux qui s'y seraient soumis, risquaient d'être pénalisés dans la nécessaire reconnaissance sociale des résultats de leurs recherches. En effet, la rapidité de publication dans une revue scientifique internationale pouvait signifier pour son auteur, selon qu'il était le premier ou non, la gloire ou la simple confirmation de sa découverte.

Malgré tout, l'imminence de l'éclatement d'un deuxième conflit majeur fit prendre conscience à un nombre de plus en plus important de

---

[7] Il essaya notamment de convaincre le couple Joliot-Curie de ne pas publier leur découverte sur les neutrons secondaires. Dans la lettre qu'il leur adressa, il estimait, à juste titre, que « si plus d'un neutron est libéré, une sorte de réaction en chaîne serait inévitablement possible. Ce qui, dans certaines circonstances, pourrait permettre la réalisation de bombes extrêmement dangereuses, plus particulièrement dans les mains de certains gouvernements ». Cf. John NEWHOUSE, *The Nuclear Age, From Hiroshima to Stars Wars*, Michael Joseph, London, 1989, p. 8.

physiciens nucléaires[8] du péril que pourrait présenter, pour les Alliés, la détention d'une arme nucléaire par l'Allemagne nazie. Ce risque semblait d'autant plus vraisemblable que les progrès récents des connaissances en physique nucléaire étaient l'œuvre de physiciens allemands. Les équipes de recherche allemandes restaient à la pointe de la connaissance malgré l'exil d'un nombre important de leurs physiciens suite aux persécutions antisémites. Cette émigration allait engendrer un phénomène paradoxal. D'une part, l'arrivée de ces expatriés allait, par leur haut niveau de spécialisation en physique nucléaire, renforcer considérablement la qualité des équipes de recherche des pays d'accueil, octroyant aux Alliés une avance technologique amplement sous-estimée. Mais, d'autre part, les informations transmises par ces émigrés sur les travaux de recherche poursuivis par les équipes allemandes allaient largement surévaluer le programme militaire nucléaire du Troisième Reich.

Si, au début de 1939, les progrès réalisés en physique nucléaire agitaient le monde scientifique, les milieux politiques, tant en Europe qu'aux États-Unis, ne manifestèrent que peu d'intérêt pour les potentialités civiles et militaires que pouvait offrir la fission de l'atome. Inquiets de cet état de fait, quelques physiciens nucléaires entreprirent une campagne de conscientisation visant à alerter les milieux politiques et militaires sur l'avantage militaire incontestable de la détention d'une arme nucléaire par un des États belligérants.

Aux États-Unis, les premières initiatives furent prises en mars 1939, sous l'impulsion de George B. Pegram, professeur à l'Université de Columbia, d'Enrico Fermi, prix Nobel de physique 1938[9], de Léo Szilard et d'Eugène Wigner. Lors d'une réunion à l'Université de Columbia, ils décidèrent de prendre contact avec la Navy afin de l'informer sur les apports que pouvait offrir la fission nucléaire en matière de propulsion navale et d'explosifs militaires. Ils espéraient obtenir son appui politique et financier pour la réalisation d'un vaste programme de recherche. E. Fermi fut délégué à Washington où des contacts avec des représentants de la Navy avaient été pris. Une réunion de travail fut organisée mais elle ne déboucha, du moins dans l'immédiat, sur rien de concret. Les représentants de la Navy firent preuve d'un intérêt poli et demandèrent à être tenus au courant de l'évolution des recherches.

---

8 Par exemple : James Chadwick, John Cockcroft, Marcus Olifant, Rudolf Peierls, Otto Frisch, Eugène Wigner, Edward Teller et Albert Einstein.

9 Le physicien italien Enrico Fermi, réfugié aux États-Unis, a reçu le prix Nobel de physique en 1938 pour ses travaux sur la radioactivité artificielle.

Parallèlement à cette première démarche, L. Szilard et E. Wigner se rendirent à Princeton où ils devaient rencontrer Niels Bohr – sans doute à l'époque le physicien le plus célèbre après Albert Einstein – afin de le convaincre de se rallier à leur combat. Bohr refusa de s'alarmer, bien qu'il admit que théoriquement, une arme nucléaire était concevable, voire réalisable. Il réaffirma que la construction de celle-ci nécessitait la production d'uranium 235 pur. Or, pour obtenir cette matière, il était nécessaire de maîtriser la technique de séparation des isotopes de l'uranium et de la mettre en œuvre à un niveau semi-industriel, ce qui aurait requis, pour en obtenir une quantité suffisante pour élaborer une bombe pendant la durée présumée du conflit, la mobilisation de l'ensemble des forces économiques d'un pays comme les États-Unis. Il n'y avait donc pas lieu, selon lui, de craindre que l'Allemagne se lançât dans une course à l'arme nucléaire qui était en toute hypothèse largement au-dessus de ses moyens économiques déjà largement surexploités.

Devant le manque d'enthousiasme du monde politique et aussi, dans une certaine mesure, du monde scientifique, la Hungarian conspirancy – comme certains[10] aimaient qualifier les efforts poursuivis par Szilard, Wigner et Teller pour empêcher l'Allemagne nazie de gagner la course atomique –, se concerta sur les moyens dont elle disposait pour contrecarrer la recherche militaire allemande en physique nucléaire.

Dans un premier temps, ils envisagèrent d'alerter les autorités belges afin d'éviter que celles-ci ne cèdent aux Allemands de l'uranium issu des mines katangaises du Congo belge[11]. Szilard espérait, par l'intermédiaire de son ami Albert Einstein qui entretenait une correspondance régulière avec la reine Élisabeth de Belgique, intervenir auprès du Gouvernement belge.

À l'inverse, Wigner estimait qu'une intervention auprès du Département américain était de prime abord plus souhaitable. Des démarches furent entreprises dans les deux directions.

Le 16 juillet 1939, Wigner et Szilard se rendirent à Peconic bay (Long Island) où Einstein passait ses vacances d'été. Ce dernier se montra sensible à leurs arguments mais une intervention directe auprès de la reine Élisabeth de Belgique lui paraissait inadéquate. Il proposa plutôt de contacter un membre du Gouvernement belge qu'il connaissait.

[10] Cette expression est attribuée à Merle Tuve.

[11] Le Congo belge et le Canada étaient, à l'époque, les principaux fournisseurs de ce minerai.

Entre-temps, Alexandre Sach, ami personnel du président Roosevelt et vice-président de la Lehman Corporation, averti par l'intermédiaire de Gustave Stolper[12], proposa de transmettre et de défendre auprès du président, les craintes exprimées par certains physiciens nucléaires sur les ambitions allemandes en matière atomique et sur le risque que présenterait la possession par les nazis d'une arme nucléaire.

Aux environs du 30 juillet 1939, Szilard et Teller rencontrèrent Einstein pour la seconde fois afin d'obtenir son appui pour une intervention auprès du président Roosevelt. Ce dernier rédigea une lettre qui allait rester dans l'histoire comme le point de départ de l'engagement américain dans la course atomique[13].

Cette lettre ainsi qu'un rapport de Szilard et de Wigner furent remis le 15 août 1939 à Alexandre Sach. En quelques mots, la lettre d'Einstein présentait les derniers progrès réalisés en physique nucléaire et envisageait la possibilité de l'utilisation de la réaction en chaîne pour élaborer une bombe dont l'introduction « par bateau dans un port pourrait fort bien détruire entièrement le port et raser le territoire environnant ». Il s'inquiétait aussi du fait que les Allemands, sous la direction du physicien Carl von Weizsäcker, semblaient procéder à des expériences similaires.

Afin d'éviter de se faire devancer par les Allemands, Einstein proposait, d'une part, d'établir, par le biais d'une personne de confiance, des contacts permanents entre l'Administration et les physiciens travaillant sur la réaction en chaîne aux États-Unis et, d'autre part, d'accélérer, par un support financier conséquent, les travaux de recherches en cette matière.

La précipitation des événements internationaux, telle l'invasion de la Pologne par l'Allemagne le 1er septembre, puis l'entrée en guerre de la France et de la Grande-Bretagne le 3 septembre, chargèrent considérablement l'agenda du président Roosevelt, si bien que Sach ne put le rencontrer que le 15 octobre 1939. Le pouvoir de conviction de Sach emporta facilement l'adhésion du président aux thèses de Szilard et d'Einstein. Donnant suite à cet entretien, un comité consultatif de l'uranium, organe de liaison entre l'Administration et le corps scientifique, fut constitué pour définir les initiatives à entreprendre. Le 21 octobre 1939, le comité fut convoqué pour la première fois[14]. Huit

---

12 Économiste allemand réfugié à New York et ancien membre du Reichstag.

13 Cette lettre est, notamment, reproduite à la page 178 de L.L. STRAUSS, *Men and decision*, Doubleday & Company, New York, 1962, 480 p.

14 Ce comité était composé de J. Briggs, directeur du Bureau of Standards, du Colonel K.F. Adamson de l'Army Ordnance Department, du Commandant G.C. Hoover du Navy Bureau of Ordnance. J. Briggs fut désigné comme président du comité.

recommandations furent formulées à l'attention du président mais des doutes sérieux sur la faisabilité d'une réaction en chaîne furent soulevés. L'élaboration et la mise au point d'une arme nucléaire étaient considérées, par certains membres du comité, comme relevant encore et toujours de la science-fiction plutôt que de la réalité militaire. De plus, l'intérêt stratégique d'une arme nucléaire n'apparaissait pas déterminant pour les représentants de l'armée pour qui une guerre est gagnée avec « des troupes et non avec des armes »[15]. En conséquence de quoi, un soutien modeste[16] et peu enthousiaste fut finalement accordé à la recherche avec pour objectif d'investiguer sur la possibilité de réaliser une réaction en chaîne afin de servir de source d'énergie pour les sous-marins. De plus, si à l'analyse, la réaction apparaissait explosive, la recherche devrait aussi envisager une utilisation éventuelle de cette réaction pour la fabrication d'une bombe.

En Angleterre, par contre, l'éventuelle faisabilité d'une arme nucléaire faisait l'objet d'un intérêt plus soutenu de la part du monde politique. L'entrée en guerre et la proximité géographique de l'Allemagne y étaient sans doute pour quelque chose.

Un mémorandum rédigé avant la guerre par deux physiciens allemands réfugiés à Londres, Otto Frisch et Rudolf Peierls avait éveillé l'attention du Gouvernement britannique sur la question. Leur mémorandum affirmait qu'un kilo d'uranium 235 pur suffirait à la construction d'une bombe d'une puissance extraordinaire, encore jamais égalée. Ils y décrivaient une méthode possible de séparation isotopique de l'uranium 235 et détaillaient les principes régissant les mécanismes de fonctionnement d'une arme nucléaire ainsi que les effets possibles de cette dernière.

Un comité restreint, connu sous son nom de code de MAUD[17] Committee, fut constitué auprès du ministère de la Production aéronautique rassemblant, sous la présidence de George Thomson, la plupart des grands physiciens britanniques, dont James Chadwick, John Cockcroft, Marcus Oliphant, auxquels se joignirent, non sans quelques réticences

[15] Cité par John NEWHOUSE, *The Nuclear Age, From Hiroshima to Stars Wars*, *op. cit.*, p. 21.

[16] Un transfert de 6 000 $ fut accordé en vue de mettre en œuvre les recommandations du rapport.

[17] Ce terme provient d'une interprétation erronée de Military Application of Uranium Desintegration.

des Autorités britanniques, les auteurs du mémorandum[18] ainsi que le Russe Lev Kowarski et l'Autrichien Hans von Halban[19].

Le MAUD Committee avait pour objectif de déterminer si une arme nucléaire était ou non réalisable pendant la durée présumée du conflit et d'estimer si la puissance escomptée par une telle arme justifierait l'effort nécessaire pour la produire.

En juillet 1941, le comité déposa son rapport, il concluait que l'élaboration d'une bombe à l'uranium était techniquement possible mais qu'un effort industriel considérable serait nécessaire pour la réaliser[20]. Une des difficultés majeures résidait dans la construction du complexe d'enrichissement de l'uranium[21]. En effet, la méthode retenue, la diffusion gazeuse[22], requérait la fourniture de grandes quantités d'énergie et la construction d'installations occupant un espace considérable. Or, l'effort de guerre imposé à l'industrie anglaise ne permettait pas de détourner une grande partie de celle-ci vers la réalisation d'une arme dont le succès restait encore largement hypothétique.

Entre-temps, aux États-Unis, sous l'impulsion de Vannevar Bush, directeur de la Carnegie Institution, soucieux de renforcer les liens entre le président et le monde scientifique, un nouveau comité, le National Defense Research Committee (NDRC) fut créé. Doté d'une certaine autonomie financière et de décision, ce comité fut chargé de promouvoir le développement de la recherche scientifique au profit de l'effort de guerre. Le comité consultatif de l'uranium fut alors dissous et ses activités furent absorbées par la Division explosifs du NDRC, dirigée par le chimiste James B. Conant, président de l'Université d'Harvard[23].

---

18 Paradoxalement, alors qu'ils avaient été à la base de l'éveil britannique, les Autorités anglaises refusaient de les intégrer dans le comité du fait de leur nationalité d'origine.

19 Ces deux derniers, collaborateurs de Joliot-Curie, avaient trouvé refuge en Angleterre après l'invasion de la France en mai 1940.

20 « We have now reached the conclusion that it will be possible to make an effective uranium bomb which, containing 25 lb of active material, would be equivalent as regards destructive effect to 1,800 tons of T.N.T. and would also release large quantities of radioactive substances… » extrait du rapport cité par Richard RHODES *The making of the atomic bomb*, Penguin Books, London, 1986, p. 369.

21 « A plant to produce 2,24 lb (1 kg) per day (of U235) (or 3 bombs per month) is estimated to cost approximately £5,000,000 » extrait du rapport cité par Richard RHODES, *ibid.*

22 Méthode retenue sur la base d'un rapport élaboré par Franz Simon, physicien allemand réfugié en Angleterre. Ce rapport intitulé « Estimate of the size of an actual separation plant » eut une importance considérable sur le développement de la future bombe atomique.

23 L. Briggs restait responsable des travaux concernant la fission (comité de l'uranium).

Ni Conant, ni Bush ne voyaient, du moins dans un premier temps, un quelconque intérêt à promouvoir la construction d'une arme nucléaire qui restait encore, selon eux, largement illusoire. Durant l'année 1941, ils s'attachèrent d'ailleurs plus à démontrer l'impossibilité de fabriquer une telle arme plutôt qu'à tenter d'en élaborer une[24].

Pourtant, entre 1940 et 1941, la recherche poursuivie à l'échelle relativement limitée des laboratoires universitaires démontra un certain nombre de faits de première importance pour le développement de l'arme nucléaire.

Ainsi, Fermi et Szilard à l'Université de Columbia démontrèrent que le carbone sous forme de graphite très pur pouvait servir de modérateur pour permettre la réalisation d'une réaction en chaîne dans l'uranium naturel très raffiné[25].

En 1940, le physicien américain Alfred Nier isola quelques milligrammes d'uranium enrichi en 235 et confirma que c'est bien ce dernier qui subissait la fission.

En mars 1941, G. Seaborg[26] et E. Segré démontrèrent que l'uranium 238 pouvait se transmuter, sous l'action des neutrons, en un élément nouveau, occupant la case 94 de la classification périodique qu'ils baptisèrent, peu après, plutonium. Ils réussirent à en isoler quelques millièmes de milligramme et apportèrent la preuve que ce plutonium 239 était fissile par des neutrons lents.

Durant cette même période, un certain nombre de physiciens américains de renom, dont Ernest Lawrence, l'inventeur du cyclotron, vont progressivement se rallier aux thèses de la Hungarian conspirancy et réclamer aux autorités américaines le lancement d'un programme de recherche nucléaire militaire d'envergure. L'élément moteur de cette adhésion était, une fois de plus, l'inquiétude, comme le précisera E. Lawrence lors d'une entrevue avec J. Conant, président de la Division explosifs du NDRC, en ces termes : « que pourrait-il advenir si les scientifiques allemands réussissaient à fabriquer une bombe nucléaire avant que nous [les États-Unis] n'en ayons examiné la possibilité »[27].

Agacé par les différentes pressions du monde scientifique et afin de se prononcer définitivement sur l'opportunité de dépenser des sommes considérables pour un programme qui n'offrait que peu de garanties

---

24 Ils estimaient que l'Allemagne nazie était incapable de réaliser quelque chose que les États-Unis ne pouvaient eux-mêmes réaliser.

25 Ce programme de recherche fut rendu possible grâce au financement décidé dans le cadre du comité consultatif de l'uranium.

26 G. Seaborg, chimiste américain, reçut le prix Nobel de chimie en 1951.

27 Cité par Richard RHODES, *The making of the atomic bomb*, *op. cit.*, p. 360 (traduction personnelle).

quant à son résultat, V. Bush chargea la National Academy of Science (NAS) d'organiser un examen dépassionné et efficace, par un groupe de physiciens compétents, portant sur la faisabilité d'utiliser la fission atomique à des fins militaires. Ce groupe de travail dirigé par le physicien Arthur Compton[28] remit son rapport sur la « question des différentes utilisations militaires de la fission de l'atome » en mai 1941[29].

Trois applications potentielles étaient envisagées :

- la production de bombes chargées de poussières radioactives dont l'objectif était de contaminer le territoire bombardé ;
- la production d'énergie pour les sous-marins ;
- la production de bombes basées sur la fission de l'uranium ou du plutonium.

Il estimait que la fabrication d'une arme basée sur la fission de l'atome pouvait être envisagée, selon l'hypothèse la plus favorable, dans un délai de quatre ans au minimum. Selon ce rapport, le succès de l'une des trois applications évoquées était conditionné à la réalisation effective d'une réaction en chaîne.

Il concluait finalement que la nation qui, la première, contrôlerait et produirait une arme nucléaire détiendrait un avantage stratégique considérable.

Malgré ces conclusions nettement favorables, ni Conant, directeur de la Division explosifs, ni le président de la NDRC, V. Bush, n'estimèrent nécessaire de supporter plus activement les travaux de recherche entrepris sous la surveillance de l'Uranium Committee.

Ce programme faillit même être complètement supprimé en juin 1941. Certains délégués du Gouvernement américain estimaient en effet qu'il serait plus adéquat d'allouer les fonds consacrés à la fission à des programmes militaires moins hasardeux au vu des nécessités que l'entrée en guerre des États-Unis, largement prévisible, pourrait requérir.

Entre-temps, en Angleterre, les membres du MAUD Committee étonnés de n'avoir reçu aucune demande d'information des Américains sur les résultats de leurs recherches et ce, malgré les contacts entrepris au printemps 1941, lancèrent dans le courant de l'été une nouvelle tentative[30]. M. Olifant fut délégué à Washington où il entra en contact avec l'Uranium Committee. Il fut surpris de constater que le président

---

28 Le chimiste physicien américain de l'Université de Chicago, prix Nobel de physique en 1927.

29 Ce groupe était composé en plus d'A. Compton, de E. Lawrence, et du chimiste William D. Coolidge.

30 Copies des rapports intermédiaires et des débats y afférents avaient été envoyés à L. Briggs qui ne semblait pas y avoir porté grand intérêt.

L. Briggs n'avait pas estimé nécessaire de transmettre aux membres de son comité les informations reçues sur les recherches en cours en Angleterre.

Déçu par cette attitude, il entreprit une véritable croisade, en prenant contact avec les différentes personnalités politiques et scientifiques américaines afin de les convaincre qu'il était du devoir des États-Unis de poursuivre et de mener à terme les recherches initiées en Angleterre et que l'effort de guerre ne lui permettait plus d'assumer[31].

Suite à cette nouvelle offensive du MAUD Committee et sous l'impulsion de E. Lawrence, les événements vont progressivement s'accélérer aux États-Unis.

En septembre 1941, J. Conant changea d'attitude, grâce à l'intervention du chimiste Kistiakowsky[32], et appuya la nécessité d'entreprendre d'urgence un certain nombre d'actions visant à doter les États-Unis d'un programme de recherches nucléaires militaires d'envergure. V. Bush, lui-même, déjà troublé en juillet par des informations reçues de manière indirecte sur les conclusions des travaux de recherches anglais[33], se rallia à la tendance générale, début octobre, lors de la transmission officielle du rapport final du MAUD Committee.

Dans les jours qui suivirent la remise officielle du rapport anglais[34], V. Bush rencontra le président Roosevelt et le vice-président H. Wallace.

Il leur fit part du contenu de ce rapport et leur donna une estimation de la masse critique nécessaire pour élaborer une arme nucléaire ainsi qu'une appréciation de son pouvoir destructeur. Il précisa que l'élaboration de celle-ci requérait la construction d'une usine d'enrichissement de l'uranium et que les Anglais estimaient que la première bombe pourrait être prête fin 1943.

Suite à cet entretien, Roosevelt décida de réorganiser et d'accroître l'effort de recherche en matière nucléaire. Une fois de plus, A. Compton fut chargé, au travers de la NAS, d'explorer rapidement, sur la base des

---

31 Il rencontra E. Lawrence en Californie, J. Conant à Washington, V. Bush à New York, E. Fermi à Columbia, William Coolidge à Schenectady.

32 Le chimiste Kistiakowsky était membre du NDRC et considéré comme l'expert américain en matière d'explosifs.

33 Le physicien Charles Lauritsen se trouvait à Londres au moment de la rédaction du rapport du MAUD Committee. Ce comité l'invita à une de ses réunions le 2 juillet. De retour aux États-Unis, il fit rapport à V. Bush des travaux entrepris sous l'égide du MAUD Committee et de la certitude anglaise qu'une bombe atomique apparaissait techniquement faisable.

34 Le 9 octobre 1941.

travaux du MAUD Committee, les différentes techniques envisageables pour élaborer une arme nucléaire[35].

De même, Roosevelt scinda les aspects politiques et militaires du programme de recherche en les réservant à un cercle très restreint de personnes de confiance[36].

Pour élaborer son rapport, Compton entreprit de larges consultations des différentes personnalités scientifiques travaillant sur la fission de l'atome.

Pour l'estimation de la masse critique d'uranium 235 nécessaire pour établir une réaction explosive, il rencontra Fermi à la Columbia University. Puis, il consulta Harold Hurey sur les techniques de séparation des isotopes de l'uranium. Ensuite, il se rendit à Princeton où il discuta avec E. Wigner de la différence entre la fission provoquée par des neutrons lents et celle provoquée par des neutrons rapides. Enfin, de retour à Chicago, il prit contact avec G. Seaborg qui lui confirma la confiance qu'il avait en la possibilité technique de réaliser la séparation, à large échelle, du plutonium.

Armé de ces informations, Compton convoqua une nouvelle réunion de son groupe de travail, le 21 octobre, à laquelle participa, en plus des membres effectifs, le physicien Robert Oppenheimer.

Le groupe déposa ses conclusions début novembre. Celles-ci étaient largement favorables à la possibilité technique de réaliser une bombe basée sur la fission de l'uranium 235[37]. Le rapport fut transmis par Bush au président Roosevelt, le 27 novembre 1941.

Quelques jours plus tard, le 7 décembre à 8 heures du matin, l'aviation japonaise bombarda, dans la surprise générale, la base navale américaine de Pearl Harbour, provoquant immédiatement l'entrée en guerre des États-Unis et la mondialisation du conflit.

Le 19 janvier 1942, le président Roosevelt marqua son accord pour accélérer et réorganiser largement le programme de recherches sur la fission de l'uranium et pour concentrer les efforts sur la production d'une arme nucléaire.

---

35 Et non plus, comme cela avait été le cas pour le premier rapport, d'envisager toutes les applications militaires possibles de la fission de l'atome.

36 Ce groupe de décision baptisé Top Policy Group, était composé en plus du président Roosevelt et du vice-président Wallace, du ministre de la Guerre (Secretary of War) Henry L. Stimson, du chef d'état-major (Army Chief of Staff) George Marshall ainsi que de V. Bush.

37 Curieusement les travaux de Seaborg sur le plutonium ne furent pas mentionnés.

Afin d'assurer un meilleur contrôle des efforts, la gestion de ce programme[38] fut placée sous l'autorité directe de l'Office of Scientific Research and Development (OSRD)[39]. En conséquence de quoi, le programme d'étude de la fission de l'uranium passait de la phase d'un simple programme de recherches à celle de programme de développement. Dans la foulée, un *planning board*, responsable des aspects techniques et industriels, fut créé. Ce *board* était chargé de l'acquisition du matériel nécessaire à la réalisation du programme. Il devait aussi assurer, une fois la technique démontrée sur le plan scientifique, la gestion de la construction des installations tests et, en cas de succès, des installations de production.

La léthargie des premières années de guerre, objet de tous les soucis des physiciens réfugiés aux États-Unis, va, à partir de janvier 1942, brutalement céder la place à une volonté frénétique et inconditionnelle d'aboutir le plus rapidement possible à la production d'armes nucléaires. Des moyens financiers colossaux vont être mis à la disposition du programme S-1 dont la seule contrainte désormais sera la course contre le temps animée par l'angoisse, malgré tout peu rationnelle, que les Allemands aboutissent les premiers[40].

Ce n'est que bien après la capitulation de l'Allemagne que l'on se rendit compte de l'inexistence d'une arme nucléaire nazie même à l'état embryonnaire. Si les Allemands avaient envisagé la construction de génératrices d'énergie, ils avaient, cependant, considéré irréalisable la possibilité d'élaborer une arme nucléaire durant la durée supposée du conflit.

Afin d'augmenter ses chances de succès à courte échéance, le programme de recherches américain S-1 s'engagea vers l'élaboration de deux types d'armes nucléaires dont la réussite potentielle apparaissait équivalente. Il y avait, d'une part, une arme basée sur la fission de l'uranium 235 et, d'autre part, une arme basée sur la fission du plutonium 239.

Sur le plan de l'organisation, quatre équipes de travail furent créées. Les trois premières étaient chargées d'examiner les méthodes possibles de séparation des isotopes de l'uranium afin d'isoler l'uranium 235. À

38 Rebaptisé S-1 program.

39 L'OSRD englobait le NDRC et était directement dirigé par Bush.

40 Cette motivation apparaît notamment dans un texte de Conant cité par Richard RHODES, *op. cit.*, p. 408. : « If they [the Germans] are hard at work, they cannot be far behind since they started in 1939 with the same initials facts as the British and ourselves. There are still plenty of competent scientists left in Germany. They may be ahead of us by as much as a year but hardly more. [...] If the possession of the new weapon in sufficient quantities would be a determining factor in the war "then" three months delay might be fatal. »

cette fin, la diffusion gazeuse fut examinée à Columbia, sous la direction de H. Urey, la séparation électromagnétique à Berkeley, sous la direction de E. Lawrence, la centrifugation, sous la direction de E. Murphree, le directeur de recherche de la Standard Oil du New Jersey.

La quatrième équipe, plus connue sous son nom de code de Metallurgical project, dirigée par A. Compton, fut chargée dans un premier temps d'essayer de trouver un moyen permettant de provoquer une réaction en chaîne dans de l'uranium naturel et de démontrer, dans l'hypothèse où cette réaction était réalisée, une technique permettant d'isoler, par un procédé chimique, le plutonium. Dans un deuxième temps, cette équipe devait réaliser les études théoriques et expérimentales nécessaires à la fabrication d'une bombe à l'uranium ou au plutonium. Finalement, il lui appartenait de concevoir les plans nécessaires pour la production industrielle de plutonium.

Les objectifs de la première phase du Metallurgical project furent atteints durant l'année 1942[41].

Tout d'abord, à Columbia, l'équipe du professeur E. Fermi réussit le 2 décembre 1942, dans l'enceinte du stade de football de l'université, à provoquer la première réaction en chaîne de fission de l'uranium 235 par des neutrons ralentis au graphite[42].

L'assemblage, de plusieurs mètres de côté, consistait en un empilement de barres de graphite dont certaines étaient creuses et contenaient une masse d'uranium métal ou d'oxyde d'uranium comprimé.

Par ailleurs, l'équipe de Seaborg parvint le 20 août à isoler, à Chicago, un cinquième de milligramme de plutonium à partir de quelques centaines de kilos de sel d'uranium bombardé par le cyclotron de Berkeley en Californie.

Finalement, durant l'été 1942, un groupe de physiciens nucléaires se réunit à Berkeley autour de Robert Oppenheimer, afin de définir les différents éléments constituant la structure de l'arme nucléaire[43].

À la fin du printemps 1942, les conclusions des recherches sur les méthodes de séparations isotopiques de l'uranium 235 par la diffusion gazeuse et par la centrifugation, s'avéraient suffisamment positives pour passer à la réalisation industrielle.

Suite aux résultats concluants des premières investigations, le président donna son accord pour entamer la deuxième phase du programme,

---

41 Une des difficultés majeures pour la réussite des premiers objectifs fut d'obtenir de l'uranium métal, de l'oxyde d'uranium et du graphite d'une pureté suffisante.

42 La puissance de cette pile fluctua d'un demi watt à 200 watts.

43 Une partie de leurs réflexions fut aussi consacrée à la bombe thermonucléaire qui ne sera finalement développée qu'après 1945.

la réalisation effective de l'arme nucléaire. Ce passage à la réalisation industrielle allait aussi faire entrer en scène un acteur étonnamment écarté depuis le lancement du programme, à savoir l'armée et, en particulier, le Corps of Engineers. En juin 1942, une section spéciale est créée en son sein, le *Manhattan District*, nom qui restera dans l'histoire comme celui de l'ensemble du projet américain de développement des bombes d'Hiroshima et de Nagasaki.

Le rôle du Manhattan District va croître en importance au fur et à mesure que le projet se concrétisera sur le plan industriel et technique. En effet, à partir de juin 1942, la gestion de la politique générale du programme fut confiée au Military Policy Committee, comité mixte regroupant à la fois des membres du OSRD[44] et de l'armée[45].

En septembre, la gestion pratique du programme et de ses différentes composantes est confiée, avec quelques réticences, au brigadier général Leslie Groves et, en mai 1943, l'ensemble du programme fut transféré et soumis au contrôle exclusif du Manhattan District, marquant ainsi la fin de la gestion conjointe et du caractère résolument civil des recherches.

À partir de l'automne 1942, le projet va connaître son plein développement industriel, trois centres nucléaires, véritables villes secrètes, connues sous les lettres X, W et Y furent construites de toutes pièces.

Ainsi, X était Oak-Ridge dans la vallée du Tennessee où furent construites les deux usines de séparation isotopique de l'uranium 235 par la technique de la diffusion gazeuse ainsi que la première pile expérimentale au graphite refroidie par air[46].

Cet immense complexe industriel dont le coût dépassa largement les 100 millions de dollars, fut construit en l'espace de quelques mois et abrita un assemblage complexe de plusieurs milliers de filtres et de pompes[47].

W était localisé à Hanford dans l'État de Washington. Ce site était essentiellement dévolu à l'élaboration de la matière nécessaire pour la

---

44 Ces membres étaient V. Bush, à la présidence et J. Conant.

45 Ces membres étaient le général W. Styer et l'amiral W. Purnell. Participaient aussi aux réunions du comité, le brigadier général Leslie Groves ainsi que les représentants des industries concernées par la construction des installations nécessaires au projet.

46 Une unité de séparation isotopique par la méthode électromagnétique y fut aussi construite en 1943.

47 Ces filtres sont composés de parois contenant un grand nombre de pores infiniment petits au travers desquels est diffusé de l'hexafluorure d'uranium qui, après son passage, est compressé pour être à nouveau diffusé. Chaque passage au sein de ces filtres enrichit en uranium 235 l'hexafluorure d'uranium de façon infinitésimale si bien qu'il faut plusieurs milliers d'opérations successives de diffusion pour obtenir de l'hexafluorure d'uranium 235 presque pur.

bombe au plutonium. C'est là que furent construites les piles au graphite, rebaptisées réacteurs, productrices de plutonium. La motivation de créer un deuxième centre nucléaire résultait de la crainte qu'un accident ne survienne dans l'un des réacteurs dispersant dans l'environnement immédiat des matières radioactives. Accident qui aurait eu des conséquences dramatiques pour la ville de Knoxville, proche de Oak-Ridge, et qui aurait surtout endommagé largement les installations de séparation isotopique invalidant non seulement l'élaboration d'une bombe basée sur la fission du plutonium mais aussi celle basée sur la fission de l'uranium 235.

Le système de refroidissement de ces réacteurs requérait de plus, la fourniture de grandes quantités d'eau. Le bassin hydrographique de la rivière Columbia offrait le débit nécessaire. En l'espace de quelques mois, le site de Hanford[48] qui ne comptait, lors de son achat par l'armée, que quelques fermes et deux villages totalisant une centaine d'habitants, allait se transformer en véritable ville de plus 60 000 habitants.

Hanford devait originellement accueillir cinq réacteurs mais seule la construction de trois fut jugée nécessaire. Complémentairement aux réacteurs, on y construisit une unité de séparation du plutonium, des unités de pompage et de traitement des eaux ainsi qu'un réacteur de faible puissance consacré aux tests de matériel.

Finalement, Y était Los Alamos, le centre que certains surnommaient avec ironie le camp de concentration des prix Nobel[49]. C'est sur le plateau du Nouveau Mexique non loin du Rio Grande que vécurent, à près de deux mille mètres d'altitude, un millier de scientifiques de toutes disciplines et leurs familles dans des conditions proches de celles de la meilleure époque des pionniers américains[50].

Extérieurement, le centre de Los Alamos « ressemblait à une ville minière aux confins de la civilisation entourée de barrières de barbelés et soumise à une étroite surveillance militaire »[51]. L'isolement total du lieu ainsi que la possibilité de conduire, dans son environnement immédiat, des essais d'armes nucléaires avaient été les deux caractéristiques essentielles qui en avaient motivé la sélection.

---

48 Le site de Hanford était situé sur la rive droite de la rivière Columbia, au nord de la ville de Pasco.

49 Des personnalités scientifiques comme R. Oppenheimer, E. Fermi, Hans Bethe, Robert Bacher, Emilio Segre, Otto Frisch ou encore E. Teller y ont travaillé.

50 Los Alamos consistait, en dehors des laboratoires, en un assemblage de baraquements largement suroccupés, connectés entre eux par des chemins poussiéreux en été, boueux au printemps et en automne.

51 Cf. John NEWHOUSE, *The Nuclear Age, From Hiroshima to Stars Wars*, Michael Joseph, London, 1989, p. 27 (traduction personnelle).

Une politique sévère du secret était imposée à ses occupants et les contacts avec l'extérieur étaient réduits au minimum nécessaire. Il n'y eut, par exemple, dans un premier temps, qu'une ligne téléphonique pour l'ensemble du site et les déplacements extérieurs étaient circonscrits à une zone déterminée. Ce cadre de vie inconfortable et cette discipline quasi militaire rebutèrent bon nombre de scientifiques qui refusèrent d'y travailler[52].

Cependant, à l'inverse des centres W et X où la compartimentation des informations était soigneusement entretenue, à Los Alamos, le personnel scientifique du centre avait exigé et obtenu le libre échange des informations au sein du site[53].

Le secret était par ailleurs d'application pour l'ensemble du projet Manhattan, il n'y avait en tout et pour tout qu'une douzaine de personnes qui possédaient une vue d'ensemble du programme.

Dès leur mise en œuvre, les travaux de recherche de Los Alamos, dirigés par R. Oppenheimer[54], ont été orientés dans deux directions[55]. Ils visèrent, d'une part, à mettre au point et à assembler le plus rapidement possible une bombe à fission (uranium et plutonium) et portèrent, d'autre part, sur l'étude de la faisabilité d'une bombe basée sur la fusion de deux atomes en un atome plus lourd[56] dont les perspectives, tant au niveau de son contrôle que de sa puissance, apparaissaient prometteuses.

Sans s'appesantir sur les différentes phases et détails des recherches scientifiques qui ont permis d'aboutir à la conception des trois premières armes nucléaires, les principales difficultés techniques qui durent être résolues à Los Alamos concernaient :

- le calcul exact de la masse critique de l'uranium et du plutonium ;

---

52 Notamment le physicien Isaac Rabi (prix Nobel de physique 1944).

53 Ce qui justifiait partiellement son isolement total. Seul Oppenheimer pouvait se rendre sur les autres sites. La libre circulation des informations à Los Alamos n'était cependant accordée qu'entre certains membres du personnel scientifique.

54 La désignation de R. Oppenheimer comme gestionnaire scientifique du centre de Los Alamos fit l'objet de multiples controverses. Il semblerait que ce soit à défaut de pouvoir détacher un physicien de renom que le choix se soit arrêté sur Oppenheimer. Il est cependant incontestable que son sens de l'organisation permit au projet d'aboutir dans les délais fixés.

55 D'un point de vue administratif, le personnel scientifique était organisé en sept départements qui ont été modifiés plus d'une fois selon les nécessités et les humeurs. Au printemps 1945, il y avait : Theorical Physics Division (H. Bethe), Experimental Nuclear Physics Division (R. Wilson), Chemistry and Metallurgy Division (J. Kennedy, C. Smith), Ordnance Division (W. Parsons), Explosives Division (G. Kistiakowsky), Bomb Physics Division, (R. Bacher) et l'Advanced Development Division (E. Fermi).

56 Ce principe est à la base de l'arme dite thermonucléaire.

- la mise au point de réflecteurs et de modérateurs de neutrons efficaces ;
- le calcul de l'efficacité et de la puissance des armes nucléaires (par exemple, le calcul du temps nécessaire pour que la réaction en chaîne soit complètement réalisée) ;
- la méthode et la technique d'assemblage des masses sous-critiques[57] ainsi que la conception de l'initiateur de la réaction.

La difficulté était d'autant plus grande qu'il était absolument nécessaire, afin de gagner la course contre le temps, de procéder à l'ensemble des recherches en même temps alors que, d'une part, la conduite de certaines recherches était dépendante des résultats obtenus par d'autres travaux et que, d'autre part, l'uranium 235 et le plutonium n'étaient pas disponibles pour l'expérimentation. Ceux-ci étant eux-mêmes en cours de fabrication à Oak-Ridge ou Hanford.

Parallèlement à la mise au point du fonctionnement et de l'élaboration de la bombe, les travaux et les recherches poursuivis à Los Alamos

---

[57] « La difficulté majeure consiste dans la nécessité de rassembler, à partir de masses ou de volumes sous-critiques, la substance fissile en une masse surcritique, dans un temps suffisamment court pour qu'il ne produise pas de fission, et par conséquent pas d'explosion prématurée, avant que l'assemblage ne soit définitif ». L'opération est encore plus délicate avec le plutonium « car au fur et à mesure de sa production dans la pile, le plutonium se transmute partiellement en un autre isotope du plutonium de masse 240 dont la présence constitue un danger pour les usages militaires du fait qu'il a une tendance spontanée à la fission et que les neutrons émis augmentent les chances d'allumage prématuré de l'engin ».
Aussi bien, pour la bombe à uranium 235 qu'au plutonium 239 « l'obtention de la masse critique en un temps extrêmement court se fait en mettant en jeu des explosifs courants. Un des systèmes consiste à réunir dans un tube analogue à une bouche à feu classique les deux masses sous-critiques. L'une des masses est projetée par une charge d'explosifs dans la masse située à l'autre extrémité du tube creusée d'une cavité pour recevoir la première. Une autre solution met en jeu le dispositif dit d'implosion par charges creuses qui permet de concentrer les effets de plusieurs masses d'explosifs en un seul foyer et d'écraser une sphère creuse, de plutonium par exemple, sous-critique par sa configuration géométrique pour en faire une sphère pleine dépassant la masse critique dans un espace de temps encore plus court. Pour démarrer la réaction explosive à l'instant exact où la masse surcritique est obtenue, il est utile de disposer d'une amorce constituée par un dispositif qui donne brusquement un jet, une bouffée de neutrons ; enfin il y a intérêt à ce que les masses critiques restent accolées ensemble le plus longtemps possible, pendant une durée d'un millionième de seconde, en les plaçant à l'intérieur d'une enveloppe très lourde qui s'oppose par son inertie à l'expansion trop rapide de la masse fissile », in Bertrand GOLDSCHMIDT, *L'aventure atomique*, Les grandes études contemporaines, Fayard, Paris, 1962, p. 44.

portèrent sur l'adaptation technique du transporteur ainsi que sur la technique de largage de la bombe[58].

Moyennant un effort financier considérable qui, selon B. Goldschmidt, correspondait à « une dépense de deux milliards de dollars [pour l'ensemble] du complexe atomique américain de laboratoires et d'usines, ayant la même importance que l'industrie nationale automobile à cette date », la plupart des difficultés techniques furent vaincues dans le courant du mois avril 1945.

Avec la livraison à Los Alamos, dans les premiers mois de 1945, des premiers grammes d'uranium et de plutonium de qualité militaire en provenance des centres de production de Oak-Ridge et de Hanford, il apparaissait certain que l'arme nucléaire allait pouvoir être élaborée et qu'il serait envisageable de l'utiliser à brève échéance contre le Japon. Ce qui, du point de vue du nouveau président américain, Harry Truman[59], semblait préférable à un débarquement, vraisemblablement meurtrier, des troupes américaines sur l'île.

Cependant, si un test ne semblait pas nécessaire pour la bombe à l'uranium enrichi[60], l'efficacité du mécanisme initial d'implosion de la bombe au plutonium ne pouvait être attestée que par la conduite d'un essai.

Le 16 juillet 1945 à 5h29 du matin, un intense éclair de lumière blanche aveuglante illumina le ciel du désert de la Jornada del Muerto, rapidement suivi d'un énorme nuage en forme de champignon. La première arme nucléaire au plutonium venait d'exploser libérant une énergie équivalente à 18 600 tonnes de TNT[61], puissance encore jamais égalée par l'explosion d'une seule bombe.

Deux heures plus tard, le général Groves envoyait un message codé à destination du président Truman, en réunion à la conférence intergouvernementale de Postdam, attestant le succès de l'opération. Désormais, les Américains n'avaient plus besoin de l'appui soviétique pour obtenir la capitulation sans condition du Japon. L'objectif primordial visait à éviter un débarquement soviétique sur l'archipel afin d'écarter toutes revendications territoriales à la fin du conflit.

---

[58] Il est très rapidement apparu que, contrairement à ce qui avait été supposé préalablement, la bombe pourrait être lâchée d'un avion. Mais, vu sa taille et son poids, seul le transporteur WB-29 était capable, moyennant de sérieuses adaptations, de lâcher une bombe de cette taille. Les essais de largage commencèrent dès 1943.

[59] Roosevelt était décédé d'une crise cardiaque le 12 avril 1945.

[60] Le mécanisme de cette bombe, baptisée Little Boy, était considéré comme suffisamment fiable. De plus, la quantité d'uranium enrichi de qualité militaire, disponible à court terme, ne permettait pas de procéder à un essai préalable.

[61] Cf. Richard RHODES, *The making of the atomic bomb*, *op. cit.*, 677.

La décision d'utiliser une, deux ou plusieurs armes nucléaires contre des cibles non exclusivement militaires afin d'obtenir la capitulation du Japon, avait été prise bien avant la conduite du premier test par Truman, lors de discussions avec ses principaux conseillers, dans le courant du premier semestre 1945. À la même époque, un *Targett Committee*[62] avait été constitué. Il était chargé de désigner quatre cibles potentielles dont l'impact serait suffisant pour enrayer définitivement la volonté des autorités japonaises de poursuivre le conflit. Quatre cibles avaient été désignées : Kyoto, Hiroshima, Yokohama, l'arsenal de Kokura et Niigata[63].

Le personnel du 509e Composite Group, basé sur l'île de Tinian, sous la direction du *Group commander* Paul Tibbets, avait terminé début juillet l'essentiel des entraînements et simulations indispensables au largage d'une arme nucléaire et attendait la livraison des éléments d'assemblages des deux premières bombes.

Le 26 juillet, ordre fut donné au 509e Composite Group de procéder, à partir du 3 août et dès que la météo le permettrait, au largage de la première bombe sur une des cibles mentionnées.

Le 6 août à 8h16 du matin, Little Boy, la première bombe à l'uranium, explosa au-dessus de la ville japonaise d'Hiroshima avec une puissance estimée à l'équivalent de 12 500 tonnes de TNT[64] anéantissant la majeure partie de la ville et causant la mort immédiate de plus 71 000 personnes[65].

Trois jours plus tard à 11h02, Fat Man, la deuxième bombe au plutonium, détruisit très largement la ville de Nagasaki et causa la mort immédiate de 70 000 personnes[66].

Malgré une puissance, largement supérieure à celle de Little Boy, équivalente à 22 000 tonnes de TNT[67], cette bombe causa moins de dégâts que ce qui avait été estimé. De mauvaises conditions météo ne permirent pas à l'équipage du B-29 d'ajuster correctement son tir.

---

62 Le comité était, sous la présidence du brigadier général Thomas Farrel, composé de deux représentants de la force aérienne et de cinq scientifiques.

63 Kyoto en raison de son intérêt historique fut écarté sous l'impulsion de Stimson. Nagasaki fut substitué aux autres cibles que fin juillet pour des impératifs météorologiques.

64 Les estimations relatives à la puissance de la bombe d'Hiroshima oscillent, selon les auteurs, entre 12 000 et 15 000 tonnes de TNT. Cf. Gary T. GARDNER, *Nuclear Nonproliferation : A Primer*, Lynne Rienner Publishers, Boulder, 1994, p. 8.

65 Ces chiffres varient largement selon les sources. R. RHODES estime que Little Boy fut responsable de la mort immédiate ou différée de 200 000 personnes (fin 1950) et détruisit 70 000 des 76 000 constructions d'Hiroshima. Voir Richard RHODES, *The making of the atomic bomb, op. cit.*, p. 734.

66 Selon R. RHODES, Fat Man causa la mort de 140 000 personnes (1950). *Ibid.*, p. 740.

67 *Id.*

La puissance destructrice développée par l'explosion des trois premières armes nucléaires démontra à suffisance l'avantage stratégique et politique octroyé à celui qui détiendrait les techniques et connaissances nécessaires à leur fabrication. Désormais les potentialités résultant de l'exploitation de la fission de l'atome apparaissaient avant tout comme militaires, le développement d'une quelconque exploitation à des fins civiles et pacifiques allait être considérablement pénalisé. En effet, par le lien étroit qu'il noue avec la technologie nécessaire à la fabrication d'une arme nucléaire, tout développement d'un programme civil de recherche ou de réalisation d'une application civile de la physique nucléaire allait être entravé par la crainte qu'il ne camoufle ou ne serve ultérieurement à l'élaboration d'une arme dont les États-Unis espéraient bien conserver le monopole.

Cependant, un certain nombre d'États alliés avaient largement contribué à la réussite du projet Manhattan et certains d'entre eux détenaient, du fait de cette participation, des connaissances non négligeables. Ces États espéraient, une fois la guerre terminée, recevoir une certaine assistance dans le développement de leurs programmes nationaux de recherche en physique nucléaire. De plus, il apparaissait qu'il était économiquement et politiquement déraisonnable, au vu des besoins grandissants en énergie des nations industrialisées, d'empêcher une quelconque utilisation à des fins civiles du potentiel énergétique libéré par la fission de l'atome.

Les premières interrogations sur un éventuel partage des connaissances scientifiques accumulées par le projet Manhattan, une fois le conflit mondial résolu, n'attendirent pas la destruction des villes japonaises d'Hiroshima et de Nagasaki. En effet, dès 1944, Niels Bohr essaya de convaincre les autorités anglaises et américaines[68] d'informer, bien avant la réalisation du premier test[69], l'URSS sur les travaux poursuivis par le Manhattan project. Il estimait, en effet, qu'écarter les Soviétiques et les laisser découvrir, par la suite, les secrets de la fabrication de l'arme nucléaire handicaperaient largement les négociations visant à la conclusion d'accords internationaux sur le contrôle et l'usage

68 L'accord de Québec d'automne 1943, conclu entre les Gouvernements américain et anglais, octroyait au Gouvernement anglais, pendant toute la durée de la guerre, une participation au programme atomique américain dans la mesure où sa contribution pouvait servir l'effort commun. Les Parties s'engageaient à ne communiquer des informations sur le programme atomique à un État tiers que moyennant consentement mutuel. De plus, l'accord de Québec octroyait aux Anglais un droit de veto dans l'utilisation future de l'arme. Une agence de l'uranium fut aussi créée dans le but d'acheter tout l'uranium disponible sur la planète. Les Canadiens furent associés à la mise en œuvre de cet accord.

69 Février/mars 1944.

de ces armes, et ne pourraient aboutir qu'à une course aux armements nucléaires entre les deux futures grandes puissances. Sa proposition fut mal interprétée et provoqua la méfiance à son égard, tant de la part de Churchill, que de Roosevelt qui envisagèrent de l'assigner à résidence.

À l'instar de Bohr, Léo Szilard, l'homme par qui tout avait commencé, écrivit, en mars 1945 à l'intention de Roosevelt, un mémorandum dans lequel il exposait avec perspicacité l'avenir et les conséquences de l'arme nucléaire sur les relations internationales.

Il démontrait que l'avancée technologique des États-Unis ne pourrait être que de courte durée et que l'utilisation de l'arme nucléaire par les États-Unis précipiterait la course à l'armement nucléaire entre les deux futures grandes puissances.

Pour contrecarrer cette escalade, Szilard proposait, dans la mesure où la menace allemande était écartée, de ne pas utiliser les armes nucléaires en cours d'élaboration pour contraindre les Japonais à capituler, ni même de procéder à un test quelconque. Il suggérait de soumettre à un contrôle international toute l'industrie mondiale de production d'énergie nucléaire utilisable.

Le nouveau président des États-Unis, H. Truman, confia ce mémorandum au secrétaire d'État, James Byrnes, qui fit part à Szilard de l'impossibilité de donner suite à ses propositions :

> Il lui dit que nous [les États-Unis] avons déjà dépensé deux milliards de dollars pour l'élaboration de la bombe, et que le Congrès désire savoir ce que nous avons réalisé avec l'argent ainsi dépensé. Comment voulez-vous obtenir des fonds du Congrès pour la recherche sur l'énergie atomique si vous ne montrez pas les résultats obtenus avec l'argent déjà dépensé ?[70]

Cependant, si l'utilisation de la bombe semblait inéluctable aux yeux des Autorités américaines, les questions relatives à la durée de leur monopole, au développement industriel et au partage international des potentialités offertes par la fission après la fin du conflit faisaient malgré tout partie de leurs préoccupations.

Sous l'impulsion de V. Bush, un *Interim Committee* fut constitué afin de définir la politique à suivre en matière nucléaire tant civile que militaire, dans l'attente de la levée du secret sur le programme militaire et de la création, par le Congrès, d'une agence affectée à cette fin[71].

---

70 Cité par Richard RHODES, *The making of the atomic bomb*, *op. cit.*, p. 638 (traduction personnelle).

71 Ce comité était composé de Stimson, George L. Harrison (président honoraire de la New York Federal Bank), Bush, Conant, du président du MIT Karl Compton, du sous-secrétaire de la Navy Ralph A. Bard, de l'assistant secrétaire d'État William L. Clayon et du délégué du président James F. Byrnes. À ce comité était associé un

À plusieurs reprises, ce comité fut amené, bien avant l'explosion de la première bombe, à réfléchir sur l'attitude à adopter en matière nucléaire à la fin du conflit. Dans un premier temps, une majorité aurait pu se dégager au sein du comité en faveur du partage entre les nations, du développement futur des potentialités offertes par la fission de l'atome moyennant un mécanisme de contrôle approprié ; la détérioration progressive des relations américano-soviétiques n'a plus autorisé la réalisation d'un tel partage. De ce fait, le comité estimait nécessaire de poursuivre, même après la capitulation du Japon, la production d'armes nucléaires et la recherche militaire en cette matière afin de conserver aux États-Unis une avance technologique suffisante sur l'Union soviétique. Il suggérait toutefois d'envisager une certaine ouverture vers l'URSS[72].

Finalement, en juin 1945, un groupe de sept scientifiques du projet Manhattan, présidé par le physicien d'origine allemande, James Frank, élabora un rapport destiné au secrétaire d'État à la Guerre, H. Stimson, dans lequel ils invitaient les États-Unis à lever le secret sur l'arme nucléaire et à la placer sous contrôle international. Ils estimaient qu'une course à l'armement nucléaire ne pourrait être évitée si les États-Unis refusaient de partager les connaissances scientifiques nucléaires de base avec les autres États, en particulier l'URSS, et monopolisaient à leur seul profit l'ensemble des sources disponibles de matières fissiles. Pour ce faire, ils proposaient des méthodes de contrôle et d'inspection du développement des potentialités offertes par la fission de l'atome garantissant leur stricte affectation à des fins pacifiques. Ils recommandaient aussi la mise en place de systèmes de rationnement des matières premières nécessaires à la mise en œuvre des programmes nationaux. Un Conseil international de contrôle, à créer, assumerait la surveillance du projet.

De plus, ce groupe suggérait de ne pas utiliser directement la bombe contre le Japon mais plutôt de procéder à une démonstration dans une zone désertique devant des représentants de toutes les Nations unies. Ceci afin d'éviter aux États-Unis de se trouver dans la position indélicate de devoir défendre la mise en œuvre du contrôle international d'une force nouvelle qu'ils auraient eux-mêmes enclenchée à l'insu de la plupart des autres nations.

---

panel scientifique composé de A. Compton, E. Lawrence, R. Oppenheimer et E. Fermi.

72 Ainsi à la conférence de Postdam en juillet 45, Truman avertit Staline qu'il détenait une arme nouvelle d'une force destructrice exceptionnelle. Ce dernier, déjà largement informé par ses services d'espionnage, lui répondit simplement qu'il espérait que les Américains en feraient bon usage contre le Japon.

Ce rapport ne fut finalement jamais remis à son destinataire et ne reçut qu'un soutien très modéré du monde scientifique qui concevait mal comment matériellement les Japonais pourraient apprécier la pleine portée d'une explosion d'avertissement dans un site désertique. L'assimilation de la portée destructrice d'une arme nucléaire ne pouvait se faire que moyennant la transmission de connaissances techniques stratégiques, ce qui était difficilement concevable.

Si, tant sur le plan politique que scientifique, un certain nombre de réflexions furent menées, d'une part, sur l'opportunité et les conséquences d'une utilisation effective de l'arme nucléaire et, d'autre part, sur le devenir, une fois la guerre terminée, de l'énergie libérée par la fission de l'atome, il semble bien que la logique militaire et la stratégie à court terme aient empêché l'aboutissement de l'une de ces propositions.

Chapitre I

Origine et création des instruments de contrôle des transferts

Le développement des échanges internationaux de connaissances relatives aux potentialités offertes par la fission et la fusion de l'atome en tant que source pacifique d'énergie a toujours suscité, de la part des États détenteurs de ce savoir, l'inquiétude qu'un transfert quelconque contribue directement ou indirectement à l'émergence d'une nouvelle puissance dotée de l'arme nucléaire. Du fait de l'ambivalence des connaissances nucléaires, il paraissait difficilement concevable, sauf pour quelques exceptions, de définir et d'isoler clairement celles uniquement utilisables à des fins militaires. La distinction civile/militaire ne pouvant apparaître que par l'application effective de ces connaissances au travers de l'utilisation des installations élaborées au sein de l'État destinataire. En effet, un réacteur nucléaire n'est, *a priori*, ni civil ni militaire, c'est uniquement par le type d'exploitation qui en est fait que sa finalité peut être déterminée.

Pour concilier le développement, estimé nécessaire par des enjeux politiques et économiques, des échanges internationaux relatifs à ces matières et le souci sécuritaire d'éviter la prolifération des armes nucléaires, la solution résidait dans l'instauration d'un système d'autorisation des transferts assorti de mécanismes de surveillance garants du respect des utilisations autorisées. L'efficacité de cette solution, théoriquement séduisante, nécessitait une application uniforme et universelle de ce système, exigence peu réaliste au regard de la situation géopolitique issue de la Seconde Guerre mondiale.

Ainsi à l'inverse, on va assister à une multiplication successive des instruments de contrôle des transferts de biens nucléaires. Cette multiplication résultait de la volonté des États de tenter de pallier les défaillances des instruments précédents, sans nécessairement les abroger.

Le présent chapitre a un double objectif. Il s'agit, d'une part, de dégager les motivations avancées et utilisées à l'origine pour élaborer les différents instruments de contrôle des transferts et, d'autre part, de retracer l'enchaînement des actes et décisions responsables de la multiplication de ces instruments de contrôle.

I. Du monopole à la coopération industrielle

Le 6 août 1945, le président américain, H. Truman, annonça au reste du monde la destruction de la ville d'Hiroshima par une arme nucléaire équivalente à 12 500 tonnes de TNT. Dans son allocution, il précisait l'intention des États-Unis de ne pas divulguer les détails des procédés techniques qui avaient conduit à l'élaboration de cette arme nouvelle. Quelques jours plus tard, dans un nouveau discours, il détermina le rôle qu'il entendait faire jouer aux États-Unis dans le développement futur de l'énergie désormais appelée nucléaire :

> Nous devons nous constituer les gardiens de cette nouvelle force afin d'empêcher son emploi néfaste et afin de la diriger pour le bien de l'humanité. C'est une terrible responsabilité qui nous est échue. Nous remercions Dieu qu'elle soit venue à nous plutôt qu'à nos ennemis et nous prions pour qu'Il nous guide dans Ses voies et pour Ses buts.

Ce rôle de Gardien du Temple du devenir de l'énergie nucléaire que se réservaient, par la voix de son président, les États-Unis annonçait sans ambages la naissance, estimée légitime, du monopole américain. Ce qui amènera certains à considérer qu'il était du droit des États-Unis de contrôler l'ensemble des sources connues de minerais d'uranium de la planète.

Toutefois, en totale contradiction avec cette politique du secret absolu, le service de presse du *War Department* publia, le 16 août 1945, un rapport détaillé sur les aspects scientifiques du développement du projet Manhattan[1]. Ce rapport, rédigé par le physicien américain H.D. Smith durant les mois qui précédèrent le premier test de Trinity, se donnait pour objectif

> de décrire le développement technique et scientifique de ce pays [les États-Unis] depuis 1940 vers l'usage militaire de l'énergie du noyau atomique. [...] [Il] entend être accessible aux scientifiques et aux ingénieurs en général ainsi qu'aux diplômés de l'enseignement supérieur ayant un bon niveau de chimie et de physique[2].

Il contenait, selon la préface signée par le général L. Groves, l'histoire administrative du développement de l'arme nucléaire américaine ainsi que toutes les informations scientifiques pertinentes qui « peuvent être rendues publiques sans porter atteinte à la sécurité nationale »[3].

---

1 Henry D. SMYTH, *Atomic Energy for Military Purposes*, The Official report on the Development of the Atomic bomb under the Auspices of the United States Government, 1940-1945, Princeton University Press, Princeton, 1945, 308 p.

2 *Ibid.*, p. 1 (traduction personnelle).

3 *Ibid.*, p. 5 (traduction personnelle).

Complémentairement, sinon principalement, à ce besoin de déterminer le champ des connaissances jugées non secrètes, ce rapport tentait, en démontrant la difficulté et l'ampleur considérable de la tâche accomplie, de justifier aux yeux du public américain le coût démesuré du projet Manhattan. La précision des informations divulguées allait faire écrire à certains[4] qu'elles avaient notablement facilité l'effort à réaliser par l'Union soviétique pour élaborer une arme nucléaire. Informations qui, selon d'autres[5], étaient déjà en possession des Soviétiques ou l'auraient été dans un délai relativement bref par l'intermédiaire de leurs services secrets.

En tout état de cause, ce document, à l'inverse de la tendance générale, entrouvrait la porte du partage du savoir et précisait aux divers scientifiques qui avaient contribué au projet Manhattan ce qu'ils pouvaient divulguer librement.

Début novembre 1945, le Premier ministre anglais, Clement Attlee, et le Premier ministre canadien, Mackenzie King, se rendirent à Washington pour discuter des suites à donner à l'accord de Québec[6]. Les Anglais espéraient, en contrepartie de l'aide apportée à la réussite du projet Manhattan, obtenir, d'une part, le soutien des Américains au développement de leur programme nucléaire tant civil que militaire et, d'autre part, l'aval de ces derniers pour lever l'interdiction d'exploiter commercialement les potentialités de l'énergie nucléaire.

Il n'en fut rien. Contrairement à la volonté affichée de partager les connaissances relatives à la fission de l'atome, la délégation américaine, soucieuse de préserver la maîtrise exclusive de l'arme nucléaire aux États-Unis, s'affirma largement protectionniste. Elle estimait qu'il était techniquement difficile de dissocier au sein des connaissances nécessaires à la maîtrise de la fission de l'atome, les aspects qui pourraient trouver une application civile de ceux nécessaires au développement d'un programme nucléaire de recherche militaire qu'il convenait de garder secret.

La déclaration finale signée le 15 novembre 1945 reflète clairement, sous couvert du désir exprimé de partager le savoir nucléaire, cette ambiguïté et amorce le début de l'isolationnisme nucléaire anglo-américain. En effet, ces États se montraient disposés à

---

4 Voir B. GOLDSCHMIDT, *L'aventure atomique*, Les grandes études contemporaines, Fayard, Paris, 1962, p. 60, ou R. RHODES, *The making of the atomic bomb*, *op. cit.*, p. 750.

5 Voir L.L. STRAUSS, *Men and decision*, *op. cit.*, p. 251.

6 Voir note 68 du chapitre préliminaire « Quelques précisions sur la genèse d'une science et sur la naissance d'une ambiguïté d'exploitation ».

> Partager avec les autres Nations unies, sous réserve de réciprocité, tous les renseignements concernant l'application industrielle pratique de l'énergie atomique dès qu'on aura trouvé des sauvegardes efficaces et applicables contre l'emploi que l'on pourrait faire de cette énergie à des fins de destruction.
>
> Afin d'acquérir le moyen le plus efficace d'éliminer entièrement l'usage de l'énergie nucléaire pour des fins militaires de destruction et d'en favoriser l'usage le plus étendu pour des fins industrielles et humanitaires, nous sommes d'avis qu'une commission relevant de l'Organisation des Nations unies et chargée de lui soumettre des recommandations devrait être créée dans le délai le plus bref possible[7].

Dans cette déclaration apparaissait en filigrane, pour la première fois, la conviction que si on ouvrait la voie à la coopération industrielle, il serait nécessaire de conditionner les transferts d'installations et de connaissances à un contrôle de leur utilisation effective. De ce fait, il était indispensable d'instaurer un régime de contrôle des transferts comportant, d'une part, un système d'autorisation permettant de surveiller les exportations de biens et, d'autre part, un système de vérification garantissant la conformité d'utilisation des biens exportés.

Mais contrairement à ces intentions, les tendances protectionnistes anglo-américaines triomphèrent et, dans les semaines qui suivirent, les États-Unis renforcèrent encore plus nettement leur isolement en refusant d'accorder au Royaume-Uni leur appui technique et scientifique à la mise au point d'un projet de centrale nucléaire.

Sur le plan intérieur, le Congrès adopta, selon cette même logique et non sans quelques difficultés[8], la loi sur l'énergie atomique en temps de paix, dite loi McMahon[9], qui interdisait le partage des informations, de la technologie et des matières pouvant être mises à profit pour fabriquer des armes nucléaires. Toutefois, celle-ci autorisait, moyennant approbation expresse du Congrès et dans des limites strictes, la diffusion interne et externe des connaissances nucléaires. L'ensemble des questions relatives à l'énergie nucléaire était confié à la responsabilité exclusive d'une Commission nationale de l'énergie nucléaire composée de cinq civils nommés par le président. La loi McMahon imposait également un contrôle sur toutes les informations classées sensibles et établissait des

---

7 Texte traduit par B. GOLDSCHMIDT, *L'aventure atomique, op. cit.*, p. 61.

8 Deux projets de loi s'affrontèrent. Il y avait, d'une part, la proposition dite May-Johnson qui accordait le contrôle de l'atome au pouvoir militaire et, d'autre part, la proposition McMahon, soutenue notamment par la fédération nouvellement créée des physiciens atomiques américains, qui l'accordait au pouvoir civil.

9 Public Law n° 79-585, 60 Stat. 755.

sanctions sévères, allant jusqu'à la peine de mort, contre toute personne coupable d'avoir transmis des renseignements à un État étranger[10].

Concrètement, la loi McMahon entrava définitivement toute forme de collaboration industrielle avec des États tiers en reconnaissant indirectement un monopole nucléaire de fait aux Américains[11].

Toutefois, la politique américaine en matière de contrôle de l'énergie nucléaire était loin d'être uniforme et restait encore largement ambiguë. Ainsi, réunis à Moscou, le 27 décembre 1945, les ministres des Affaires étrangères anglais, américain et soviétique[12] approuvèrent le dépôt d'un projet de résolution de l'Assemblée générale des Nations unies portant création d'une Commission chargée de l'énergie nucléaire. Cette Commission devait, selon ces trois États, s'inspirer de l'esprit de la déclaration anglo-américaine du 15 novembre. La France, le Canada et la Chine furent invités à parrainer cette résolution.

La Commission des Nations unies pour l'énergie atomique fut créée par vote unanime le 24 janvier 1946. Elle était chargée d'examiner tous les aspects du développement pacifique de l'énergie nucléaire et devait en particulier formuler des propositions pour permettre le développement des échanges de connaissances entre les États tout en s'assurant qu'un contrôle, assorti de garanties efficaces, en préserverait l'usage strictement pacifique[13]. Il appartenait aux États-Unis, détenteurs du monopole de la connaissance nécessaire à la maîtrise de l'arme nucléaire, de prendre l'initiative au sein de cette Commission des Nations unies. Pour ce faire, les Autorités américaines constituèrent en leur sein

---

10 Ces sanctions étaient loin d'être purement hypothétiques. En effet, la peine de mort pour fait d'espionnage au profit de l'Union soviétique fut prononcée et appliquée aux époux Julius et Ethel Rosenberg, le 18 juin 1953.

11 L'adoption de la loi McMahon enraya définitivement, les espoirs de la Belgique de voir concrétiser son droit à un traitement préférentiel en matière d'utilisation pacifique de l'énergie atomique, accordé par les États-Unis et la Grande-Bretagne en échange de la fourniture de la quasi-totalité des ressources en uranium de sa colonie, le Congo belge. Pour de plus amples développements sur cette question, voir P. BUCH, J. VANDERLINDEN, *L'uranium la Belgique et les puissances, Marché de dupes ou chef d'œuvre diplomatique ?*, Pol-His, De Boeck Université, Bruxelles, 1995.

12 Respectivement Ernest Bevin, James Byrnes et Vyacheslav Molotov.

13 Le texte adopté la chargeait de « faire des propositions spécifiques pour : A. développer les échanges d'informations à des fins pacifiques entre les nations ; B. contrôler l'énergie atomique afin de garantir un usage à des fins strictement pacifiques ; C. éliminer les armes atomiques et toute autre arme de destruction massive des arsenaux nationaux ; D. mettre en place des garanties efficaces par le biais d'inspections et de tout autre moyen protégeant les États contre les risques de violations et de détournements ». Repris intégralement par P.M.S. BLACKETT, *Fear, War, and the Bomb – Military and political consequences of Atomic Energy*, Whittlesey House, New York, 1949, p. 117 (traduction personnelle).

un comité d'experts[14], chargé d'élaborer les propositions que les États-Unis déposeraient à la Commission. Le comité remit son rapport[15] en mars 1946. Reconnaissant l'intérêt tant économique que militaire de l'énergie nucléaire, ce rapport suggérait aux Autorités américaines de troquer leur monopole contre l'instauration d'un régime international de contrôle de l'énergie nucléaire doté de pouvoirs considérables. Aux yeux du comité, il apparaissait certain que, quelle que soit l'issue donnée aux conclusions du rapport, le monopole américain ne durerait que peu de temps et qu'un monde où l'armement nucléaire serait généralisé ne pourrait être que désavantageux pour les États-Unis.

Partant du principe qu'il était impossible de dissocier efficacement les activités relevant des applications pacifiques de celles nécessaires à la fabrication d'une arme, le comité était plus favorable à une internationalisation de l'atome qu'à un contrôle international des programmes nationaux. Pour ce faire, il préconisait la création d'une agence internationale pour le développement atomique[16] qui se substituerait aux États et détiendrait la propriété de l'ensemble des installations jugées sensibles et nécessaires au développement des différentes applications de l'énergie nucléaire. Dans ce cadre, les États ne seraient autorisés à implanter et posséder des installations nucléaires que dans la mesure où celles-ci ne pourraient en aucun cas être détournées vers la fabrication d'une arme nucléaire.

Afin de garantir le succès du système proposé, les différentes installations sensibles de l'ADA devaient, moyennant le respect de quelques grandes règles, être réparties géographiquement entre tous les États. Il fallait, d'une part, garantir l'équilibre stratégique entre les différentes puissances et groupes de puissances et, d'autre part, éviter de réunir au sein d'un seul État ou d'une même alliance un ensemble d'installations permettant indirectement la fabrication clandestine d'une arme nucléaire.

Le président Truman confia à Bernard Baruch, contre l'avis des membres du comité d'experts[17], le soin de reformuler les propositions du rapport en un projet à présenter au sein de la Commission des Nations

[14] Ce Comité était composé de D. Lilienthal, président de la Tennessee Valley Authority ; C. Barnard, président de la New Jersey Bell Telephone Company ; Dr J. Oppenheimer ; Dr C. Thomas, vice-président et directeur technique de la Monsanto Chemical Company ; et H. Winne, vice-président chargé de la Engineering Policy de la General Electric Company.

[15] Baptisé Rapport Acheson-Lilienthal.

[16] Atomic Development Authority (ADA).

[17] Bernard Baruch fut désigné, le 16 mars, représentant américain auprès de la Commission des Nations unies pour l'Énergie atomique.

unies pour l'Énergie atomique. Le plan Baruch[18] resta globalement fidèle aux orientations principales du rapport Acheson-Lilienthal. Il conservait l'idée de la création d'une Autorité internationale du développement atomique qui détiendrait la propriété et le contrôle de toutes les applications jugées dangereuses pour la sécurité mondiale[19]. Les programmes nationaux de recherche et de développement de l'énergie nucléaire ne pouvaient être admis que pour certaines applications et moyennant autorisation préalable de l'Autorité[20]. De plus, les États devaient se soumettre à des inspections régulières d'agents de l'Autorité afin de prévenir et déceler les activités clandestines éventuelles.

Par ailleurs, les États-Unis s'engageaient à cesser la production d'armes nucléaires et à céder à l'Autorité leurs connaissances et leurs armes selon un calendrier à déterminer. Celui-ci était conditionné par la mise en œuvre effective d'un système adéquat de contrôle de l'énergie nucléaire.

Le système suggéré consistait pour l'essentiel en un régime de surveillance des installations confiées en gestion aux États. Du fait de l'internationalisation de la propriété des connaissances, les transferts bilatéraux ou multilatéraux de connaissances entre les États devenaient pour l'essentiel inexistants et la décision d'autoriser ces quelques transferts ressortait, à titre exclusif, à l'Autorité. La nécessité d'instaurer un régime de contrôle des transferts de biens apparaissait dès lors sans fondement.

Le plan Baruch attachait une attention particulière aux sanctions des violations qu'il considérait comme le « cœur même du système de sécurité ». Les missions de l'Autorité visant la répression des violations devaient faire l'objet d'une réponse prompte et exemplaire et ne pouvaient, en aucun cas, être soumises au veto des membres permanents du Conseil de sécurité des Nations unies[21].

---

18 Pour une version *in extenso* du plan Baruch, voir *Briefing Book Volume II : « Treaties, Agreements and Other Relevant Documents »* (Fifth Edition), compilé et édité par J. SIMPSON et D. HOWLETT, *Programme for Promoting Nuclear Non-Proliferation*, 1997, p. 0-1.

19 On englobait sous le vocable « dangereux », des installations allant de la centrale nucléaire de moyenne importance à l'usine d'enrichissement, ce qui, finalement, ne laissait aux États qu'un champ d'investigation très restreint. Le plan Baruch réservait aussi exclusivement à l'Autorité la prospection et la possession des réserves de la planète en minerais d'uranium et de thorium.

20 Le projet cite, à titre d'exemple, les réacteurs de recherches, les traceurs radioactifs et, de manière limitée, certaines centrales nucléaires.

21 « The subject goes straight to the veto power contained in the Charter of the United Nations [...]. The Charter permits penalization only by concurrence of each of the five great powers [...]. There must be no veto to protect those who violate their solemn agreements not to develop or use atomic energy for destructive purposes.

La gravité de la violation[22] pourrait, selon certains, justifier l'usage, exceptionnel et légitime, d'une arme nucléaire contre le transgresseur[23]. Remarquons que le plan Baruch n'envisageait de sanctions que contre le comportement illégal d'un État et non contre l'action proliférante d'individus, membres, par exemple de groupes terroristes, faite à l'insu des autorités nationales.

Le plan Baruch fut déposé au nom du Gouvernement américain le 13 juin 1946, à la première réunion de la Commission des Nations unies pour l'Énergie atomique. Il fut accueilli favorablement par tous les membres de la Commission à l'exception de l'URSS et de la Pologne. Le rejet soviétique était inévitable dans la mesure où la mise en œuvre du plan aurait, par la composition des organes de l'Autorité, limité considérablement le pouvoir de l'Union soviétique. En effet, toute prise de décision devait se faire à la majorité simple et il n'était reconnu aucun droit de veto aux membres du Conseil de sécurité des Nations unies, ce qui consistait à octroyer, *de facto*, la maîtrise de l'ensemble du programme nucléaire mondial aux États-Unis et à leurs alliés.

Par ailleurs, le personnel de gestion et d'inspection de l'Autorité devait, selon le plan Baruch, être recruté en fonction de sa haute valeur scientifique, de son expérience et, si possible, sur une base internationale. Ces conditions auraient inexorablement conduit au recrutement d'une majorité d'Américains. En effet, les États-Unis possédaient, suite au développement de leur programme nucléaire militaire durant les années 1941-1945, un nombre considérable de physiciens atomistes expérimentés de haute valeur scientifique qu'aucun autre État ne pouvait espérer égaler.

Finalement, la réalisation par étapes du plan aurait miné progressivement un des éléments essentiels de la stratégie de défense de l'Union soviétique. En effet, la réalisation de la première phase visait à établir un relevé complet de toutes les réserves de minerais d'uranium et de tho-

---

The bomb does not wait upon debate. To delay may be to die. The time between violation and preventive action or punishment would be all too short for extended discussion as to the course to be followed. »

22 Par violation, le plan Baruch entendait :
1. La possession illégale ou l'utilisation de bombes atomiques ;
2. La possession illégale ou la séparation de matières utiles à l'élaboration de bombes atomiques ;
3. La confiscation de toutes installations ou propriétés appartenant à ou autorisées par l'Autorité ;
4. L'ingérence excessive dans les activités de l'Autorité ;
5. L'élaboration et la mise en œuvre de projets dangereux de manière contraire ou en l'absence de la licence délivrée par l'organisme international de contrôle.

23 Voir P.M.S. Blackett, *Fear, War, and the Bomb – Military and political consequences of Atomic Energy*, *op. cit.*, p. 149.

rium de la planète. La réalisation de ce relevé par l'Autorité sur le territoire soviétique aurait enfin permis aux experts américains de disposer d'une cartographie complète de l'Union soviétique[24].

Quelques jours plus tard, le représentant soviétique, Andrei Gromyko présenta une contre-proposition à la Commission des Nations unies pour l'Énergie atomique[25]. Celle-ci envisageait la conclusion d'une convention internationale à durée indéterminée interdisant la production et l'emploi d'armes basées sur l'utilisation de l'énergie.

L'adoption de cette convention constituait pour l'Union soviétique un préalable obligatoire avant toute mise en œuvre d'un quelconque développement industriel pacifique. Un des éléments majeurs de la contre-proposition consistait à imposer la destruction de toutes les armes nucléaires existantes et en cours de fabrication dans les trois mois de l'entrée en vigueur de la convention. Une fois ce désarmement nucléaire réalisé, elle proposait d'autoriser le développement de programmes nationaux de recherches nucléaires tout en soumettant les États à un système de contrôle et de vérifications du respect des termes de la convention. Par ailleurs, les États s'engageaient à élaborer et à intégrer, au sein de leur législation, un système répressif doté de peines sévères.

La contre-proposition soviétique se distinguait du projet américain dans la mesure où elle laissait la propriété et le développement des activités pacifiques dans le champ de compétences des États et n'empêchait nullement les transferts de connaissances ni la collaboration entre États. Elle était toutefois peu précise sur le contenu du système de contrôle et de vérification qui devait être élaboré par une Commission à créer. Remarquons qu'en matière de sanctions, contrairement à la proposition américaine, elle n'envisageait pas les mesures à prendre contre un État qui violerait la convention mais à l'inverse elle imposait aux États de s'engager à poursuivre et sanctionner les violations commises sur leur territoire qu'il leur appartenait de qualifier.

D'évidence, les États-Unis ne pouvaient se rallier au projet soviétique. Ils refusaient de se défaire de leur arsenal nucléaire par la seule conclusion d'une convention internationale et préalablement à la mise en œuvre effective et éprouvée d'un système international de contrôle et de vérification complet doté d'un pouvoir d'investigation illimité.

Pour tenter d'obtenir un consensus, des négociations bi- et multilatérales se poursuivirent pendant plus de deux ans. Elles débouchèrent,

---

24 La non disponibilité d'une cartographie précise des sites industriels, militaires ou de l'infrastructure de transport de l'Union soviétique faisait partie de sa stratégie militaire et avait fait ses preuves lors de l'avancée allemande en juin 1941.

25 Un résumé succinct de cette contre-proposition est accessible sur le site de l'Agence internationale de l'Énergie atomique.

malgré un certain nombre de concessions de part et d'autre mais plus particulièrement soviétiques[26], sur une impasse et la Commission des Nations unies pour l'Énergie atomique fut finalement dissoute en 1952.

Il est symptomatique de constater que tant la proposition américaine que la proposition soviétique requerraient avant la mise en œuvre d'un quelconque développement nucléaire pacifique, l'instauration d'un régime de contrôle des transferts des connaissances constitué, à des degrés divers, de ses trois éléments fondateurs à savoir des instruments permettant de localiser et de surveiller les transferts de connaissances, des techniques de contrôle et de vérification des utilisations autorisées et un régime de répression des violations. Mais de toute évidence, il apparaît clairement que, quel qu'en ait été l'auteur, les diverses tentatives d'installer un contrôle mondial de l'énergie nucléaire pour entraver la course à l'armement nucléaire étaient toutes plus ou moins vouées à l'échec, un des ingrédients nécessaires à l'établissement d'un tel contrôle, la confiance mutuelle entre les deux grandes puissances, n'ayant jamais pu s'instaurer. De surcroît, la montée progressive de la guerre froide allait empêcher, pour longtemps, la concrétisation de ces objectifs.

Le monopole américain de l'arme nucléaire ne sera, cependant, que de courte durée. En effet, le 2 septembre 1949, lors d'un vol de routine entre le Japon et l'Alaska, un *weather reconnaissance plane* américain[27] détecta dans la stratosphère la présence d'un nuage radioactif. Un comité d'experts[28] fut immédiatement constitué afin d'examiner les données collectées et déterminer si ces poussières radioactives étaient dues à l'explosion d'une bombe atomique ou à un accident survenu à un réacteur nucléaire. Ils conclurent, à la plus grande surprise des Autorités américaines[29], que ces poussières ne pouvaient provenir que de l'explo-

---

26 L'Union soviétique se rallia progressivement :
– à l'idée du contrôle international de l'énergie atomique dans tous ses aspects ;
– à la nécessité que ce contrôle soit exercé par des inspecteurs internationaux ayant un pouvoir d'investigation illimité ;
– à la mise en place d'un système de quotas par pays des applications de l'énergie atomique ;
– à une certaine maîtrise de l'Autorité sur les activités de recherche atomique.

27 L'armée de l'air américaine possédait, à partir de l'été 1949, des appareils équipés de systèmes de détection des activités atomiques de l'Union soviétique.

28 Composé de R. Oppenheimer, V. Bush, R. Bacher, et l'amiral W. Parsons.

29 Le temps nécessaire aux soviétiques pour fabriquer une arme atomique faisait l'objet de moultes controverses. Pour l'armée, et en particulier pour le général brigadier Leslie Groves, le retard soviétique était de quinze à vingt ans ; par contre, pour certains scientifiques tels que L. Szilard, il n'était que de trois à six ans. Quant au président Truman, plusieurs auteurs citent une conversation de ce dernier avec R. Oppenheimer lui demandant quand les soviétiques auraient été capables de construire une bombe : « Je ne sais pas » répondit Oppenheimer « Je sais » dit Truman « Quand ? » « Jamais ».

sion d'une arme nucléaire au plutonium quelque part en Sibérie du Nord, dans les derniers jours d'août 1949[30]. L'Union soviétique venait de faire exploser sa première arme nucléaire marquant ainsi la fin de la suprématie américaine. La nouvelle fut rendue publique par le président américain Truman le 24 septembre, mais ne fut reconnue officiellement par l'Union soviétique qu'en novembre, lors de l'annonce en demi-teinte aux Nations unies de sa volonté de limiter l'usage de ses connaissances atomiques aux seules fins pacifiques.

En réaction au succès des Soviétiques, les États-Unis vont, afin de rétablir leur suprématie, d'une part, essayer de conserver leur avance quantitative en augmentant leurs stocks d'armes nucléaires[31] et, d'autre part, tenter de retrouver une avance qualitative par la mise au point de la bombe thermonucléaire ou bombe à fusion.

La bombe à fusion avait déjà fait l'objet de recherches dans le cadre du projet Manhattan mais les travaux, sous la direction de E. Teller, avaient été abandonnés fin 1945 à la suite de la mise en veilleuse partielle du programme de recherche atomique militaire[32].

Après de longs débats au sein des milieux concernés sur la faisabilité technique et sur l'opportunité politique[33] de lancer les États-Unis dans une nouvelle étape de la science de la destruction[34], le président Truman trancha et annonça dans un communiqué rendu public le 31 janvier 1950 qu'il « avait ordonné à la Commission de l'Énergie atomique de poursuivre ses travaux sur toutes les formes possibles d'armes atomiques y compris la bombe dénommée à hydrogène ou Super[35] »[36].

---

30 Précisément le 29 août 1949.

31 Ce stock n'avait guère augmenté de manière significative depuis la fin du conflit mondial. En effet, il était constitué, en juin 1946, de neuf bombes au plutonium dont 7 étaient opérationnelles. Un an plus tard, il n'avait augmenté que de six unités.

32 Pour les années 1946 et 1947, les crédits annuels seront réduits à un tiers de milliard de dollars. Ils ne retrouveront leur niveau de la fin de la guerre qu'à partir de 1950.

33 Sur le plan technique, nombreuses étaient encore les incertitudes quant à la réussite de l'explosion d'une telle bombe. La reprise des travaux déboucha sur une impasse technique qui ne fut résolue qu'en janvier 1951. Sur le plan politique, le GAC (le groupe consultatif d'experts de la Commission pour l'Énergie atomique) se montra largement défavorable à la reprise des travaux sur la bombe thermonucléaire. Elle ne présentait, selon eux, en plus du risque d'échec dans sa réalisation, qu'un intérêt stratégique limité et risquait de pénaliser la production d'armes nucléaires dont la fiabilité et l'efficacité avaient été largement prouvées.

34 La bombe thermonucléaire permet d'atteindre une puissance nettement supérieure à celle de la bombe à fission classique. À titre d'exemple, la bombe à fission la plus puissante à avoir jamais explosé avait une puissance de 500 kt, tandis que la bombe thermonucléaire la plus importante avait une puissance de 58 mt, lors de son explosion mais pouvait être réglée jusqu'à 100 mt.

35 Surnom de la bombe thermonucléaire, attribué lors des travaux du projet Manhattan.

Les travaux sur l'arme thermonucléaire reprirent à Los Alamos, sous la direction de E. Teller et progressèrent rapidement, si bien que le 1er novembre 1952, la première bombe thermonucléaire surnommée Mike, désintégra l'îlot Eugelob dans les îles Marshall avec une puissance estimée de 10,4 mt[37]. Les États-Unis rétablissaient ainsi leur suprématie. Certaines personnalités scientifiques et politiques, dont Fermi, Rabi et Bush, avaient, malgré tout, essayé de convaincre les Autorités américaines de ne pas procéder au test effectif d'une bombe thermonucléaire. Bush avait notamment proposé de s'abstenir tant que les Soviétiques n'avaient pas procédé eux-mêmes à un tel test. Ce qui pouvait être facilement contrôlé par des techniques identiques à celles utilisées pour détecter l'explosion de la première bombe atomique soviétique.

La suprématie américaine fut, à nouveau, de très courte durée. En effet, le 12 août 1953, soit neuf mois après les États-Unis, l'Union soviétique faisait exploser à son tour sa première bombe thermonucléaire. L'analyse du nuage radioactif démontra, d'une part, qu'il s'agissait bien d'une bombe thermonucléaire d'une puissance légèrement inférieure à une mégatonne, et que, d'autre part, elle était techniquement plus élaborée que la bombe H américaine[38]. Le succès soviétique eut un impact considérable aux États-Unis car il apportait la preuve que l'espionnage n'était pas le principal facteur de la réussite soviétique et que l'Union soviétique était capable de surpasser les Américains dans un domaine où ils se considéraient comme les seuls à exceller[39].

Suite à l'explosion de la bombe thermonucléaire soviétique, les États-Unis vont réagir en perfectionnant leur arsenal et, le 1er mars 1954, eut lieu à Bikini une série de six tests de versions différentes de la

---

36 Texte de l'allocution du président Truman cité in extenso par L.L. STRAUSS, *Men and decision, op. cit.*, p. 225 (traduction personnelle).

37 Soit un millier de fois plus puissante que Little Boy (Hiroshima).

38 Les soviétiques avaient remplacé le tritium (isotope artificiel de l'hydrogène produit par bombardement neutronique du lithium dans une pile), en partie au moins, par du lithium et du deutérium qui peuvent être trouvés dans la nature. De plus, la bombe H soviétique était, à l'inverse de l'américaine, transportable. En effet, la bombe thermonucléaire américaine « Mike » consistait en un dispositif volumineux de 65 tonnes totalement intransportable.

39 Les Autorités américaines ont trop longtemps sous-estimé les capacités scientifiques des Soviétiques et des Européens, oubliant que les progrès accomplis aux États-Unis l'avaient été en partie grâce aux cerveaux des scientifiques étrangers, et que parmi les scientifiques restés en Europe, certains disposaient des formations de base susceptibles de faciliter l'assimilation des évolutions technologiques dans le domaine nucléaire. Le succès soviétique n'avait rien de tellement surprenant et ce, même sans l'apport de l'espionnage.

bombe thermonucléaire. La première de ces explosions avait une puissance non encore dépassée de 15 mt et était le premier prototype transportable par avion. Les Soviétiques réagiront en procédant le 23 novembre 1955 au test d'une bombe similaire.

L'escalade nucléaire était amorcée instaurant ce que d'aucuns qualifieront de « subtil équilibre de la terreur ».

Parallèlement à la surenchère à la mégatonne que se livraient les deux grandes puissances, d'autres États vont se lancer avec plus ou moins de succès dans la course à l'arme atomique.

Ainsi le Royaume-Uni qui avait relancé dès 1946[40] son programme de recherche nucléaire en donnant la priorité à la fabrication de la bombe, fit exploser en octobre 1952 à Montebello (Australie) sa première bombe atomique[41]. Cette réussite sept ans après le test de Trinity, apparaissait pour le Royaume-Uni comme nécessaire pour retrouver son prestige et son rang sur l'échiquier international.

L'entrée des Britanniques dans le club des États dotés de l'arme nucléaire[42] démontrait, une fois de plus, que la politique du secret instaurée par la loi McMahon s'avérait peu efficace pour lutter contre les risques de prolifération des armes nucléaires.

De plus, dans les domaines jugés non secrets tels que les radioéléments artificiels, les Britanniques adoptèrent, dès 1948, une politique commerciale très souple. Une garantie d'utilisation émanant d'une autorité officielle du pays demandeur était jugée satisfaisante par les Autorités britanniques pour accorder la licence d'exportation, alors que les États-Unis soumettaient la même demande d'exportation à des mécanismes d'autorisation beaucoup plus élaborés[43].

Par cette différence d'exigences, les entreprises britanniques possédaient, pour l'obtention des marchés en pleine croissance des applications de l'atome, un avantage considérable sur leurs concurrentes américaines.

---

40 Les Britanniques avaient pressenti bien avant les Américains l'intérêt de l'énergie nucléaire. À partir de novembre 1943, suite aux accords de Québec, les chercheurs britanniques furent intégrés au projet Manhattan. Travaillèrent notamment à Los Alamos : R. Peierls, O. Frisch, K. Fuchs.

41 La première pile atomique anglaise entra en fonctionnement en été 1947, soit cinq ans après celle de Fermi aux États-Unis. En gros, l'effort budgétaire anglais se situa à un dixième de celui du projet Manhattan.

42 En abrégé EDAN.

43 Ils imposaient notamment au demandeur la publication des résultats ainsi qu'un certain nombre de conditions visant à garantir l'utilisation pacifique des articles transférés.

De surcroît, le développement rapide du programme nucléaire soviétique tant militaire que civil risquait d'anéantir les effets internationaux de la loi McMahon et de pénaliser largement le développement de l'industrie civile américaine[44] et, dans une certaine mesure anglaise[45]. En effet, l'Union soviétique n'envisageait pas d'adopter des exigences de transferts similaires et se montrait même favorable à une certaine diffusion des différentes applications civiles de son programme nucléaire.

Cette attitude va contraindre indirectement les États-Unis à modifier progressivement leur politique de transfert en autorisant la diffusion partielle des connaissances nécessaires à la réalisation des différentes applications pacifiques potentielles de l'énergie nucléaire avec certaines nations alliées[46].

II. Instauration d'un régime de vérification des utilisations autorisées

Du fait qu'il était démontré que la rétention des connaissances scientifiques n'entravait nullement un État, doté de moyens financiers et humains suffisants, de réaliser seul une arme nucléaire, la politique du secret des États-Unis n'avait plus de raison d'être[47].

Cet isolationnisme devenait d'autant plus inopportun que l'Union soviétique avait, à l'inverse, clairement l'intention de faire bénéficier les autres nations des différentes applications pacifiques de l'énergie nucléaire. L'Administration américaine craignait tout particulièrement que certains pays, tels que l'Inde et les pays du Moyen-Orient se rapprochent politiquement de l'Union soviétique dans l'espoir d'obtenir l'assistance nécessaire pour le développement de leurs programmes de recherches nucléaires nationaux.

---

44 Industrie qui, en 1953, était encore à son état embryonnaire, l'essentiel des activités était sous le contrôle de la Commission de l'Énergie atomique qui avait largement donné la priorité aux applications militaires.

45 Les premières grandes centrales électriques nucléaires sont entrées en fonctionnement en 1956 au Royaume-Uni, en 1957 aux États-Unis, en 1958 en Union soviétique, et en 1959 en France. Une certaine concurrence va s'instaurer entre les réacteurs à uranium enrichi de l'Union soviétique et des États-Unis (le réacteur à eau pressurisée de Westinghouse et le réacteur à eau bouillante de General Electric) et les réacteurs à uranium naturel adoptés par la France et le Royaume-Uni.

46 Voir en ce sens W. WALKER, M. LÖNNROTH, *Nuclear power struggles, Industrial Competition and Proliferation Control*, G. Allen & Unwin Ltd, London, 1983, p. 8.

47 La réussite de l'explosion de la première bombe atomique soviétique était considérée par les États-Unis comme essentiellement due aux informations collectées par des espions soviétiques introduits au sein du projet Manhattan, notamment les physiciens Alan Nunn May et Klaus Fuchs, le mécanicien David Greenglass et les époux Julius et Ethel Rosenberg.

Dans un discours prononcé le 8 décembre 1953 devant l'Assemblée des Nations unies, le président américain Dwight D. Eisenhower annonça la volonté des États-Unis de rompre radicalement avec la politique du secret. Il proposait d'instaurer un système de coopération internationale pour l'utilisation pacifique de l'énergie nucléaire auquel les États-Unis entendaient contribuer largement.

Ce discours, baptisé *Atoms for Peace Plan* s'articulait autour de deux axes essentiels. Il s'agissait tout d'abord pour le président Eisenhower de faire bénéficier les autres États des applications pacifiques de l'énergie atomique en confiant cette mission à un organisme international à constituer baptisé « Agence internationale de l'énergie atomique »[48].

D'autre part, il s'engageait à défendre devant le Congrès américain un certain nombre d'amendements modifiant radicalement la loi McMahon et dont les objectifs visaient essentiellement à encourager le développement des échanges internationaux des connaissances nucléaires relatives aux utilisations à des fins pacifiques[49].

À l'inverse de ce qu'ils avaient proposé en 1946, lors de l'élaboration du plan Baruch, les États-Unis admettaient désormais qu'il était techniquement réalisable de découpler les utilisations pacifiques des utilisations militaires de l'énergie atomique à la condition d'exiger du pays bénéficiaire l'engagement de n'utiliser l'assistance octroyée qu'à des fins pacifiques. Le respect de cet engagement étant garanti par un droit d'inspection du pays donateur. Ils estimaient cependant que le secret devait être maintenu sur certaines installations du cycle du combustible, notamment, les installations d'enrichissement ou de retraite-

---

48 « Des experts devront être mobilisés pour appliquer l'énergie aux besoins de l'agriculture, de la médecine, et d'autres activités pacifiques. Une attention toute particulière devra être accordée à la fourniture d'électricité aux régions de la planète disposant de faibles ressources énergétiques. De ce fait, les États contribuant [à l'AIEA] devront mettre une partie de leur force au service des nécessités et besoins de l'Homme plutôt qu'au service de ses peurs et ses craintes ». Texte *in extenso* du discours « Atoms for Peace », *Briefing Book Volume II : « Treaties, Agreements and other relevant documents », op. cit.*, p. N-7 (traduction personnelle).

49 « Premièrement à encourager une investigation mondiale des utilisations pacifiques, les plus efficaces, des matières fissiles avec la certitude qu'ils [les chercheurs] disposent de toute la matière nécessaire pour mener à bien les expériences jugées indispensables.

[...]

Troisièmement à permettre à tous les hommes et à toutes les nations, dans ce siècle des lumières, de constater que les grandes puissances de la terre, tant à l'Est qu'à l'Ouest, sont plus intéressées au bien-être de l'Homme qu'à l'élaboration d'armes de guerre ». Texte *in extenso* du discours « Atoms for Peace », *Briefing Book Volume II : « Treaties, Agreements and other relevant documents », op. cit.*, p. N-7 (traduction personnelle).

ment dans la mesure où le risque de diversion leur semblait être non négligeable.

Clairement distinct d'un mécanisme de désarmement et du concept d'internationalisation cher au plan Baruch, le plan Atoms For Peace instituait plutôt un système de vérification unilatérale visant essentiellement à entraver la prolifération nucléaire dite horizontale[50].

Constatons cependant que ce système de surveillance n'avait qu'une portée limitée par le simple fait qu'il ne s'appliquait, d'une part, qu'aux programmes de recherches et d'utilisation de l'énergie atomique des pays non détenteurs d'armes nucléaires et, d'autre part, qu'aux seules installations et matières fournies par le pays donateur. En théorie, il n'était pas interdit à l'État bénéficiaire du transfert de développer des activités de recherches militaires nucléaires dans la mesure où elles étaient faites dans des installations ou avec des matières distinctes de celles transférées par le pays donateur.

Sur le plan interne, les principes de rétention de l'information furent supprimés par l'abrogation de la loi McMahon et une politique de promotion des utilisations pacifiques de l'énergie atomique y fut substituée par le vote du Congrès américain d'une nouvelle loi sur l'énergie atomique[51].

Cette nouvelle loi soumettait les transferts de la technologie américaine à la négociation d'un accord de coopération définissant les termes, la nature, la durée et la portée de l'assistance accordée.

Elle imposait, également, à l'État bénéficiaire l'engagement formel de respecter les conditions d'utilisation et de non-détournement des matières fournies vers la fabrication, la recherche et le développement d'armes nucléaires ou de toutes autres utilisations militaires. Par ailleurs, le retransfert des matières fissiles ou le transfert des matières produites ne pouvait être admis qu'aux conditions déterminées par l'accord.

L'introduction de garanties visant au respect de l'utilisation pacifique des matières transférées dans les accords de coopération bilatéraux

---

[50] C'est au physicien indien Bhabha que l'on doit les termes de prolifération horizontale et verticale. On entend par prolifération verticale un accroissement en qualité et quantité de l'armement nucléaire des États dotés de l'arme nucléaire (appartiennent à ce club atomique restreint, au sens du Traité sur la non-prolifération des armes nucléaires, ceux qui ont procédé à une explosion avant le 1er juillet 1967) et, par prolifération horizontale, une augmentation du nombre de pays dotés de l'arme nucléaire. Cf. Darryl HOWLETT, John SIMPSON, *Proliferation and export controls : an analysis of sensitive technologies and countries of concern*, Deltac/Saferworld, London, 1995, p. 5 ou Philippe COSYN, *Une guerre nucléaire reste possible*, Étude générale, table ronde sur la non-prolifération nucléaire, Santiago du Chili, 13 mars 1992, DC/infos Documents, n° 44(6), décembre 1993, Bruxelles, p. 5.

[51] Atomic Energy Act of 1954, Public Law n° 83-703.

n'envisageait pas, du moins dans un premier temps, l'éventualité d'un contrôle du respect de l'engagement de l'État bénéficiaire.

Cependant, dès 1956, lors de la conclusion des premiers accords de coopération, les Autorités américaines imposèrent aux États bénéficiant de leur assistance une clause donnant à des inspecteurs américains, ou éventuellement d'autres nationalités, le droit d'accès aux matières et installations transférées afin de leur permettre de vérifier le respect de l'engagement de non-utilisation militaire. L'exigence et l'acceptation de ce droit d'inspection par des contrôleurs étrangers à l'État concerné entraînaient, d'une certaine manière, pour les États bénéficiaires, une perte de souveraineté que seul l'attrait de l'accès à l'énergie nucléaire pouvait compenser.

Remarquons cependant, que ce droit de vérification était limité aux matières et installations transférées ; il n'était pas demandé à l'État bénéficiaire, comme il le sera vingt ans plus tard, de renoncer à tout programme militaire et d'accepter un contrôle sur toutes ses applications nucléaires. Toutefois, il reste évident que l'objectif des États-Unis tendait à soumettre au régime de contrôle et d'inspection une fraction de plus en plus importante du programme nucléaire des États assistés.

Par ailleurs, si les États-Unis affirmaient leur volonté de partager les connaissances nécessaires au développement des applications pacifiques de l'énergie nucléaire, ils tenaient malgré tout à éviter, au vu de la tension croissante entre les deux blocs, que ce partage du savoir renforce directement ou indirectement la puissance militaire du bloc des pays socialistes, en ce compris la Chine communiste.

En s'appuyant sur l'Economic Act of 1948 et, par la suite, sur le Mutual Defense Assistance Control Act of 1951 qui subordonnaient l'octroi de toute assistance américaine à l'application par l'État bénéficiaire d'un embargo sur ses exportations à destination d'États membres du Pacte de Varsovie ou considérés comme politiquement sensibles, les Autorités américaines imposèrent à leurs alliés la conduite de négociations en vue de définir le contenu et les modalités de cette obligation d'embargo. Un groupe consultatif chargé de coordonner les politiques de contrôle et réunissant les directeurs généraux des Affaires étrangères des États membres de l'OTAN fut constitué[52]. En 1950, ce groupe proposa de constituer une organisation permanente baptisée Comité de

52 Ces États étaient l'Allemagne, la Belgique, le Canada, le Danemark, les États-Unis, la Grèce, la France, l'Italie, le Luxembourg, la Norvège, les Pays-Bas, le Portugal, le Royaume-Uni et la Turquie. À ce groupe se joignirent par la suite le Japon (1952) et l'Espagne (1985). Un autre groupe d'États (l'Autriche, la Finlande, la Suède, la Suisse, la Yougoslavie et le territoire de Hongkong) ne faisait pas directement partie du comité mais collaborait à certains de ses engagements.

Coordination pour le contrôle multilatéral des exportations (COCOM). Celle-ci va progressivement se substituer au groupe consultatif si bien qu'à partir de 1958, celui-ci ne se réunira plus. Trois listes de biens, matériels de guerre ou propres à la conception ou la production de tels matériels, matériels relatifs à l'énergie nucléaire[53] et matériels ou produits à caractère industriel, furent dressées. Ces listes étaient révisées périodiquement en fonction de l'état des relations Est-Ouest et les biens qui les constituaient devaient faire l'objet de mesures d'embargo ou de contrôle par les États membres du COCOM pour toute destination vers un État membre du Pacte de Varsovie ou considéré comme politiquement sensible. Toute demande de dérogation était en principe accordée par consensus des États participants. En réalité, ce consensus reconnaissait à chaque État membre, en fait aux États-Unis, un droit de veto sur les exportations des autres États membres[54].

Le COCOM n'était pas une organisation internationale, il n'était fondé sur aucun traité et ne possédait pas de statuts. C'était plutôt une enceinte intergouvernementale de concertation entre pays alliés. Doté d'un secrétariat réduit, établi dans les annexes de l'ambassade des États-Unis à Paris, il opérait de façon confidentielle sur la base d'un accord informel entre ses membres. Il émettait des résolutions ne constituant pas en tant que telles des engagements internationaux. Ces résolutions devaient, pour avoir un effet quelconque, être intégrées dans les systèmes juridiques propres des États qui pouvaient instituer des listes d'embargo plus complètes ou plus sévères.

Si la mise en œuvre des aspects nationaux du plan Atoms for Peace (modification de la loi McMahon, ouverture vers une certaine coopération internationale) s'effectua sans difficultés majeures, la réalisation du volet international, et plus particulièrement la création de l'Agence internationale de l'énergie atomique (AIEA), sera, elle, beaucoup plus laborieuse.

Dès janvier 1954, les États-Unis engagèrent des négociations bilatérales avec l'Union soviétique afin d'obtenir son appui et sa collaboration pour la création de l'AIEA. Mais l'Union soviétique considérait que le projet américain n'entravait nullement la fabrication ni l'usage des armes nucléaires. Elle estimait, une fois de plus, qu'il fallait reconnaître au préalable « la nécessité de l'interdiction de l'arme atomique avec l'établissement d'un contrôle international sur cette interdiction et le

53 Cette liste couvrait les matières fissiles et les matières et équipements divers utilisés par l'industrie nucléaire.

54 Voir Theodor W. GALDI, *Proliferation control regimes : background and status*, CRS Report for Congress, Congressional Research Service, The Library of Congress, 95-547 F, p. 26.

renoncement inconditionnel à l'usage de cette arme »[55]. Cette condition avait été refusée par les États-Unis et restait encore largement inacceptable. Les négociations ne furent cependant pas formellement rompues, mais les États-Unis considérèrent les réponses soviétiques comme un refus et annoncèrent leur décision de poursuivre la réalisation de leur objectif de coopération internationale sans la participation de l'URSS[56]. Ils étendirent les pourparlers à d'autres pays qui possédaient d'importantes ressources de matières premières ou avaient fait progresser l'utilisation de l'énergie atomique : l'Australie, la Belgique, le Canada, la France, le Portugal, le Royaume-Uni et l'Union Sud-Africaine.

Sur proposition de ces huit États, une résolution fut adoptée par l'Assemblée générale des Nations unies visant à soutenir la proposition américaine et à promouvoir la création sans retard de l'AIEA[57]. L'Union soviétique se rallia finalement à cette résolution afin d'éviter de laisser, aux États-Unis et à leurs alliés, la possibilité d'élaborer, à leur seul avantage, les statuts de l'AIEA. À partir d'octobre 1955, elle participa pleinement au groupe de travail chargé d'élaborer le projet de statuts[58].

Les statuts seront finalement adoptés le 23 octobre 1956 à l'unanimité par les 81 États participants à la Conférence intergouvernementale de l'AIEA[59].

Le rôle de cette Agence, tel qu'il était initialement prévu, différait de celui de l'Autorité envisagée par le plan Baruch sur deux points essentiels.

D'une part, l'Agence ne s'intégrait pas dans un régime international homogène, lui garantissant le monopole de l'ensemble des activités nucléaires, mais s'inscrivait plutôt dans un mode classique de coopération au sein duquel les États s'engageaient à participer à un système

---

55 Déclaration du Gouvernement soviétique relative à l'énergie atomique et communiqué du Département d'État du 21 décembre 1953, in Annexe au Bulletin Quotidien n° 2659 du 24 décembre 1953 de la Documentation française du Service d'information et de presse du ministère français des Affaires étrangères.

56 Volonté annoncée publiquement par le président Eisenhower lors du discours prononcé pour la pose de la première pierre de la première centrale nucléaire commerciale américaine à Shippingport, le 6 septembre 1954 : « Our many proposals for peaceful use of the atom have so far been cynically blocked in the council of the world, but we shall proceed onward. [...] We have just agreed with a number of other nations to go ahead now with the formation of an international agency which will foster the growth and spread of the new atom technology for peacefull use. »

57 Neuvième Assemblée générale, résolution 810 (IX).

58 Voir l'aide-mémoire de la délégation de l'Union soviétique auprès des Nations unies, annexé à la lettre du 14 octobre 1955 adressée au secrétaire général des Nations unies.

59 Les statuts sont entrés en vigueur le 29 juin 1957 suite au dépôt des instruments de ratification de 18 États. Voir article XXI E des Statuts de l'AIEA.

international de contrôle tout en conservant l'ensemble de leurs prérogatives dans ce domaine.

D'autre part, il n'était plus question d'un désarmement nucléaire total surveillé par l'Autorité, mais simplement d'accorder à l'Agence le soin de gérer à des fins pacifiques, selon les besoins et nécessités des populations, des quantités progressivement croissantes de matières fissiles. Ces matières seraient confiées par les États dotés de l'arme nucléaire, par prélèvements croissants sur leurs stocks de matières fissiles qui, jusqu'alors, étaient destinées exclusivement à des fins militaires.

Au fil des quatre années de négociations, les diverses fonctions attribuées à l'AIEA se sont progressivement amoindries. Les responsabilités relatives au contrôle direct des armements disparurent complètement dans la dernière version des statuts et consécutivement, ses compétences de stockage et d'approvisionnement en matière fissiles ont diminué considérablement.

À l'inverse, la création de l'AIEA a permis aux États-Unis d'institutionnaliser, dans un cadre international, le principe, imposé dans leurs accords d'assistance, de vérification du respect de l'engagement de l'État bénéficiaire de n'utiliser les matières et installations fournies qu'à des fins exclusivement pacifiques.

Ainsi, sous pression américaine, il a été inséré dans les statuts de l'AIEA, le droit pour celle-ci « d'instituer et d'appliquer des mesures visant à garantir que les produits fissiles et autres produits, services, équipements, installations et renseignements fournis par l'Agence, à sa demande, sous sa direction ou sous son contrôle ne sont pas utilisés de manière à servir à des fins militaires »[60]. De plus, afin de pouvoir reprendre les tâches de vérification, issues des accords de coopération, assumées antérieurement par des inspecteurs américains[61], l'Agence s'est vue chargée d'appliquer ses garanties, à la demande des parties, à tout accord bilatéral ou multilatéral ou, à la demande d'un État, à telle ou telle activité de cet État[62].

La mission de contrôle ne put être mise en œuvre lors de la création de l'Agence, suite à l'opposition d'un grand nombre de pays, surtout du tiers-monde, auxquels se rallia l'Union soviétique. Ces États craignaient de voir apparaître une nouvelle forme de discrimination fondée sur l'étendue des connaissances nucléaires et sur la possession ou non de

---

60 Article III.A.5 des Statuts de l'AIEA.

61 « It is planned that USA will initiate activities of the sort which agency might in due course appropriately take over » (Proposition américaine en matière de pool atomique, voir télégramme n° 71 au ministre belge des Affaires étrangères et du Commerce extérieur, 20 août 1954, non publié).

62 Article III.A.5 *in fine* des Statuts de l'AIEA.

minerai uranifère. Il leur apparaissait que les pays les moins industrialisés, qui ont le plus besoin de l'assistance de l'AIEA ou d'un État nucléarisé, seraient, par ce fait, les États les plus contrôlés. À l'inverse, les pays industrialisés et surtout ceux nantis de l'arme nucléaire n'auraient guère besoin de l'assistance de l'AIEA du fait même de leur avance technologique et, pour les plus grands, de leur mainmise sur les ressources en uranium dans leurs sphères d'influence respectives.

De plus, les États possédant de l'uranium sur leur territoire pouvaient échapper au contrôle international pour une partie de leurs activités nucléaires.

Du fait de cette opposition, le système de garanties ne put être réellement élaboré qu'à partir de 1961[63], lorsque l'URSS cessa, après cinq années d'hostilités, d'apporter son soutien aux opposants au contrôle du respect des engagements d'utilisation pacifique.

Le système de garanties d'utilisation pacifique est rapidement devenu l'activité majeure de l'Agence. À l'inverse, son rôle dans le cadre du désarmement nucléaire s'est avéré pour le moins modeste. Les quantités de matières transférées au domaine civil furent longtemps négligeables par rapport à celles, en croissance constante, produites et affectées aux arsenaux des différents États dotés de l'arme nucléaire. De surcroît, les années 1960 verront apparaître deux nouveaux membres dans le Club atomique : la France tout d'abord en 1960[64] et la Chine en 1964[65].

Le plan Atoms for Peace et sa traduction dans la législation américaine constituèrent sans nul doute le point initial de la coopération nucléaire industrielle et du régime de contrôle des transferts qui lui est indissociablement lié. Abandonnant l'internationalisation de la propriété de l'énergie nucléaire ainsi que toute volonté de réaliser un monde exempt d'armes nucléaires, il permit d'ouvrir la voie au développement et à la multiplication des programmes nucléaires nationaux initiés plus souvent par volonté politique d'accéder à la connaissance nucléaire, symbole de prestige politique, que par souci d'assurer un approvision-

---

63 Système de garanties de l'Agence (1961) est reproduit dans le document l'INFCIRC/26. Précisons que l'ensemble des Informations Circulaires (INFCIRC) est disponible sur le site web de l'AIEA.

64 La première arme nucléaire française (au plutonium) explosa le 13 février 1959 à Reggane en Algérie, elle fut suivie par quatre autres explosions aériennes de février 1960 à août 1961. La première bombe thermonucléaire française explosa le 24 août 1968 sur l'archipel des Tuamotu (les atolls de Mururoa et Frangataufa) dans le Pacifique sud.

65 L'arme nucléaire chinoise explosa dans le désert du Sin Kiang. Elle était, contrairement à la première bombe des quatre autres puissances du Club atomique, à base d'uranium 235. Trois ans plus tard, le 17 juin 1967, la Chine faisait exploser sa première bombe thermonucléaire.

nement énergétique via l'électronucléaire. Le plan Atoms for Peace marqua le début de ce que Bertrand Goldschmidt qualifie à juste titre « des années d'euphories » de l'énergie nucléaire[66].

Par ailleurs, s'il existait un consensus informel entre les États fournisseurs pour limiter la prolifération horizontale, il n'y avait guère d'accord sur le contenu et les modalités des régimes de contrôle de transferts des connaissances nucléaires. La création de l'AIEA, et plus particulièrement ses compétences en matière de vérification offrirent cependant, aux États fournisseurs qui le désiraient, la possibilité de standardiser le volet contrôle du respect des conditions d'utilisation qu'ils imposaient, en principe, dans leurs accords de coopération. Ce système initial de vérification guide encore largement, à l'heure actuelle le régime de garanties appliqué aux États non dotés de l'arme nucléaire[67].

Parallèlement aux négociations concernant la création de l'AIEA, les négociations sur le désarmement, au sein des Nations unies, reprirent à partir de 1954. Mais ce ne sera qu'au lendemain de la crise de Cuba d'octobre 1962, avec l'installation d'une certaine détente dans les relations entre les deux grandes puissances, que des progrès notables visant à entraver l'escalade du perfectionnement des arsenaux nucléaires vont être réalisés[68].

Le premier signe tangible de cette détente fut l'adoption, en 1963, d'un traité partiel interdisant les essais d'armes nucléaires dans l'atmosphère, dans l'espace extra-atmosphérique et sous l'eau[69].

Cependant, la préoccupation majeure des membres du Club atomique, en particulier les États-Unis et l'Union soviétique, ne concernait pas tellement les risques de prolifération verticale mais plutôt ceux liés à la prolifération horizontale des armes nucléaires. Il apparaissait en effet que l'absence d'une politique homogène stricte de non-prolifération

---

66 La libération « conditionnelle » du commerce nucléaire provoqua un engouement sans précédent pour le nucléaire civil. Ainsi, si seuls 5 États possédaient, en 1953, un réacteur de recherche, ils furent 26 une décennie plus tard. À eux seuls, les États-Unis conclurent, entre 1955 et 1958 plus d'une quarantaine d'accords de coopération nucléaire avec des États d'Europe (Belgique, Suisse, etc.), d'Asie (Iran, etc.), et d'Amérique du Sud (Costa Rica, Guatemala, etc.).

67 En abrégé ENDAN.

68 Remarquons toutefois qu'un moratoire basé sur l'engagement unilatéral des trois membres du Club atomique, suspendant tous les essais d'armes nucléaires, fut instauré en octobre 1958. Ce dernier fut rompu par les Soviétiques le 1er septembre 1961 (reprise des tests aériens sur l'île de la Nouvelle Zemble dans l'Arctique).

69 Adopté par trois membres du Club atomique (États-Unis, Royaume-Uni, Union soviétique). La France refuse d'y adhérer. Ce traité fut suivi quelques années plus tard par le Traité dit de Tlatelolco (12 février 1967) créant une zone « dénucléarisée » entre les pays d'Amérique latine.

appliquée au niveau mondial incitait indirectement les États fournisseurs de biens nucléaires à faire preuve d'un certain laxisme, volontaire ou non, dans l'exigence de conditions d'utilisation pacifique afin d'emporter le marché sur leurs concurrents. L'exemple indien démontrait à suffisance qu'un tel risque n'était pas hypothétique[70].

Constatons malgré tout qu'à l'exception de l'Inde et d'Israël[71], le paysage nucléaire du monde non communiste au début des années 1960 ne comportait, selon Bertrand Goldschmidt[72], qu'un nombre limité d'États, prêts à s'engager ou déjà engagés, dans un programme nucléaire pacifique susceptible d'être éventuellement muté, à moyen terme, vers la production d'armes nucléaires.

Pour entraver le risque de prolifération horizontale, deux voies vont être envisagées.

La première proposait la création de zones dites dénucléarisées c'est-à-dire des zones dénuées de tout armement atomique. Des propositions en ce sens vont être déposées avec des succès divers au sein de l'Assemblée générale des Nations unies. Dans ce contexte, sera notamment adopté, en 1959, le Traité de l'Antarctique interdisant les essais d'armes nucléaires dans tous les milieux.

La seconde, plus universelle, proposait une renonciation à l'arme nucléaire par tous les États non dotés de l'arme nucléaire en échange d'un certain nombre de garanties. Il faudra cependant attendre l'explosion atomique chinoise d'octobre 1964 pour que Soviétiques et Américains

---

70 Les Canadiens avaient emporté, en 1955, le marché indien de la fourniture d'un réacteur de recherche à uranium naturel modéré au graphite, sur les Britanniques. L'exigence d'une utilisation strictement pacifique du réacteur n'était pas assortie d'un système de vérification du respect de cette clause. Ce réacteur contribua largement à la réussite du programme militaire indien.

71 Selon Harald Müller, le programme israélien n'est pas le résultat du détournement d'un programme civil mais fut conceptualisé dès son origine comme un programme de recherche militaire. Les Français collaborèrent étroitement notamment par leur participation active, à partir de 1956, à la construction en Israël d'un réacteur de recherche à uranium naturel exempt de contrôle d'utilisation ainsi que, probablement, par le transfert de la technologie nécessaire au retraitement. Voir notamment sur cette question Marianne VAN LEUWEN et Ben SOETENDORP, *A European Non-Proliferation Policy, Propects and Problems*, édité par Harald MÜLLER, Clarendon Press, Oxford, 1987, p. 231 et s.

72 Voir B. GOLDSCHMIDT, *Le complexe atomique – Histoire politique de l'énergie nucléaire*, Fayard, Paris, 1980, p. 206. L'auteur cite notamment en Europe : la Belgique, l'Espagne, les Pays-Bas, la Suisse, la Suède, l'Italie et la République fédérale d'Allemagne. Trois de ces États (l'Italie, la République fédérale d'Allemagne et la Suède) avaient officiellement renoncé à s'engager dans un programme de recherche militaire.

acceptent[73] d'entamer, au sein du Comité des dix-huit[74], des négociations visant à conclure une convention ou un traité sur la non-prolifération des armes nucléaires. Deux propositions, l'une soviétique, l'autre américaine, vont être successivement déposées au sein de ce Comité. Si ces deux propositions étaient globalement similaires, la proposition américaine, tout en interdisant le transfert d'armes nucléaires sous contrôle national, laissait la porte ouverte à la cession d'armes nucléaires à une force multilatérale, ce qui rendait possible le stationnement, dans le cadre de l'OTAN, d'armes nucléaires américaines sur le territoire de la République fédérale d'Allemagne[75]. Cette disposition était inacceptable pour l'Union soviétique.

Étonnamment, aucune de ces deux propositions n'établissait de dispositions relatives au respect des engagements de non-prolifération des États.

Parallèlement, les revendications des ENDAN portaient, en échange de leur renoncement aux armes nucléaires, sur la nécessité d'obtenir des mesures de désarmement de la part des puissances nucléaires ainsi que sur la garantie d'un accès au nucléaire civil en tout point égal à celui des États dotés de l'arme nucléaire.

Pour sortir de l'impasse, Soviétiques et Américains entreprirent des négociations bilatérales qui aboutirent fin 1966 à l'abandon de l'exigence américaine concernant la force multilatérale. Cet abandon fut acquis en échange de la reconnaissance par l'Union soviétique du *statu quo* sur la présence des armes atomiques américaines sur le territoire des alliés atlantiques des États-Unis et sur la création d'un comité de planification nucléaire de l'OTAN[76].

Deux projets identiques furent soumis pour examen, le 24 août 1967, au Comité des dix-huit. Ces documents, complétés par des dispositions relatives au contrôle des engagements des ENDAN, rassemblaient le maximum de concessions acceptables par les deux grandes puissances

---

[73] Accord obtenu en juin 1965 au sein de la Commission du désarmement des Nations unies.

[74] Le Comité des dix-huit résultait d'un accord intervenu le 21 septembre 1961 entre les deux grandes puissances, visant à instaurer un comité de 18 États sur le désarmement au sein duquel sont représentés 5 pays du bloc de l'Est, 5 pays du bloc de l'Ouest et 8 États non alignés. Ce Comité n'est pas un organe de l'ONU, mais sa création a été approuvée par la Résolution 1722(XVI) de l'Assemblée générale.

[75] Les deux propositions sont reproduites en annexes I, II (projet américain) et III (projet soviétique) de G. FISCHER, *La non-prolifération des armes nucléaires*, Bibliothèque de droit international, Tome L, Librairie générale de droit et de jurisprudence, Paris 1969, p. 205 et s.

[76] Organe de consultation entre alliés sur une utilisation éventuelle des armes nucléaires.

pour motiver en suffisance les ENDAN à adhérer au projet de traité. Celui-ci rencontrait partiellement les revendications essentielles des ENDAN en consacrant le principe d'égal accès à la connaissance nucléaire pacifique et contenait des dispositions incitant les États à poursuivre les négociations visant au désarmement nucléaire[77].

Finalement, le projet fut adopté et transmis à l'Assemblée générale des Nations unies qui vota le 12 juin 1968, par une centaine de voix, une résolution incitant les États à adhérer à ce traité. Cette résolution pour le moins peu contraignante – elle n'engageait formellement aucun des États qui l'avait votée à adhérer au traité – avait été la seule formulation possible pour obtenir un semblant de consensus entre les États participants. Le traité fut ouvert à la signature le 1er juillet 1968 et entra en vigueur le 5 mars 1970, après avoir été ratifié par quarante États[78].

Avec l'entrée en vigueur du Traité sur la non-prolifération des armes nucléaires[79], les États disposaient, 25 ans après la première explosion d'un engin explosif nucléaire, d'un traité à vocation universelle visant à lutter contre la prolifération horizontale des armes nucléaires. Malheureusement, les principes discriminatoires le régissant ainsi que les faibles contraintes pesant sur les EDAN suscitaient l'opposition de certains États et compromettaient toute application universelle. Deux puissances nucléaires, la France et la Chine, refusèrent d'y adhérer, ainsi qu'un certain nombre d'États dits du seuil nucléaire[80] tels que l'Afrique du Sud, l'Argentine, le Brésil, l'Inde, Israël et le Pakistan.

III. Multiplication des instruments informels de contrôle des transferts

Aux yeux d'un certain nombre d'États parties au TNP ou ayant l'intention de le devenir et, par ailleurs, exportateurs effectifs ou potentiels de biens nucléaires, la portée des engagements pris dans le cadre de ce traité nécessitait d'être précisée afin d'éviter des interprétations divergentes. Pour ce faire, des consultations furent entreprises, elles visaient, en particulier, à s'entendre, d'une part, sur la définition de ce qui constitue des « équipements ou matières spécialement conçus ou préparés pour le traitement, l'utilisation et la production de produits fissiles

---

77 Voir en particulier l'article VI du TNP.

78 Article IX.3 du TNP.

79 En abrégé TNP.

80 On entend par État du seuil nucléaire, un État soupçonné de posséder ou de chercher à posséder des armes nucléaires et n'appartenant pas aux EDAN au sens du TNP, à savoir les États ayant fabriqué et fait exploser une arme nucléaire ou un autre dispositif nucléaire explosif avant le 1er janvier 1967.

spéciaux »[81] et, d'autre part, à préciser les conditions et les procédures qui régiraient les exportations de ces équipements et matières vers des ENDAN non parties au TNP.

Ces discussions – connues sous le nom de Comité Zangger[82] – établies en dehors de toute structure formelle, aboutirent, en 1974, à un accord définissant les règles du jeu fondamentales que les États entendaient appliquer désormais à leur politique d'exportation. Quoiqu'elles n'aient aucune valeur en droit international[83], ces règles du jeu fondamentales constituèrent le premier pas vers une politique concertée en matière de non-prolifération des armes nucléaires.

Cependant en mai 1974, l'explosion atomique indienne[84] d'un dispositif au plutonium, qualifiée de pacifique par le Gouvernement indien, ainsi que la conclusion de deux contrats entre la République fédérale d'Allemagne et le Brésil, pour le premier et entre la France et le Pakistan, pour le second[85], allaient relancer la polémique sur l'adéquation des mécanismes de lutte contre la prolifération des armes nucléaires. Il apparaissait, en effet, que la réussite du programme atomique militaire indien était en partie imputable à l'assistance matérielle et technique à vocation pacifique des Canadiens, Français et Allemands. Même si l'essentiel de l'assistance fut fourni avant l'entrée en vigueur du TNP, traité que l'Inde refusa de signer, un respect plus assidu de la part des grandes puissances de leur politique nationale d'exportation en matière de non-prolifération nucléaire aurait pu empêcher le développement de l'arme nucléaire par les Indiens[86]. La compétition acharnée pour l'obten-

---

81 Cf. Article III.2 du TNP.

82 Du nom de son premier président, le suisse Claude Zangger. Le Comité se réunit pour la première fois en mars 1971.

83 Elles consistent en de simples engagements pris unilatéralement par les États membres du Comité. Cet engagement est rendu public par l'envoi d'un courrier au directeur général de l'AIEA lui faisant part de l'intention de l'État expéditeur de conformer désormais sa politique d'exportation d'articles nucléaires aux documents joints et lui demandant d'en faire part à tous les États membres.

84 Soit deux mois après l'adoption des règles du jeu fondamentales du Comité Zangger.

85 Ces contrats prévoyaient outre la fourniture de centrales nucléaires, également la fourniture d'usines de retraitement de combustibles irradiés. Ni le Brésil, ni le Pakistan n'avaient adhéré au TNP.

86 Le Canada obtient en 1955 le marché de la construction d'un réacteur expérimental à eau lourde. Les Indiens s'engagèrent à ne pas utiliser le plutonium produit à d'autres fins que pacifiques mais refusèrent toutes formes de contrôle de vérification de cet engagement. Le réacteur fut terminé en 1960. En 1962, les Allemands fournirent une installation de production d'eau lourde. Les Français apportèrent leur assistance à la construction d'une usine pilote de retraitement de combustible irradié qui fut achevée en 1966 (cette usine permit l'extraction du plutonium nécessaire à l'élaboration de la bombe nucléaire pacifique indienne). Voir sur ce point Simone COURTEIX, *Exportations nucléaires et non-prolifération*, Recherches Panthéon-Sorbonne, Université de

tion des marchés nucléaires[87], jumelée avec l'apparition de nouveaux fournisseurs[88] sur la scène internationale, avait favorisé sans nul doute un certain laxisme dans l'exigence de garanties d'utilisation des biens transférés par le pays fournisseur.

Il est intéressant de constater que, hormis le Canada qui dénonça l'ensemble de ses accords bilatéraux avec l'Inde, la réaction des grandes puissances à l'explosion indienne fut très modérée. L'Union soviétique ne réagit pas publiquement et les États-Unis se montrèrent pour le moins discrets. Un mois après l'explosion, ces derniers autorisèrent la fourniture d'un chargement de combustible pour les réacteurs de Tarapur, en exigeant uniquement un engagement des Autorités indiennes que le plutonium produit ne soit pas détourné vers la fabrication d'un quelconque explosif même à vocation pacifique. Cette exigence n'était accompagnée d'aucune garantie de vérification.

Malgré tout, les États-Unis vont, une fois de plus, être à l'origine d'une nouvelle politique de lutte contre la prolifération horizontale des armes nucléaires. Cette nouvelle orientation largement plus restrictive et sans lien direct avec le TNP, avait également pour objectif d'essayer d'amener la France, qui jusqu'ici était restée nettement en dehors, à adhérer à une politique concertée de contrôle des exportations.

Le principe de cette nouvelle orientation, base de la politique actuelle, était d'empêcher un État de succomber à la tentation d'utiliser des installations nucléaires transférées à des fins autres que pacifiques, en lui imposant un certain nombre de verrous techniques.

En effet, jusque-là, tant la possession de matières utilisables à des fins militaires[89] que les installations permettant de les produire étaient

Paris I, Sciences juridiques, Droit des relations internationales, Economica, 1978, p. 7.

87 C'est ainsi que les États du Moyen-Orient, dotés de puissants moyens financiers grâce au pétrole, décidèrent de se lancer dans des programmes nucléaires ambitieux pour lesquels la concurrence commerciale entre les pays fournisseurs fut rude. L'Allemagne remporta les commandes des deux premières centrales iraniennes. La France fournit les deux suivantes ainsi qu'un réacteur de recherche à l'Irak. L'Union soviétique remporta le marché libyen.

88 Notamment l'Allemagne et la Belgique (par exemple au travers de la division nucléaire des ACEC qui fut intégrée au sein de la WENESE).

89 On entend généralement par matières utilisables à des fins militaires, l'uranium enrichi à plus de 20 % en U 235 et le plutonium contenant moins de 7 % de Pu 240. Ces définitions les plus régulièrement citées n'impliquent pas que ces concentrations soient suffisantes pour fabriquer une arme nucléaire. Par exemple, l'uranium, pour être de qualité militaire et donc permettre l'initiation et l'expansion en un laps de temps très court de la réaction en chaîne de fission, doit contenir 93 % au moins d'U 235. Sur ces aspects voir, par exemple, David ALBRIGHT, Frans BERKHOUT and William WALKER, « Plutonium and highly enriched uranium : characteristics, sources of

globalement considérées comme dénuées de tout danger quand ces matières étaient soumises à un engagement d'utilisation pacifique, garanti par un contrôle international de vérification. Cependant, ce contrôle, conçu pour déceler le détournement des matières fissiles, était impuissant face à un État qui, unilatéralement, déciderait d'interdire l'accès à son territoire aux inspecteurs internationaux et de convertir son programme nucléaire civil en programme de recherches militaires.

La nouvelle politique de non-prolifération proposée par les États-Unis pour lutter efficacement contre ce risque de détournement des installations visait, de manière radicale, à inciter les États fournisseurs de biens nucléaires à refuser le transfert direct, vers des ENDAN, de matières fissiles utilisables à des fins militaires ou d'installations jugées sensibles et permettant de produire de telles matières[90]. Ils suggéraient de proposer en échange des alternatives estimées moins proliférantes[91].

Réunis à Londres début 1975, à l'initiative des États-Unis, les sept principaux États fournisseurs de biens nucléaires vont tenter de s'entendre pour définir une politique commune de non-prolifération des armes nucléaires. Les négociations entamées sur la base de la nouvelle orientation américaine aboutirent à un compromis, en septembre 1977, arrêtant les lignes de conduite que ces États acceptaient d'appliquer désormais à leurs exportations de biens nucléaires. Il ne fut cependant pas possible d'obtenir un consensus sur l'adoption d'un accord formel et un procédé d'adoption par engagement unilatéral, selon la technique éprouvée préalablement par le Comité Zangger, fut alors retenu[92].

Ces directives – dénommées directives du NSG[93] – progressivement adoptées par un nombre croissant d'États[94] furent ressenties, en particu-

---

information and uncertainties », in *SIPRI Yearbook 1995 : Armaments, disarmament and international security*, Oxford University Press, 1995, p. 334.

90 Sont visés tout particulièrement le plutonium et les installations d'enrichissement et de retraitement.

91 Il s'agissait notamment de garantir aux États qui renonçaient au retraitement, l'approvisionnement de leurs réacteurs. Voir Déclaration du 7 avril 1977 sur « les problèmes liés à la puissance nucléaire » du président Carter en annexe 12 de S. COURTEIX, *Exportations nucléaires et non-prolifération*, *op. cit.*, p. 236.

92 Ces réunions des États fournisseurs d'articles nucléaires furent baptisées, par la suite, Groupe des fournisseurs nucléaires ou Club de Londres. Ce Groupe est plus connu actuellement sous son abréviation anglaise de NSG (Nuclear Suppliers Group). Le Canada, les États-Unis, la France, le Japon, la République fédérale d'Allemagne, le Royaume-Uni et l'Union soviétique en furent les membres fondateurs.

93 Voir aussi directives du Club de Londres.

94 Dont les ENDAN membres de l'Union européenne qui assortirent leur adhésion d'une clause communautaire soumettant l'application des ces directives aux engagements contractés dans le cadre du Traité de Rome pour ce qui concerne les échanges intra-communautaires.

lier par les pays en voie de développement, comme une nouvelle manifestation de la volonté des pays industrialisés de maintenir un comportement monopolistique ou, à tout le moins, de s'ingérer indûment dans le développement énergétique des pays acquéreurs de matières, d'équipements et/ou de technologies nucléaires. Elles leur paraissaient d'autant plus injustes qu'elles étaient en contradiction manifeste avec un des principes fondamentaux du TNP qui garantissait aux ENDAN, en échange du renoncement formel à l'arme nucléaire, le droit d'étudier, de produire et d'utiliser l'énergie nucléaire à des fins pacifiques[95]. En effet, les directives du NSG encourageaient fortement les États fournisseurs à limiter, malgré l'application des garanties de l'AIEA, les transferts vers des ENDAN « d'installations et de technologies sensibles et de matière de qualité militaire »[96], ce qui constituait à n'en pas douter, une première base vers un refus complet de tout transfert de ces biens sensibles.

Parallèlement à leur action au sein du NSG, les États-Unis vont, sous l'impulsion du président Carter, fondamentalement modifier leur politique internationale de coopération nucléaire, instaurée par le plan Atoms for Peace.

Considérant que l'utilisation civile du plutonium présente pour la non-prolifération un risque majeur et que les ressources en uranium de la planète devaient permettre la satisfaction d'un développement énergétique nucléaire suffisant, le Congrès va, par le vote, le 10 mars 1978, du Nuclear Non-Proliferation Act, instaurer un régime reprenant toutes les mesures d'embargo et de droit de veto proposées par les États-Unis et le Canada au sein du NSG mais qui avaient été rejetées par leurs partenaires[97].

La nouvelle politique de coopération internationale, qui reste encore largement applicable aujourd'hui, allait s'articuler autour du renforcement des garanties d'utilisation pacifique et sur le veto du transfert et du développement de certaines technologies. C'est ainsi que sera frappé d'embargo le transfert de biens nucléaires relatifs à l'enrichissement, au retraitement et à la surrégénération. L'embargo fut également rendu applicable sur le plan interne avec l'arrêt ou le retardement des programmes de retraitement et de surrégénération nationaux[98].

---

95 Cf. Article IV du TNP.

96 Cf. Article 7 des directives, telles que publiées sous INFCIRC/254, février 1978.

97 Sur les liens entre prolifération des armes nucléaires et développement des utilisations civiles du plutonium voir Herman V. HENDERICKX, *Plutonium, blessing or curse ?*, The copper beech, Brussels, 1998, 119 p.

98 C'est ainsi que fut postposé, *sine die*, l'achèvement de la seule usine privée de retraitement du combustible usé construite par Allied Chemical (Barnwell aux États-Unis).

Le nouvel article 123 de l'Atomic Energy Act[99] soumettait dorénavant tous les accords de coopération à neuf critères. Ceux-ci étaient réduits à sept lorsque l'autre partie contractante était un EDAN. Ces critères imposaient notamment des garanties globales et perpétuelles, un engagement de non-utilisation dans des dispositifs nucléaires explosifs et de restitution des matières et équipements dans certaines conditions, ainsi que la reconnaissance du principe du consentement préalable[100] en cas de retransfert des biens nucléaires ou en cas de retraitement, d'enrichissement ou d'altération des matières produites ou fournies.

Toutefois, ce nouvel acte ne pouvait mettre fin à la coopération instituée par des accords de coopération antérieurs. Aussi prescrivait-il au président des États-Unis de les renégocier afin de les rendre conformes aux nouvelles dispositions[101]. L'accord Euratom-USA était tout particulièrement concerné. En effet, celui-ci, valable jusqu'en 1995, considérait l'ensemble des États membres comme un territoire unique du point de vue des transferts de matières intracommunautaires. De ce fait, l'accord préalable des États-Unis pour assurer le transfert du combustible irradié vers une usine de retraitement établie sur le territoire communautaire n'était pas requis, ce qui était contraire aux nouvelles dispositions. Une renégociation s'imposait mais, devant l'intransigeance des États de la Communauté européenne et pour éviter une crise majeure entre alliés, le président américain utilisa la possibilité ouverte par l'article 401 du NNPA d'autoriser la poursuite de fournitures au partenaire de l'accord même si la renégociation de ce dernier n'avait pas encore abouti ou que les intérêts vitaux des États-Unis en matière de non-prolifération, de défense commune ou de sécurité le requéraient. Cette disposition a été utilisée chaque année jusqu'au renouvellement de l'accord en 1996.

Les « années d'euphorie »[102] furent suivies par un essor industriel considérable des programmes électronucléaires dans la plupart des États industrialisés. L'énergie nucléaire apparaissait sur le plan civil comme la panacée pour remédier aux besoins énergétiques, en perpétuelle croissance, du monde industrialisé et semblait garantir à ces États une certaine indépendance énergétique. Paradoxalement, la crise du pétrole de 1973, justifiant partiellement le choix du nucléaire et l'accélération des programmes électronucléaires, verra apparaître, en Europe occidentale,

[99] Article 401 du Nuclear Non-Prolifération Act (NNPA).

[100] Ce principe impose à l'État destinataire de requérir, avant d'effectuer certaines opérations, l'accord formel de l'État fournisseur. Il apparaît plus généralement sous sa dénomination anglaise de *Prior consent*. Pour analyse du principe de *Prior consent*, voir notamment p. 134 le point « 1) Éléments constitutifs des régimes de contrôle des transferts ».

[101] Article 405 du NNPA.

[102] 1954-1964.

les premiers mouvements d'opposition au nucléaire civil. Réaction contestataire animée, au départ, par quelques mouvements écologistes mais qui trouvera rapidement écho auprès des populations inquiètes de cette notion immatérielle de radioactivité et peu enclines à considérer les installations nucléaires comme des industries ordinaires. L'image positive du nucléaire civil comme source alternative d'énergie auprès de l'opinion publique sera brutalement altérée par l'accident survenu au réacteur de la centrale de Three Mile Island (États-Unis), en mars 1979, qui ne fit pas de victimes mais qui occasionna des dégâts matériels importants et, plus fortement encore, par l'explosion du réacteur de la centrale de Tchernobyl (Union soviétique) en avril 1986, dont les conséquences dramatiques se font encore ressentir aujourd'hui.

Ces deux accidents renforcèrent le mouvement d'opposition au nucléaire civil et entama le déclin progressif à des degrés divers du développement des programmes électronucléaires nationaux[103]. Ce phénomène fut d'autant plus amplifié que la croissance de la demande énergétique, en particulier électrique, ne se révéla pas aussi importante que celle qui avait été estimée au début des années 1960.

Désormais, pour la plupart des dirigeants européens, l'énergie nucléaire paraissait sinon un bienfait complexe et discuté, du moins un mal nécessaire, à n'utiliser que dans les limites imposées par la pénurie des ressources classiques ou par l'attente de la disponibilité d'énergies nouvelles.

Sur le plan de la lutte contre la prolifération des armes nucléaires, le renforcement progressif des mécanismes de contrôle des exportations et une politique apparemment plus rigoureuse semblaient avoir mis un frein, si pas un terme, à l'accroissement du nombre des États dotés de l'arme nucléaire. En ajoutant les pays dits du seuil nucléaire, seuls onze

---

[103] La contribution de l'énergie nucléaire à la production mondiale totale d'électricité n'a, en réalité, jamais cessé de croître même si elle accuse une progression moindre depuis la fin des années 1980 (de 2,1 % en 1971, elle passe 17,1 % en 1988, à 17,4 % en 1995 et, à 24,8 % en 1996) et se stabilise depuis autour de 25 %. Cette moyenne cache en fait des comportements très différents selon les parties du globe. Au sein de l'Union européenne, la part du nucléaire dans le production totale d'électricité était en 1997 et est en 2008 respectivement pour l'Autriche (0,0 ; 0,0), la Belgique (60,1 ; 53,8), la République tchèque (19,5 ; 32,4), le Danemark (0,0 ; 0,0), la Finlande (0,0 ; 29,9), la France (78,2 ; 76,2), l'Allemagne (35,6 ; 23,4), la Grèce (0,0 ; 0,0), la Hongrie (39,9 ; 37,7), l'Irlande (0,0 ; 0,0), l'Italie (0,0 ; 0,0), le Luxembourg (0,0 ; 0,0), les Pays-Bas (2,9 ; 3,8), la Pologne (- ; 0,0), le Portugal (0,0 ; 0,0), l'Espagne (29,3 ; 18,3), la Slovaquie (- ; 57,0), la Suède (46,2 ; 42,0) et le Royaume Uni (27,5 ; 13,2) (sources : Données sur l'énergie nucléaire 2009, Agence pour l'énergie nucléaire, Paris 2009, p. 14). Voir sur le rejet progressif des populations pour l'énergie nucléaire l'ouvrage de J. MORONE et E. WOODHOUSE, *The demise of nuclear energy ? : Lessons for democratic control of technology*, Yale University Press, New Haven and London, 1989, p. 12 et s.

États s'étaient ou avaient essayé de se doter, en 1990, de l'arme nucléaire[104].

Cette confiance tranquille va, en 1992, être bouleversée par un « double choc » à savoir l'éclatement de l'Union soviétique et les révélations sur le programme militaire irakien.

L'effondrement et la disparition de l'URSS engendrèrent une certaine incertitude sur la propriété des armes nucléaires stationnées dans quatre États successeurs de l'Union (Russie, Ukraine, Biélorussie, Kazakhstan). La Russie, qui s'affirmait l'héritière de l'URSS[105], estimait que toutes les armes nucléaires tant tactiques que stratégiques, devaient être rapatriées sur son territoire. Ce rapatriement fut longtemps contesté à des degrés divers par les trois autres États successeurs[106] qui considéraient également que ces armes faisaient partie de leur héritage. Ces velléités se heurtaient cependant à un certain nombre de difficultés techniques, telles que par exemple, la détention par la Russie des codes de lancement et d'armement.

De toute évidence, l'objectif essentiel de ces États visait, non pas à être reconnus comme EDAN, mais plutôt à exercer une pression sur la Russie et les pays occidentaux afin de les contraindre, en échange du renoncement au statut privilégié EDAN, à leur accorder un maximum d'avantages économiques et politiques. L'Ukraine se révéla particulièrement habile dans cette négociation. Elle obtint en échange de sa dénucléarisation, outre les aides financières conséquentes, la propriété, jusqu'à leur démantèlement, des armes nucléaires stationnées sur son territoire. Cette propriété était assortie du droit de commercialiser, à des fins pacifiques, les différents composants issus des armes démantelées. De surcroît, la Russie, les États-Unis et le Royaume-Uni s'engageaient formellement, par l'adoption d'un mémorandum, à intervenir dans un certain nombre de circonstances qui pouvaient menacer la sécurité de l'Ukraine (indépendance politique, territoriale ou pressions d'ordre économique)[107].

Après de longues négociations, ces trois républiques acceptèrent finalement de ratifier le TNP en tant qu'ENDAN[108].

---

104 À savoir les cinq EDAN, tels que reconnus par le TNP ainsi que l'Afrique du Sud, l'Argentine, le Brésil, l'Inde, Israël et le Pakistan.

105 Elle avait repris son siège au Conseil de sécurité de l'ONU.

106 Et plus particulièrement l'Ukraine.

107 Voir *SIPRI Yearbook 1995 : Armaments, disarmament and international security*, Oxford University Press, 1995, p. 638.

108 La Biélorussie le ratifia le 22 juillet 1993, le Kazakhstan le 14 février 1994 et l'Ukraine le 16 novembre 1994.

L'effondrement de l'Union soviétique souleva aussi un certain nombre d'inquiétudes sur l'imperméabilité des systèmes de lutte contre la prolifération des armes nucléaires des États issus de cet éclatement mais aussi, de façon plus générale, des nouveaux régimes politiques installés dans les États membres du Pacte de Varsovie. Si la plupart d'entre eux disposaient d'un savoir et d'un potentiel industriel capable de contribuer à l'élaboration d'armes nucléaires, les structures politiques, administratives et douanières à même de lutter contre la prolifération des armes de destruction massive se révélaient souvent mal adaptées au libéralisme économique dans lequel ces États entendaient dorénavant s'inscrire[109]. Un laborieux travail d'ajustement des systèmes de contrôle nationaux à leur nouvel environnement politique et économique a dû être poursuivi[110].

Il importe de constater cependant que si les exemples de contrebande se sont multipliés dans les années 1990, seules de très faibles quantités de matières fissiles ou des matières peu utiles à la fabrication d'armes ont été saisies. L'essentiel des trafiquants arrêtés étaient des escrocs ou des petits délinquants. Il était donc excessif de parler de trafics organisés à large échelle par de quelconques groupes terroristes ou par des États proliférants[111].

Les révélations sur l'ampleur du programme de recherche militaire irakien, au lendemain de la guerre du Golfe, provoquèrent une crise sans précédent des régimes de lutte contre la prolifération des armes nucléaires. Elles apportaient la preuve que la ratification du TNP et la conclusion d'un accord de garanties avec l'AIEA n'assuraient pas suffisamment l'absence de tout comportement ou action proliférante. La ratification du TNP avait même, au contraire, permis à l'Irak de se prévaloir d'une certaine respectabilité et ne l'avait nullement empêché de développer un programme nucléaire clandestin de recherches militaires[112]. En effet, officiellement, l'Irak soumettait l'ensemble de ses

---

109 Voir sur ces aspects notamment W. POTTER, « Before the deluge, Assessing the threat of nuclear leakage from post-soviet states », in *Arms Control Today*, octobre 1995, p. 9.

110 Voir pour ce qui concerne les pays d'Europe centrale, l'ouvrage rédigé sous la direction H. MÜLLER et de J. PRYSTROM, *Central european countries and non-proliferation regimes*, Polish Foundation of International Affairs et le Peace Research Institute Frankfurt, Varsovie, 1996. Pour ce qui concerne les États successeurs de l'Union soviétique, voir W. POTTER, *The post-soviet nuclear proliferation challenge*, document présenté au Aspen Strategy Group Meeting, Aspen (Colorado), août 1996.

111 Voir V. ORLOV, « No buyers, but sellers are ready », et A. MYTSYKOV, « Nuclear thefts : what do documents say ? », *Moscow News*, n° 32, août 1995.

112 Sur la découverte et l'étendue du programme militaire nucléaire de l'Irak, voir par exemple L. THORNE, « Les inspections de l'AIEA en Irak », *AIEA Bulletin*, vol. 34, n° 1/1992, Vienne, p. 17.

installations nucléaires aux contrôles réguliers des inspecteurs de l'Agence qui n'avaient jamais constaté, lors de leurs contrôles de vérification, de détournements des matières utilisées[113].

L'Irak se montra particulièrement habile pour ne pas éveiller les soupçons des différents services secrets sur les réalisations de son programme clandestin. Les achats des biens nécessaires à la réalisation de ce programme militaire étaient effectués via des sociétés-écrans d'import-export. Le transport maritime des biens était assuré par des transporteurs battant pavillon de complaisance vers des États peu suspects qui ne servirent, en réalité, que de zone de transfert. Enfin, pour éviter les suspicions, aucun système d'armes, ou d'ensemble nucléaire clé en main ne furent importés ou achetés tels quels. Ils ont été acquis par éléments, en dispersant les ordres d'achats entre différents fournisseurs. Par ailleurs, l'Irak recourut largement aux biens à double usage[114], non visés directement par les principes du Comité Zangger ou du NSG, en camouflant l'utilisation finale à) des fins nucléaires militaires sous une demande de licence d'exportation de biens à des fins médicales, agricoles, etc.

Un des aspects les plus préoccupants du programme de recherche nucléaire militaire irakien fut, sans nul doute, la démonstration que les Irakiens n'hésitèrent pas à recourir à des techniques jugées obsolètes et tombées dans le domaine public telles que, par exemple, l'enrichissement par séparation électromagnétique au moyen de Calutrons qui fut déclassé au début des années 1980.

Cette découverte prouvait, si besoin en était, qu'un État résolument décidé à élaborer une arme nucléaire est prêt à recourir, pour arriver à ses fins, à toutes les voies de recherches envisageables même si le coût en est démesuré et le procédé largement dépassé.

Finalement, s'il est vrai que les Irakiens se sont montrés particulièrement habiles pour exploiter les différentes failles du système, il n'en est pas moins vrai qu'ils ont bénéficié d'une certaine complaisance des États fournisseurs[115]. L'apport financier considérable[116] que constituaient

---

113 Ce qui était logique dans la mesure où l'essentiel du programme militaire irakien se situait sur des sites clandestins qui étaient, par définition, non déclarés à l'AIEA. À l'époque, l'Agence ne disposait pas d'un mandat lui permettant d'inspecter d'éventuels sites suspects et les différents services de renseignements des grandes puissances n'avaient pas encore détecté ni réalisé l'étendue du programme clandestin.

114 Par bien à double usage, il convient d'entendre, dans l'hypothèse présente, des biens qui peuvent être utilisés indifféremment à des fins nucléaires civiles ou militaires et à des fins autres que nucléaires (médicales, agricoles, etc.).

115 Voir notamment sur cette question, les déclarations du Dr Khidir Abdul Abas Hamza, un des anciens physiciens du programme militaire irakien, rapportées dans Pro-

les échanges commerciaux avec l'Irak incitait bon nombre d'États à se montrer plus soucieux de la défense de leurs intérêts commerciaux que du respect scrupuleux du régime de non-prolifération[117]. Cette attitude était rendue d'autant plus facile que l'Irak faisait preuve de la plus grande discrétion dans le choix des intermédiaires et des alibis, veillant à préserver son image d'État exemplaire soucieux du respect du TNP. De plus, il ne faut pas oublier que lors du conflit irano-irakien des années 1980, l'Irak a reçu l'appui informel tant des États-Unis et de leurs alliés que de l'Union soviétique et les transferts vers l'Irak furent longtemps considérés comme nécessaires pour soutenir son effort de guerre.

Le démantèlement du bloc de l'Est et la disparition de l'Union soviétique eurent aussi pour conséquence de remettre sérieusement en question l'utilité de maintenir un régime d'embargo sur certains transferts à destination des États issus de la dissolution du Pacte de Varsovie. Nombre de ces États, comme la Hongrie, la Pologne, la République tchèque ou la Slovaquie, affirmaient publiquement leur volonté d'adhérer le plus rapidement possible à l'Union européenne et à l'OTAN. Ils réclamaient, ainsi que la Russie, l'assouplissement, voire la suppression du régime COCOM à leur égard. Cette revendication était favorablement reçue par les États européens membres de l'OTAN qui insistaient auprès de leurs alliés américains pour assouplir le régime d'embargo à l'égard de ces États.

Des négociations en vue de réviser le régime COCOM furent initiées. Elles aboutirent, contre toute attente, le 16 novembre 1993, à une décision d'abrogation pure et simple de celui-ci.

Parallèlement, des discussions informelles entre les États membres de l'ex-COCOM, auxquelles furent admises la Russie, la Hongrie, la Pologne, la République tchèque et la Slovaquie, sur l'élaboration d'un nouveau régime multilatéral de contrôle des exportations furent entamées. L'élaboration de ce nouveau régime baptisé New Forum devait initialement être achevée pour pouvoir entrer en vigueur à l'échéance du régime COCOM, fixée au 31 mars 1994, mais ce n'est que le 18 dé-

---

gramme for Promoting Nuclear Non-Proliferation (PPNN) Newsbrief, Third Quarter 1998, Southampton, p. 21.

[116] Bagdad aurait consacré 10 milliards de dollars rien que pour son programme d'enrichissement de l'uranium.

[117] Les principaux fournisseurs du programme militaire nucléaire irakien furent : l'Allemagne, les États-Unis, la France, l'Italie et le Royaume-Uni. À titre d'exemple, le Département américain du Commerce a autorisé entre 1985 et 1990 l'exportation vers l'Irak de 1,5 milliards de dollars d'équipements pouvant avoir une application militaire. Voir Marie-Hélène LABBÉ, *La prolifération nucléaire en 50 questions*, Éditions Jacques Bertoin, Paris, 1992, p. 89.

cembre 1995 à Wassenaar aux Pays-Bas, soit un an plus tard, que les représentants des 28 États participants établirent le nouveau régime de « contrôle des exportations des armes conventionnelles et de certains biens et technologies à double usage », plus connu sous le nom d'Arrangement de Wassenaar.

Cet arrangement, conçu comme complémentaire aux instruments de contrôle des transferts existants, porte sur les armes et les munitions conventionnelles et sur certains biens à double usage pouvant être utilisés pour élaborer une arme de destruction massive.

Les révélations relatives au programme clandestin irakien ainsi que le comportement de la République nord coréenne[118] avaient démontré à suffisance que l'adhésion au TNP et la conclusion d'un accord de vérification ne suffisaient pas à garantir qu'un État ne s'engage pas parallèlement dans un programme clandestin d'élaboration d'une arme nucléaire. En conséquence, il apparaissait que, même dans le cadre de leurs échanges commerciaux avec un ENDAN partie au TNP, les États fournisseurs devaient se montrer prudents et s'engager à appliquer et à respecter une politique d'exportation plus restrictive.

Ce souci de renforcer le système de lutte contre la prolifération des armes nucléaires ne provenait pas uniquement des États fournisseurs mais aussi de certains pays en voie de développement et ce, bien avant les révélations sur le programme irakien.

Ainsi, lors de la conférence de révision du TNP de 1990, plusieurs voix se firent entendre pour demander aux États fournisseurs de biens nucléaires de faire preuve de plus de retenue dans la conduite de leur politique d'exportation[119].

Afin de répondre à cette volonté, une réunion informelle des États adhérents au NSG fut convoquée à La Haye du 5 au 7 mars 1991. Cette réactivation du NSG – aucune réunion n'avait été convoquée depuis

[118] Lors de la première inspection de l'AIEA en 1992 mettant en œuvre l'accord de garanties, les inspecteurs constatèrent un certain nombre d'incohérences entre leurs analyses et celles transmises par la Corée du Nord. D'après l'AIEA, la Corée du Nord possédait des matières nucléaires et des installations qui ne lui avaient pas été déclarées.
Pour une analyse et un développement exhaustif de cette affaire, voir *Activities of the IAEA relevant to article III of the NPT prepared by the Secretariat of the IAEA for the 1995 Conference of the Parties to the NPT*, présentée à Genève lors du Preparatory Committee for the 1995 Conference of the Parties to the NPT (12-16 September 1995) (NPT/CONF.1995/PC.III/7)), p. 9.

[119] Voir les extraits des discours du délégué du Nigeria, de l'ambassadeur du Sri Lanka, de la Thaïlande in H. MÜLLER, « National and international export control systems and supplier state's commitments under the NPT », *PPNN Issue Review n° 8*, septembre 1996, Southampton, p. 4.

1978 – se donnait pour objectifs, d'une part, de réviser et de compléter les directives à la lumière des événements intervenus en Irak et, d'autre part, d'examiner les moyens de contrôler les transactions portant sur les biens à double usage non couverts par les directives. Il s'agissait également d'essayer de convaincre de nouveaux fournisseurs d'adhérer aux directives.

Dans ce contexte favorable au renforcement du système, trois décisions fondamentales furent adoptées dans les réunions qui suivirent.

Premièrement, à la suite de plusieurs déclarations unilatérales de certains États fournisseurs comme la France[120], le Royaume-Uni[121] et la Belgique[122], ils adoptèrent[123] l'exigence de requérir de l'État destinataire comme condition d'octroi de la licence d'exportation des biens définis dans les listes NSG[124], l'application du principe des Comprehensive Safeguards Agreement (CSA)[125].

Deuxièmement, des directives gouvernant les principes et les conditions de transfert de biens nucléaires à double usage ainsi qu'une liste de 65 biens auxquels ces directives s'appliquent furent adoptées[126]. Pour garantir une application homogène de ces directives, un Memorandum of Understanding fut également retenu. Il établit des mécanismes d'échange d'informations entre États membres sur les demandes de licences d'exportation.

Un élément significatif de cette volonté de renforcer la cohésion du système était la définition, au sein des directives relatives aux biens à double usage, pour la première fois, des objectifs que se fixait le NSG en matière de non-prolifération des armes nucléaires[127]. Ces objectifs

120 Exigence annoncée dans le discours de R. Dumas, ministre des Affaires étrangères de la République française prononcé lors de la 49e Assemblée générale des Nations unies à New York, le 24 septembre 1991.

121 Exigence annoncée dans le discours de D. Hurd, secrétaire d'État du Commonwealth et des Affaires étrangères du Royaume-Uni lors de la 49e Assemblée générale des Nations unies à New York, le 25 septembre 1991.

122 Déclaration de la Délégation belge lors de la troisième réunion du « Nuclear-related Dual-Use working Group » à Annapolis, le 7 octobre 1991.

123 Amendement aux directives adopté en mars-avril 1993 lors de la réunion de Lucerne (Suisse).

124 Liste répertoriée sous INFCIRC/254 de l'AIEA.

125 Comprehensive Safeguards Agreement : application des contrôles de l'AIEA sur toutes les matières brutes ou fissiles spéciales, présentes ou à venir, se trouvant sur le territoire d'un État ou sous sa juridiction. Cette exigence était déjà d'application pour les ENDAN ayant adhéré au TNP, ce qui n'était pas le cas pour les transferts vers des États non signataires tels que l'Inde, Israël et le Pakistan.

126 Réunion plénière de Varsovie du 3 avril 1992.

127 Des objectifs similaires seront insérés, lors de la conférence plénière du NSG de Madrid (1994), au sein des directives du NSG relatives aux articles nucléaires.

consistèrent en un engagement des États fournisseurs à prévenir tout transfert de biens à double usage pouvant apporter une contribution majeure à la poursuite d'une « activité nucléaire explosive » ou à « un cycle du combustible nucléaire non soumis aux garanties » requises par le TNP. Pratiquement, cela supposait que, dorénavant, tout transfert de biens à double usage devait être refusé lorsque le risque d'un détournement d'affectation ne pouvait être écarté.

Cette nouvelle politique d'exportation du NSG allait bousculer l'égalité apparente entre non-prolifération et développement pacifique qui constituait la pierre d'angle du TNP, pour la remplacer par une hiérarchie des priorités. Désormais, même si les directives affirment explicitement qu'elles n'ont pas pour objectif d'entraver la coopération internationale en matière d'application pacifique de l'énergie nucléaire, elles ne l'autorisent que dans la mesure où cette coopération n'est pas jugée contraire aux objectifs de non-prolifération du NSG. Par ailleurs, elles introduisent une notion d'universalité en rendant ce principe, dit principe de non-prolifération, applicable non seulement aux ENDAN mais aussi aux EDAN lorsque, d'une manière générale, il existe un risque inacceptable de détournement.

Finalement, la troisième décision adoptée par le NSG[128] fut la révision des listes de biens nucléaires soumis au contrôle à l'exportation et l'intégration de l'ensemble des actualisations apportées, depuis 1978, dans les listes définies par le Comité Zangger[129].

Par exemple, les installations de retraitement du combustible, les équipements spécifiquement conçus ou établis pour ces installations ou encore les systèmes et équipements intervenant dans les techniques de séparation isotopique chimique, électromagnétique, aérodynamique et par laser ont été intégrés dans les listes[130].

Parallèlement au renforcement des directives du NSG, l'AIEA se lança dans un vaste travail de réflexion visant à réorienter et renforcer son système de vérification.

Il apparaissait, en effet, que les inspections de l'AIEA, effectuées en vertu du TNP, avaient essentiellement pour objectif de déterminer si les États soumis à inspection menaient bien les activités qu'ils avaient notifiées à l'AIEA. « Sur le plan de la pratique, mais non du droit, les inspecteurs de l'AIEA ne recherchaient pour ainsi dire jamais des activités nucléaires clandestines, à savoir celles qui n'étaient pas noti-

[128] Réunion plénière de Varsovie du 3 avril 1992.

[129] Le comité Zangger avait procédé, depuis l'adoption de ses règles du jeu fondamentales, à des révisions régulières de ses listes.

[130] En 1994, l'ensemble des directives du NSG ont été rationalisées et coordonnées afin de rendre l'ensemble plus lisible.

fiées à l'AIEA dans les "déclarations" de ces États concernant leurs activités nucléaires. »[131] La découverte du programme clandestin d'armement nucléaire de l'Irak, démontrait, s'il était encore nécessaire, la nécessité d'une réorientation complète du système de garanties de l'Agence.

À partir de 1992, le Conseil des gouverneurs de l'AIEA initia un vaste mouvement de réformes. C'est ainsi que fut notamment établie une base de données reprenant, État par État, l'ensemble des informations disponibles en matière d'activités nucléaires[132].

En février 1993, le Conseil des gouverneurs approuva la création d'un système d'*Universal Reporting* offrant la possibilité aux États qui le souhaitent de notifier à l'AIEA l'exportation et l'importation de matières nucléaires et l'exportation d'équipements et de matières non nucléaires spécifiées[133].

Enfin, le Conseil des gouverneurs chargea le directeur général de l'Agence de lui présenter des propositions concrètes visant à renforcer les garanties et à en améliorer la rentabilité. En réponse à cette demande, le Secrétariat de l'Agence établit, sur la base des recommandations formulées par le SAGSI[134], un programme d'étude et d'essais de renforcement des garanties, baptisé « 93 + 2 »[135], qui visait, dans un délai de deux ans, à évaluer les aspects techniques, financiers et juridiques d'un ensemble de mesures.

En juin 1995, le Secrétariat présenta au Conseil des gouverneurs un document divisé en deux parties et contenant un ensemble complet de propositions visant à s'assurer que les déclarations des ENDAN parties

---

[131] Cf. George BUNN, « L'inspection des activités nucléaires clandestines : Le TNP offre-t-il une base juridique aux propositions de réformes de l'AIEA », *Bulletin de droit nucléaire*, AEN, 57/96, p. 9.

[132] Cette base de données intègre non seulement les informations fournies par les déclarations des États ou collectées lors des inspections, mais aussi celles provenant de sources journalistiques dans le domaine public, des rapports gouvernementaux relatifs aux importations et aux exportations, des photographies prises par satellite et d'autres informations qui sont transmises par les services de renseignements des États membres.

[133] Et non plus comme c'était le cas au préalable, les transferts à destination des ENDAN non parties au TNP.

[134] Groupe consultatif permanent sur l'application des garanties.

[135] Le choix de « 93 + 2 » provient du fait que, donnant suite à une demande du Conseil des gouverneurs de l'AIEA, le Secrétariat de l'Agence a présenté en décembre 1993 un programme qui visait, dans un délai de deux ans, à évaluer les différents aspects nécessaires pour renforcer le système de garanties.

au TNP étaient non seulement exactes mais aussi exhaustives au sens où il n'y avait pas d'activités nucléaires clandestines non déclarées[136].

La première partie de ce rapport est constituée de mesures qui, de l'avis du Secrétariat, pourraient être appliquées en vertu des pouvoirs juridiques existants ; elles ont été progressivement mises en application depuis 1996. Ces mesures octroient à l'Agence, pour l'essentiel, un accès plus large aux informations, notamment par le prélèvement d'échantillons dans l'environnement, un accès physique plus étendu par le recours aux inspections impromptues. Elles établissent aussi diverses dispositions visant à assurer une utilisation optimale du système de garanties.

La seconde partie du rapport est constituée d'un ensemble de dispositions qui n'entrent pas dans le champ d'application des accords de garanties existants et requièrent, afin de rendre ces dispositions obligatoires aux États, la conclusion de protocoles additionnels. En effet, en vertu de la Partie II, les États sont appelés à transmettre à l'Agence, par exemple, des informations relatives aux activités de recherche et de développement en rapport avec le cycle du combustible mais ne contenant pas de matières nucléaires ou relatives à des installations auxiliaires directement liées à l'exploitation d'installations nucléaires.

Un modèle de Protocole additionnel[137] a été adopté par le Conseil des gouverneurs le 15 mai 1997 malgré les réticences de certains États membres[138]. Les négociations visant à conclure un accord additionnel avec chaque État soumis au système de garanties se poursuivent et, en mai 2010, 132 États dont cinq États dotés de l'arme nucléaire avaient signé un tel protocole.

Depuis l'entrée en vigueur du TNP, les ENDAN parties à ce traité ont toujours considéré les engagements des EDAN, en faveur du désarmement et de la coopération nucléaire à des fins pacifiques, souscrits aux termes du traité, comme la contrepartie de leur propre renonciation aux armes nucléaires et aux autres dispositifs nucléaires explosifs. Or,

---

136 Cette façon d'opérer a été approuvée par la Conférence générale de l'AIEA, en septembre 1995.

137 Ce projet de « Protocole additionnel à l'accord (aux accords) entre … et l'AIEA relatif(s) à l'application de garanties » a été élaboré par le Comité sur le renforcement de l'efficacité et l'amélioration du rendement du système des garanties dit Comité des 24. Il est publié sous la référence INFCIRC/540 – septembre 1997.

138 Ce document contient une clause d'universalité invitant le directeur général de l'AIEA à négocier avec les États dotés de l'arme nucléaire, un protocole additionnel incorporant des mesures similaires à celles imposées aux États non dotés de l'arme nucléaire Cf. *Foreword to the model Protocol*, INFCIRC/540 – septembre 1997.

sur le plan du désarmement, jusqu'à la conclusion du Traité INF[139] à la fin des années 1980[140], les EDAN n'avaient guère fait de progrès notoires.

De plus, certains ENDAN[141] estimaient que les restrictions imposées aux transferts de biens relatifs aux armes nucléaires et, en particulier les directives du NSG, constituaient des entraves injustifiées à leur « droit inaliénable [...] de développer la recherche, la production et l'utilisation de l'énergie nucléaire à des fins pacifiques » garanti par le TNP[142].

En vertu de son article X.2, le TNP avait été conclu pour une période de 25 ans et, en 1995, une Conférence dite de prorogation réunissant tous les États parties devait être convoquée afin de décider si ce traité devait être prorogé indéfiniment ou pour une ou plusieurs périodes d'une durée déterminée.

Dans leur majorité, les ENDAN voyaient, dans la Conférence de prorogation, leur dernière chance de peser sur les EDAN pour les contraindre à respecter plus adéquatement leurs engagements[143]. Cette tentation d'imposer une prorogation conditionnelle du TNP avait déjà fait l'objet de l'essentiel des débats lors de la Conférence de révision du TNP de 1990 et en était la principale cause d'échec. En effet, le Mexique, appuyé par l'Indonésie et l'Irlande, avait tenté, tout au long de la Conférence de révision, de faire reconnaître, dans le projet de déclaration finale, un lien entre la conclusion d'un CTBT[144] et la décision de prolongation du TNP[145].

---

[139] Traité conclu entre l'Union soviétique et les États-Unis imposant aux parties la destruction des missiles d'une portée de 500 à 5 500 km (courte (500-1 000 km) et moyenne (1 000-5 500 km) portée) basés sur terre ainsi que l'élimination de leurs lanceurs pour le 1er juin 1991. Ce Traité est entré en vigueur le 1er juin 1988. Il ne vise pas la destruction des ogives.

[140] Les accords de SALT-1 et le Traité ABM au début des années 1970 avaient, il est vrai, amorcé une certaine forme de désarmement nucléaire. Cependant, celui-ci a été annihilé au début des années 1980 avec le lancement du projet « Initiative de Défense Stratégique » du président américain R. Reagan et le déploiement par l'Union soviétique des SS-20 ainsi que la multiplication des missiles mobiles basés sur terre et dans les sous-marins.

[141] Notamment au sein du Mouvement des États non alignés (Non-Aligned Movement – NAM) et plus particulièrement l'Iran.

[142] Article IV.1 du TNP.

[143] En leur imposant des engagements formels et vérifiables à réaliser selon un calendrier précis.

[144] Comprehensive Test Ban Treaty (Traité d'interdiction complète des essais nucléaires).

[145] Sur les quatre Conférences de révision (1975,1980, 1985, 1990) organisées avant la Conférence de prorogation, les Parties au Traité ne sont parvenues à un consensus sur une déclaration finale que pour celles de 1975 et de 1985.

De plus, les débats lors des quatre réunions du Comité préparatoire de la Conférence de prorogation avaient vu les EDAN, malgré leur volonté de convaincre de l'importance et de la sincérité des efforts entrepris et à venir en matière de désarmement, faire l'objet de vives critiques de bon nombre d'ENDAN.

Il fallait donc s'attendre à ce que les questions relatives au désarmement, aux transferts de technologies et aux contrôles à l'exportation des biens nucléaires soient source de conflits lors de la Conférence de prorogation et de révision du TNP convoquée à New York en avril-mai 1995.

À la fin de la troisième semaine de la Conférence[146], trois résolutions visant toutes une certaine forme de prorogation avaient été déposées. Des trois, seule la résolution présentée par le Canada et parrainée par 103 États auxquels sept autres se rallièrent par la suite était en faveur d'une extension indéfinie et inconditionnelle du TNP. La résolution déposée par le Mexique proposait, plutôt, une prorogation indéfinie conditionnelle[147] et, celle présentée par l'Indonésie et coparrainée par une dizaine d'États suggérait une prorogation de 25 ans renouvelable[148].

La prorogation indéfinie et inconditionnelle fut acquise, du moins théoriquement, dès le milieu de la troisième semaine de la Conférence[149]. En effet, le vote de la résolution canadienne aurait normalement obtenu la majorité requise. Cependant, cette solution risquait de souligner la scission au sein de la Conférence en démontrant que les opposants à la prorogation inconditionnelle ne représentaient pas une minorité insignifiante. Par ailleurs, un risque sérieux demeurait en cas de recours au vote car les règles de procédure n'avaient pas été adoptées et certains craignaient que, si l'on recourait à un vote à bulletin secret, la résolution canadienne n'emporte pas avec certitude la majorité nécessaire. En effet, un certain nombre d'États, qui avaient souscrit officiel-

---

146 Date ultime du dépôt des résolutions.

147 Cette résolution liait la prorogation indéfinie à la réalisation effective d'un certain nombre d'étapes vers un désarmement nucléaire total.

148 Lors de la deuxième semaine de la Conférence, les ministres du Bureau de coordination des NAM se réunirent à Bandung en Indonésie. Les États parties au TNP qui appartenaient à ce mouvement firent une déclaration dans laquelle ils reconnaissaient que le Traité devait être prorogé mais ils ne précisaient pas les modalités exactes de cette prorogation, ce qui laissait à chaque État membre du Mouvement la liberté de choix à ce sujet et brisait une action de groupe. Cela explique pourquoi deux propositions furent déposées par des États membres du NAM.

149 Sur les différentes phases des négociations relatives à la prorogation indéfinie et inconditionnelle du TNP voir, par exemple, L. ROCKWOOD, « Le Traité de non-prolifération nucléaire : un engagement permanent sur la voie du désarmement et de la non-prolifération », *Droit nucléaire*, Bulletin 61/juin 1998, Agence pour l'Énergie nucléaire, Paris, p. 17.

lement à cette résolution, lui préféraient en fait la mexicaine qui, tout en préservant l'extension indéfinie, l'assortissait de conditions contraignantes pour les EDAN.

Sous l'impulsion du président de la Conférence[150], on s'efforça de trouver une solution de compromis qui, tout en assurant une prorogation indéfinie, tendrait à rallier le plus grand nombre d'États, en sauvant la face de ceux qui y étaient opposés.

Un document en trois volets[151] s'inspirant des différentes propositions et, notamment de celles déposées par les NAM, ainsi qu'une résolution portant sur le Moyen-Orient[152], furent adoptés en séance plénière, le jeudi 10 mai 1995[153].

Alors que la Conférence d'extension réussit à finaliser ses travaux et à adopter une décision de prorogation indéfinie et inconditionnelle du traité, les débats au sein des trois grands Comités[154] instaurés par la Conférence de révision du traité ne permirent pas d'aboutir à la rédaction et à l'adoption d'une déclaration finale d'examen[155].

Le contrôle à l'exportation des biens nucléaires fit l'objet des débats du Comité II et, de façon plus périphérique, du Comité III[156].

---

150 Le Sri Lankais, Jayantha Dhanapala.

151 Cette proposition comporte :
– un document établissant les mécanismes selon lesquels l'application du traité doit être examinée périodiquement ;
– un document portant sur les principes qui doivent gouverner l'application du traité en matière de non-prolifération et de désarmement nucléaire ;
– une résolution reconnaissant dans sa partie décisionnelle qu'une majorité existe en faveur de la prorogation indéfinie.

152 Résolution préconisant la création d'une zone exempte d'armes nucléaires au Moyen-Orient.

153 Final Document Part I, Organisation and work of the Conference (NPT/CONF.1995/32 (Part I)).

154 Comité I : Désarmement ; Comité II : Garanties et Contrôle à l'exportation ; Comité III : Coopération internationale, Transfert de technologies.

155 En vertu de l'article VIII.3 du TNP et de la décision de la Conférence générale du TNP de 1995 intitulée Renforcement du processus d'examen du Traité, une Conférence de révision du TNP est organisée tous les cinq ans. Celle-ci a pour but d'évaluer « les résultats obtenus durant la période considérée, y compris le respect des engagements souscrits par les États parties en vertu du Traité, et de déterminer les domaines dans lesquels il conviendrait de progresser davantage à l'avenir, ainsi que les moyens d'y parvenir ». « Elle devrait aussi examiner spécifiquement ce qui pourrait être fait pour renforcer l'application du Traité et assurer son universalité » (points 2 et 7 de la décision intitulée Renforcement du processus d'examen du Traité (NPT/CONF.1995/L.4), telle que publiée dans *Droit nucléaire*, Bulletin 56/1995, Agence pour l'Énergie nucléaire, Paris, p. 112).

156 Sur les débats au sein des Comités II et III de la Conférence de révision voir H. MÜLLER et D. FISCHER, *United Divided : The European at the NPT Extension*

Au sein du Comité III, l'Iran s'attaqua à l'attitude des pays fournisseurs de biens nucléaires qui violaient, selon elle, de façon manifeste le droit des ENDAN à bénéficier des applications pacifiques de l'énergie nucléaire. L'instauration « de mesures restrictives unilatérales » sans lien direct avec le TNP, telles les directives du NSG, démontrait à suffisance la volonté des États fournisseurs de ne pas respecter leurs obligations. Sur ce point, l'Iran ne fut cependant pas suivi par les autres membres du NAM et certains même, rejetèrent ouvertement cette attitude[157].

Même si ce problème restait en suspens, le président du Comité III réussit finalement à obtenir une certaine unanimité sur un projet de rapport final. Ce rapport reconnaissait le droit de voir respecter leurs choix et décisions en matière d'utilisation pacifique et condamnait l'assistance accordée par le passé à des États non parties du TNP tout en rejetant explicitement la poursuite de celle-ci.

Au sein du Comité II, l'Iran, comme il fallait s'y attendre, critiqua le refus, en particulier des États-Unis, de reconnaître, d'une part, l'AIEA comme le seul juge du respect des engagements des ENDAN pris dans le cadre du TNP et, d'autre part, l'observation stricte des conditions imposées par l'accord de garanties conclu avec l'AIEA comme preuve du respect de cet engagement. Les intentions iraniennes étaient transparentes, elles visaient à éviter qu'un État puisse substituer son appréciation sur les intentions et actions de l'État destinataire à celle émise par l'AIEA, pour lui refuser telle ou telle exportation.

À l'inverse du Comité III, où les Iraniens s'étaient retrouvés fortement isolés, une proposition fut déposée au nom des NAM[158], réclamant la constitution d'un Comité chargé d'examiner les directives et les listes des biens visés par ces procédures de contrôle des transferts. Ces propositions critiquaient les méthodes de travail confidentielles et les techniques d'adhésion largement discriminatoires du NSG et du comité Zangger et suggéraient de remplacer ces groupes de travail informels par des directives adoptées de façon transparente et reconnues par tous les États parties au TNP.

Les propositions des NAM rencontrèrent inévitablement l'opposition des États membres du NSG et même si, au fur et à mesure de la négocia-

Conference, PRIF (Peace Research Institute Frankfurt), Report, n° 40, novembre 1995, Frankfurt am Main, p. 24 et s. ou H. MÜLLER, « National and International Export Control Systems and Supplier States' Commitments under the NPT », *PPNN Issue Review*, n° 8, septembre 1998, p. 7 et s.

157 Voir, par exemple, le discours de la délégation sud-africaine in NPT/CONF/MC.III/SR.2.

158 Appuyée fortement par l'Irak et clairement soutenue par l'Indonésie et la Malaisie.

tion, les positions s'assouplirent, un accord sur ce point ne put jamais être obtenu.

Si la Conférence de révision du TNP de 1995 ne réussit pas à obtenir un consensus sur l'approbation d'une déclaration finale, elle reconnut cependant, dans un paragraphe d'un des quatre documents adoptés en séance plénière intitulé « Principes et objectifs de la non-prolifération et du désarmement nucléaire » et consacré aux « utilisations pacifiques de l'énergie nucléaire », la nécessité de « promouvoir, grâce au dialogue et la coopération entre tous les États parties intéressés, la transparence du contrôle des exportations se rapportant au nucléaire »[159].

Cette volonté d'établir une réelle transparence des mesures de contrôle du commerce des biens nucléaires constituait une des revendications majeures de bon nombre d'ENDAN. Pour tenter de donner satisfaction à cette revendication, les États fournisseurs, réunis au sein du NSG, ont entamé, depuis 1996, une série d'actions dont la plus marquante a consisté en l'organisation d'un séminaire ouvert à tous les États, parties ou non du TNP[160]. L'objectif de ce séminaire consistait à démontrer, aux États non parties, que la raison d'être du NSG résidait, non pas dans la volonté d'empêcher toute coopération nucléaire, mais plutôt dans le souci de partager les connaissances pacifiques de l'énergie nucléaire tout en s'assurant du respect des principes de non-prolifération des armes nucléaires[161].

La question de la transparence fut à nouveau débattue par la Conférence de révision du TNP de 2000 qui dans sa déclaration finale requiert « que les accords avec les fournisseurs doivent être transparent et doivent continuer à prendre les mesures assurant que les directives à l'exportation élaborées par eux ne portent pas préjudice au développement de l'énergie nucléaire à des fins pacifiques des États parties, conformément aux articles I, II, III et IV du TNP » et que « la transparence en matière de contrôle à l'exportation doit être assumée dans un cadre de dialogue et de coopération entre tous les États parties au traité intéressés »[162]. Par ailleurs, la Déclaration finale insiste sur l'aspect dynamique du contrôle à l'exportation en recommandant que les listes

---

159 Paragraphe 17 du Final Document Part I, Organisation and work of the Conference (NPT/CONF.1995/32 (Part I)), p. 12.

160 Ce séminaire a eu lieu, à Vienne, les 6 et 7 octobre 1997.

161 Parmi les États les plus critiques vis-à-vis du NSG, seule l'Inde accepta d'y participer.

162 Paragraphes 53 et 54 du Final Document Issued by the 2000 NPT Review Conference, 20 mai 2000.

de biens à contrôler soient soumises à révision régulière en fonction de l'évolution technologique[163].

Soulignons également que la Conférence de révision a reconnu, pour la première fois, la nécessité d'assurer le contrôle des transferts des biens à double usage dans la lutte contre la prolifération des armes nucléaires. Elle précise toutefois que ces biens ne sont pas explicitement visés par l'article III.2 du TNP[164].

Suite aux attentats du 11 septembre 2001, la communauté internationale a pris conscience du risque que pourraient représenter l'acquisition et l'usage d'une arme de destruction massive par des groupes terroristes. En réponse à cette inquiétude, l'Organisation des Nations unies et plus particulièrement le Conseil de sécurité adopta une série de mesures, dont une des plus significatives est la résolution 1540 (2004)[165]. Par cette résolution, les États membres de l'ONU s'accordent à ne pas favoriser toute tentative d'un acteur non étatique de mettre au point, de se procurer, de fabriquer, de posséder, de transporter, de transférer ou d'utiliser des armes nucléaires, chimiques ou biologiques ou leurs vecteurs. Les États s'engagent également à amender leurs législations afin de disposer des moyens nécessaires pour se conformer aux prescriptions internationales. Finalement, la résolution prévoit la mise en place d'un organisme spécial, dit Comité 1540, chargé de suivre la mise en œuvre de la résolution par les États membres.

Complémentairement et plus focalisé sur la consolidation des instruments de non-prolifération nucléaire, le Conseil de sécurité adopta en 2009 la résolution 1887 visant à soutenir les principes du TNP, du Traité d'interdiction complète des essais nucléaires, du futur Traité sur l'interdiction de la production de matières fissiles ainsi que ceux de la résolution 1540[166].

Malgré un contexte favorable au renforcement de la lutte contre la prolifération nucléaire, les États membres du TNP n'ont pas réussi à adopter une déclaration finale lors de la Conférence de révision de 2005. Cette absence fut considérée par bon nombre de participants comme un véritable échec. Les frustrations portaient surtout sur le silence en cas de violation du traité, sur l'absence de dispositions relatives au retrait du

163 *Ibid.*, paragraphe 52.

164 *Ibid.*, paragraphe 37.

165 Résolution 1540 du Conseil de sécurité des Nations unies, adoptée le 28 avril 2004, S/RES/1540. Voir *infra*.

166 Résolution 1887 du Conseil de sécurité des Nations unies, adoptée le 24 septembre 2009, S/RES/1887. Voir *infra*.

TNP[167], sur la découverte des réseaux clandestins de transferts de biens nucléaires, etc[168]. Les raisons de cet échec sont à trouver dans la difficulté de se mettre d'accord sur la procédure d'abord[169], sur la déclaration finale ensuite[170].

Outre la Conférence de révision, l'année 2005 sera marquée par la signature d'un accord de coopération nucléaire entre les États-Unis et l'Inde. Cet accord dit 123 autorisait l'accès non seulement au combustible mais également aux équipements et technologies américaines moyennant l'engagement du Gouvernement indien de séparer ses activités nucléaires civiles de celles à vocation militaire. De plus, les Indiens s'engagèrent à soumettre toutes installations nucléaires civiles aux mesures de sauvegarde établies par l'AIEA.

La levée des obstacles permettant la mise en œuvre de cette coopération nucléaire avec l'Inde deviendra un élément essentiel de la politique extérieure de l'administration Bush. Plusieurs raisons peuvent être évoquées : les avantages économiques découlant du commerce nucléaire, la création d'un contrepoids à la puissance chinoise et le « containement » de l'Iran dont la politique nucléaire devenait de plus en plus préoccupante. Il n'en reste pas moins vrai que l'adoption de cet accort suscita des réticences tant du côté du Congrès américain que du Parlement indien.

Soulignons qu'un des obstacles majeurs à la réalisation de la coopération indo-américaine était la nécessité d'amender les directives du NSG. En tant que membre du Groupe des fournisseurs nucléaires, les États-Unis se sont engagés à ne pas transmettre des équipements et des

---

167 La Corée du Nord, État partie depuis 1985, annonça son retrait du TNP le 10 janvier 2003. Suite à cette déclaration Conseil des gouverneurs de l'AIEA, adopta le 12 février de la même année une résolution qui demandait le directeur général de l'Agence de faire un rapport au Conseil de sécurité sur le non respect par la Corée du Nord de ses engagements internationaux. Dès lors, les États-Unis, la Russie, la Chine, le Japon, la Corée du Sud et la Corée du Nord ouvrirent le 23 et 24 avril 2003 des discussions, baptisées « processus de Pékin », dans le but de trouver des solutions à ce problème majeur.

168 Voir *Review Conference For Nuclear Non-Proliferation Treaty concludes, with many States expressing deep disappointment at outcome*, May 27th, 2005, Press Release DC/2969.

169 Les négociations sur l'agenda de même que la mise en place de certains organes subsidiaires durèrent deux semaines et demie sur les quatre que compte la conférence.

170 Étant contraires à consolidation du désarmement nucléaire, les États-Unis comme la France, freinèrent toute tentative d'inclure les références aux « 13 étapes » de la Déclaration finale de la Conférence de révision du TNP de 2000 (NPT/CONF.2000/28(Part I)) ou à la Conférence de 1995, qui prévoyait un programme d'action pour le désarmement nucléaire en trois points (NPT/CONF.1995/32/DEC.2).

technologies nucléaires aux EDAN mais non parties au TNP, tels que l'Inde. Les autorités américaines, soutenues par la France et la Russie, vont donc ardemment plaider l'adoption d'une dérogation aux directives autorisant le commerce nucléaire avec l'Inde. Celle-ci sera finalement adoptée le 8 septembre 2008, malgré les objections de la Chine ainsi que d'une série de pays européens, comme par exemple, l'Allemagne, l'Autriche, le Danemark, l'Irlande et les Pays-Bas.

L'adoption de cette dérogation par le NSG suscita de nombreuses réactions négatives, puisqu'en autorisant le commerce avec un État doté de l'arme nucléaire non reconnu par le traité, elle portait indirectement atteinte à un des principes essentiels du TNP.

Malgré cette conjoncture peu favorable, la Conférence de révision de 2010 réussit à adopter une déclaration finale. Parmi les aboutissements les plus significatifs, on peut souligner la volonté des États participants de réaffirmer le respect de leurs engagements vis-à-vis des trois axes essentiels du TNP, à savoir la non-prolifération, le désarmement et l'usage pacifique de l'énergie nucléaire. Ainsi, en matière de non-prolifération ils ont souligné l'importance de respecter et de renforcer les mesures de sauvegarde établies par l'AIEA ainsi que des systèmes nationaux de contrôle à l'exportation ; d'appuyer la ratification par les États du protocole additionnel ; de lutter contre le trafic illicite et le terrorisme nucléaire. En ce qui concerne le désarmement, la Conférence a été principalement consacrée aux mesures à envisager afin de soutenir les négociations relatives au Traité sur l'interdiction de la production de matières fissiles pour la fabrication d'armes nucléaires et d'autres dispositifs nucléaires explosifs.

CHAPITRE II

Analyse des instruments internationaux de contrôle des échanges commerciaux nucléaires

I. Les instruments formels

L'objectif des pages qui suivent est de recenser les instruments formels auxquels participent les États membres de l'Union européenne intervenant en matière de non-prolifération des armes nucléaires. Si en ce qui concerne le désarmement, ces instruments sont relativement nombreux[1], en termes de contrôle des transferts on ne recense que le Traité de non-prolifération des armes nucléaires et les résolutions 1540 et 1887 du Conseil de sécurité des Nations unies. Il convient, toutefois, de mentionner la Convention sur la protection physique des matières nucléaires qui, même si elle ne concerne pas directement notre propos, impose aux États parties, d'assurer pour les transports internationaux de certaines matières nucléaires, un niveau suffisant de sécurité contre les risques de détournements en cours de transferts[2]. Cette obligation constitue, en quelque sorte, une condition de transfert qu'il convient de prendre en compte.

Soulignons, par ailleurs, que l'Organisation mondiale du commerce, n'intervient pas directement en cette matière. En effet, l'Accord général de 1947 sur les tarifs douaniers et le commerce, plus connu sous son abréviation anglaise de GATT, n'établit, d'une quelconque manière, de dispositions relatives aux contrôles des transferts des biens relatifs aux armes nucléaires. Il précise, de surcroît, qu'aucune de ses dispositions ne saurait être interprétée « comme empêchant une partie contractante de prendre toutes mesures qu'elle estimera nécessaire à la protection des intérêts essentiels de sa sécurité se rapportant aux matières fissiles ou aux matières qui servent à leur fabrication [et, ou] se rapportant au trafic d'armes, de munitions et de matériel de guerre et à tout commerce d'autres biens et matériel destinés directement ou indirectement à

1 On peut citer, à titre d'exemple, le Traité d'interdiction complète des essais nucléaires du 10 septembre 1996, les Traités Start (Strategic Arms Reduction Talks) I (1991), II (1996) et III (2010), le Traité dit de Tlatelolco (12 février 1967) créant une zone « dénucléarisée » entre les pays d'Amérique latine, le Traité dit de Pelindaba (11 avril 1996) créant une zone « dénucléarisée » entre les pays d'Afrique, etc.

2 Pour le texte de la Convention, voir *Bulletin de Droit Nucléaire* n° 24/79, AEN, Paris, p. 39 ainsi que le *Bulletin de Droit Nucléaire* n° 53/94, AEN, Paris, p. 123.

assurer l'approvisionnement des forces armées »[3]. Du fait que le contrôle des transferts des biens relatifs aux armes nucléaires se justifie, à titre principal, pour des raisons de sécurité individuelle et collective et, porte, en particulier, sur les matières fissiles, les États restent libres d'en établir ou de s'engager aux travers d'instruments internationaux y relatifs[4].

A. Le Traité sur la non-prolifération des armes nucléaires

Le Traité sur la non-prolifération des armes nucléaires, plus connu sous l'intitulé « TNP », constitue incontestablement la base juridique des régimes de contrôle des transferts des biens nucléaires. Ouvert à la signature le 1er juillet 1968[5], il est entré en vigueur le 5 mars 1970 et a été ratifié par 189 États dont les 27 États membres de l'Union européenne[6]. Prolongé pour une durée indéterminée suite à la décision de la Conférence d'extension d'avril-mai 1995, il est le fruit d'un certain réalisme politique et ne constitue pas, au sens strict, un traité de désarmement nucléaire.

Même s'il a pour objectif, outre l'encouragement de la coopération nucléaire pacifique, la réalisation graduelle d'un monde exempt d'armes nucléaires dont il ne définit pas les moyens, aucun de ses onze articles n'impose ou n'envisage la destruction ou la diminution des arsenaux nucléaires existants. Cette absence a fondé la résistance et le refus de certains États, notamment les États non alignés, à le signer et à le ratifier. Remarquons, toutefois, que le traité formalise la volonté des États parties de « parvenir au plus tôt à la cessation de la course aux armements nucléaires » en prenant « les mesures efficaces dans la voie du désarmement nucléaire »[7].

Le TNP est avant tout un traité de non-prolifération visant, si pas à diminuer le nombre d'États dotés d'armes nucléaires, au moins à établir un certain *statu quo* de la situation internationale. En effet, une des

---

3 Article XXI b) de l'accord. Voir *Text of the General Agreement, Basic Instruments and Selected Documents*, Volume IV, Genève, Mars 1969.

4 Voir, par exemple, *Guide to GATT law and practice, analytical Index of the GATT*, Contracting Parties to the GATT, 6th Edition, Geneva 1994, p. 553.

5 Le TNP utilise la technique des dépositaires multiples – les États-Unis, le Royaume-Uni et la Russie – afin de permettre à chacun de choisir le dépositaire en fonction de ses préférences politiques ou d'opter pour celui qui le reconnaît expressément comme État (article XI du TNP).

6 Il reste donc 3 États membres des Nations unies qui n'ont pas adopté le TNP. Ces États sont : l'Inde, Israël et le Pakistan. Pour rappel, le TNP n'a pas été adopté par l'Assemblée générale des Nations unies contrairement au projet initial des deux grandes puissances ; la résolution « se félicite » simplement de son existence et appelle les États à le ratifier.

7 Voir TNP, 8e considérant.

conséquences essentielles de l'adoption du TNP fut d'introduire les concepts nouveaux de possesseurs légitimes et illégitimes d'armes nucléaires. Le traité ne reconnaissant comme États dotés d'armes nucléaires que ceux qui ont fabriqué et fait exploser une arme nucléaire ou un autre dispositif nucléaire explosif avant le 1er janvier 1967[8], seuls les États-Unis, la Russie, la Chine, la France et le Royaume-Uni peuvent bénéficier de ce statut. Le fait d'institutionnaliser cette inégalité entre nations a été longtemps sollicité par la France pour ne pas ratifier le TNP et reste encore largement invoqué aujourd'hui par les États dits du seuil nucléaire, tels que l'Inde, le Pakistan, ou Israël.

L'interprétation des dispositions du TNP est extrêmement délicate et fait encore l'objet de multiples controverses. « Plusieurs dispositions du traité constituent un accord extrêmement délicat sur les arrières pensées des super puissances que celles-ci ne tiennent même pas à expliciter. La simple existence de l'accord semble prévaloir sur sa forme et sa rédaction »[9]. Les Conférences de révision, convoquées à intervalles réguliers depuis 1975[10], ont permis d'apporter des éléments d'interprétation mais n'ont pas réussi à rassembler systématiquement un consensus sur ceux-ci. Toutefois, le lien entre la décision de prorogation indéfinie et inconditionnelle, lors de la Conférence d'extension du TNP, et l'adoption de deux documents dont l'un intitulé « Principes et objectifs de la non-prolifération et du désarmement nucléaires » ont permis de rassembler les États parties sur une interprétation commune de quelques éléments-clés du traité[11].

Il reste que le TNP a largement contribué à établir un climat général de réprobation à l'égard de l'acquisition d'armes nucléaires. Il a en effet défini une norme internationale reconnue, par rapport à laquelle le comportement des acteurs nationaux est évalué, même si ceux-ci ne souscrivent pas au principe de l'abstention nucléaire. Il apparaît, malgré ses faiblesses, comme l'instrument qui a empêché et empêche encore le développement des armes nucléaires dans de nombreux pays, sans doute plus par sa simple existence que par les obligations qu'il contient.

Les principes essentiels du traité

Le Traité sur la non-prolifération est le résultat d'un marché implicite entre les cinq puissances nucléaires reconnues en 1967 et les autres États portant sur l'octroi de l'assistance des premiers pour le développement des programmes nucléaires nationaux à des fins pacifiques et sur

---

8 Voir TNP, article IX, 3.

9 Cf. G. FISCHER, *La non-prolifération des armes nucléaires*, *op. cit.*, p. 51.

10 Celles-ci ont lieu tous les cinq ans depuis 1975.

11 Le deuxième document porte sur le renforcement du processus de révision du TNP.

le renoncement des seconds à se doter d'armes nucléaires. Il n'établit pas, au sens strict, un régime de contrôle des transferts de biens nucléaires mais pose plutôt un certain nombre de principes fondamentaux, requérant des droits et des obligations spécifiques pour les deux parties, qui nécessitent, pour être mis en œuvre, la création ou l'adaptation des régimes nationaux de contrôle des transferts de biens nucléaires.

En vertu de ce traité, les États dotés d'armes nucléaires s'engagent, d'une part, à ne pas aider les États non dotés à acquérir un quelconque dispositif nucléaire explosif et, d'autre part, à partager avec les États parties intéressés, les connaissances nécessaires au développement de programmes d'utilisation pacifique de l'énergie nucléaire. À cette fin, ils acceptent de soumettre certaines de leurs exportations nucléaires à caractère civil vers les ENDAN à un système de surveillance internationale. Par ailleurs, en contrepartie du renoncement des ENDAN aux armes nucléaires, ils s'obligent à entamer de réelles négociations en vue de mettre fin à la course aux armements et d'arriver, à terme, à un désarmement nucléaire total.

De leur côté, les États non dotés d'armes nucléaires s'engagent à ne pas chercher à acquérir ou à élaborer une arme nucléaire et à accepter l'application de garanties sur toutes les matières nucléaires sous leur contrôle qu'elles soient importées ou produites à partir de biens transférés[12]. De plus, comme les EDAN, ils consentent, d'une part, à partager avec les États parties intéressés les connaissances nécessaires au développement de programme d'utilisation pacifique de l'énergie nucléaire et, d'autre part, à soumettre certaines de leurs exportations nucléaires vers les ENDAN à un système de surveillance internationale.

a) Principe d'interdiction générale de contribuer à l'élaboration d'armes nucléaires

Ce principe constitue l'élément essentiel à partir duquel vont se fonder la plupart des systèmes de contrôle des transferts de biens relatifs aux armes nucléaires. En effet, c'est bien parce que les États parties s'interdisent de contribuer directement ou indirectement[13] à la proliféra-

---

12 Il s'agit de l'application des principes des garanties généralisées ou CSA (Comprehensive Safeguards Agreement).

13 Selon G. Fischer, qui se réfère à un aide-mémoire rédigé par les représentant de la Confédération helvétique dont l'interprétation n'est pas authentique, le terme « indirect » désigne « les fournitures d'armes, d'explosifs ou d'assistance technique à des fins militaires qui s'effectueraient par l'intermédiaire d'un État tiers partie ou non au Traité ». Cf. G. FISCHER, *La non-prolifération des armes nucléaires*, *op. cit.*, p. 61. Complémentairement sinon principalement, il nous semble cependant que le terme « indirect » concerne aussi le transfert d'articles non spécifiquement nucléaires mais pouvant contribuer de façon substantielle à l'élaboration d'armes nucléaires. Sont notamment visés ici les articles à double usage dans le domaine nucléaire.

tion des armes nucléaires qu'ils doivent se doter de moyens permettant d'en contrôler le respect. Ce qui, au-delà de l'engagement de l'État en tant qu'autorité politique de ne pas proliférer, requiert la mise en œuvre d'un régime de contrôle garantissant que les transferts effectués au départ du territoire national ne contribueront en aucune façon à un programme d'élaboration d'une arme nucléaire dans un autre État.

Pour comprendre la portée et le sens exact de ce principe, il convient de s'interroger, au préalable, sur les notions « d'armes nucléaires ou autres dispositifs nucléaires explosifs » telles qu'elles sont entendues par le TNP.

Le Traité sur la non-prolifération nucléaire est, à l'inverse de traités régionaux d'objet similaire, muet et il ne semble pas que les Conférences de révision aient tenté de définir plus précisément les concepts précités[14]. À notre connaissance, seule la Suisse, lors de la Conférence de révision de 1975[15], interpella formellement les États dépositaires du traité sur le fait de savoir si les « micro-explosions » entraient dans le champ de définition de ces concepts. Question à laquelle la délégation des États-Unis répondit par la négative[16].

Selon G. Fischer, ces termes doivent être entendus comme ne visant que les bombes et les têtes nucléaires au sens strict et non pas les vecteurs, ni les navires à propulsions nucléaires en ce compris les sous-marins[17]. Cette interprétation est communément admise et la nécessité de créer un cadre de contrôle spécifique pour les vecteurs militaires, tel que le « Missile Technology Controle Regime » (MTCR), semble, en toute hypothèse, la confirmer.

Constatons cependant que si le TNP interdit le transfert d'armes nucléaires ou autres dispositifs nucléaires explosifs ainsi que le contrôle de ceux-ci aux ENDAN, il garantit toutefois à ces États, l'accès aux avan-

---

14 Voir par exemple la définition de l'article 5 du Traité Tlatelolco sur la dénucléarisation de l'Amérique du Sud du 14 février 1967 qui les définit comme « tout dispositif susceptible de libérer de l'énergie nucléaire de manière non contrôlée et dont l'ensemble des caractéristiques le destine à l'emploi à des fins belliqueuses ». Cf. J. SIMPSON et D. HOWLETT, *Briefing Book Volume II : « Treaties, Agreements and other relevant documents », op. cit.*, p. F-1.

15 Minute du Service scientifique du ministère des Affaires étrangères, du Commerce extérieur et de la Coopération au Développement du 6 juin 1975 concernant l'examen des articles III, IV et V du TNP ainsi que des alinéas 6 et 7 du préambule.

16 Elle précisa que dans la mesure où les réactions nucléaires « initiated in millimeter-sized pellets of fissionable material and or fusionable material by lasers or by energetic beams of particles, in which the energy releases, while extremely rapid, are designed to be, and will be, nondestructively contained within a suitable vessel », elles n'entraient pas dans le champ des engins explosifs nucléaires.

17 Cf. G. FISCHER, *La non-prolifération des armes nucléaires*, *op. cit.*, p. 61.

tages pouvant découler des applications pacifiques de la puissance nucléaire. Cette disposition introduite par l'article V du TNP, qui ne peut être considérée comme une exception au renoncement de principe aux armes nucléaires, vise à autoriser, moyennant certaines garanties, l'utilisation d'explosions nucléaires notamment pour des travaux de génie civil. L'AIEA fut désignée comme l'organisme approprié pour assumer l'encadrement des explosions pacifiques[18].

Remarquons que les ENDAN n'ont jamais réellement usé de cette faculté et, lors de la Conférence d'extension et de révision de 1995, une majorité d'États était favorable à une interdiction pure et simple des explosions nucléaires tant pacifiques que militaires. À ce propos, le Traité d'interdiction complète des essais nucléaires fut signé en 1996 par 180 États[19]. Celui-ci prévoit en son article I que « chaque État partie s'engage à ne pas effectuer d'explosion expérimentale d'arme nucléaire, ou d'autre explosion nucléaire »[20]. La Conférence de révision de 2000, comme celle de 2010, renvoyait d'ailleurs à ce traité pour toute interprétation concernant les applications pacifiques des explosions nucléaires[21]. Cependant, celui-ci n'est toujours pas entré en vigueur et requière encore la ratification d'États tels que les États-Unis ou la Chine[22].

Le principe de non-contribution à l'élaboration d'armes nucléaires s'articule autour des articles I et II[23], qui s'attachent à éviter la proliféra-

---

18 Conférence de révision de 1975, Déclaration finale, révision de l'article V tel qu'annexé au document du Preparatory Committee for the 1995 Conference of the Parties to the NPT, (NPT/CONF.1995/PC.III/9, 5 août 1994).

19 TICE ou TICEN, CTBT en anglais pour Comprehensive Test Ban Treaty. À l'heure actuelle le traité a été signé par 182 États.

20 TICE, Article I. Remarquons, toutefois, que le TICE n'exclut pas la possibilité de recourir sous certaines conditions à des explosions nucléaires à but pacifique. Cf. Article VIII.1 du traité, J. SIMPSON et D. HOWLETT, *Briefing Book Volume II : « Treaties, Agreements and other relevant documents »*, *op. cit.*, p. E-2.

21 « La Conférence affirme que les dispositions de l'article V du traité concernant les applications pacifiques de toute explosion nucléaire doivent être interprétées à la lumière du Traité d'interdiction complète des essais nucléaires ». Seul paragraphe concernant l'Article V, Final Document Issued by the 2000 NPT Review Conference, 20 mai 2000, *op. cit.*

22 Pour que le traité entre en vigueur il doit être signé et ratifié par tous les 44 États qui ont participé à sa négociation et qui possédaient des réacteurs nucléaires ou ceux de recherche à ce moment là. À l'heure actuelle 9 États doivent encore signer et/ou ratifier le traité, à savoir la Chine, la Corée du Nord, l'Égypte, les États-Unis, l'Inde, l'Indonésie, l'Iran, l'Israël et le Pakistan.

23 Article I : « Tout État doté d'armes nucléaires qui est Partie au traité s'engage à ne transférer à qui que ce soit, ni directement ni indirectement des armes nucléaires ou autres dispositifs nucléaires explosifs ou le contrôle de telles armes ou de tels dispositifs nucléaires explosifs ; et à n'aider, n'encourager ni inciter d'aucune façon un État non doté d'armes nucléaires quel qu'il soit, à fabriquer ou acquérir de quelqu'autre manière des armes nucléaires ou autres dispositifs nucléaires explosifs

tion interne, et de l'article III.2[24], qui vise à lutter contre le risque de prolifération externe. Ce principe a été réaffirmé avec force au point 2 de la décision « Principe et objectifs de la non-prolifération et du désarmement nucléaires » adoptée par la Conférence de révision et d'extension du TNP d'avril-mai 1995[25] et confirmé dans la déclaration finale de la Conférence de révision du TNP de 2000[26] et de 2010[27].

---

ou le contrôle de telles armes ou de tels dispositifs explosifs ». Cf. J. SIMPSON et D. HOWLETT, *Briefing Book Volume II : « Treaties, Agreements and other relevant documents »*, *op. cit.*, A-1.
Article II : « Tout État non doté d'armes nucléaires qui est Partie au traité s'engage à ne pas accepter de qui que ce soit, ni directement ni indirectement le transfert des armes nucléaires ou autres dispositifs nucléaires explosifs ou du contrôle de telles armes ou de tels dispositifs nucléaires explosifs ; à ne fabriquer ni acquérir de quelqu'autre manière des armes nucléaires ou autres dispositifs nucléaires explosifs ; et à ne rechercher ni recevoir une aide quelconque pour la fabrication d'armes nucléaires ou d'autres dispositifs nucléaires explosifs ». Cf. *ibid.*, A-1.

24 Article III :
[...]
2 : « Tout État partie au Traité s'engage à ne pas fournir : a) de matières brutes ou de produits fissiles spéciaux, ou b) d'équipements ou de matières spécialement conçus ou préparés pour le traitement, l'utilisation ou la production de produits fissiles spéciaux à un État non doté d'armes nucléaires, quel qu'il soit, à des fins pacifiques à moins que lesdites matières brutes ou lesdits produits fissiles spéciaux ne soient soumis aux garanties requises par le présent article ». Cf. *ibid.*, A-1.

25 « Le TNP a un rôle essentiel à jouer pour empêcher cette prolifération. Il faut tout mettre en œuvre pour appliquer le Traité sous tous ses aspects afin de prévenir la prolifération des armes nucléaires et d'autre dispositifs explosif nucléaires, sans entraver les utilisations pacifiques de l'énergie nucléaire par des États parties au Traité ». Cf. *Droit nucléaire*, Bulletin 56/1995, Agence pour l'Énergie nucléaire, Paris, p. 112.

26 « 1. La Conférence réaffirme que l'application effective et intégrale du Traité et du régime de non-prolifération sous tous ses aspects est essentielle pour la promotion de la paix et de la sécurité internationales. Elle réaffirme qu'il convient de redoubler d'efforts pour appliquer le Traité sous tous ses aspects et prévenir la prolifération des armes nucléaires et autres dispositifs nucléaires explosifs [...]. La Conférence demeure convaincue que l'adhésion universelle au Traité et le respect intégral de ses dispositions par toutes les parties sont le meilleur moyen d'empêcher la diffusion des armes nucléaires et autres dispositifs nucléaires explosifs.
3. La Conférence note que les États dotés d'armes nucléaires ont réaffirmé leur engagement de ne transférer à qui que ce soit, ni directement ni indirectement, des armes nucléaires ou autres dispositifs nucléaires explosifs, ou le contrôle de telles armes ou de tels dispositifs explosifs et de n'aider, n'encourager ni inciter d'aucune façon un État non doté d'armes nucléaires, quel qu'il soit, à fabriquer ou à acquérir de quelque autre manière des armes nucléaires ou autres dispositifs nucléaires explosifs, ou le contrôle de telles armes ou de tels dispositifs explosifs.
4. La Conférence note que les États non dotés d'armes nucléaires se sont engagés à n'accepter de qui que ce soit, ni directement ni indirectement, le transfert d'armes nucléaires ou autres dispositifs nucléaires explosifs ou le contrôle de telles armes ou de tels dispositifs explosifs, à ne fabriquer ni acquérir de quelque autre manière des armes nucléaires ou autres dispositifs ». Cf. paragraphes 1, 3 et 4 concernant les Ar-

En vertu de l'article II, un ENDAN renonce explicitement aux armes nucléaires et prend l'engagement de ne chercher en aucune façon à s'en doter. Le TNP ne s'oppose cependant pas à ce qu'un ENDAN partie au TNP apporte, sous certaines réserves[28], son concours, d'une part, à un ENDAN non partie au TNP ou, d'autre part, à un EDAN partie au TNP, pour réaliser un dispositif nucléaire explosif. Si la première hypothèse apparaît peu réaliste : quel intérêt un ENDAN aurait-il à procurer à autrui un avantage qu'il se refuse à lui-même ? La collaboration entre un ENDAN et un EDAN semble, à l'inverse, plus facilement concevable.

Pour leur part, les EDAN s'interdisent d'aider, d'encourager ou d'inciter un ENDAN qu'il soit ou non partie au TNP à fabriquer ou acquérir des armes nucléaires. Cette interdiction ne concerne pas la coopération entre EDAN pour le perfectionnement de leurs arsenaux nucléaires respectifs. Elle suscite, malgré tout, quelques interrogations et apparaît en toute hypothèse contraire au but de non-prolifération non seulement horizontale mais également verticale du TNP. Remarquons aussi que le TNP ne s'oppose pas à ce qu'un EDAN installe ou entrepose des armes nucléaires sur le territoire d'un ENDAN pour autant qu'il en conserve le contrôle[29]. Cette faculté fut largement et spectaculairement utilisée par les États-Unis, du temps de la guerre froide, dans le cadre de l'installation et du déploiement des euromissiles dans les ENDAN, membres de l'OTAN[30].

Parallèlement à leur engagement de non-transfert, les EDAN ont accordé aux ENDAN, par le biais de résolutions du Conseil de sécurité, des garanties de sécurité positives et négatives. Par ces résolutions, les EDAN se sont engagés à venir au secours des ENDAN parties au TNP qui feraient l'objet d'une menace nucléaire (garanties positives de sécurité)[31], mais aussi à ne pas utiliser, ni menacer d'utiliser des armes

---

ticles I et II et premier et troisième alinéas du préambule du Final Document Issued by the 2000 NPT Review Conference, 20 mai 2000, *op. cit.*

27 Voir paragraphes 1, 3 et 4 concernant les Articles Ier et II et premier et troisième alinéas du préambule du Final Document Issued by the 2010 NPT Review Conference, 27 Mai 2010.

28 Article III.2 du TNP.

29 Ce droit d'implanter des armes nucléaires sous contrôle fut l'objet de longues négociations entre les États-Unis et l'Union soviétique.

30 Ce stationnement ne se limita pas aux euromissiles, d'autres armes nucléaires telles que des bombes à gravité, des torpilles, des grenades anti-sous-marins et des obus d'artillerie furent également stationnés sur le territoire des ENDAN membres de l'OTAN.

31 Voir Résolution 984 du Conseil de sécurité des Nations unies du 11 avril 1995, S/RES/984 (1995).

nucléaires à l'encontre de ces États (garanties négatives de sécurité)[32]. Ces engagements ont été jugés peu satisfaisants par certains ENDAN qui réclamaient la conclusion d'un instrument international juridiquement contraignant par lequel les EDAN s'engageaient contre l'usage ou la menace d'usage d'armes nucléaires. Cette nécessité de renforcer les garanties de sécurité a été expressément rappelée dans les « Principes et objectifs de la non-prolifération et du désarmement nucléaires »[33].

Le principe de non-contribution à l'élaboration d'armes nucléaires contient une obligation essentielle établie par l'article III.2 du TNP, celle de ne pas transférer des biens nucléaires sauf si les matières brutes ou fissiles spéciales utilisées par ces biens sont soumises à un système de garanties de l'AIEA[34].

Quelle est la portée de cette exigence ?

Tout d'abord, il convient de constater qu'elle ne s'applique qu'aux transferts à destination des ENDAN parties TNP. En principe, des conditions similaires ne sont pas exigibles pour un transfert vers un EDAN. Imposer des conditions analogues n'améliorerait guère, à notre sens, l'efficacité du traité dans la lutte contre la prolifération des armes nucléaires et apparaît sans conséquences commerciales dommageables pour les ENDAN.

L'article III.2 distingue, sous a), les transferts « de matières brutes et de produits fissiles spéciaux » et, sous b), les transferts « d'équipements ou de matières spécialement conçus ou préparés pour le traitement, l'utilisation ou la production de produits fissiles spéciaux ». Pour ces deux catégories, des exigences différentes d'autorisation de transfert vont être imposées.

---

32 Ces garanties négatives ont été affirmées par le biais de déclarations unilatérales des EDAN. Ces déclarations ont été annexées à une lettre envoyée au secrétaire général des Nations unies par la Représentation permanente de la Chine (A/50/155-S/1995/265), des États-Unis (A/50/153-S/1995/263), de la France (A/50/154-S/1995/264), du Royaume-Uni (A/50/152-S/1995/262), de la Russie (A/50/151-S/1995/261). Ces déclarations ont été confirmées par la Résolution 984 (1995).

33 Paragraphe 8 des Principes et objectifs de la non-prolifération nucléaire et du désarmement. Cf. *Droit nucléaire*, Bulletin 56/1995, Agence pour l'Énergie nucléaire, Paris, p. 114.

34 Soulignons que depuis la Conférence de révision de mai 2000, il est souhaité que cet engagement de non transfert des articles nucléaires inclus également le contrôle des transferts des articles à double usage dans le domaine nucléaire même si ces derniers ne sont pas explicitement visés par l'article III.2 du TNP. Voir paragraphe 37 de la Déclaration finale de la Conférence de révision, Final Document issued by the 2000 NPT Review Conference, *op. cit.* Cette approche a été confirmée par le paragraphe 26 de la Déclaration finale de la Conférence de révision de 2010, Final Document issued by the 2010 NPT Review Conference, *op. cit.*

Pour le transfert des matières fissiles visé sous « a) » les États parties s'engagent à n'accorder l'autorisation d'exportation que si ces matières sont expressément soumises aux garanties de l'AIEA.

Par contre, pour le transfert des biens nucléaires visés sous « b) », les États parties s'engagent à exiger, pour autoriser leur transfert, non pas la soumission de ces biens à un quelconque système de garanties, mais plutôt la soumission, aux garanties de l'AIEA, des produits fissiles spéciaux traités, utilisés ou produits par ces biens. Ce n'est donc pas le transfert au sens strict de ces biens qui est visé mais bien certaines activités que le transfert de ces biens pourrait générer et parmi celles-ci, uniquement celles, qui utilisent ou produisent des produits fissiles spéciaux. Par exemple, le transfert de biens relatifs à une installation de production d'eau lourde ne requiert pas, en vertu du TNP, l'application des garanties de l'AIEA. En effet, son fonctionnement ne nécessite pas l'utilisation de matières fissiles ou de produits fissiles spéciaux. Par contre, si le transfert d'un réacteur nucléaire et des équipements nécessaires à son fonctionnement n'est, *a priori*, pas soumis à l'application des garanties de l'AIEA, le transfert du combustible nucléaire[35] nécessaire à ce réacteur requiert, en principe, l'application de ces garanties.

Le sens des termes « garanties requises par le présent article » de l'article III.2 *in fine* a suscité plusieurs interrogations. Deux interprétations sont possibles ; elles visent soit l'exigence de garanties intégrales sur l'ensemble des matières utilisées par l'État destinataire (CSA), soit l'application de garanties aux seuls biens nucléaires transférés. Pour les transferts à destination d'ENDAN parties au TNP, la première interprétation s'impose d'emblée dans la mesure où ces États sont tenus, en vertu de leur adhésion au TNP et conformément à l'article III.1, de soumettre l'ensemble de leurs activités nucléaires au régime des CSA.

À l'inverse, les ENDAN non parties au TNP ne sont pas tenus par cette même obligation et le choix de l'interprétation du sens à donner à ces termes a fait l'objet de multiples controverses. L'essentiel des débats repose sur le fait de savoir si les termes « garanties requises par le présent article » de l'article III.2 ont la même portée que les garanties visées à l'article III.1 et que, dès lors, dans le cas d'un transfert vers un ENDAN non partie au TNP, l'application des CSA serait requise. Lors de la Conférence de révision de 1975, de nombreuses délégations étaient favorables à une telle interprétation mais elles se heurtèrent à l'opposition décidée des États-Unis. La déclaration finale de la Conférence fit cependant écho à cette interprétation en prenant note « qu'un nombre

[35] Les combustibles nucléaires utilisés sont habituellement l'uranium naturel et l'uranium faiblement enrichi et, dans certains réacteurs, l'uranium fortement enrichi et le plutonium.

important d'États parties au traité considèrent que les garanties requises par l'article III.2 doivent s'étendre à toutes les activités nucléaires pacifiques de l'État importateur »[36].

Constatons que la Conférence d'extension et de révision de 1995 prit plus formellement position pour cette interprétation en déclarant que « pour obtenir des matières brutes ou produits fissiles spéciaux, ou des équipements ou matières spécialement conçus ou préparés pour le traitement, l'utilisation ou l'élaboration de produits fissiles spéciaux, les ENDAN devraient être au préalable tenus d'accepter les garanties intégrales de l'Agence et de se lier juridiquement devant la communauté internationale par l'engagement de ne pas acquérir d'armes ou autres dispositifs explosifs nucléaires »[37]. Cette prise de position fut d'ailleurs réaffirmée lors de la Conférence de révision du TNP de 2000[38] et de 2010[39]. Notons, que le choix du conditionnel et le fait qu'il appartient à l'État importateur de souscrire et non à l'exportateur de lui imposer démontre que cette exigence ne fait pas encore l'unanimité parmi les États parties au TNP[40].

Il faut souligner aussi que l'engagement des États parties, pris en vertu de l'article III.2, ne porte que sur les transferts de biens nucléaires à des « fins pacifiques ». Est-ce à dire que les transferts à des « fins militaires » ne doivent pas être également autorisés et que les matières qu'ils pourraient utiliser ou produire ne sont pas soumises aux garanties de l'AIEA ?

---

36 « The Conference takes note of the considered view of many Parties to the Treaty that the safeguards required under article III.2 should extend to all peaceful nuclear activities in importing States ». Cf. J. SIMPSON et D. HOWLETT, *Briefing Book Volume II : « Treaties, Agreements and other relevant documents », op. cit.*, D-1.

37 Paragraphe 12 des Principes et objectifs de la non-prolifération et du désarmement nucléaires, (*Droit nucléaire*, Bulletin 56/1995, Agence pour l'Énergie nucléaire, Paris, p. 115).

38 « 36. La Conférence réaffirme le paragraphe 12 de la décision 2 (Principes et objectifs de la non-prolifération et du désarmement nucléaires), adoptée le 11 mai 1995 par la Conférence de 1995 des Parties au Traité sur la non-prolifération des armes nucléaires chargée d'examiner le Traité et la question de sa prorogation. ». Cf. paragraphe 36 concernant les Articles I et II et premier et troisième alinéas du préambule du Final Document Issued by the 2000 NPT Review Conference, 20 mai 2000, *op. cit.* Ceci a été confirmé par le paragraphe 13 de la Déclaration finale de la Conférence de révision de 2010. Cf. Final Document issued by the 2010 NPT Review Conference, *op. cit.*

39 Voir paragraphe 12 du Final Document issued by the 2010 NPT Review Conference, *op. cit.*

40 Il fait souligner toutefois que la version anglaise de ce paragraphe diffère partiellement et apparaît plus comme une condition d'exportation requise pour permettre le transfert qu'un engagement de l'État destinataire tel que la version française semble le suggérer.

À cette question une réponse nuancée doit être apportée. En principe, le traité interdit aux États parties de contribuer ou d'encourager qui que ce soit à fabriquer ou acquérir une arme ou un dispositif nucléaire explosif. Un transfert de biens poursuivant un tel objectif serait d'évidence contraire aux principes et engagements de non-prolifération poursuivis par le TNP. Par contre, les transferts à des fins militaires non explosives – tels que les réacteurs pour les sous-marins nucléaires – pourraient être considérés comme légitimes et n'entreraient pas dans le champ d'application de l'article III.2 du traité. Selon H. Müller, ce problème fut largement examiné lorsque le Canada envisagea d'acheter des sous-marins nucléaires dont le combustible aurait été fourni par la France et le Royaume-Uni. Il a été admis que le combustible devait être soumis aux garanties de l'AIEA tant qu'il n'avait pas été introduit de façon certaine dans les activités militaires non interdites par le traité[41].

b) Obligation de partage des bénéfices de l'atome dans le domaine des applications pacifiques

L'obligation de partage, établie par l'article IV du TNP[42], apparaît comme un droit octroyé aux États membres, de développer la recherche, la production et l'utilisation de l'énergie nucléaire à des fins pacifiques. Elle a toujours été considérée par les ENDAN comme la contrepartie minimale à leur renonciation aux explosifs nucléaires et constitue en quelque sorte une garantie contre le rétablissement implicite de comportements protectionnistes des EDAN.

Ce droit essentiel d'accéder aux connaissances nucléaires pacifiques n'est reconnu qu'aux seuls États parties au TNP et à la condition que ceux-ci se conforment strictement à l'interdiction de transférer, de recevoir et d'aider à fabriquer des armes nucléaires, établie par les articles I

---

41 Voir H. MÜLLER, « National and International Export control Systems and Suppliers State's Commitment under the NPT », *PPNN*, Issue Review n° 8, septembre 1996, p. 2.

42 Article IV :
« 1. Aucune disposition du présent traité ne sera interprétée comme portant atteinte au droit inaliénable de toutes les Parties au Traité de développer la recherche, la production et l'utilisation de l'énergie nucléaire à des fins pacifiques sans discrimination et conformément aux dispositions des articles I et II du présent traité.
2. Toutes les Parties au traité s'engagent à faciliter un échange aussi large que possible d'équipement, de matières et de renseignements scientifiques et technologiques en vue des utilisations de l'énergie nucléaire à des fins pacifiques et ont le droit d'y participer. Les Parties au Traité en mesure de le faire devront aussi coopérer en contribuant, à titre individuel ou conjointement avec d'autres États ou des organisations internationales, au développement plus poussé des applications de l'énergie nucléaire à des fins pacifiques, en particulier sur les territoires des États non dotés d'armes nucléaires qui sont Parties au Traité, compte tenu des régions du monde qui sont en voie de développement ». Cf. J. SIMPSON et D. HOWLETT, *Briefing Book Volume II : « Treaties, Agreements and other relevant documents »*, *op. cit.*, A-1.

et II du TNP. La mise en œuvre de cet accès à la connaissance constitue l'élément complémentaire indispensable au principe de non-prolifération motivant l'existence et la nécessité d'établir des régimes de contrôle des transferts. En effet, pour permettre aux États bénéficiaires d'exercer ce droit, il est nécessaire que les États fournisseurs, afin de respecter leurs engagements de non-prolifération, se dotent d'un régime de contrôle des transferts permettant de vérifier si l'État destinataire respecte également ses engagements de non-prolifération requis par le TNP.

Cependant, l'obligation de partage des bénéfices de l'atome dans le domaine des applications pacifiques ne constitue pas, comme le principe que nous avons examiné précédemment, un critère d'autorisation de transfert mais apparaît plutôt comme le devoir, pour les États fournisseurs, de ne pas s'opposer à une demande de transfert émanant d'un État partie répondant aux conditions requises par l'article II du TNP.

Remarquons, que les dispositions de l'article IV du TNP ont également été réaffirmées et renforcées formellement lors de la Conférence d'extension et de révision de 1995[43]. Tout en rappelant le droit inaliénable des États parties aux bénéfices des applications pacifiques de l'énergie nucléaire, la Conférence a reconnu, d'une part, la nécessité de concrétiser pleinement les engagements des États parties visant à faciliter les échanges entre eux des techniques et connaissances nucléaires pacifiques et a admis, d'autre part, la nécessité d'octroyer un traitement préférentiel aux ENDAN, en considérant tout particulièrement les besoins des pays en voie de développement. Ces points furent tous confirmés lors des conférences de révision de 2000 et de 2010. Celles-ci soulignèrent également le rôle joué par l'AIEA dans l'aide au développement de l'énergie nucléaire à des fins pacifiques pour les pays en développement[44].

c) Soumission obligatoire ou volontaire à un système de surveillance international

Si les deux premiers principes visent à préciser l'autorisation de transfert des biens nucléaires, les dispositions des paragraphes 1, 3 et 4 de l'article III[45] concernent, elles, le contrôle du transfert et plus particu-

43 Paragraphes 14 et s. des « Principes et objectifs de la non-prolifération et du désarmement nucléaires », *op. cit.*

44 Paragraphes 1 à 6 de l'Article IV et sixième et septième alinéas du préambule du Final Document Issued by the 2000 NPT Review Conference, 20 Mai 2000, *op. cit.*

45 Article III :
« 1. Tout État non doté d'armes nucléaires qui est Partie au Traité s'engage à accepter les garanties stipulées dans un accord qui sera négocié et conclu avec l'Agence internationale de l'énergie atomique, conformément au Statut de l'Agence internationale de l'énergie atomique et au système de garanties de ladite Agence, à seule fin de vérifier l'exécution des obligations assumées par ledit État aux termes du présent trai-

lièrement le système de vérification du régime de contrôle des transferts requis par le TNP. Elles imposent ainsi à chaque ENDAN partie au TNP, et uniquement à ces derniers[46], l'engagement de soumettre, dans un délai déterminé, l'ensemble des matières brutes et produits fissiles spéciaux détenus dans ses activités nucléaires à un système de garanties dont l'objectif est de permettre la vérification du respect des obligations assumées en vertu du traité. Ces obligations consistent pour l'essentiel, en vertu de l'article II, en l'engagement de ne pas fabriquer de dispositifs nucléaires explosifs.

Selon un procédé qui fera jurisprudence, le TNP se limite à définir les grandes lignes du système de vérification requis et confie la conception et la mise en œuvre du système à l'AIEA qui négocie avec chaque État concerné un accord de garanties précisant le contenu et les modalités du régime de contrôle des matières et produits fissiles spéciaux

---

té en vue d'empêcher que l'énergie nucléaire ne soit détournée de ses utilisations pacifiques vers des armes ou d'autres dispositifs explosifs nucléaires. Les modalités d'application des garanties requises par le présent article porteront sur les matières brutes et les produits fissiles spéciaux, que ces matières ou produits soient produits, traités ou utilisés dans une installation nucléaire principale ou se trouvent en dehors d'une telle installation. Les garanties requises par le présent article s'appliqueront à toutes matières brutes ou tous produits fissiles spéciaux dans toutes les activités nucléaires pacifiques exercées sur le territoire d'un tel État, sous sa juridiction, ou entreprises sous son contrôle en quelque lieu que ce soit ;
[…]
3. Les garanties requises par le présent article seront mises en œuvre de manière à satisfaire aux dispositions de l'article IV du présent traité et à éviter d'entraver le développement économique ou technologique des Parties au traité ou la coopération internationale dans le domaine des activités pacifiques, notamment les échanges internationaux de matières et d'équipements nucléaires pour le traitement, l'utilisation ou la production de matières nucléaires à des fins pacifiques, conformément au dispositions du présent article et aux principes de garanties énoncés au Préambule du présent traité.
4. Les États non dotés d'armes nucléaires qui sont Parties au traité concluront des accords avec l'Agence internationale de l'énergie atomique pour satisfaire aux exigences du présent article, soit à titre individuel, soit conjointement avec d'autres États conformément au statut de l'Agence internationale de l'énergie atomique. La négociation de ces accords commencera dans les 180 jours qui suivront l'entrée en vigueur initiale du présent traité. Pour les États qui déposeront leur instrument de ratification ou d'adhésion après ladite période de 180 jours, la négociation de ces accords commencera au plus tard à la date du dépôt dudit instrument de ratification ou d'adhésion. Lesdits accords devront entrer en vigueur au plus tard 18 mois après la date du commencement des négociations ». Cf. J. SIMPSON et D. HOWLETT, *Briefing Book Volume II : « Treaties, Agreements and other relevant documents »*, *op. cit.*, A-1.

46 Rappelons que le TNP n'est pas un traité de désarmement, il vise essentiellement à restreindre les risques de prolifération horizontale en tentant de figer la situation internationale par l'introduction de la notion de possesseurs légitimes de l'arme nucléaire.

utilisés. La formulation de l'article III.1 reconnaît pour ce faire aux Parties à la négociation, une marge de manœuvre considérable pour autant qu'elles restent dans le cadre défini par le Statut de l'AIEA et le système de garanties de ladite Agence. Toutefois

> rien ne doit venir affaiblir [l'autorité de l'Agence] à cet égard. Les Parties qui craignent que d'autres États parties ne respectent pas les accords de garanties conclus conformément au traité, devraient faire part de leurs préoccupations à l'AIEA, avec preuves et éléments d'information à l'appui, afin que celle-ci examine la situation, fasse une enquête, établisse des conclusions et décide des mesures à prendre conformément à son mandat[47].

Cette procédure de dénonciation fut confirmée lors des Conférences de révision du TNP de 2000[48] et de 2010[49].

Le système de garanties établi par l'Agence en vertu du TNP porte exclusivement sur le contrôle des flux de matières brutes et produits fissiles spéciaux et ne concerne pas les équipements ni les installations en tant que tels[50]. Il est conçu pour déceler rapidement et dissuader par cette détection rapide, le détournement d'une quantité significative de matières nucléaires[51] des activités pacifiques vers la fabrication d'armes ou d'autres dispositifs nucléaires explosifs en deçà du temps nécessaire pour la transformation de ces matières en armes nucléaires ou autres dispositifs nucléaires explosifs[52]. Cette détection est assurée par l'emploi d'instruments techniques de mesure établis en certains points stratégiques du flux de matières fissiles des installations nucléaires concernées[53].

---

47 Point 9 des « Principes et objectifs de la non-prolifération et du désarmement nucléaires », *op. cit.*

48 Paragraphe 7 concernant l'Article III et quatrième et cinquième alinéas du préambule, en particulier dans leurs rapports avec l'Article IV et les sixième et septième alinéas du préambule du Final Document Issued by the 2000 NPT Review Conference, 20 Mai 2000, *op. cit.*

49 Point 22 du Final Document de la 2010 Review Conference of the Parties to the Treaty on the Non-Proliferation of Nuclear Weapons, *op. cit.*

50 Cf. cinquième considérant et article III.1 du TNP.

51 Ces quantités ont été définies, sur avis de la SAGSI, comme la quantité de matières dont un État aurait besoin pour fabriquer son premier dispositif explosif nucléaire, à savoir 8 kg de plutonium ou 25 kg d'uranium enrichi à 20 % ou plus en uranium 235, ou encore 8 kg d'uranium 233. Voir Jozef GOLDBLAT, « Le Traité sur la non-prolifération : comment parer les menaces », *Institut des Nations unies pour la recherche sur le désarmement*, Travaux de recherche n° 13, New York, 1993, p. 7.

52 Cf. *Structure et contenu des accords à conclure entre l'Agence et les États dans le cadre du Traité de non-prolifération des armes nucléaires*, AIEA, INFCIRC/153, Mai 1971, paragraphe 28, p. 8.

53 Cf. cinquième considérant du TNP.

Remarquons toutefois que si l'article III.1 et les accords de garanties du TNP sont principalement axés sur les matières nucléaires, ils ne le sont pas exclusivement. Rien dans l'article III ne stipule explicitement que seuls les emplacements qui contiennent des matières nucléaires peuvent être soumis aux garanties ou que celles-ci s'appliquent uniquement aux matières nucléaires. De surcroît, la première phrase de l'article III.1 impose des garanties ayant pour objectif d'empêcher que « l'énergie nucléaire » et non uniquement les matières nucléaires, ne soit détournée vers des dispositifs nucléaires explosifs. L'utilisation de ce terme, à portée plus étendue, laisse penser, selon Georges Bunn, que les garanties peuvent avoir été conçues pour détecter le détournement d'activités pacifiques nécessaires à l'exploitation de la réaction nucléaire sans qu'il soit impératif que des matières nucléaires soient présentes ou non sur les sites soumis aux contrôles des inspecteurs de l'Agence[54]. Il reste cependant que la deuxième phrase de cet article III.1 précise bien que « les modalités d'application des garanties requises par le présent article porteront sur les matières brutes et les produits fissiles spéciaux, que ces matières ou produits soient produits, traités ou utilisés dans une installation nucléaire principale ou se trouvent en dehors d'une telle installation ». Il paraît dès lors difficile d'invoquer les dispositions de l'article III pour justifier l'extension des garanties à d'autres biens nucléaires[55]. En outre, il semble certain que tant lors des négociations relatives à cet article que lors de sa rédaction, les préoccupations portaient exclusivement sur les matières nucléaires. Ceci s'explique aisément, par le fait, qu'on était à l'époque convaincu que les réserves mondiales de minerai d'uranium étaient fortement limitées et géographiquement très localisées. Il semblait également acquis que la totalité de ces réserves serait soumise au contrôle de l'AIEA, et dès lors, le contrôle du flux des matières apparaissait donc suffisant.

La non-soumission des EDAN au système de vérification de l'AIEA apparaissait pour certains ENDAN comme une source de concurrence déloyale dans la mesure où les contrôles de vérification représentent une charge financière non négligeable pour les entreprises soumises des États. Pour répondre à ces craintes, les EDAN ont décidé volontairement de conclure un accord avec l'AIEA soumettant les matières brutes et les produits fissiles spéciaux se trouvant dans toutes leurs installations ou parties d'installations dites civiles à un système de vérification. Celles-ci

54 Cf. George BUNN, « L'inspection des activités nucléaires clandestines : Le TNP offre-t-il une base juridique aux propositions de réformes de l'AIEA », *Bulletin de droit nucléaire*, AEN, 57/96, p. 22.

55 L'extension des garanties de l'AIEA à des installations liées au cycle du combustible mais ne contenant pas nécessairement des matières nucléaires est un des éléments essentiels du programme « 93+2 ».

sont énumérées dans une liste établie unilatéralement par l'EDAN concerné. L'objectif de cette soumission volontaire est de démontrer aux ENDAN que leurs industries nucléaires ne seront pas pénalisées par rapport aux industries civiles des EDAN[56].

En matière de régime de contrôle des transferts de biens relatifs aux armes nucléaires, le TNP se limite à poser quelques principes généraux appelés à justifier la nécessité pour les États parties d'insérer dans leurs législations de tels régimes. Sur le contenu précis des trois éléments composant ces régimes de contrôle, le TNP se montre fort peu prolixe. Hormis pour le système de vérification des utilisations où il charge l'AIEA d'en définir les modalités par le biais d'accords bilatéraux, voire trilatéraux[57] avec les États parties, on ne trouve que quelques précisions sur les critères régissant l'autorisation de transfert et rien en matière de sanctions. Remarquons toutefois que s'il est exact que le TNP ne prévoit, dans aucun de ses onze articles, des dispositions spécifiques en matière de sanctions, il faut se garder de considérer qu'il en est totalement dépourvu. En effet, en chargeant l'AIEA d'élaborer et de mettre en œuvre un système de vérification conformément à son Statut, l'article III du TNP rend indirectement applicable les sanctions prévues par ledit Statut.

B. La Résolution 1540 du Conseil de sécurité

Si le TNP est resté longtemps le seul instrument formel de non-prolifération, les événements du 11 septembre 2001 vont encourager les États à renforcer la lutte contre le terrorisme et indirectement celle contre la prolifération des armes de destruction massive (ADM). C'est ainsi que fut adoptée, en 2004, la résolution 1540 du Conseil de sécurité de l'Organisation des Nations unies relative à la lutte contre la prolifération des ADM et plus spécifiquement contre les risques liés à l'acquisition de telles armes par des acteurs non étatiques[58]. Elle se compose d'un

---

56 Voir, par exemple, le quatrième considérant de l'accord du 6 septembre 1976 entre le Royaume-Uni de Grande-Bretagne et d'Irlande du Nord, la Communauté européenne de l'énergie atomique et l'AIEA pour l'application des garanties au Royaume-Uni de Grande-Bretagne et de l'Irlande du Nord, en application du TNP (INFCIRC/263).

57 Voir le texte de l'Agreement between Belgium, Denmark, the Federal Republic of Germany, Ireland, the Italian Republic, the Grand Duchy of Luxembourg, the Kingdom of the Netherlands, the European Atomic Energy Community and the International Atomic Energy Agency in Implementation of Article II, (1) and (4) of the Treaty on the Non-Proliferation of Nuclear Weapons (INFCIRC/193, 5 avril 1973).

58 Les acteurs non étatiques sont définis par la résolution comme les « personnes ou entités qui, n'agissant pas sous l'autorité légale d'un État, mènent des activités tombant sous le coup de la présente résolution ». Deuxième note de la résolution 1540 du Conseil de sécurité des Nations unies, adoptée le 28 avril 2004, S/RES/1540 (2004).

préambule et de douze paragraphes et s'inscrit dans « un ensemble d'obligations pour tous les États qui débouchent sur une sorte triangle normatif, dont les trois pointes sont constituées par la résolution elle-même d'abord, par les législations nationales qu'elle appelle ensuite, par les conventions internationales pertinentes enfin »[59]. Elle a donc pour objectif de compléter et de renforcer les instruments existants plutôt que d'en inscrire un supplémentaire.

1) Obligations prévues par la résolution

La résolution 1540 comporte trois obligations à l'égard des États, toutes établies par les cinq premiers paragraphes, qui constituent le « noyau dur » impératif[60] de la résolution.

La première contraint les États à s'abstenir de toute assistance à des acteurs non étatiques qui tenteraient d'acquérir des ADM[61].

La seconde, impose aux États l'adoption et l'application d'une série de mesures internes[62]. Il s'agit tout d'abord, des mesures législatives

---

59 Cf. Serge SUR, « La Résolution 1540 du Conseil de sécurité (28 avril 2004) entre la prolifération des armes de destruction massive, le terrorisme et les acteurs non étatiques », *Revue Générale de Droit International Public*, 2004, n° 4, p. 855-882.

60 Ce caractère impératif est notamment illustré par le terme « *décide* » ou la formule « *tous les États doivent* » utilisé dans les cinq premiers paragraphes de la résolution.

61 « 1. *Décide* que tous les États doivent s'abstenir d'apporter un appui, quel qu'en soi la forme, à des acteurs non étatiques qui tenteraient de mettre au point, de se procurer, de fabriquer, de posséder, de transporter, de transférer ou d'utiliser des armes nucléaire, chimiques ou biologiques ou leurs vecteurs ». Paragraphe 1 de la résolution UN 1540 (2004) du Conseil de sécurité.

62 « 2. *Décide* que tous les États doivent adopter et appliquer, conformément à leurs procédures internes, une législation appropriée et efficace interdisant à tout acteur non étatique de fabriquer, se procurer, mettre au point, posséder, transporter, transférer ou d'utiliser des armes nucléaires, chimiques ou biologiques ou leurs vecteurs, en particulier à des fins terroristes, réprimant toutes les tentatives de l'une quelconque de ces activités, le fait d'y participer en tant que complice et le fait d'y fournir assistance ou de la financer.

3. *Décide* que tous les États doivent prendre et appliquer des mesures efficaces afin de mettre en place des dispositifs intérieurs de contrôle destinés à prévenir la prolifération des armes nucléaires, chimiques ou biologiques ou de leurs vecteurs, y compris en mettant en place des dispositifs de contrôle appropriés pour les éléments connexes, et qu'à cette fin ils doivent :

a) Arrêter et instituer des mesures appropriées et efficaces leur permettant de comptabiliser ces produits et d'en garantir la sécurité pendant leur fabrication, leur utilisation, leur stockage ou leur transport ;
b) Arrêter et instituer des mesures de protection physique appropriées et efficaces ;
c) Arrêter et instituer des activités appropriées et efficaces de contrôle aux frontières et de police afin de détecter, dissuader, prévenir et combattre, y compris, si nécessaire, en faisant appel à la coopération internationale, le trafic et le courtage de ces

interdisant et sanctionnant ceux qui contribuent directement ou indirectement à l'élaboration d'une arme de destruction massive[63] ; ensuite, de l'instauration de dispositifs internes de contrôle destinés à prévenir et à sanctionner toute tentative de prolifération des ADM. Ces dispositifs instaurent des systèmes permettant de comptabiliser les produits contrôlés et d'en garantir la sécurité pendant leur fabrication, leur utilisation, leur stockage et leur transport. Ils concernent également la protection physique et la surveillance des frontières, le contrôle des opérations d'exportations et de transbordements de produits sensibles.

La troisième obligation[64] impose aux États de faire rapport à un comité[65] sur les mesures qu'ils auront prises ou envisagent de prendre pour l'application de la résolution. Ce Comité, dénommé Comité 1540, consiste essentiellement en un organe de suivi de la mise en œuvre par les États des principes de la résolution et ne s'apparente pas réellement un comité de surveillance ou de contrôle[66]. Son rôle se limite essentiellement à l'analyse des rapports étatiques et à la soumission au Conseil de sécurité d'un rapport sur la mise en œuvre de la résolution[67]. Depuis

---

produits, en accord avec les autorités judiciaires du pays, conformément à sa législation et dans le respect du droit international ;
d) Mettre en place, perfectionner, évaluer et instituer dans le pays des dispositifs appropriés et efficaces de contrôle de l'exportation et du transbordement de ces produits, y compris des lois et règlements appropriés permettant de contrôler leur exportation, leur transit, leur transbordement et leur réexportation et des contrôles portant sur la fourniture de fonds ou de services – financement ou transport, par exemple – se rapportant aux opérations d'exportation ou de transbordement qui contribueraient à la prolifération, et mettre en place des dispositifs de contrôle des utilisateurs finals ; instituer et appliquer des sanctions pénales ou civiles appropriées aux infractions à ces législations et réglementations de contrôle des exportations ». *Ibid.*, paragraphes 2 et 3.

63 « Fabriquer, se procurer, mettre au point, posséder, transporter, transférer ou d'utiliser des armes nucléaires, chimiques ou biologiques ou leurs vecteurs, en particulier à des fins terroristes ». *Ibid.*, paragraphe 2.

64 « 4. *Décide* de créer, conformément à l'article 28 de son règlement intérieur provisoire et pour une période de deux ans au maximum, un comité formé de tous ses membres qui, en faisant appel, le cas échéant, à des compétences extérieures, lui fera rapport, pour examen, sur la mise en œuvre de la présente résolution, et, à cette fin, demande aux États de présenter audit comité, au plus tard six mois après l'adoption de la présente résolution, un premier rapport sur les mesures qu'ils auront prises ou envisageraient de prendre pour la mettre en application ». *Ibid.*, paragraphe 4.

65 Prévu pour une durée initiale de deux ans, le Comité 1540 vit son mandat régulièrement renouvelé. Il est actuellement prolongé jusqu'au 25 avril 2021. Cf. Résolution 1977 (2011) du Conseil de sécurité des Nations unies, adoptée le 20 avril 2011, S/RES/1977 (2011).

66 Voir Benjamin HAUTECOUVERTURE, « Comité 1540 : dernier rapport d'étape », entre d'Études de Sécurité Internationale et de Maîtrise des armements, 7 décembre 2007.

67 Paragraphe 4 de la résolution UN 1540 (2004) du Conseil de sécurité.

2006, 160 États des 192 membres de l'ONU ont communiqué un tel rapport au Comité.

Outre ces trois obligations, la résolution 1540 comprend un second noyau appelant à un renforcement de la coopération internationale en matière de non-prolifération des ADM. Ainsi, le paragraphe 7[68] invite les États, bénéficiant de plus de moyens, à offrir leur concours aux États à la recherche d'assistance pour la mise en œuvre de la résolution ; le paragraphe 10[69] demande aux États d'agir de façon concertée pour lutter contre le trafic des armes nucléaires et les paragraphes 8 et 9[70] rappellent aux États le respect de leurs engagements contractés par la ratification des traités internationaux de non-prolifération.

2) Quelle est la portée de la résolution 1540 ?

La résolution a été adoptée sur la base de l'article 41 du Chapitre VII de la Charte des Nations unies qui autorise le Conseil de sécurité, en cas de menace contre la paix, à prendre des mesures coercitives n'impli-

---

68 « 7. *Sait bien* que certains États pourront avoir besoin d'aide pour appliquer les dispositions de la présente résolution sur leur territoire, et invite les États qui en ont les moyens à offrir leur concours, selon qu'il conviendra, en réponse aux différentes demandes des États qui ne disposeront pas de l'infrastructure juridique et réglementaire, de l'expérience pratique ou des ressources nécessaires pour se conformer aux dispositions énoncées ci-dessus ». Paragraphe 7 de la résolution UN 1540 (2004) du Conseil de sécurité.

69 « 10. *Demande* à tous les États, comme autre moyen de contrer cette menace, d'agir de concert, avec l'aval de leurs autorités judiciaires, dans le respect de leur législation et du droit international, pour empêcher le trafic des armes nucléaires, chimiques ou biologiques, de leurs vecteurs et des éléments connexes ». *Ibid.*, paragraphe 10.

70 « 8. *Demande* à tous les États :

a) De promouvoir l'adoption universelle et l'application intégrale et, au besoin, le renforcement des traités multilatéraux auxquels ils sont parties qui ont pour objet d'empêcher la prolifération d'armes nucléaires, chimiques ou biologiques ;

b) D'adopter, s'ils ne l'ont pas encore fait, des règles et réglementations nationales visant à garantir le respect des engagements souscrits en vertu des principaux traités multilatéraux de non-prolifération ;

c) De renouveler et de concrétiser leur engagement en faveur de la coopération multilatérale, en particulier dans le cadre de l'Agence internationale de l'énergie atomique, de l'Organisation pour l'interdiction des armes chimiques et de la Convention sur l'interdiction de la mise au point, de la fabrication et du stockage des armes biologiques et à toxines et sur leur destruction, qui sont des moyens importants de poursuivre et d'atteindre leurs objectifs communs dans le domaine de la non-prolifération et de promouvoir la coopération internationale à des fins pacifiques ;

d) D'élaborer des moyens appropriés de collaborer avec l'industrie et le public et de les informer des obligations que leur imposent les lois en question ;

9. Demande à tous les États de promouvoir le dialogue et la coopération dans le domaine de la non-prolifération, de façon à apporter des réponses à la menace que constitue la prolifération des armes nucléaires, chimiques ou biologiques ou de leurs vecteurs ». *Ibid.*, paragraphes 8 et 9.

quant pas l'usage de la force et à inviter les États membres des Nations unies à les appliquer[71]. Cela se concrétise par l'adoption d'embargos partiels ou totaux qui portent le plus souvent sur les armes et les biens y relatifs.

Ainsi en guise d'exemple, on peut citer la résolution 1737 (2006) du Conseil de sécurité qui interdisait le transfert à la destination de l'Iran de tous les biens susceptibles de contribuer aux activités liées à l'enrichissement, au retraitement ou à la production d'eau lourde ainsi qu'à la mise au point d'armes nucléaires[72].

Tant qu'à présent, le recours à l'article 41 ne portait que sur des États clairement identifiés comme étant en situation de violation des principes de la Charte. La résolution 1540 allait bouleverser cette approche de par son caractère juridiquement contraignant, général mais surtout permanent[73]. Son adoption s'est toutefois faite avec quelques réserves soulevées, notamment, par la Chine qui s'opposait au pouvoir normatif ainsi donné au Conseil de sécurité, arguant que son rôle devait se limiter au strict rétablissement d'une situation pacifique. Même si le texte fut quelque peu amendé[74], il a néanmoins conservé son caractère général et permanent, considérant que « la prolifération des armes de destruction massive constitue une menace pour la paix et la sécurité internationale »[75].

La résolution 1540 se conçoit comme un instrument complémentaire visant à renforcer le régime international de non-prolifération des armes de destruction massive. Dès lors, elle mentionne explicitement les trois grandes conventions multilatérales en la matière, à savoir le TNP, la Convention sur l'élimination et l'interdiction des armes chimiques et la Convention sur l'interdiction des armes biologiques ou à toxines et sur leur destruction. Néanmoins il est pertinent d'apporter deux éléments de précision à ce propos.

---

[71] Certains États, dont la Chine, étaient peu favorables à cette référence donnant un caractère autoritaire à la résolution, préférant un texte plus incitatif que contraignant, placé dans le contexte du Chapitre VI.

[72] Paragraphe 3 de la résolution 1737 du Conseil de sécurité des Nations unies, adoptée le 27 décembre 2006, S/RES/1737 (2006).

[73] Cf. S. SUR, « La Résolution 1540 du Conseil de sécurité (28 avril 2004) entre la prolifération des armes de destruction massive, le terrorisme et les acteurs non étatiques », *op. cit.*

[74] Une première version du texte avait été déposée le 16 décembre 2003, tandis que la seconde version fut soumise le 22 avril 2004. Voir Josiane TERCINET, « Le pouvoir normatif du conseil de sécurité : le Conseil peut-il légiférer ? », in *Arès, Défense et sécurité de la France, sécurité européenne et internationale, Course aux armements et Désarmement, Économie de la défense*, n° 55, Volume XXI, fascicule 3, mai 2005, p. 77.

[75] Alinéa 1 du préambule de la résolution 1540 (2004) du Conseil de sécurité.

Tout d'abord, cette mention permet de rejeter toute interprétation de la résolution qui contredirait les obligations relatives au désarmement nucléaire contractées par les EDAN parties au TNP[76]. Ainsi les obligations conventionnelles ne sont pas affectées ni dans leur portée, ni dans leur contenu. La résolution ne leur apporte aucune modification, pas davantage qu'elle n'en suspend ou n'en élargit la portée à l'égard des États parties. Ensuite, la résolution 1540 n'étend pas l'effet de ces traités en dehors du cercle des États parties[77].

En outre, la résolution 1540 justifie l'existence de règles instituant des contrôles sur les exportations par l'objectif d'éviter la prolifération d'ADM qu'elle définit comme « armes nucléaires, chimiques ou biologiques ou leurs vecteurs ». Il convient donc de s'interroger sur la notion « d'armes nucléaires » telle qu'entendue par la résolution. Ce concept est simplement allégué, au même titre que les armes chimiques ou biologiques, sans aucune définition précise. Ces trois éléments doivent certainement être entendus au sens des conventions internationales en vigueur, et donc au sens du TNP pour ce qui concerne les armes nucléaires. En fait, outre le concept d'acteur non étatique, la résolution se limite à définir les notions de « vecteurs » qu'elle empreinte largement au MTCR et d'« éléments connexes ». Par vecteurs, il faut donc entendre tous missiles, fusées et autres systèmes sans pilote capables de conduire à leur cible des armes nucléaires, chimiques ou biologiques et spécialement conçus pour cet usage. Les éléments connexes sont définis comme étant « toutes matières, équipements et technologies couverts par les traités et arrangements multilatéraux pertinents, ou figurant sur les listes de contrôle nationales, susceptibles d'être utilisés aux fins de la conception, de la mise au point, de la fabrication ou de l'utilisation d'armes nucléaires, chimiques ou biologiques ou leurs vecteurs »[78]. Il s'agit là d'une définition exhaustive partagée par la plupart des régimes internationaux de contrôle du commerce sensible et qui permet une interprétation extensive du concept.

Le caractère volontairement ouvert de ces définitions accorde aux États une certaine latitude dans l'interprétation de la résolution. Cette latitude est toutefois partiellement bridée par le rôle de surveillance du Comité qu'elle met en place et charge notamment d'examiner les rapports nationaux de mise en œuvre de la résolution.

---

[76] « 5. *Décide* qu'aucune des obligations énoncées dans la présente résolution ne doit être interprétée d'une manière qui la mette en contradiction avec les droits et obligations des États parties au Traité sur la non-prolifération des armes nucléaires, [...] ». *Ibid.*, paragraphe 5.

[77] *Id.*

[78] Deuxième note de la résolution 1540 (2004) du Conseil de sécurité.

C. La Résolution 1887 du Conseil de sécurité

Si le vote de la résolution 1540 constitue le résultat de la volonté du Conseil de sécurité d'agir plus globalement dans le domaine de la non-prolifération des ADM, la résolution 1887 allait renforcer cette approche tout en se focalisant plus spécifiquement sur la lutte contre les risques causés par la prolifération des armes nucléaires.

Soulignons toutefois que cette résolution, à l'inverse de la résolution 1540, n'a pas été adoptée dans le cadre du Chapitre du VII de la Charte des Nations unies et n'est donc pas dotée d'un pouvoir juridiquement contraignant à l'égard des États membres. Elle constitue essentiellement en une invitation aux États membres à respecter et à mettre en œuvre un certain nombre de principes.

La résolution 1887 ne contient pas d'obligations pour les États, à l'instar de celles prévues par la résolution 1540. En revanche, elle affirme la responsabilité du Conseil de sécurité en matière de non-prolifération en particulier l'appréciation des situations qui constituent une menace pour la paix et la sécurité internationale. Elle appelle les États à contribuer à la lutte contre la prolifération des ADM et à « créer les conditions pour un monde sans armes nucléaires »[79]. À ce titre, l'examen des notifications de retrait d'un État signataire du TNP sont explicitement visées[80].

C'est précisément au nom de cette responsabilité que le Conseil de sécurité formule trois types de mesures que les États sont invités à transposer dans leurs législations nationales.

Il y a tout d'abord celles qui demandent aux États de ratifier et de mettre en œuvre certains instruments afin d'améliorer le cadre international de la non-prolifération. Ainsi la résolution invite les États à signer et à ratifier le TNP et le TICE[81], les encourage à conclure un accord de garanties généralisées ainsi que de signer le protocole additionnel[82], etc.

Il y a ensuite des demandes relatives aux actions que les États doivent entreprendre pour lutter contre la prolifération des ADM et pour renforcer les systèmes nationaux de contrôle des exportations. Le Conseil de sécurité invite donc les États à négocier dans le cadre de la conférence du désarmement un traité interdisant la production de matières fissiles pour des armes nucléaires et autres engins explosifs nucléaires[83], à prendre toutes les mesures appropriées en vue d'empêcher le finance-

---

79 Préambule de la résolution 1887 (2007) du Conseil de sécurité.

80 Paragraphe 17 de la résolution 1887 (2007) du Conseil de sécurité.

81 Paragraphe 4 et 7 de la résolution 1887 (2007) du Conseil de sécurité.

82 Paragraphe 15 de la résolution 1887 (2007) du Conseil de sécurité.

83 Paragraphe 8 de la résolution 1887 (2007) du Conseil de sécurité.

ment de la prolifération nucléaire et des transports proliférants, à renforcer les contrôles à l'exportation, à sécuriser les matières sensibles et à contrôler l'accès aux transferts intangibles de technologies[84]. En outre, la résolution encourage les États à exiger, comme condition d'exportation des matières nucléaires, que l'État destinataire accepte de restituer les matières ou équipements nucléaires ainsi que toutes matières nucléaires spéciales produites grâce à l'emploi de ceux-ci, dans l'hypothèse où cet État met fin à l'accord de garanties conclu avec l'AIEA ou s'en retire, ou si le Conseil des gouverneurs de l'AIEA constate son non-respect de l'accord[85].

Enfin, la troisième catégorie de mesures concerne des demandes de coopération étatique en matière de non-prolifération[86].

Soulignons l'importance toute particulière que la résolution consacre au nucléaire. Outre le premier paragraphe, le paragraphe 10 qui traite de la non-prolifération de manière générale, les paragraphes 22 et 23[87] qui se focalisent sur l'application de la résolution 1540 et le paragraphe 29 dans lequel le Conseil de sécurité décide de rester saisi de la question, toutes les autres dispositions de la résolution concernent exclusivement le nucléaire.

II. Les instruments informels

En matière de non-prolifération des armes nucléaires, les États n'aiment guère concrétiser leurs engagements politiques par des traités ou accords formels. Comme constaté ci-dessus, il n'existe sur le plan international en matière de non-prolifération des armes nucléaires

---

84 Paragraphe 27 de la résolution 1887 (2007) du Conseil de sécurité.

85 Paragraphe 21 de la résolution 1887 (2007) du Conseil de sécurité.

86 Paragraphes 24 et 26 de la résolution 1887 (2007) du Conseil de sécurité.

87 « 22. *Accueille avec satisfaction* les recommandations formulées en mars 2009 par le Comité créé par la résolution 1540 (2004) pour faire en sorte que les mécanismes de financement existants soient utilisés plus efficacement, y compris en envisageant de créer un fonds de contributions volontaires, et *affirme* qu'il est déterminé à promouvoir la mise en œuvre intégrale de la résolution 1540 (2004) par les États membres en garantissant un appui efficace et durable aux activités menées par le Comité ;
23. *Réaffirme* que les États membres doivent appliquer la résolution 1540 (2004) dans son intégralité en vue d'empêcher l'accès aux armes de destruction massive, aux matériels connexes et à leurs vecteurs, la fourniture d'une assistance ou leur financement, par des acteurs non étatiques, tels qu'ils sont définis dans la résolution, *prie* les États de coopérer activement avec le Comité créé par ladite résolution et l'AIEA, y compris de leur prêter assistance, à leur demande, pour leur permettre de mettre en œuvre les dispositions de la résolution 1540 (2004), et, à cet égard, *attend avec intérêt* le prochain examen d'ensemble de l'application de la résolution pour en renforcer l'efficacité, et *invite* tous les États à participer activement à cet examen ». Paragraphe 22 et 23 la résolution 1887 (2007) du Conseil de sécurité.

intéressant les États membres de l'Union européenne que peu d'accords formels. On est bien contraint d'admettre avec Katia Boustany que la plupart des instruments constitutifs du droit nucléaire « s'avèrent, à la lecture, relever davantage de principes vagues que d'engagements véritables emportant des obligations précises à la charge des États »[88].

La multiplicité des intérêts politiques, stratégiques mais aussi économiques intervenant dans ce domaine n'incite guère les États à s'engager par le biais de moyens jugés trop contraignants. Par ailleurs, la profusion des instruments informels est également le résultat de choix politiques visant à répondre à des besoins ponctuels d'isolement de certains États dont le comportement jugé proliférant par les États initiateurs ne peut être ouvertement dénoncé. Le MTCR en constitue un bon exemple.

Avant d'analyser ces différents instruments, il semble utile de s'interroger sur leur portée juridique et plus particulièrement sur celle des engagements des États pris au sein de ces instruments. D'évidence, les États participants ont tenu à écarter l'idée de conclure un traité en bonne et due forme. Par exemple, la forme à donner aux directives du NSG fut soulevée, selon Simone Courteix, en 1975 à la réunion des États participants où : « il fut décidé de ne pas adopter un accord multilatéral formel mais de laisser à chaque État participant la liberté de s'engager unilatéralement et de se conformer à l'avenir aux normes adoptées en commun »[89].

Il n'est donc pas étonnant que les États participants aient systématiquement écarté l'idée d'un enregistrement de ces instruments auprès du Secrétariat des Nations unies[90].

Faut-il pour autant considérer avec Henri Pac[91] que ces instruments informels sont dépourvus de « toute valeur juridique obligatoire » ?

Il nous semble qu'il faut se garder d'une attitude trop affirmée sur ce point et que si, d'un point vue strictement juridique, il est indéniable que ces actes sont *a priori* dépourvus de valeur obligatoire, ils créent néanmoins une obligation de comportement vis-à-vis des États participants[92].

---

88 Cf. Katia BOUSTANY, « Le développement de la normativité nucléaire ou l'art de l'évasion juridique », *Bulletin de droit nucléaire n° 61*, Agence pour l'énergie nucléaire, Paris, p. 43.

89 Cf. Simone COURTEIX, *Exportations nucléaires et non-prolifération*, Recherches Panthéon-Sorbonne, Université de Paris I, Sciences juridiques, Droit des relations internationales, Economica, 1978, p. 63.

90 Article 102 de la Charte des Nations unies.

91 Cf. Henri PAC, *Droit et politique nucléaire*, Droit politique et théorique, Presses universitaires de France, Paris, 1994, p. 306.

92 Voir en ce sens K. BOUSTANY, « Le développement de la normativité nucléaire ou l'art de l'évasion juridique », *op. cit.*, p. 45.

Ces actes « revêtent en effet la forme de véritables engagements conventionnels, mais les obligations qu'ils énoncent, par la volonté de leurs auteurs, ne sont pas sanctionnées par le droit mais sont de nature politique ou morale »[93]. Le refus, l'abstention ou la négligence d'un État de mettre en œuvre les engagements contractés serait rapidement sanctionné diplomatiquement, voire économiquement, par les autres États participants. Ceci est d'autant plus vrai pour des petits États fournisseurs dont le programme nucléaire national est, lui-même, directement ou indirectement dépendant des EDAN.

Remarquons que dans le cadre de leurs relations internationales, les États sont amenés à négocier fréquemment des instruments similaires qui ne sont pas des traités mais qui n'en sont pas moins destinés à régir leurs relations mutuelles et, en tout cas, à orienter leur conduite. Ces actes qualifiés par la doctrine d'actes concertés non conventionnels[94] se définissent « comme des instruments issus d'une négociation entre personnes habilitées à engager l'État et appelées à encadrer les relations de celui-ci sans pour autant avoir un effet obligatoire »[95]. Les instruments informels en matière de non-prolifération des armes nucléaires se conforment bien à cette définition. Ils ont, en effet, clairement pour objectif d'organiser, selon des normes précises, les relations commerciales nucléaires des États participants tant entre eux que vis-à-vis des États tiers. Dans la plupart des cas, il y a eu négociation et concertation, ce que révèle, outre l'identité ou la similarité des lettres adressées par les États participants au directeur général de l'AIEA, le caractère normalisé des pièces jointes. De plus, ces instruments s'affirment avant tout comme des lignes de conduite définies en commun que les États s'engagent à respecter.

Toutefois et paradoxalement, les réserves exprimées unilatéralement par les États membres de l'Union européenne quant à la non-application des dispositions des directives aux échanges intracommunautaires, régis par le Traité sur le fonctionnement de l'Union européenne (TFUE) et le Traité Euratom, démontrent la crainte qu'il soit reconnu indirectement à ces directives une valeur juridiquement contraignante.

---

93 Cf. Philippe GAUTIER, *Essai sur la définition des Traités entre États, la pratique de la Belgique aux confins du droit des traités*, Bibliothèque de la faculté de Droit de l'Université catholique de Louvain, Bruylant, Bruxelles, 1993, p. 320.

94 Certains auteurs préfèrent parler de « gentleman's agreement », « d'engagement non contraignant » ou encore de « de facto norm ». Voir par exemple, Philippe GAUTIER, *Essai sur la définition des Traités entre États, la pratique de la Belgique aux confins du droit des traités*, *op. cit.*, p. 313.

95 Cf. Nguyen DINH QUOC, Patrick DAILLIER et Alain PELLET, *Droit international public*, Librairie générale de droit et jurisprudence, Paris, 1992, p. 373.

Afin de faciliter l'analyse, on peut caractériser les instruments informels par cinq aspects essentiels[96].

Il y a, tout d'abord, une volonté certaine de s'engager de la part des parties contractantes. La portée de cet engagement fait néanmoins l'objet de multiples débats doctrinaux[97]. À l'instar d'une partie importante de la doctrine, il nous semble que, sans être obligatoires, ces actes ont une certaine valeur contraignante[98]. Ainsi, en vertu du principe de bonne foi, un État participant doit se conformer à la ligne de conduite définie par l'accord. « Il ne pourra plus, par la suite, revenir complètement sur son consentement et prétendre qu'il n'a jamais existé afin de contester la légalité d'une action ou situation : autrement dit, la règle bien connue de "l'estoppel"[99] sera susceptible de jouer dans de telles hypothèses »[100]. Ceci est d'autant plus vrai en matière de non-prolifération nucléaire où cette volonté se vérifie de façon concrète par le refus d'octroyer des autorisations pour des transferts à destination de certains États. Le non-respect par un État des engagements pris risque toujours de provoquer une riposte immédiate des autres États ayant privilégié leurs engagements politiques sur leurs intérêts économiques en refusant d'entrer en compétition pour l'octroi du marché concerné.

Le deuxième aspect les caractérisant est qu'ils ont des objets diversifiés. Si les actes concertés non conventionnels ne peuvent, dans la mesure où ils leur sont hiérarchiquement inférieurs, modifier les termes d'un traité qui a été conclu en bonne et due forme, ils interviennent souvent pour les interpréter, les compléter ou combler leurs lacunes. Ils imposent, le plus souvent, aux États participants de simples obligations de comportements et rarement des obligations de résultat. La plupart des instruments informels relatifs à la non-prolifération des armes nucléaires

---

96 Cf. Dominique CARREAU, *Droit international*, Études internationales n° 1, A. Pedone, Paris, 1991, p. 194 et s.

97 Voir, par exemple, les différents arguments avancés en cette matière N. DINH QUOC, P. DAILLIER et A. PELLET, *Droit international public*, *op. cit.*, p. 379, ou encore Oscar SCHACHTER, *International Law in Theory and Practice*, Martinus Nijhoff Publishers, Leiden, 1991, p. 99.

98 Voir, Katia BOUSTANY, « Un code de conduite sur la sûreté des sources de rayonnements et la sécurité des matières radioactives, une approche nouvelle pour la maîtrise normative d'un risque nucléaire », *Bulletin de droit nucléaire n° 65*, Agence pour l'énergie nucléaire, Paris, p. 7.

99 Principe de non-contradiction ou *non concedit venire contra factum proprium*.

100 Cf. Dominique CARREAU, *Droit international*, *op. cit.*, p. 201. Sur l'importance du contexte et des éléments qui entourent la qualification de l'acte, voir l'analyse de Ph. GAUTIER de la jurisprudence de la Cour internationale de justice in Philippe GAUTIER, *Essai sur la définition des traités entre États, la pratique de la Belgique aux confins du droit des traités*, *op. cit.*, p. 359.

s'appuient directement ou indirectement sur le TNP afin de le compléter, ou de préciser la portée des engagements qu'il contient.

Le troisième aspect caractérisant ces actes concertés non conventionnels est un contenu variable qui peut comporter des normes très précises s'imposant aux États participants, des obligations ou des conduites vagues et imprécises[101]. Comme nous l'analyserons, les instruments informels relatifs à la non-prolifération comportent le plus souvent des listes très précises de biens dont il faut contrôler les transferts ainsi que des engagements plus généraux quant à la manière de mettre en œuvre ces obligations (liste de critères, procédures d'octroi, système de vérifications, etc.).

Ils se distinguent également par une publicité non systématique. Par définition, ces actes ne font pas l'objet d'un enregistrement auprès du Secrétariat des Nations unies aux fins de publication. En règle générale, ces engagements non contraignants connaissent, cependant, une assez large publicité, celle-ci étant rarement organisée par la voix des médias. Constatons toutefois que certains de ces accords demeurent confidentiels, voire secrets. En matière de non-prolifération, les instruments informels ont été pendant longtemps largement confidentiels. Depuis la fin de la guerre froide, et en réponse aux accusations répétées de comportement protectionniste affirmées par certains États écartés, une certaine transparence s'installe progressivement[102].

Finalement, ils constituent des arrangements peu ou prou sanctionnés. Ces actes ne sont jamais susceptibles de faire l'objet de sanctions juridictionnelles, ni de mettre en œuvre la responsabilité de l'État en cas de non-respect. Ainsi, n'étant pas des accords internationaux, ils ne sont pas soumis au respect des règles spécifiques du droit des traités. Ils ne doivent pas non plus être introduits dans les ordres juridiques nationaux

---

101 La distinction par le contenu entre les actes concertés non conventionnels et les traités ou autres instruments formels n'est pas toujours aisée et peut-être source d'interprétations diverse. Voir Ph. GAUTIER, *Essai sur la définition des traités entre États, la pratique de la Belgique aux confins du droit des traités*, *op. cit.*, p. 354.

102 Le manque de transparence dans le domaine nucléaire a été sérieusement remis en question par le paragraphe 17 du document intitulé « Principes et Objectifs pour la Non-prolifération Nucléaire et le Désarmement », adopté en 1995 lors de la Conférence de révision du TNP. Suite à cette décision le NSG a entrepris une série d'actions afin d'améliorer la communication avec les États ne faisant pas partie de cette entente internationale. Parmi les plus importantes soulignons les deux séminaires internationaux sur le rôle des contrôles des exportations dans la non-prolifération qui ont eu lieu en 1997 et 1999. Par ailleurs en 2002 le site internet a été créé afin d'informer le public sur le rôle et les activités du NSG. Une autre manifestation pratique de souci de transparence était l'adoption en 2009 des lignes de conduite en vue de relever les défis posés, d'une part, par les transferts intangibles de technologies (ITT) et, d'autre part, par les contrôles d'utilisation finale.

conformément aux règles constitutionnelles concernant les engagements internationaux des États et ils ne peuvent être invoqués devant les tribunaux nationaux.

Ce qui ne signifie cependant pas qu'ils sont toujours exempts d'un quelconque contrôle international. En effet, certains de ces actes sont soumis « à des procédures internationales de contrôle de façon à en assurer le respect. On est alors en présence de contrôles politiques ou diplomatiques ponctuels inorganisés ; parfois les parties peuvent décider d'aller au-delà et d'organiser les "suites" des accords informels conclus »[103]. En matière de non-prolifération, rares sont, à l'exception notoire du MTCR, les instruments informels dotés de systèmes de contrôle internationaux du respect des engagements[104].

Nous allons procéder ici à l'analyse transversale des différents instruments informels intéressant la non-prolifération des armes nucléaires et plus particulièrement des régimes de contrôle des transferts qu'ils proposent d'établir. Il s'agit, en particulier, du Comité Zangger, du Groupe des Fournisseurs Nucléaires (NSG)[105], du Régime de Contrôle de la Technologie des Missiles (MTCR)[106] et de l'Arrangement de Wassenaar.

A. Objectifs

Les quatre instruments informels en matière de non-prolifération des armes nucléaires ne contrôlent pas tous les transferts des mêmes types de biens relatifs aux armes nucléaires. On peut distinguer trois catégories aux frontières largement perméables. La première est constituée des instruments qui contrôlent les biens nécessaires au cycle du combustible nucléaire tels que le Comité Zangger et le NSG ; la deuxième regroupe les instruments qui contrôlent les transferts de biens à double usage, il s'agit du NSG et de l'Arrangement de Wassenaar et, finalement, la troisième intègre les instruments qui contrôlent les transferts de biens nécessaires aux vecteurs de ces armes, il s'agit du MTCR et de l'Arrangement de Wassenaar.

Des quatre instruments informels, seul le **Comité Zangger** se rattache de façon explicite au TNP et, en particulier, aux dispositions de l'article III.2 qui contraignent les États parties à ne pas transférer des biens relatifs aux armes nucléaires à un ENDAN, à moins que les matières brutes ou les produits fissiles spéciaux ne soient soumis au con-

---

103 Cf. Dominique CARREAU, *Droit international*, *op. cit.*, p. 202.

104 On ne peut guère citer que les « annual returns » du Comité Zangger et les « denial notifications » du Nuclear suppliers Group (NSG) qui s'y apparentent.

105 Nuclear Suppliers Group.

106 Missile Technology Control Regime.

trôle de l'AIEA. Mais si le TNP pose les lignes directrices régissant ces transferts, il laisse aux États membres le soin d'établir les procédures et les règles auxquelles ils doivent satisfaire pour rencontrer leurs engagements. En ce sens et afin d'éviter le risque de déséquilibres concurrentiels entre industries nucléaires concurrentes des États parties au TNP, issu d'une lecture plus ou moins laxiste de l'article III.2 du TNP, le Comité Zangger s'est donné pour objectif d'élaborer une interprétation commune de ces dispositions. Plus précisément, il vise, d'une part, à obtenir un consensus sur le sens des termes « matières brutes, produits fissiles spéciaux, équipements ou matières spécialement conçus pour le traitement, l'utilisation ou la production de produits fissiles spéciaux » et, d'autre part, à adopter les lignes directrices destinées à appliquer l'article III du TNP et à aménager une politique commune en matière d'exportation de certains biens nucléaires.

À l'inverse du Comité Zangger, le **NSG** s'inscrivit volontairement en marge du TNP. L'objectif initial des États participants visait, suite à l'explosion nucléaire pacifique indienne, à rechercher une harmonisation des politiques de transferts des biens nucléaires des principaux États détenteurs et fournisseurs des connaissances nucléaires. Plus singulièrement, ces États entendaient, tout en préservant l'accès de leurs industries nucléaires aux marchés extérieurs, s'accorder sur des règles minimales de concurrence afin d'éviter de porter préjudice à la lutte contre la prolifération des armes nucléaires. Pour l'essentiel, les travaux d'harmonisation étaient et sont encore largement similaires, à l'exception notable de toute référence au TNP, à ceux poursuivis par le Comité Zangger.

Complémentairement à cette coordination des politiques de transferts de certains biens nucléaires et suite aux révélations sur le programme clandestin irakien ainsi qu'au vu du comportement de la République nord coréenne, il est apparu nécessaire aux États membres du NSG d'étendre et de renforcer la coordination de leurs politiques de transferts à d'autres biens nucléaires. Ainsi, les biens à double usage définis comme non spécifiquement nucléaires mais susceptibles de contribuer substantiellement à une activité explosive nucléaire ou à une activité du cycle du combustible nucléaire non soumise aux garanties furent intégrés dans le champ d'application du NSG.

Ce double objectif du NSG, le contrôle du transfert des biens nucléaires, d'une part, et, des biens à double usage dans le domaine nucléaire, d'autre part, a été traduit sous forme de deux ensembles de directives distinctes mettant en œuvre deux régimes spécifiques de contrôles des transferts[107].

Si le contrôle des transferts des biens pouvant servir à l'élaboration d'armes nucléaires a fait l'objet, depuis le plan Atoms for Peace, d'une attention particulière de la Communauté internationale, la coordination des transferts de biens relatifs à certains vecteurs de ces armes, en particulier les missiles, est, elle, de création plus récente. Élaboré à l'initiative du G7, le **MTCR** vise à répondre au souci des États détenteurs de la technologie relative aux missiles d'éviter qu'un transfert de celle-ci ne contribue à la prolifération des armes de destruction massive en permettant, par exemple, à un État impliqué dans un conflit régional d'élaborer des missiles à portée d'action importante capable d'atteindre d'autres régions du monde en ce compris les États fournisseurs de ces technologies ou que certaines technologies ne tombent aux mains d'individus et de groupes terroristes. En d'autres termes, le MTCR se donne pour objectif d'assurer la coordination des politiques de transferts des biens nécessaires à l'élaboration de vecteurs capables d'expédier une ou des ogive(s) nucléaire(s), chimique(s) ou bactériologique(s) sur une cible potentielle située en dehors d'une zone géographique déterminée[108]. En ce sens, le MTCR constitue donc le complément nécessaire des instruments informels dédiés à une arme de destruction massive particulière.

À l'inverse du Comité Zangger, du NSG et du MTCR, l'**Arrangement de Wassenaar** relatif aux contrôles à l'exportation des armes conventionnelles, des biens et technologies à double usage, issu de la dissolution du CoCom[109], ne vise pas à instaurer ou à coordonner un ou des régime(s) spécifique(s) de contrôle des transferts de tel ou tel type de biens utilisables pour élaborer une arme de destruction massive. Conçu dans une perspective plus globale, il se donne formellement pour objectif de « contribuer à la sécurité et à la stabilité régionale et internationale, en encourageant la transparence et une plus grande responsabilité des transferts d'armes conventionnelles, des biens et technologies à

---

107 Ces directives sont répertoriées par l'AIEA sous INFCIRC/254/Rev.9/Part.1 pour le transfert des articles nucléaires et sous INFCIRC/254/Rev.8/Part 2 pour le transfert d'articles à double usage dans le domaine nucléaire.

108 Cette politique de contrôle a été annoncée publiquement dans la Déclaration du G7 du 16 avril 1987. Il semble cependant qu'elle était déjà appliquée informellement depuis 1985. Voir R. SPEIER et T. FINDLEY, *Chemical Weapons & Missile Proliferation : With Implication for the Asia/Pacific Region*, Lynne Rienner Publishers, Boulder & London, 1991, p. 115.

109 Pour rappel cet arrangement a été adopté à la Conférence plénière des États participants en juillet 1996.

double usage, afin de prévenir toute accumulation déstabilisatrice »[110]. Dans ce but, les États participants s'engagent à s'assurer, à travers leurs législations nationales, que les transferts autorisés ne contribueront pas au développement ou au renforcement de capacités militaires et ne soient pas détournés de leurs utilisations pacifiques vers des utilisations militaires.

Concrètement, l'Arrangement de Wassenaar ne cherche pas à dupliquer les régimes existants de contrôle des transferts de biens relatifs aux ADM, mais vise surtout à les renforcer par l'instauration d'outils d'assistance à la décision, en s'attachant plus particulièrement à lutter contre les atteintes à la paix et à la sécurité qui pourraient résulter du transfert d'armes conventionnelles et de biens et technologies à double usage vers certaines zones géographiques jugées à hauts risques[111].

L'Arrangement de Wassenaar concerne tant les armes conventionnelles que les biens à double usage utilisables pour concevoir et élaborer une arme de destruction massive. Dans le cadre du présent ouvrage seul le volet bien à double usage sera examiné dans la mesure où l'analyse ne porte que sur les armes de destruction massive et en particulier les armes nucléaires.

Les différents objectifs des instruments informels intervenant en matière de lutte contre la prolifération des armes nucléaires ne se distinguent, compte tenu des spécificités de chacun d'entre eux, guère les uns des autres. Tous visent à coordonner les politiques de contrôle des transferts de biens afin d'égaliser les contraintes imposées aux industries des différents États fournisseurs. L'intention étant d'éviter les déséquilibres concurrentiels, issus de régimes de transferts plus ou moins laxistes, largement préjudiciables à la lutte contre la prolifération des armes nucléaires.

B. Publicité

Les quatre instruments informels de contrôle n'ont, comme nous l'avons démontré, pas d'existence juridique en tant que telle. Ils rassemblent, de manière plus ou moins confidentielle et, en marge de tout cadre organisé des États animés par un objectif commun de lutter contre la prolifération des armes nucléaires tout en préservant autant que possible leurs échanges commerciaux relatifs au nucléaire civil. Seul le **Comité Zangger**, bien que sans liens formels avec le TNP, a fait l'objet d'une reconnaissance indirecte par l'ensemble des États signataires du TNP,

---

[110] Paragraphe I.1 du Wassenaar Arrangement on Export Control for Conventional Arms and Dual-Use Goods and Technologies, *Initial Elements*, (traduction personnelle).

[111] Paragraphe I.2 du Wassenaar Arrangement on Export Control for Conventional Arms and Dual-Use Goods and Technologies, *Initial Elements*, *ibid.*

du moins en ce qui concerne ses objectifs, lors de la Conférence de révision de 1975. En effet, la Déclaration finale de cette Conférence consacre, sans mentionner expressément le Comité, un paragraphe relatif à ses activités :

> Considérant la mise en œuvre de l'article III.2, du traité, la Conférence note qu'un nombre d'États fournisseurs de matières nucléaires et d'équipements ont adopté certaines exigences minimales, requérant les garanties de l'AIEA en ce qui concerne leurs exportations de certains de ces biens vers un État non doté d'armes nucléaires non partie au traité (AIEA document INFCIRC/209 et addenda). La Conférence attache une importance particulière à la condition, établie par ces États, d'un engagement pour le non-détournement vers les armes nucléaires ou d'autres engins explosifs nucléaires, tel qu'inclus dans les exigences susmentionnées[112].

Plus substantiellement, lors de la Conférence de révision de 1990, les États participants à la Grande Commission II (Garanties) arrivèrent à un consensus sur un projet de Déclaration finale intégrant un paragraphe consacré spécifiquement au Comité Zangger et incitant tous les États à adopter les principes établis par ce Comité pour toute coopération avec un État non doté d'armes nucléaires et non partie au TNP. Ce projet de Déclaration se présentait sous la forme suivante :

> La Conférence note qu'un nombre croissant d'États parties, fournisseurs de matières et d'équipements nucléaires, se sont réunis régulièrement au sein d'un groupe informel, connu comme le Comité Zangger, de manière à coordonner la mise en œuvre de l'article III.2. À cette fin, ces États ont adopté certaines exigences, incluant une liste de biens enclenchant l'application des garanties de l'AIEA, applicables à leurs exportations vers un État non doté d'armes nucléaires non partie au traité, telles que précisées dans le document INFCIRC/209 révisé. La Conférence recommande vivement aux États d'adopter ces exigences dans leur collaboration nucléaire avec les États non dotés de l'arme nucléaire et non parties au traité[113].

Malheureusement, la Conférence ne réussit pas, pour des raisons étrangères au contrôle des transferts de biens nucléaires[114], à adopter une Déclaration finale et le rapport du Comité de rédaction constatant

---

[112] Cf. J. SIMPSON et D. HOWLETT, *Briefing Book Volume II : « Treaties, Agreements and other relevant documents »*, *op. cit.*, p. D-2 (traduction personnelle).

[113] NPT/CONF.IV/DC/1/Add. 3 (a), paragraphe 27.

[114] L'intransigeance du Mexique, appuyé par l'Iran et l'Indonésie, sur les questions concernant la cessation des essais nucléaires et la Conférence d'extension du TNP semble être la cause principale de l'absence de Déclaration finale de la Conférence de révision du TNP de 1990.

l'échec de la Conférence et clôturant ses travaux ne contient plus aucune mention concernant les activités du Comité Zangger[115].

Lors de la Conférence 2000, une référence aux travaux du Comité Zangger fut négociée au sein de la Grande Commission II, elle faisait partie d'un accord global qui contenait également des engagements pour un meilleur dialogue et une meilleure coopération ainsi que des éléments de coordinations sur la participation de l'AIEA. Cependant, cette référence fut finalement liée à d'autres problématiques sans rapport avec le contrôle des exportations et la Conférence se termina avant qu'un accord ne puisse intervenir à ce propos[116].

Hormis ces tentatives relativement infructueuses, aucun des quatre instruments intervenant en matière de non-prolifération des armes nucléaires n'a fait l'objet d'un essai de formalisation plus élaboré. Remarquons que pour le **MTCR** le souci de préserver ce caractère informel a été affirmé sans ambiguïté par les États participants qui ont tenu à préciser, au cœur même des directives, que le MTCR ne doit, en aucun cas, aboutir à une forme quelconque d'institutionnalisation et que la mise en œuvre des principes de contrôle qu'il contient est du strict ressort des États participants. Toutefois, une certaine publicisation des principes du MTCR a été organisée par l'adoption du Code de conduite de La Haye en novembre 2002[117], qui en reprend les deux principes essentiels en les formalisant et en les universalisant. En effet, ce Code de conduite, accessible à tout État, reconnaît, d'une part, la nécessité de prévenir et de réduire la prolifération balistique tout en ne privant pas les États de l'utilisation de l'espace à des fins pacifiques et, d'autre part la nécessité d'imposer des mesures de transparence, notamment des rapports nationaux et des prénotifications de lancement, en matière balistique et spatiale pour renforcer la confiance entre les États.

L'absence de formalisation ne signifie pas pour autant que les travaux de ces différents instruments sont dépourvus de toute forme de publicité directe et/ou indirecte. Ainsi certaines des décisions du **Comité Zangger** font l'objet, par le biais de l'AIEA, d'une large diffusion. En effet, jusqu'au début des années 2000, la plupart des États participants notifiaient, par l'envoi d'un courrier au directeur général de l'AIEA[118],

---

115 De même, les trois décisions adoptées par la Conférence d'extension et de révision du TNP de 1995 comme la Déclaration finale de la Conférence de révision de 2000 ne font pas mention du Comité Zangger, même si le problème du contrôle des transferts d'articles nucléaires fut largement évoqué lors des deux conférences.

116 Pour plus d'informations, voir « Zangger Committee and TNP », le texte est disponible sur : http://www.zanggercommittee.org/Zangger/NPT/default.htm.

117 The Hague Code of Conduct against Ballistic Missile Proliferation (HCOC) est plus communement repris sous l'appellation ICOC (International Code of Conduct).

118 Par le biais de leur représentation permanente auprès de l'AIEA à Vienne.

leur intention de conformer désormais leur politique nationale de transferts des biens nucléaires visés à l'article III.2 du TNP aux principes définis en annexe. Bien qu'il ne soit fait nulle part référence au Comité Zangger, ces principes étaient en réalité la simple retranscription des listes de biens et des lignes de conduite définies par ce Comité. À la demande de ces États, l'AIEA communiquait systématiquement le contenu de ce courrier à tous les États membres de l'Agence[119]. La Belgique, l'Italie et la Suisse, bien qu'elles s'étaient engagées à appliquer la politique de contrôle à l'exportation établie au sein du Comité, avaient toujours refusé de notifier cette volonté au directeur général de l'AIEA. Elles estimaient, en effet, que la participation au Comité Zangger doit rester confidentielle et ne pouvait être rendue publique[120].

Depuis 2008, la mission permanente du Royaume-Unis envoie une note verbale au directeur général de l'AIEA qui lui demande de faire la publicité auprès de tous les États membres de l'agence d'une lettre rédigée par le président du Comité Zangger[121] au nom de tous les États participants au Comité. Cette lettre détaille les différentes modifications décidées par le Comité Zangger au document INFCIRC/209. Il est à remarquer que cette description des différentes modifications n'est pas

---

119 Cette communication est répertoriée sous INFCIRC 209/Rev.2.

120 Selon S. Herpels, le refus de la Belgique de notifier au directeur général de l'Agence reposait aussi sur le fait que le TNP ne prévoit nullement un quelconque pouvoir de contrôle des politiques d'exportation nationales. Pour les Autorités belges, informer l'Agence pouvait induire le Conseil des gouverneurs à essayer d'étendre les prérogatives de l'Agence dans ce domaine, compte tenu de la volonté des États-Unis d'exercer sinon le contrôle, tout au moins de connaître toutes les transactions commerciales.
Le contenu du courrier envoyé par les États participants au Comité Zangger précisait, en termes globalement identiques, que l'État émetteur a « été appelé à étudier les procédures relatives à l'exportation a) de matières brutes ou de produits fissiles spéciaux et b) d'équipements et de matières spécialement conçus ou préparés pour le traitement, l'utilisation ou la production de produits fissiles spéciaux compte tenu de l'engagement qu'il a pris au titre de paragraphe 2 de l'article III du TNP de ne pas fournir de tels produits, équipements ou matières à un État non doté d'armes nucléaires, quel qu'il soit, à des fins pacifiques, à moins que lesdites matières ou lesdits produits fissiles spéciaux ne soient soumis à des garanties dans le cadre d'un accord avec l'AIEA. Le Gouvernement… a décidé d'agir en l'occurrence conformément aux mémorandums ci-joints ». Les États membres de l'Union européenne avaient complété le document d'un paragraphe précisant que « dans la mesure où il s'agira de commerce au sein de la Communauté européenne, le Gouvernement… se conformera, le cas échéant aux termes des paragraphes 5 des mémorandums, compte tenu de ses engagements au titre des Traités de Rome ». Cf. INFCIRC/209, 6 septembre 1974, p. 2. La question des transferts entre États membres de l'Union européenne et les réserves émises au sein des différents instruments informels est examinée, notamment, au sein du chapitre V.

121 Actuellement, il s'agit du Tchèque Pavel Klucký.

accompagnée, contrairement à ce qui est réalisé par le NSG, d'une version consolidée des directives du Comité Zangger contenues dans les mémorandums A et B et leur annexe.

Les travaux et décisions du **NSG** sont également largement confidentiels ; seules les directives et leurs modifications font l'objet de mesures de publicité similaires à celles utilisées par le Comité Zangger. Pour ce faire, les autorités de l'État assumant la présidence du NSG envoient une note verbale au directeur général de l'AIEA au nom des gouvernements de tous les États participants. Celle-ci précise qu'il a été décidé d'amender les Directives et leurs annexes et énumère ensuite les paragraphes modifiés[122]. Cette notification globalisée fut utilisée pour la première fois en décembre 2006 pour la révision des directives concernant les biens nucléaires. Auparavant, il appartenait à chaque État participant d'envoyer une note verbale standardisée au directeur général de l'AIEA. De plus, il est demandé au directeur général de l'AIEA de « communiquer le texte de cette note et les documents qui y sont joints à tous les gouvernements membres de l'AIEA »[123]. Par ailleurs, rappelons que, suite aux vives critiques dont il a fait l'objet lors de la Conférence d'extension du TNP de 1995, le NSG s'est engagé à faire preuve de plus de transparence[124].

Pour l'essentiel, les travaux et décisions du **MTCR** et de l'**Arrangement de Wassenaar** sont, en principe, largement confidentiels. Toutefois, l'Arrangement de Wassenaar organise, via son secrétariat et son site web, la publicité de certaines décisions comme celles relatives aux listes de biens à contrôler ou aux principes de transferts ou encore aux conférences plénières. La majorité des décisions prise par l'arrangement sont d'ailleurs compilées et publiées sur son site web sous forme du document unique dénommé « Basic Documents »[125].

Les directives du MTCR font l'objet, dans une moindre mesure, d'une certaine publicité afin d'encourager les États non participants ou non candidats à conformer leurs politiques nationales de transferts aux

---

[122] Par soucis de clarté, les directives modifiées ainsi qu'un tableau reprenant tous les changements sont attachés à la note envoyée.

[123] Voir les notes verbales insérées dans les INFCIRC254/Part 1 ou 2 publiées avant 2006.

[124] Voir paragraphe 17, Decision 2 : Principles and Objectives for Nuclear Non-Proliferation and Disarmament, NPT/CONF.1995/32 (Part I), Annex, 1995 Review and Extension Conference of the Parties to Treaty on the Non-Proliferation of Nuclear Weapons, 17 April-12 May 1995, New York.

[125] Celui-ci consiste en une compilation réalisée par le secrétariat de l'Arrangement de Wassenaar. La version de janvier 2010 est actuellement disponible.

principes qu'elles entendent établir[126]. Elles sont également diffusées sur le site internet du régime.

Remarquons que les travaux du MTCR comme ceux de l'Arrangement de Wassenaar ne peuvent recourir aux mêmes canaux de diffusion que les deux instruments informels précédents, n'étant pas spécifiquement relatifs au domaine nucléaire. Par conséquent, une note verbale au directeur général de l'AIEA, attestant que la politique d'exportation de l'État auteur sera désormais conforme à un certain nombre de principes précisés en annexe, ne peut être envisagée. En effet, statutairement les activités de l'Agence sont strictement limitées aux aspects pacifiques de « l'énergie atomique », le MTCR et l'Arrangement de Wassenaar assurant respectivement le contrôle des transferts relatifs aux vecteurs des armes de destruction massive et le contrôle des biens à double usage non spécifiquement nucléaires, en sont donc indirectement exclus.

Remarquons finalement qu'une publicité indirecte des quatre instruments informels est partiellement assurée par la nécessaire intégration des décisions de ces instruments au sein des systèmes législatifs et réglementaires des États participants.

Comme pour leurs objectifs, les quatre instruments informels de contrôle des transferts ne se distinguent guère les uns des autres tant pour ce qui concerne leurs statuts que pour la publicité accordée à leurs travaux et décisions. Cette volonté de préserver une certaine confidentialité est considérée comme nécessaire par les États participants au vu de l'aspect politico-stratégique des connaissances liées aux armes de destruction massive en général et au nucléaire en particulier. De plus, elle leur apparaît comme un gage d'efficacité. Ce qui n'exclut toutefois pas la promotion et la diffusion de certaines décisions comme les directives du NSG ou les mémorandums du Comité Zangger. Cette confidentialité des travaux des instruments informels se heurte, de plus en plus, au souci de transparence requis tant par les États exclus volontairement ou non que par certains États participants.

C. Systèmes d'organisation

Les quatre instruments informels de non-prolifération imposent tous des conditions restrictives d'admission aux nouveaux États candidats. Celles-ci sont, compte tenu des spécificités de chaque instrument, souvent similaires et s'articulent autour de trois axes principaux. Pour

126 « Recognizing the growing need to build support for the goals of the regime, MTCR Partners agreed to engage non-members in their efforts to impede missile proliferation and encourage them to observe the MTCR Guidelines » paragraphe 5 du communiqué de presse issu de la 12e Réunion plénière du MTCR, Tokyo, Japon, 6 novembre 1997.

être admis, un État doit être un fournisseur potentiel, adhérer aux instruments formels et/ou informels pertinents autres que celui pour lequel il pose sa candidature et s'engager à respecter les principes établis par l'instrument auquel il demande à adhérer. Ces conditions n'ont cessé de provoquer de la part des États exclus, plus particulièrement en ce qui concerne le NSG et le MTCR, de vives critiques accusant les États participants d'instaurer de tels instruments non pas pour lutter contre la prolifération des armes nucléaires mais plutôt pour se réserver le monopole de la connaissance.

Pour être admis au sein du **Comité Zangger** un État doit avoir adhéré au TNP, doit être un fournisseur ou un fournisseur potentiel de biens nucléaires et doit s'engager à respecter les mémorandums du Comité[127]. L'engagement de respecter les mémorandums du Comité Zangger est confirmé par l'envoi, par l'État candidat à tous les États participants, d'un courrier diplomatique attestant sa volonté de les respecter.

L'admission d'un État au sein de l'**Arrangement de Wassenaar** est soumise, sous réserve d'un champ d'application plus large, aux mêmes conditions que celles requises par le Comité Zangger[128]. La décision d'admission d'un État candidat est décidée par consensus, ce qui pose parfois quelques difficultés[129]. Ainsi la candidature de Chypre se voit depuis 2004 systématiquement rejetée par la Turquie pour des raisons qui relèvent plus des relations conflictuelles entre ses deux États que de la non-prolifération.

L'admission d'un État au sein du **NSG** est soumise à des conditions nettement plus contraignantes que celles imposées par le Comité Zangger ou l'Arrangement de Wassenaar. En effet, pour être admis un

---

127 Voir par exemple, NPT/CONF.1995/21, 20 avril 1995, §18.

128 En particulier, ces conditions sont :
« 1. être un producteur/exportateur d'armes et/ou d'équipements industriels utilisables à cette fin ;
2. avoir adopté les listes de contrôle de l'Arrangement Wassenaar comme référence dans sa législation nationale de contrôle des exportations ;
3. avoir adopté et respecté effectivement une politique de non-prolifération, en ce compris :
– l'adhésion aux directives du NSG, du Comité Zangger, du MTCR et du Groupe d'Australie (voir note 141 et s. du présent chapitre) ;
– l'adhésion au TNP, à la Convention sur l'interdiction de la mise au point, de la fabrication et du stockage des armes bactériologiques (biological weapons) ou à toxines et sur leur destruction, et à la Convention sur les armes chimiques ;
– l'adhésion, pour les États concernés, au Traité Start I et au protocole de Lisbonne ;
4. obligation de disposer d'un régime complet de contrôle à l'exportation ».
Appendice 4 du Wassenaar Arrangement on Export Control for Conventional Arms and Dual-Use Goods and Technologies, *Initial Elements*, *op. cit.*

129 *Ibid.*, paragraphe VIII.

État doit être fournisseur potentiel. Ce terme doit être entendu de façon extensive, dans la mesure où un État ne possédant pas d'installations de production ou de conception de biens nucléaires mais étant potentiellement transitaire de ces biens est également considéré comme un État fournisseur. C'est le cas, par exemple, pour Malte ou Chypre, depuis lors adhésion en 2004 à l'Union européenne. Par ailleurs, pour être admis un État doit également disposer d'un régime juridique de contrôle à l'exportation appliquant effectivement les directives du NSG, adhérer à un ou plusieurs traités[130] ou à un accord international sur la non-prolifération équivalent et appliquer pleinement les obligations découlant de ceux-ci et enfin supporter activement les efforts internationaux de non-prolifération des armes de destruction massive ainsi que de leurs vecteurs[131]. L'examen de cette dernière condition complète, par une appréciation du comportement de l'État candidat, par essence subjective, la vérification des différentes conditions objectives. La décision d'admission d'un nouveau membre est prise, comme pour l'ensemble des décisions du NSG[132], à l'unanimité des États participants.

Des États ou des organisations internationales peuvent également être invités en tant qu'observateur du NSG. C'est le cas pour la Commission européenne. Cette décision est prise par consensus des États participants.

Comme cela a déjà été précisé, les directives du NSG établissent deux régimes de contrôle des transferts de biens nucléaires, consacrés respectivement aux matières nucléaires et non nucléaires, équipements et installations nucléaires pour le premier et aux biens à double usage dans le domaine nucléaire pour le second. L'engagement des États participants à ces deux régimes est soumis à des règles différentes. Pour le premier, à l'inverse du Comité Zangger, l'engagement des États participants n'est pas confirmé par l'échange entre eux de courriers diplomatiques ; la « note verbale » au directeur général de l'AIEA est considérée comme suffisante. Par contre, pour les biens à double usage, l'engagement des États participants doit faire l'objet d'un échange de courriers diplomatiques attestant formellement l'adhésion aux directives relatives à ces biens[133].

---

130 Sont cités le TNP, les Traités de Tlatelolco, Rarotonga, Pelindaba et Bangkok.

131 Ces conditions ont été déterminées à la réunion plénière du NSG, tenue à Buenos Aires, en avril 1996.

132 Point 17 des directives relatives aux transferts d'articles nucléaires, INFCIRC/254/Rev.9/Part 1.

133 Ce courrier largement standardisé se présente généralement sous la forme suivante : *Pour la notification* :

Si, de prime abord, les États fondateurs du **MTCR** encouragent l'adhésion universelle aux principes établis par les directives du MTCR[134] afin de coordonner les politiques de transferts de tous les États fournisseurs des biens relatifs aux vecteurs capables de transporter une arme de destruction massive, cela ne signifie pas pour autant que tous ces États fournisseurs sont admis en son sein. Concrètement, il apparaît que l'État candidat doit répondre à deux types d'exigences particulièrement contraignantes.

D'une part, il doit s'engager à détruire tous les vecteurs en sa possession répondant aux paramètres des directives[135]. Toutefois les obligations des États membres de l'OTAN en matière de défense et notamment le stationnement, voire la possession de vecteurs nucléaires, ne sont pas visées. D'autre part, l'État candidat doit, outre le fait d'être un fournisseur potentiel, adhérer aux directives du MTCR, aligner son comportement et sa législation sur celles-ci et supporter activement les efforts internationaux de non-prolifération des vecteurs d'armes de destruction massive.

La bonne exécution de ces deux ensembles d'obligations fait l'objet d'une évaluation sur place par une délégation composée de représentants de quatre États membres. Sur la base de cette évaluation, la candidature de l'État sera ou non retenue. L'admission est acquise à l'unanimité des États participants et est formellement actée par l'échange d'une note verbale entre l'État admis et tous les États participants.

En ce qui concerne l'Union européenne, certains de ses États membres ne sont pas membres des quatre instruments informels. Bien

---

« Le Gouvernement de ... […] se référant aux Directives relatives aux transferts d'équipements et de matières à double usage dans le domaine nucléaire, ainsi que de technologies s'y rapportant, […].

Le Gouvernement de ... a décidé que, concernant le transfert des équipements et des matières à double usage dans le domaine nucléaire, ainsi que de technologies s'y rapportant, il agira en conformité avec les directives susmentionnées, […] ».

Pour la réponse :

« Le Gouvernement de ... […] se référant à la note du Gouvernement de ... datée du ..., concernant les Directives relatives aux transferts d'équipements et de matières à double usage dans le domaine nucléaire, ainsi que de technologies s'y rapportant, […], prend acte de la décision du gouvernement d'agir en accord avec les Directives relatives aux transferts d'équipements et de matières à double usage dans le domaine nucléaire, ainsi que de technologies s'y rapportant, […] pour les transferts d'équipements et de matières à double usage dans le domaine nucléaire, ainsi que de technologies s'y rapportant ».

[134] Paragraphe 8 des directives pour les transferts sensibles se rapportant aux missiles.

[135] Cet engagement n'est pas unanimement exigé par l'ensemble des États participants mais est requis par les États-Unis. Dans la mesure où l'admission d'un État est obtenue par consensus, la destruction des vecteurs en la possession de l'État candidat est devenue *de facto* une condition d'admissibilité.

que les 27 États de l'UE soient tous membres du NSG, Chypre ne participe pas à l'Arrangement de Wassenaar du fait de l'opposition de la Turquie. Par ailleurs Chypre, l'Estonie, la Lettonie, la Lituanie, Malte, la Slovénie, la Slovaquie et la Roumanie ne sont pas Parties au MTCR.

Depuis 1995, la Commission européenne participe en tant qu'observateur permanent aux travaux du Comité Zangger[136] et du NSG, cependant elle est totalement exclue des travaux du MTCR et de l'Arrangement de Wassenaar.

Le Comité Zangger compte 38 États participants[137], le NSG 46, le MTCR 34[138] et l'Arrangement de Wassenaar 40[139].

Le **Comité Zangger** se réunit deux fois par an[140], à Vienne, à la Chancellerie fédérale d'Autriche. Les réunions durent rarement plus d'une matinée. Le secrétariat du Comité est assuré par la Représentation permanente du Royaume-Uni à Vienne qui rédige le procès-verbal des réunions. Le président est désigné par cooptation pour une durée indéterminée.

Les États membres du **NSG** se réunissent, eux, au moins une fois par an en réunion plénière, qui se tient traditionnellement à la fin du printemps. Lors de celle-ci, il peut être décidé de créer des groupes techniques de travail, les *working groups*, chargés d'examiner et de formuler des propositions sur des sujets tels que la révision des directives et de leurs annexes, le partage d'information, la transparence des activités du groupe, etc.

La présidence du NSG est exercée par l'État hôte de la plénière pour une durée d'un an. Cet État assure la coordination des différents groupes techniques de travail et est chargé de promouvoir l'adhésion de nou-

---

136 Son statut d'observateur lui a été accordé à la réunion du 19 octobre 1995.

137 La plupart des États membres de l'Union européenne participent aux travaux du Comité Zangger ; Chypre, l'Estonie, la Lettonie, la Lituanie et Malte ont posé leur candidature en vue d'adhésion. Les autres membres sont respectivement l'Afrique du Sud, l'Argentine, l'Australie, la Biélorussie, le Canada, la Corée du Sud, la Chine, Japon, la Norvège, la Russie, la Suisse, les États-Unis et l'Ukraine. La Chine participe aux travaux depuis mai 1997.

138 Il s'agit des mêmes États que ceux repris par le Comité Zangger auxquels il convient, d'une part, d'ajouter le Brésil, l'Islande et la Nouvelle Zélande et, d'autre part, de soustraire la Chine, la Croatie, le Kazakhstan, la Slovaquie, la Slovénie et la Roumanie.

139 Il s'agit des mêmes États que ceux repris par le Comité Zangger auxquels il convient, d'une part, d'ajouter l'Estonie, la Lettonie, la Lituanie, Malte et la Nouvelle Zélande et, d'autre part, de soustraire la Chine et le Kazakhstan.

140 En mai et en octobre.

veaux États aux directives[141]. Le NSG dispose, outre des groupes techniques de travail[142], de trois organes qui soumettent leurs travaux à la séance plénière : le *Consultative Group* (CG), l'*Information Exchange Meeting* (IEM) et le *Licensing and Enforcement Experts Meeting* (LEEM). Le *Consultative Group* se réunit au moins deux fois par an[143], en outre il tient des consultations relatives aux deux directives – celles relatives au contrôle du transfert des biens nucléaires (Part 1) d'une part, et celles relatives au contrôle du transfert des biens à double usages (Part 2) d'autres part – ainsi qu'à leurs annexes techniques. La réunion plénière peut également accorder une délégation de la compétence de décision au CG. Les sessions de l'*Information Exchange Meeting* précèdent la séance plénière du NSG et fournissent l'opportunité pour les participants d'échanger des informations ou des développements au sujet des objectifs et du contenu des directives. Le *Licensing and Enforcement Experts Meeting* organise quant à lui des discussions relatives à la délivrance d'autorisation et à son exercice.

Complémentairement, la Représentation permanente du Japon auprès des Nations unies à Vienne assume de façon informelle le secrétariat du NSG[144].

Comme pour le NSG, une réunion plénière des États participants au **MTCR** est organisée chaque année par l'État assurant la présidence ; celle-ci s'exerce par tournante. Elle bénéficie de l'assistance d'un « Point of Contact » établi à Paris, assumé par le ministère français des Affaires étrangères. Lors de la réunion plénière, il peut être créé des groupes de travail[145] chargés d'examiner des questions particulières comme, par exemple, les zones de transit, les zones sensibles, etc.

Dans le même esprit que le NSG et le MTCR, une Conférence plénière des États participants à l'**Arrangement de Wassenaar** doit être tenue au moins une fois par an, elle est également organisée par l'État

---

141 Rappelons que l'adoption des directives par un État ne lui donne pas automatiquement le droit de participer aux travaux du NSG.

142 Un des groupes techniques de travail est consacré à l'exercice de transparence des activités du NSG. Il a notamment assuré la mise en œuvre du séminaire de Vienne et la rédaction de l'INFCIRC/539 du 16 septembre 1997 destinée aux États non membres et visant à exposer les origines, le rôle et les activités du NSG.

143 Une première fois juste avant et au même endroit que la séance plénière, et une deuxième fois approximativement six mois plus tard à la mission permanente du Japon à Vienne.

144 Qualifiée de Point of Contact par les documents du NSG, elle est chargée de distribuer les documents, de communiquer l'agenda des réunions, d'assister la Présidence et les différents groupes de travail.

145 Ces groupes sont appelés *Reinforcement of the Point of Contact.*

assumant la présidence[146]. Elle est chargée d'examiner et de réviser l'arrangement, d'étudier les moyens pour renforcer la coordination des efforts de non-prolifération et de définir les informations qui pourront être rendues publiques. À cette fin, elle peut créer des groupes de travail. Elle a également le pouvoir d'établir des corps subsidiaires pour la préparation des décisions et d'établir des « *ad hoc meetings* » pour des consultations à propos du fonctionnement de l'Arrangement de Wassenaar. Actuellement, trois corps subsidiaires existent : le *General Working Group* (GWG), l'*Expert Group* (EG) qui s'occupe principalement des listes de contrôles, et le *Licensing and Enforcement Officers Meeting* (LEOM) qui se rencontre une fois par an et qui est sous la responsabilité du GWG. La Conférence plénière est aussi chargée de déterminer et d'adopter le budget annuel nécessaire pour assumer l'ensemble de ses missions. Un secrétariat a été créé afin d'assister les différents Groupes de travail et la Conférence plénière[147].

L'admission d'un État au sein des quatre instruments de non-prolifération s'apparente singulièrement à un système de plus en plus globalisant de conditions qui se coupent et se recoupent. Hormis l'adhésion au MTCR qui reste, sur certains éléments, très spécifique, les trois autres instruments ne font que reprendre les conditions des instruments informels qui les ont précédés en les élargissant quelque peu. Ainsi, par exemple, le NSG reprend au Comité Zangger la nécessité de ratifier le TNP en l'élargissant à un traité équivalent complété des CSA et l'Arrangement de Wassenaar impose l'adhésion aux directives du NSG, du Comité Zangger, du MTCR et même aux directives relatives aux armes chimiques du Groupe d'Australie[148].

D. Régimes de contrôle des transferts

Les quatre instruments informels intervenant en matière de non-prolifération des armes nucléaires instaurent en réalité cinq régimes de contrôle des transferts regroupés en trois catégories. Il y a les régimes de contrôle des transferts consacrés aux biens nucléaires, il s'agit des mémorandums A et B du Comité Zangger et des directives relatives aux

---

146 La présidence est annuelle et est occupée de façon rotative. L'ensemble des points concernant le fonctionnement de l'arrangement est réglé par le point VII « *Meetings and Administration* » du Wassenaar Arrangement on Export Control for Conventional Arms and Dual-Use Goods and Technologies, *Initial Elements*, *op. cit.*

147 Il existe également un Point of Contact à Vienne, chargé de faciliter les informations intersessionnelles ainsi que de la communication entre les États participants et le Secrétariat.

148 Le Groupe d'Australie réunit une quarantaine d'États, selon une structure informelle similaire à celle du NSG ou du MTCR et s'attache à établir un régime de contrôle des transferts d'articles liés à l'élaboration d'armes chimiques.

transferts de matières nucléaires et non nucléaires, d'équipements et d'installations nucléaires du NSG. Il y a ensuite les régimes de contrôle des transferts consacrés aux biens à double usage dans le domaine nucléaire constitués par les directives relatives aux transferts des biens à double usage dans le domaine nucléaire du NSG et certaines dispositions de l'Arrangement de Wassenaar. Finalement, la troisième catégorie est constituée des biens relatifs aux vecteurs des armes de destruction massive, essentiellement composée des directives pour les transferts sensibles se rapportant aux missiles du MTCR et également de certaines dispositions de l'Arrangement de Wassenaar.

Il convient d'être attentif au fait que chacun de ces régimes de contrôle est doté d'une terminologie propre pas toujours interchangeable, ce qui soulève, malgré tout, quelques difficultés de comparaison.

L'analyse est modulée selon ces trois catégories tout en essayant de mettre en exergue certains parallélismes existant entre les cinq régimes de contrôle.

1) Éléments constitutifs des régimes de contrôle des transferts

Les deux régimes de contrôle consacrés spécifiquement aux transferts des biens **nucléaires** – les mémorandums A et B du Comité Zangger et les directives relatives aux transferts de matières nucléaires et non nucléaires, d'équipements et d'installations nucléaires du NSG – se calquent sur la division établie par l'article III.2 du TNP qui distingue les transferts de matières brutes et produits fissiles spéciaux[149] et les transferts d'équipements et de matières non nucléaires[150]. Rappelons que si cette filiation au TNP apparaît incontestable pour les deux régimes, elle n'est formellement imputable qu'au seul Comité Zangger qui s'est donné comme objectif essentiel d'interpréter les dispositions de l'article III.2 du TNP.

Pour chacun de ces deux groupes des biens nucléaires, des dispositions particulières ont été élaborées tant par le NSG que par le Comité Zangger[151].

Les modalités de ces régimes s'articulent, pour le Comité Zangger, autour de deux mémorandums distincts : le premier mémorandum – dit mémorandum A – contient la liste des matières brutes et des produits

[149] Article III.2.a) du TNP.

[150] Article III.2.b) du TNP.

[151] Lors de la réunion plénière de 2010 en Nouvelle Zélande, un groupe technique de travail fut instauré afin de procéder à un examen approfondi des listes en particulier des notes techniques. Il ne semble pas que l'articulation des deux listes NSG sera fondamentalement bouleversée. Cf. Public Statement, Nuclear Suppliers Group Meeting Christchurch, 21-25 June 2010.

fissiles spéciaux ainsi que les lignes directrices régulant leurs transferts et, le second mémorandum – dit mémorandum B – contient la liste des équipements ou matières spécialement conçus ou préparés pour traiter, utiliser ou obtenir des produits fissiles spéciaux ainsi que les lignes directrices régulant le transfert de ces biens.

Les modalités des régimes de contrôle des transferts de biens nucléaires établies par les directives du NSG s'articulent autour de six principes fondamentaux appelés à déterminer la ligne de conduite à suivre par les États lors de l'examen des demandes de transferts et d'une liste dite de base. À l'inverse du Comité Zangger, il n'y a donc pas deux régimes distincts de contrôle des transferts des biens nucléaires mais un unique régime commun. Remarquons toutefois que les lignes directrices du Mémorandum B ne se différencient guère de celles établies par le mémorandum A.

La deuxième catégorie relative aux régimes de contrôle des transferts des biens **à double** usage est constituée, pour l'essentiel, des directives du NSG relatives aux transferts des biens à double usage dans le domaine nucléaire. En ce qui concerne l'Arrangement de Wassenaar, il n'instaure pas, au sens strict, un régime spécifique de contrôle des transferts des biens à double usage. Conçu comme un instrument d'appui des régimes de contrôle existants, il établit un réseau d'échange d'informations entre États participants, des critères, des règles d'appréciation et d'évaluation des autorisations de transfert ainsi que des principes de procédure.

Les directives du NSG relatives aux transferts des biens à double usage dans le domaine nucléaire s'articulent, logiquement, selon une structure similaire à celles des directives du NSG relatives aux transferts des biens nucléaires. Élaborées, à la suite des révélations sur le programme clandestin irakien, elles se composent d'une liste des biens non spécifiquement destinés à un usage nucléaire mais pouvant être détournés de leur affectation déclarée au profit d'une « activité explosive nucléaire », « d'une activité du cycle du combustible nucléaire non soumise aux garanties » ou « d'un acte de terrorisme nucléaire » et d'un ensemble de principes appelés à gouverner les autorisations nationales de transferts relatives à ces biens[152]. Complémentairement aux directives, les États participants ont adopté un document intitulé Mémorandum of Understanding (MOU) visant à préciser la façon dont ils envisagent la mise en œuvre effective des principes de transferts. Ce document constitue la clé de lecture indispensable des directives concernant les transferts des biens à double usage dans la mesure où il permet d'assouplir le régime de contrôle des transferts dans certaines hypothèses,

[152] Point 1 et s., INFCIRC/254/Rev.8/Part 2.

notamment entre États participants. Le MOU est un document confidentiel[153] adopté formellement par échange de courriers diplomatiques entre les États participants[154].

Finalement, la troisième catégorie des **biens relatifs aux vecteurs des armes de destruction massive** est constituée des directives pour les transferts sensibles se rapportant aux missiles du MTCR et également de certaines dispositions de l'Arrangement de Wassenaar.

Les directives du MTCR s'inspirent largement des régimes de contrôle établis par le NSG, elles sont constituées d'une liste restreinte d'équipements et de technologies de 20 biens et d'un ensemble de principes appelés à orienter les politiques nationales de transferts des États participants voire, pour certains d'entre eux, à en empêcher purement et simplement le transfert. Ces principes font eux-mêmes, comme pour les directives du NSG relatives aux biens à double usage, l'objet d'un document confidentiel intitulé Aide Mémoire précisant la façon dont les États entendent effectivement les appliquer.

2) Champ d'application

Pour l'examen du champ d'application des deux régimes de contrôle consacrés aux transferts des **biens nucléaires**, nous distinguerons, selon la méthode retenue tant par le Comité Zangger les matières nucléaires, d'une part, et les équipements et matières non nucléaires, d'autre part. Si la *trigger list* du NSG n'est plus divisée en deux parties[155], elle vise également ces deux catégories qu'elle défini.

Pour ce qui est des matières nucléaires, le mémorandum A du Comité Zangger, comme la liste de base annexée aux directives du NSG[156] se rallient, pour déterminer les matières brutes et les produits fissiles spéciaux visés par ces deux régimes de contrôle des transferts, à celles précisées à l'article XX des Statuts de l'AIEA qui considèrent que :

1. par « produit fissile spécial », il faut entendre le plutonium 239 ; l'uranium 233 ; l'uranium enrichi en uranium 235 ou 233 ; tout produit contenant un ou plusieurs des isotopes ci-dessus et tels autres produits fissiles

---

153 Il ne fait pas l'objet de la *note verbale* adressée au directeur général de l'AIEA. Ce document est annexé à un autre document confidentiel : le Procedural Arrangement for the Nuclear Suppliers Group.

154 Cette adoption formelle est généralement faite dans le même courrier que celui concernant les directives relatives aux articles à double usage.

155 En effet, auparavant, la liste dite de base était divisée en deux parties, les matières brutes et les produits fissiles spéciaux, d'une part, et les équipements et les matières non nucléaires, d'autre part. Malgré cette division, la liste de base restait un unique régime commun applicable, à la différence du Comité Zangger qui instaurait deux régimes distincts.

156 Annexe A de l'INFCIRC/254/Rev.9/Part.1.

que le Conseil des gouverneurs désignera de temps à autre. Toutefois le terme « produit fissile spécial » ne s'applique pas aux matières brutes.
2. [...]
3. par « matière brute », il faut entendre l'uranium contenant le mélange d'isotopes qui se trouve dans la nature ; l'uranium dont la teneur en U-235 est inférieure à la normale, le thorium ; toutes les matières mentionnées ci-dessus sous forme métal, d'alliage, de composés chimiques ou de concentration que le Conseil des gouverneurs fixera de temps à autre ; et telles autres matières que le Conseil des gouverneurs désignera de temps à autre[157].

Toutefois les transferts de certaines matières et produits[158] et les transferts de matières brutes ou de produits fissiles spéciaux à destination d'un État donné au cours d'une période de douze mois, en quantités inférieures à des seuils déterminés[159], sont exemptés de l'application des conditions de transferts établies par le mémorandum A, comme par les directives relatives aux biens nucléaires.

La similitude constatée entre les deux régimes pour la détermination des matières nucléaires se retrouve également entre le mémorandum B du Comité Zangger et la deuxième partie de l'Annexe A des directives du NSG pour la détermination des équipements et des matières non nucléaires.

Le mémorandum B du Comité Zangger comme l'annexe A des directives du NSG procède, pour définir leur champ d'application, par l'établissement d'une liste de base – dite *trigger list*[160] – définissant les équipements et les matières non nucléaires dont le transfert nécessitera normalement l'octroi d'une autorisation. Cette liste se divise en sept groupes des biens : les réacteurs et équipements et composants spécialement conçus ou préparés pour réacteurs, les matières non nucléaires pour

---

157 Il ne semble pas que le Conseil des gouverneurs ait fait usage des pouvoirs accordés par les paragraphes 1 et 3. Cf. *Réglementation du Commerce nucléaire Non-prolifération, approvisionnement, sécurité*, Volume I : Aspects Internationaux, Agence pour l'Énergie Nucléaire, Paris, 1988, p. 187.

158 Pour le Comité Zangger, voir point 6 a) de l'INFCIRC/209/Rev.2 et pour le NSG, voir le paragraphe 1.2 i) concernant les matières et équipements de l'annexe A de l'INFCIRC/254/Rev.9/Part.1. Sont visés : le plutonium ayant une teneur isotopique en plutonium 238 supérieure à 80 % ; les produits fissiles spéciaux utilisés en quantités de l'ordre du gramme ou en quantités inférieures, comme l'élément sensible d'un instrument ; les matières brutes au sujet desquelles le gouvernement s'est assuré qu'elles seront exclusivement utilisées dans des activités non-nucléaires, telles que la production d'alliages ou de céramiques.

159 Pour le Comité Zangger, voir point 6 b) de l'INFCIRC/209/Rev.2 et pour le NSG, voir alinéa b) du paragraphe 1.2 de l'annexe A de l'INFCIRC/254/Rev.9/Part.1. Sont visés : les produits fissiles spéciaux (50 grammes effectifs), l'uranium naturel (500 kg), l'uranium appauvri (1 000 kg), le thorium (1 000 kg).

160 De l'anglais « trigger » déclic, déclencher.

réacteurs, les usines de retraitement d'éléments combustibles irradiés et les équipements spécialement conçus ou préparés à cette fin, les usines de fabrication d'éléments de combustibles pour réacteurs nucléaires et équipements spécialement conçus ou préparés à cette fin, les usines pour la séparation des isotopes de l'uranium et les équipements, autres que les instruments d'analyse spécialement conçus ou préparés à cette fin, les usines de production ou de concentration d'eau lourde, le deutérium et les composés de deutérium, et équipements spécialement conçus ou préparés à cette fin et, finalement, les usines de conversion de l'uranium et du plutonium pour la fabrication d'éléments combustibles et de séparation des isotopes de l'uranium et les équipements spécialement conçus ou préparés à cette fin[161][162]. Une note explicative annexée au mémorandum B du Comité Zangger et aux directives du NSG détaille de façon précise le contenu et la portée des termes de chacun des groupes des biens visés[163]. Les deux, la *trigger list* ainsi que les notes explicatives respectives, sont régulièrement amendées afin d'intégrer autant que possible l'évolution technologique[164].

Signalons que ce parallélisme complet entre les champs d'application des listes des biens nucléaires établies par le Comité Zangger et celle du NSG n'a été réalisé qu'en mars 2000 avec l'extension et l'ajustement de la *trigger list* du Comité Zangger sur celle du NSG. Jusqu'alors certains États membres du Comité Zangger avaient refusé d'insérer les installations de conversion de l'uranium dans la *trigger list* car ils estimaient que ces installations se trouvaient hors des limites du mandat octroyé au Comité Zangger.

En 2010, le NSG a entamé un exercice de révision fondamental de sa *trigger list* dont les résultats sont attendus pour 2012. Il est possible alors que le parallélisme avec la liste du Comité Zangger ne sera plus garanti, tant que ce dernier n'aura procédé au même exercice. La question du mandat du Comité pourrait encore une fois entraver partiellement ce processus.

---

161 Les usines et systèmes de conversion de l'uranium permettent de réaliser une ou plusieurs transformation(s) de l'une des formes chimiques de l'uranium en une autre forme utilisée. Ces installations sont notamment nécessaires aux usines de fabrication de combustibles ou aux installations d'enrichissement.

162 Mémorandum B de l'INFCIRC/209/Rev.2 pour le Comité Zangger et point 2 de l'annexe A concernant les matières et équipements de l'INFCIRC/254/Rev.9/Part.1 pour le NSG.

163 Il s'agit pour le Comité Zangger de l'annexe de l'INFCIRC/209/Rev.2 et pour le NSG de l'annexe B de l'INFCIRC/254/Rev.9/Part.1.

164 Depuis l'adoption des documents initiaux du Comité Zangger, des amendements ont été apportés en 1977, 1984, 1985, 1990, 1992, 1994, 1997, 2000, 2002, 2006 et 2009. Les directives du NSG ont fait l'objet d'amendements essentiels en 1992, 1995, 1997, 2000, 2002, 2003, 2005, 2006 et 2007.

S'il y a identité entre les biens visés par le Comité Zangger et par le NSG, il reste que les directives du NSG conservent un champ d'application plus complet. Ainsi afin d'éviter un contournement de la *trigger list* par la constitution d'un programme de recherche nucléaire par le système des achats dits en amont, les directives du NSG précisent, dans une note introductive, que le champ d'application du régime de contrôle des transferts de biens énumérés dans la liste de base ne peut être rendu sans effet par le transfert des différents composants de ces biens[165].

Par ailleurs, seul le transfert des biens en tant que tel est soumis aux mémorandums du Comité Zangger, la technologie, tangible comme intangible, afférente à ces biens est elle exclue de son champ d'application. De ce fait, on peut craindre que le régime sévère de contrôle appliqué aux transferts de matières, équipements et installations nucléaires ne soit substitué par des transferts de technologies non contrôlés.

La *trigger list* des directives du NSG attache, à l'inverse du Comité Zangger, une attention toute particulière aux transferts de technologies liées aux biens nucléaires énumérés. Il est, en effet, spécifié dans une note consacrée aux contrôles de la technologie que le transfert de technologies afférentes directement à un bien quelconque de la liste doit être « soumis à un examen et à un contrôle aussi stricts que le transfert du bien lui-même, dans la mesure où la législation nationale le permet »[166]. Cette réserve nationale s'explique par le fait que la technologie au sens de ces directives intègre non seulement les informations tangibles mais également les informations dites intangibles. Or, le contrôle des transferts d'assistance technique, par exemple, implique nécessairement la surveillance, d'une manière ou d'une autre, de la correspondance et des mouvements des personnes travaillant dans le secteur nucléaire, ce que n'autorisent pas nécessairement les législations nationales. Il est, par ailleurs, souligné que le régime de contrôle des transferts ne s'applique pas aux informations qui « sont du domaine public » ou relevant de « la recherche scientifique fondamentale »[167].

Les dispositions des mémorandums A et B du Comité Zangger s'appliquent à tous transferts et retransferts de biens nucléaires, à des fins pacifiques, à destination d'États non dotés d'armes nucléaires qui ne sont pas Parties au TNP[168]. Remarquons, toutefois, que l'article III.2 du TNP ne distingue pas formellement les ENDAN parties au TNP et ceux non parties au TNP. Il est, en principe, applicable à tous les ENDAN

---

165 « The object of these controls should not be defeated by the transfer of component parts ». Annexe A, Note générale, INFCIRC/254/Rev.9/Part.1, p. 7.

166 Annexe A, Contrôles de la technologie, INFCIRC/254/Rev.9/Part.1, p. 7.

167 *Id.*

168 Points 3, 4 et 5 des mémorandums A et B de l'INFCIRC/209/Rev.2.

peu importe que ceux-ci soient Parties ou non au TNP. L'interprétation de l'article III.2 du TNP retenue par le Comité Zangger, *a priori* plus restrictive, s'inscrit, en fait, dans la logique des principes de base de ce traité. En effet, la ratification du traité par un État non doté d'armes nucléaires lui impose de contracter avec l'AIEA un accord de CSA qui rencontre les conditions requises par le TNP et donc également celles imposées par les mémorandums A et B du Comité Zangger. Il n'y a donc pas lieu d'imposer aux États membres les procédures de transferts requises par ces mémorandums dans la mesure où, elles sont, en principe, d'office rencontrées.

Les directives du NSG relatives aux biens nucléaires s'appliquent aux transferts, à des fins pacifiques, à destination de tout État non doté d'armes nucléaires (à l'exception de l'Inde), peu importe que ce dernier ait adhéré ou non au TNP et, en ce qui concerne le contrôle du retransfert de ces biens, aux transferts vers tous les États sans distinction[169]. La motivation d'un champ d'application plus vaste s'explique simplement par le fait que le NSG ignorait initialement, du moins formellement, le TNP.

Le champ d'application des régimes de contrôle consacrés aux **biens à double usage** dans le domaine nucléaire est constitué des directives du NSG et de l'Arrangement de Wassenaar. Toutefois, ce dernier se distingue nettement des directives du NSG, par le sens donné au terme « biens à double usage » et par les biens entrant dans son champ d'application. En effet, pour le NSG, les termes biens à double usage doivent être entendus comme des biens non spécifiquement destinés à un usage nucléaire mais pouvant être détournés de leur affectation déclarée au profit d'une « activité explosive nucléaire », d'une « activité du cycle du combustible nucléaire non soumise aux garanties », ou à des actes de terrorisme nucléaire[170]. Par contre, pour l'Arrangement de Wassenaar, il s'agit de biens pouvant être utilisés[171] indifféremment à

[169] Paragraphe 1 des directives du NSG relatives aux transferts d'articles nucléaires dans le domaine nucléaire, INFCIRC/254/Rev.9/Part 1.

[170] Paragraphe 1 des directives du NSG relatives aux transferts d'articles à double usage dans le domaine nucléaire, INFCIRC/254/Rev.8/Part 2.

[171] « Dual-use *goods* and technologies to be controlled are those which are major or key elements for the indigenous development, production, use or enhancement of military capabilities. For selection purposes the dual-use items should also be evaluated against the following criteria :
• *Foreign* availability outside Participating States.
• *The ability to control effectively the export of the goods.*
• *The ability to make a clear and objective specification of the item.*
• *Controlled* by another regime ». Criteria for the selection of Dual-use goods, including Sensitive and Very Sensitive items, *Updated, including the provisions of the*

des fins militaires et à des fins civiles, peu importe que ces fins soient nucléaires ou non. En effet, si la définition du NSG n'exclut pas la distinction militaire et non militaire, il reste qu'il n'y a pas nécessairement d'adéquation avec celle des biens nucléaires et non nucléaires même en ne considérant que les seules armes nucléaires. Tous les biens nucléaires visés par le NSG n'ont pas nécessairement un usage militaire.

En 2004, le champ d'application des biens à double usage du NSG a été élargi avec l'introduction dans les directives de la technique dite de la *catch-all clause*[172]. Cette technique consiste à ce qu'un exportateur est tenu de demander une autorisation de transfert pour un ou des bien(s) non visé(s) par le régime de contrôle considéré, lorsque celui-ci (ceux-ci) est (sont), ou peut (peuvent) être destiné(s) à un programme de recherche ou d'élaboration d'une arme de destruction massive.

Cette technique est devenue dans les années 2000 un instrument privilégié de la lutte contre la prolifération d'ADM en complément de l'approche par listes des biens à contrôler qui a montré ses limites à précéder sinon à suivre l'évolution technologique. En effet, la mise à jour des listes peut parfois prendre plusieurs mois par le fait du calendrier des réunions du régime concerné et de la nécessité d'obtenir le consensus des États participants.

Par ailleurs, les listes des biens contrôlés se composent, en grande majorité de définitions déterminées par des paramètres techniques. Ces derniers fixent des seuils en deçà ou au-dessous desquels les biens (ne) sont (pas) contrôlés. Ces seuils ne sont pas nécessairement fonction de l'utilité possible ou non des biens pour l'élaboration d'une arme nucléaire, mais plutôt de leur degré d'efficacité à y contribuer. Ainsi, un bien listé, mais dont les paramètres l'exemptent de contrôle, ne signifie pas qu'il n'est pas proliférant mais plutôt que son utilisation dans le cadre d'un programme nucléaire militaire serait peu probable (faible efficacité technique, coûts importants, etc.). Toutefois, le risque posé par cette approche est que certains proliférateurs peuvent alors être tentés, pour échapper à tout contrôle, de se procurer ces biens malgré leur degré d'efficience moindre pour essayer d'élaborer une ADM.

Pour lutter contre ce type de risque l'approche par la *catch-all clause* semblait constituer une solution plus adaptée étant donné qu'elle focalise sur le destinataire ainsi que l'usage final plutôt que sur le bien.

En 2004 lors de la séance plénière du NSG à Göteborg en Suède, les directives relatives aux biens à double usage furent amendées pour y

---

Plenary meeting, December 2005. Ce texte est disponible sur le site internet de l'Arrangement de Wassenaar.

172 Apparaît parfois sous la forme française de *clause attrape tout*, *clause fourre tout* ou encore de *clause balai*.

introduire des dispositions relatives à la *catch-all clause*. Celles-ci précisent que « les États participants doivent s'assurer que leur législation nationale prévoit l'octroi d'une autorisation pour le transfert des biens qui ne figurent pas à l'annexe si ceux-ci sont ou pourraient être destinés, entièrement ou en partie, à être utilisés dans le cadre d'une "activité explosive nucléaire" »[173]. Ces dispositions s'apparentent plus à l'énoncé d'un principe et à une invitation faite aux États parties d'introduire cette disposition dans leurs régimes nationaux de contrôle qu'à la détermination de ses éléments ou de son contenu.

En effet, en précisant que « les fournisseurs appliqueront cette directive conformément à leurs pratiques nationales en matière d'autorisation »[174], les directives du NSG laissent aux États le soin d'en déterminer les contours. Toutefois, pour tenter d'induire une certaine forme de coordination dans la mise en œuvre, le NSG invite les États participants à échanger volontairement des informations lorsqu'ils sont amenés à refuser une exportation en application d'une *catch-all clause*[175].

Parallèlement au NSG, la question de l'insertion d'une *catch-all clause* fut discutée au sein de l'Arrangement de Wassenaar et un document similaire fut adopté en décembre 2003[176]. Celle-ci stipule que les « États participants doivent s'assurer que leur législation nationale prévoit l'octroi d'une autorisation pour le transfert des biens non listés à destination de pays soumis à un embargo du Conseil de sécurité de l'ONU sur les armes, ou tout autre embargo sur les armes auquel un État participant a volontairement consenti d'adhérer, quand les autorités de l'État exportateur informent l'exportateur que le bien en question est, ou peut-être, destiné, entièrement ou en partie, à une utilisation finale militaire »[177]. En outre il est précisé que si l'exportateur a connaissance, ou suspecte, que les biens en question sont destinés, entièrement ou en

[173] « 5. Les fournisseurs devraient s'assurer que leur législation nationale prévoit l'octroi d'une autorisation pour le transfert des articles qui ne figurent pas à l'annexe si ceux-ci sont ou pourraient être destinés, entièrement ou en partie, à être utilisés dans le cadre d'une "activité explosive nucléaire" ».
Les fournisseurs appliqueront cette directive conformément à leurs pratiques nationales en matière d'autorisation.
Les participants sont invités à échanger des informations sur les refus ». Paragraphe 5 des directives relatives aux transferts d'articles à double usage dans le domaine nucléaire, INFCIRC/254/Rev.8/Part 2).

[174] *Ibid.*, paragraphe 5 alinéa 2.

[175] *Ibid.*, paragraphe 5 alinéa 3.

[176] Une proposition d'introduction d'une *catch-all clause* dans les éléments initiaux de l'Arrangement de Wassenaar avait déjà faite en 1999, cependant celle-ci avait échoué.

[177] Statement of Understanding on Control of Non-Listed Dual-Use Items, accord intervenu lors de la séance plénière de 2003 (traduction personnelle).

partie, à une utilisation finale militaire, il doit en informer ses autorités qui décident de l'opportunité de soumettre l'exportation concernée à autorisation[178].

Cette *catch-all clause* se distingue de celle du NSG sur deux aspects. Elle est d'abord plus complète dans la mesure où sa mise en œuvre repose à la fois sur les autorités publiques des États participants et sur les exportateurs. Les premières doivent avertir les exportateurs de la nécessité d'obtenir une autorisation pour exporter des biens non listés. Quant aux industriels, ils sont désormais politiquement responsables de toutes leurs exportations de biens listés et non listés. Ils doivent, en effet, s'assurer que celles-ci ne seront pas détournées vers un usage prohibé. Pour aider les opérateurs économiques à faire face à cette nouvelle responsabilité, un guide de bonne pratique constitué d'une liste de questions fut adopté. Ce guide énumère les différents indices (non exhaustifs) de suspicion et les situations pour lesquels l'exportateur est tenu d'informer ses autorités nationales[179].

La deuxième différence réside dans le champ d'application de la *catch-all clause*. Si pour le NSG, le risque potentiel visé est « l'activité explosive nucléaire », pour l'Arrangement de Wassenaar, celui-ci porte sur toute « utilisation finale militaire » qui n'est guère définie plus amplement. Chaque État participant reste libre d'en déterminer la portée. Toutefois, en vue d'une certaine harmonisation les États parties sont encouragés à échanger des informations sur la définition qu'ils appliquent. De plus, un accord a été conclu pour s'informer mutuellement sur les refus d'octroi de licence.

Les directives du NSG relatives aux biens à double usage élaborent, sur le même principe que les directives consacrées aux biens nucléaires, une liste de biens à double usage dont le transfert doit être soumis à autorisation. Cette liste se subdivise en six catégories principales de biens. Il s'agit des équipements industriels, des matières, des équipements de séparation isotopique pour l'uranium et leurs composants autres que ceux énumérés par la liste de base des directives relatives aux biens nucléaires, des équipements liés aux installations de production d'eau lourde autres que ceux énumérés par la liste de base des directives relatives aux biens nucléaires, des équipements d'essai et de mesure pour le développement de dispositif nucléaire explosif, et finalement, des composants pour dispositifs nucléaires explosifs. Suite à un travail de restructuration de la liste des biens entamé en 1998, les biens de chaque catégorie ont été regroupés en cinq sous catégories : A (équipe-

178 *Id.*

179 List of Advisory Questions for Industry, accord intervenu lors de la séance plénière de 2003.

ments, ensemble et composants), B (équipements d'essai, d'inspection et de production), C (matières), D (logiciels), E (technologie).

Pour lutter contre les risques de contournement du champ d'application, les États membres du NSG ont pris le soin d'apporter certaines précisions affinant les concepts utilisés dans les directives[180]. Il est ainsi stipulé que la description d'un bien quelconque figurant dans la liste s'applique à ce bien tant à l'état neuf que d'occasion, mais aussi à toutes les variétés de ce bien. De plus, il est précisé que d'une part, il ne peut être porté atteinte à l'objectif des contrôles par le biais du transfert d'un bien (y compris d'une installation) non contrôlé et comprenant un ou plusieurs composants soumis au contrôle lorsque le ou les composants soumis au contrôle constituent le principal élément[181] du bien en question et peuvent être enlevés ou utilisés sans difficultés à d'autres fins ; et que d'autre part, il ne peut être porté atteinte à l'objectif des contrôles par le biais du transfert de parties de composants.

Précisons que les transferts intangibles de technologies qu'ils soient oraux (échanges verbaux entre deux ou plusieurs personnes) ou par voie électronique (email, téléchargement) sont également visés. Afin d'assister les États dans la mise en œuvre de ce contrôle un guide de bonnes pratiques fut adopté en 2009[182].

La liste des biens et technologies à double usage élaborée par l'Arrangement de Wassenaar contient des biens à double usage relatifs aux autres armes de destruction massive et à leurs vecteurs mais aussi aux armes conventionnelles. Elle se découpe en neuf catégories déterminées en fonction du type de biens à contrôler et non des armes auxquelles ils pourraient se rapporter[183]. Elle contient également deux annexes : la première sur les biens sensibles, la deuxième sur les biens

---

180 Annexe aux directives relatives aux transferts d'articles à double usage dans le domaine nucléaire, INFCIRC/254/Rev.8/Part 2.

181 L'appréciation « d'élément principal » doit être faite en fonction de facteurs de quantités, de valeur et de savoir-faire technologique ainsi que d'autres circonstances spéciales qui pourraient avoir pour effet que le ou les composant(s) soumis au contrôle devienne(nt) le principal élément de l'article fourni.

182 Best Practice Guide for Implementing Controls on Intangible Transfers of NSG-Controlled Technology, Public Statement of NSG Plenary Meeting 11-12 June 2009, disponible sur le site du NSG.

183 Ces neuf catégories sont : « Advanced materials », « Materials processing », « Electronics », « Computers », « Telecommunication and Information security », « Sensors and lasers », « Navigation and avionics », « Marine » et « Propulsion ». Signalons que la liste à jour est accessible sur le site web de l'arrangement.

très sensibles[184]. Cette liste est régulièrement mise à jour pour refléter au mieux le développement et l'expérience acquis par les États participants.

À l'instar du NSG, l'Arrangement de Wassenaar vise également les transferts intangibles de biens à double usage. Ce contrôle fut reconnu par les États participants lors de la séance plénière de 2001, par l'adoption d'un « Statement of Understanding on Intangible Transfers of Software and Technology »[185], dans lequel ils soulignent l'importance du contrôle des transferts intangibles de technologies et logiciels listés. Cet accord requiert des États participants d'inclure dans leurs législations nationales le contrôle des technologies et logiciels listés, peu importe le mode par lequel ceux-ci sont transférés. Cela intègre, non seulement, les transferts tangibles mais aussi les transferts intangibles de biens listés par voies électroniques, fax ou téléphone. Complémentairement, en 2006, afin de systématiser et de coordonner les régimes nationaux de contrôle des transferts intangibles un document référençant les meilleures pratiques fut adopté[186].

En principe, le régime de contrôle des transferts de biens à double usage dans le domaine nucléaire du NSG s'applique aux transferts à des fins pacifiques à destination de tout État, peu importe que ce dernier soit doté ou non d'armes nucléaires, ait adhéré ou non au TNP ou encore participe ou non au NSG. Ce principe doit être nuancé quelque peu, puisque le premier paragraphe du MOU, précise que pour les transferts entre États signataires, la procédure et les conditions à appliquer sont laissées à l'appréciation des États qui peuvent prévoir des modalités simplifiées.

Initialement, les principes de l'Arrangement de Wassenaar visent, compte tenu de son objectif, à lutter contre les atteintes à la paix et à la sécurité qui pourraient résulter du transfert de biens et technologies à double usage. Toutefois, l'arrangement s'attache plus particulièrement aux transferts vers certaines zones géographiques jugées à haut risque. Ces zones sont déterminées sur la base de comportements jugés proliférants des États appelés à les constituer. Il semblerait que les États participants n'ont pas, à ce jour, réussi ou voulu adopter une liste de pays cibles. Toutefois, la question de la focalisation géographique notamment au travers du maintien de l'équilibre des forces dans la région de l'État

---

[184] Paragraphe III du Wassenaar Arrangement on Export Control for Conventional Arms and Dual-Use Goods and Technologies, Initial Elements, *op. cit.*

[185] Statement of Understanding on Intangible Transfers of Software and Technology accord intervenu lors de la séance plénière de 2001.

[186] Best Practices for implementing Intangible Transfer of Technology Controls, accord intervenu lors de la séance plénière de 2006.

destinataire des biens transférés est un élément important à considérer par les États fournisseurs[187].

Remarquons toutefois que les États participants ont tenu à préciser que cet arrangement n'est pas dirigé contre un État ou un groupe d'États quelconque et qu'il ne portera pas atteinte aux transactions civiles de bonne foi ni aux droits des États d'acquérir des moyens légitimes de défense, en vertu de l'article 51 de la Charte des Nations unies. Mais, s'il est exact que la liste d'États cibles n'a pas été adoptée, on perçoit mal comment ces principes ne sont pas, par essence, dirigés, de façon momentanée du moins, contre un groupe d'États.

L'Arrangement de Wassenaar a également pour but de prévenir l'acquisition de biens et technologies à double usage par des groupes ou organisations terroristes ainsi que par des individus terroristes[188].

Le champ d'application des régimes de contrôle consacrés aux **biens relatifs aux vecteurs d'armes nucléaires** est constitué des directives du MTCR et, pour partie, de l'Arrangement de Wassenaar. L'analyse et les remarques formulées pour les biens à double usage lors de l'examen du champ d'application de l'Arrangement de Wassenaar, dans le cadre de la deuxième catégorie de biens, sont également applicables aux biens relatifs aux vecteurs[189].

Le champ d'application du régime de contrôle des transferts proposé par le MTCR est limité aux équipements et à la technologie des vecteurs, autres que les avions pilotés par l'homme, dont la performance dépasse, en termes de charge utile et de portée, des paramètres définis[190]. Ce champ d'application relativement restreint – la liste des équipements et technologies, annexée aux directives, ne contient que 20 biens – résulte de la volonté des États de concentrer leurs actions sur les vecteurs jugés les plus proliférants. Cette liste de biens est elle-même divisée en deux catégories auxquelles s'appliquent des conditions spécifiques.

La catégorie 1 regroupe les biens considérés comme les plus sensibles tels que les systèmes complets de fusées ou les sous-systèmes complets de ces fusées (étages de fusées, véhicules de rentrée, moteurs-

---

187 Voir le point 2 du document Elements for objective analysis and advice concerning potentially destabilising accumulations of conventional weapons.

188 Paragraphe I.5 du Wassenaar Arrangement on Export Control for Conventional Arms and Dual-Use Goods and Technologies, Initial Elements, *op. cit.*

189 Pour ce qui est des articles relatifs aux vecteurs soumis voir, en particulier, la catégorie 7 « Navigation and avionics » et 9 « Aerospace and propulsion » de la List of Dual-use Goods And Technologies and Munitions List, *op. cit.*

190 Les paramètres adoptés sont une charge utile d'au moins 500 kg transportée à une portée d'au moins 300 km.

fusées, etc.)[191]. L'appartenance d'un bien à la catégorie 1 peut être aussi déterminée par contamination résultant de l'incorporation d'un bien de catégorie 1 dans un système quelconque non repris dans cette catégorie, sauf si le bien ne peut être séparé, enlevé ou reproduit[192].

La catégorie 2 regroupe un ensemble de composants et de constituants nécessaires à la conception et à l'élaboration des vecteurs capables de délivrer des armes de destruction massive. Sont repris, par exemple, dans cette catégorie, les composants et équipements de propulsion, certains carburants spéciaux (les Propergols), certains systèmes de navigation, etc.

La liste des équipements et technologies reprise en annexe des directives est essentiellement indicative. Si un État fournisseur est confronté à une demande de transfert d'un type de missile non repris dans la liste, il doit, sur la base de toute information disponible et validée, notamment en fonction de cinq critères d'évaluation, estimer si ces biens ne sont pas destinés à être utilisés pour le lancement d'armes de destruction massive, auquel cas, il s'agira de lui appliquer le régime de contrôle des transferts.

À l'instar des autres régimes de contrôles des exportations, le MTCR a introduit dans ses directives le principe de la *catch-all clause* étendant de ce fait son champ d'application à tout bien non repris en catégorie 1 ou 2 et qui peuvent « destinés à être utilisés, en totalité ou en partie, en liaison avec des systèmes de lancement d'armes de destruction massive autres que des avions pilotés par l'homme »[193]. De plus, comme pour l'Arrangement de Wassenaar, l'opérateur industriel voit sa responsabilité étendue à l'évaluation des risques en matière de contribution de ses exportations aux systèmes de lancement d'armes de destruction massive. Dorénavant, s'il a connaissance que des biens ne figurant pas dans la liste sont destinés à contribuer à ces activités, en totalité ou en partie, il doit informer ses autorités nationales qui détermineront s'il est opportun ou non de soumettre l'exportation concernée à autorisation.

Le régime de contrôle des transferts du MTCR s'applique aux demandes d'autorisation pour toute destination. Il n'est fait aucune distinction entre les EDAN et les ENDAN, ou entre les États répondant ou non à « la norme internationale minimale en matière de non-prolifération ». Toutefois, les conditions et restrictions de transferts établies par le MTCR ne s'appliquent normalement pas aux transferts entre États

[191] Annexe aux directives pour les transferts sensibles se rapportant aux missiles, Liste des équipements et technologies.

[192] Paragraphe 2 des Directives pour les transferts sensibles se rapportant aux missiles.

[193] Paragraphe 7 des Directives pour les transferts sensibles se rapportant aux missiles.

participants[194]. De plus, elles ne peuvent porter préjudice à l'application des traités internationaux auxquels les États signataires sont Parties[195], ce qui doit être entendu, pour les États membres de l'Union européenne, comme les Traités de Lisbonne, la Convention sur l'Agence spatiale européenne ainsi que, pour les États membres concernés, l'Organisation du Traité de l'Atlantique Nord[196].

3) Principes fondamentaux régissant l'autorisation de transferts

a) Les biens nucléaires

Les principes fondamentaux régissant l'autorisation de transfert des biens nucléaires consistent, à titre principal, pour les mémorandums A et B du **Comité Zangger**, en la recherche d'assurances quant à l'application d'un système de vérification des utilisations pour les transferts à destination des ENDAN non parties au TNP. L'objectif est toujours de vérifier et d'empêcher que les matières nucléaires transférées ou produites ne soient détournées de leurs utilisations pacifiques vers des armes nucléaires ou d'autres dispositifs explosifs nucléaires[197]. En conséquence de quoi, chaque État concerné s'engage à imposer à l'État destinataire, comme condition d'octroi de l'autorisation de transfert, le respect de deux obligations.

Tout d'abord, il doit prendre l'engagement que les matières brutes ou les produits fissiles spéciaux transférés ainsi que les produits fissiles spéciaux obtenus à partir de ces matières, ou produits dans ces matières, ou du fait de leur utilisation, ne seront détournés vers des armes nucléaires ou d'autres dispositifs explosifs nucléaires[198]. Précisons que pour les transferts d'équipements et de matières non nucléaires visés par le mémorandum B, comme il ne s'agit pas, par définition, de transferts de matières nucléaires en tant que telles, l'État destinataire s'engage à soumettre les matières brutes ou produits fissiles spéciaux obtenus, traités, utilisés à partir de ces équipements ou de ces matières transférés à un accord de garanties avec l'AIEA.

La deuxième obligation imposée à l'État destinataire consiste en l'octroi d'assurances suffisantes stipulant que les biens nucléaires trans-

---

194 Paragraphe 1 de l'Aide Mémoire relatif aux directives pour les transferts sensibles se rapportant aux missiles, *op. cit.*

195 Paragraphe 1 des Directives pour les transferts sensibles se rapportant aux missiles, *op. cit.*

196 Paragraphe 2 de l'Aide Mémoire relatif aux directives pour les transferts sensibles se rapportant aux missiles, *op. cit.* Remarquons que la Russie a tenté de supprimer la réserve concernant l'OTAN mais elle n'a pas obtenu le consensus nécessaire.

197 Point 3 du mémorandum A de l'INFCIRC/209/Rev.2.

198 Point 3 a) des mémorandums A et B de l'INFCIRC/209/Rev.2.

férés ne seront pas retransférés vers un ENDAN non partie au TNP à moins que des dispositions équivalentes soient prises pour faire accepter l'application de garanties par l'État auquel ces biens retransférés sont destinés[199].

Remarquons que si le mémorandum A ne pose, en termes d'interprétation, guère de difficultés pour les États participants, il n'est, en quelque sorte, que la conjonction entre l'article III.2 et les définitions peu contestées du statut de l'AIEA. Il en va bien autrement pour les équipements et les matières non nucléaires du mémorandum B. En effet, il n'existe pas de consensus international sur la définition de ces biens : la liste de base et les conditions d'octroi de l'autorisation de transfert du mémorandum B ne sont que le fruit minimum du compromis obtenu entre les différentes politiques nationales de transferts des biens nucléaires. Afin d'éviter de contraindre certains États participants à assouplir leur régime de contrôle, le paragraphe 6 du mémorandum B précise que les États participants se réservent explicitement toute liberté quant à l'interprétation et la mise en œuvre de leur engagement de subordonner à l'exercice de garanties, les exportations d'équipements et de matières non nucléaires, ainsi qu'au droit d'exiger que des garanties soient appliquées à des biens autres que ceux mentionnés dans la liste de base[200].

Complémentairement aux obligations imposées au destinataire des biens nucléaires, l'État fournisseur s'engage à s'assurer que les matières brutes ou les produits fissiles spéciaux transférés, produits ou utilisés à partir de transférés seront soumis à des garanties dans le cadre d'un accord avec l'Agence et ce, conformément à son système de garanties[201]. S'agissant, en particulier, d'exportations directes des matières et produits susmentionnés, les autorisations de transfert ne pourront être délivrées que moyennant l'assurance que ces matières et produits feront effectivement l'objet d'un accord de garanties avec l'Agence aussitôt que l'État destinataire en aura assumé la responsabilité et, au plus tard, au moment où ils seront parvenus à destination[202].

Les directives relatives au contrôle des transferts de matières nucléaires et non nucléaires, d'équipements et d'installations nucléaires du **NSG** sont, en matière de principes régissant l'autorisation de transfert des biens nucléaires, nettement plus complètes que les mémorandums A et B du Comité Zangger. Si elles imposent aussi à l'État destinataire de donner des assurances de non-détournement des biens transférés, elles contraignent également la liberté d'action des États fournisseurs en

[199] Point 5 des mémorandums A et B de l'INFCIRC/209/Rev.2.

[200] Point 6 du mémorandum B de l'INFCIRC/209/Rev.2.

[201] Point 3 b) du mémorandum A de l'INFCIRC/209/Rev.2.

[202] Point 4 du mémorandum A de l'INFCIRC/209/Rev.2.

s'attachant à encadrer les lignes de conduite suivies par les États lors de l'examen des demandes de transfert. L'ensemble des éléments constituant cette politique de transfert des biens nucléaires du NSG s'articulent autour de cinq principes fondamentaux dont trois sont similaires aux obligations du Comité Zangger.

En premier lieu, les fournisseurs ne devraient autoriser les transferts de matières nucléaires et non nucléaires, d'équipements et d'installations nucléaires, ou de la technologie y afférente, énumérés dans la liste de base que s'ils sont convaincus que ces transferts ne contribueront pas à la prolifération des armes nucléaires ou d'autres dispositifs nucléaires explosifs, et ne seront pas détournés à des fins de terrorisme nucléaire[203]. De plus, les fournisseurs sont invités à faire preuve de prudence, au moment d'envisager un transfert, en tenant compte des circonstances de chaque cas. Il importe notamment d'apprécier le risque que des transferts de technologies ou des retransferts ultérieurs ne puissent aboutir à la production de matières nucléaires non soumises à des garanties.

Ce principe fondamental, dit principe de non-prolifération, introduit en 1994, n'a pas d'équivalent pour le Comité Zangger. Il ajoute aux conditions dites objectives de transferts, comme par exemple la mise en œuvre d'un accord de garanties, une condition, liée au comportement de l'État destinataire dans la lutte contre la prolifération d'armes nucléaires et surtout à l'interprétation qui en est faite par l'État fournisseur[204]. En effet, ce dernier n'autorisera pas un transfert s'il estime qu'un risque de détournement existe. Cette analyse, par essence subjective, se fonde principalement sur l'appréciation de la « bonne foi » de l'État destinataire, en focalisant non pas sur les accords signés par celui-ci, mais bien sur leur application effective. L'introduction de ce principe indique clairement la volonté du NSG de donner, en théorie du moins, la priorité absolue à la lutte contre la prolifération, au risque, si nécessaire, d'entraver la coopération en matière de développement pacifique de l'énergie nucléaire[205]. Il reste, cependant, que le contenu exact que les États entendent donner au principe de non-prolifération demeure vague et, il n'a jamais été invoqué, par un État participant, pour rejeter une demande de transfert. Lors de la Conférence plénière de 1996, il avait été décidé, à l'initiative du Royaume-Uni, d'engager une réflexion sur la manière dont les États participants interprétaient et mettaient en œuvre le principe de non-prolifération. Suite à l'inertie d'un certain nombre

[203] Paragraphe 10 de l'INFCIRC/254/Rev.9/Part.1.

[204] Rappelons qu'un principe similaire est utilisé pour apprécier la candidature d'un État au NSG.

[205] Ce principe fait l'objet de critiques vives de la part de certains ENDAN qui y voient la concrétisation de la volonté des États fournisseurs de conserver, à leur seul profit, le contrôle et les bénéfices des applications pacifiques de l'énergie nucléaire.

d'États soucieux de conserver leur liberté d'appréciation, cette réflexion n'a pu aboutir[206].

En deuxième lieu, les directives requièrent, comme le Comité Zangger, que les fournisseurs n'autorisent le transfert des biens, ou de la technologie y afférente, énumérés dans la liste de base, que contre une assurance gouvernementale formelle des destinataires par laquelle ces derniers excluent expressément des utilisations qui aboutiraient à l'obtention d'un dispositif explosif nucléaire même si ces explosifs sont destinés à des usages civils[207]. Cette exigence à caractère plus formel qu'efficace vise à empêcher un État d'argumenter, en cas de détournement d'utilisation, qu'il n'avait pris aucun engagement quant à l'usage des biens transférés.

En troisième lieu, les directives exigent que les fournisseurs n'autorisent le transfert des biens, ou de la technologie y afférente, énumérés dans la liste de base qu'à la condition que l'État destinataire ait contracté un accord avec l'AIEA prévoyant l'application des Comprehensive Safeguard Agreement et que cet accord soit effectivement mis en vigueur[208].

En 2006, ce principe a été complété de deux conditions complémentaires afin d'anticiper certaines situations de crise. Tout d'abord, l'État fournisseur doit requérir de l'État destinataire l'engagement formel que si l'accord avec l'AIEA devait prendre fin, celui-ci s'engage à conclure un nouvel accord avec l'agence imposant l'application des sauvegardes sur tous les biens transférés figurant sur la *trigger list* ainsi que leurs technologies relatives, mais également sur les biens conçus, produits ou utilisés avec ces biens transférés[209]. Ensuite, l'État destinataire doit s'engager formellement à ce que si l'AIEA estime que l'application des CSA n'est plus possible, des mesures de vérification appropriées seront élaborées en concertation avec l'État fournisseur. S'il refuse ces nouvelles mesures, il devra accepter à la demande de l'État fournisseur de restituer les biens listés transférés ainsi que les biens dérivés conçus grâce à ceux-ci[210].

---

206 Pendant la réunion plénière de 1997 à Ottawa, la délégation britannique déposa un rapport faisant état de l'impossibilité d'obtenir un consensus sur une acceptation commune du contenu du principe de non-prolifération. Les divergences de point de vue entre les délégations étant trop importantes. Ce point n'est plus à l'ordre du jour.

207 Points 3 des mémorandums A et B de l'INFCIRC/209/Rev.2 et paragraphe 2 de l'INFCIRC/254/Rev.9/Part.1.

208 Paragraphe 4 a) de l'INFCIRC/254/Rev.9/Part.1.

209 *Ibid.*, paragraphe 4 a) alinéa 2.

210 *Ibid.*, paragraphe 4 a) alinéa 3.

L'exigence d'un accord de garanties assorti de ces deux engagements formels ne s'applique qu'aux transferts vers des ENDAN[211].

Ce principe, plus contraignant que celui requis par le Comité Zangger, souffre de trois exceptions dont deux sont organisées directement par les directives.

Il s'agit principalement de permettre aux États fournisseurs d'autoriser, malgré tout, le transfert des biens ou de technologies vers un ENDAN n'ayant pas conclu un accord de CSA avec l'AIEA lorsque ces transferts sont jugés essentiels pour assurer la sécurité du fonctionnement d'installations existantes et à la condition que des garanties soient appliquées aux matières nucléaires utilisées par ces installations[212]. Avant d'autoriser ou de refuser un tel transfert, l'État fournisseur est tenu d'informer, voire de consulter les autres États fournisseurs. Dans ce cadre, il lui appartient de démontrer, d'une part, comment le transfert est nécessaire pour assurer la sécurité des installations et, d'autre part, le régime de garanties qu'il envisage d'appliquer. Cette exception a été utilisée en 2001 et en 2006 par la Russie pour fournir du combustible à l'Inde pour ces installations électronucléaires de Tarapur[213].

La deuxième exception consiste plus classiquement en l'inscription d'une *Grand Father Clause* permettant que l'exigence des CSA ne s'applique pas aux accords ou aux contrats établis avant le 3 avril 1992 ou à cette date[214].

Finalement, la troisième exception adoptée en 2008 et particulièrement controversée consiste en la faculté pour les États participants au NSG à autoriser l'exportation de biens nucléaires et de biens à double usage à destination de l'Inde. Cette dérogation qui s'inscrit en contradiction avec les principes du TNP et les engagements individuels contractés par l'ensemble des États membres du NSG dans le cadre de ce traité a été considérée par ceux-ci comme politiquement acceptable. Il a été estimé que malgré le fait que l'Inde se soit dotée de l'arme nucléaire, elle dispose d'un régime sévère de contrôles de son commerce nucléaire et ne contribue ni n'assiste directement ou indirectement les États proliférants.

---

211 L'application de cette exigence aux seuls États non dotés de l'arme nucléaire apparaît malgré tout relativement paradoxale. Pourquoi un transfert d'articles nucléaires vers un EDAN serait-il, a priori, moins proliférant qu'un transfert à un ENDAN ? L'élargissement de cette exigence à l'ensemble des États aurait l'avantage d'atténuer l'aspect discriminatoire des régimes de non-prolifération des armes nucléaires.

212 Paragraphe 4 b) de l'INFCIRC/254/Rev.9/Part.1.

213 Il s'agit de 58 tonnes d'uranium légèrement enrichi (LEU) et de 60 tonnes en 2006.

214 Paragraphe 4 c) de l'INFCIRC/254/Rev.9/Part.1. Les fournisseurs sont toutefois encouragés à les mettre en conformité le plus rapidement possible.

En quatrième lieu, les directives posent, au-delà des conditions générales de transfert, quelques dispositions particulières pour le transfert de certains biens et de certaines technologies estimés particulièrement proliférants et qu'il serait plutôt souhaitable de ne pas transférer[215]. Toutefois, dans l'hypothèse où l'État fournisseur déciderait malgré tout de considérer la demande d'autorisation de transfert, il s'engage à examiner les dispositions particulières relatives au bien nucléaire faisant l'objet de la demande. Ainsi, pour un transfert d'installations, d'équipements ou de technologie en matière d'enrichissement ou de retraitement, l'État fournisseur s'engage à encourager le destinataire à accepter, plutôt que des usines purement nationales, une participation des fournisseurs et/ou toute autre participation multinationale appropriée aux installations transférées[216]. Cela permet aux fournisseurs de conserver, dans une certaine mesure, un droit de regard sur les activités menées au sein des installations transférées. De même, le transfert de matières nucléaires ou d'installations produisant des matières utilisables pour des armes nucléaires ou autres dispositifs nucléaires explosifs, doit faire l'objet, en accord avec le destinataire, de mesures relatives au retraitement, au stockage, à la modification, à l'utilisation, au transfert ou au retransfert de toutes lesdites matières de qualité militaire[217].

Par ailleurs, l'autorisation de transfert d'une installation d'enrichissement ou de la technologie y afférente ne doit être accordée que contre l'engagement formel de l'État destinataire que ni l'installation transférée, ni aucune installation créée sur la base de la technologie transférée ne soit conçue ou mise en fonctionnement en vue d'une production d'uranium enrichi à plus de 20 % sans le consentement exprès du fournisseur et moyennement information de l'AIEA[218].

En quatrième lieu, de façon plus précise mais dans le même esprit que le Comité Zangger, les fournisseurs s'engagent à n'octroyer l'autorisation de transfert des biens figurant sur la liste de base ou de la technologie y afférente que contre l'assurance donnée par le destinataire, qu'en cas de retransfert desdits biens ou de ladite technologie ou en cas de transfert des biens figurant sur la liste de base et provenant d'installations transférées à l'origine par le fournisseur, ou obtenus grâce aux équipements ou à la technologie transférés à l'origine par le fournisseur, le destinataire du retransfert ou du transfert a fourni les mêmes assu-

---

215 Il s'agit des installations et technologies sensibles, essentiellement celles liées à l'enrichissement, ainsi que les matières de qualité militaire ou de tout dispositif nucléaire quelconque.

216 Paragraphe 6 de l'INFCIRC/254/Rev.9/Part.1.

217 *Ibid.*, paragraphe 8.

218 *Ibid.*, paragraphe 7.

rances que celles qui sont exigées par le fournisseur pour le transfert initial[219].

Finalement, en cinquième lieu, les directives introduisent des dispositions touchant à la protection physique en imposant, comme principe fondamental, que toutes les matières et installations énumérées dans la liste de base doivent faire l'objet d'une protection physique efficace afin d'empêcher tout usage non autorisé[220]. La mise en œuvre de ces mesures est de la seule responsabilité du gouvernement du pays destinataire. Un accord général et des accords spéciaux doivent, toutefois, être conclus respectivement sur les degrés de protection physique sur la base desquels lesdites mesures doivent être adoptées, et sur les responsabilités des parties en matière de transport des biens.

Complémentairement et suite à la prise en compte de la menace terroriste contre des installations nucléaires, les directives furent amendées afin d'encourager la conscientisation du destinataire par l'État fournisseur sur la nécessité de renforcer dans la conception, la construction et à l'exploitation des installations nucléaires les mesures de protection physique.

Outre ces cinq principes, les directives instituent des dispositions imposant le consentement préalable du fournisseur initial pour certains transferts et retransferts des biens nucléaires[221]. Soulignons que ces dispositions n'ont pas d'équivalent au sein des mémorandums A et B du Comité Zangger.

Ce consentement préalable porte sur tout transfert, à partir de tout État qui n'exige pas l'application des CSA comme condition de fourniture des biens de la liste de base et provenant d'installations transférées à l'origine par le fournisseur, ou obtenus grâce aux équipements ou à la technologie transférés à l'origine par le fournisseur[222]. Il s'applique également à tout transfert d'installations ou des principaux composants d'importance cruciale provenant desdits biens[223]. Cette dernière disposition accorde, en réalité, un certain pouvoir de contrôle de l'État fournisseur sur le programme nucléaire de l'État destinataire qui n'exige pas l'application des CSA comme condition d'exportation. En effet, elle a

219 Points 5 des mémorandums A et B de l'INFCIRC/209/Rev.2 et paragraphe 9 a) de l'INFCIRC/254/Rev.9/Part.1.

220 Paragraphe 3 de l'INFCIRC/254/Rev.9/Part.1. Les niveaux de protection physique sont répartis en trois catégories pour lesquelles l'Annexe C des directives impose des caractéristiques minimales.

221 Principe de « Prior consent ».

222 Paragraphe 9 a) des Directives relatives aux transferts d'articles nucléaires, INFCIRC/254/Rev.9/Part 1.

223 Paragraphe 9 b) des Directives relatives aux transferts d'articles nucléaires, *ibid.*

comme conséquence de soumettre l'ensemble des programmes nucléaires de l'État destinataire, par un phénomène de contamination, au contrôle des différents fournisseurs qui ont contribué directement ou indirectement à leur réalisation. Désormais, en vertu de cette disposition, l'État destinataire s'engage à ne pas transférer des biens, des matières ou de la technologie nucléaires, sans le consentement de ses fournisseurs, que s'il parvient à démontrer que ces transferts sont le résultat de recherches propres basées sur des connaissances indépendantes de celles initialement transférées par les États fournisseurs.

Le consentement du fournisseur initial doit également être requis pour tout retransfert d'eau lourde et de matières de qualité militaire[224], ainsi que pour tout retransfert des biens ou de technologie y afférente, figurant sur la liste de base, à partir de tout État qui n'exige pas l'application des CSA comme condition d'autorisation. Il est aussi applicable à tout retransfert des installations de retraitement, d'enrichissement ou de production d'eau lourde ainsi qu'à la technologie et à leurs principaux composants d'importance cruciale.

Afin de préserver et de faire reconnaître par l'État destinataire les droits de consentement préalable du fournisseur, des assurances de gouvernement à gouvernement seront requises avant tout transfert initial pertinent.

b) Les biens à double usage

Les principes régissant les autorisations de transfert des biens à double usage dans le domaine nucléaire sont établis par les directives du NSG relatives à ces biens et, dans une moindre mesure, par l'**Arrangement de Wassenaar**. Rappelons que l'arrangement n'a pas pour objectif d'instaurer un régime spécifique de contrôle des transferts, mais vise plutôt à « compléter et à renforcer, sans les dupliquer, les régimes de contrôle des armes de destruction massive et de leurs vecteurs, ainsi [qu'à appuyer] toutes mesures internationales destinées à promouvoir la transparence et une plus grande responsabilité »[225]. Dans ce but, il requiert des États participants l'engagement d'appliquer une politique de contrôle garantissant que les transferts autorisés ne contribuent pas et ne sont pas détournés au profit du développement ou du

---

224 Les directives consacrées aux articles nucléaires ne définissent pas les matières de qualité militaire. Il est généralement convenu qu'elles regroupent l'uranium enrichi au-delà de 20 % et le plutonium. Voir, par exemple, la Déclaration de politique commune adoptée par les ministres Affaires étrangères des États membres de la Communauté européenne du 20 novembre 1984 in *Réglementation du Commerce nucléaire Non-prolifération, approvisionnement, sécurité*, Volume I : Aspects Internationaux, Agence pour l'Énergie nucléaire, Paris, 1988, p. 136.

225 Paragraphe I.2 du Wassenaar Arrangement on Export Control for Conventional Arms and Dual-Use Goods and Technologies, Initial Elements, *op. cit.*

renforcement de capacités militaires contraire aux objectifs poursuivis[226]. Le contenu et les modalités de cette politique de contrôle sont laissés à l'appréciation des États, à l'exception de certains biens dits « très sensibles » pour lesquels les États s'engagent à faire preuve « d'une extrême vigilance » avant d'en autoriser le transfert[227]. Plus précisément, l'État exportateur s'engage à procéder à une évaluation de la bonne foi de l'utilisateur final au regard de l'adéquation entre l'usage déclaré, les quantités et la technologie transférée. Complémentairement et pour ces mêmes biens, l'État exportateur accepte également à procéder à une évaluation du risque de détournement de ces biens[228].

Dans le courant des années 2000, l'Arrangement de Wassenaar s'est doté d'une série de documents censés encadrer plus efficacement les transferts des biens à double usage. Ces documents essentiellement indicatifs concernent, d'une part, les garanties relatives à l'utilisateur final et les contrôles de l'utilisation finale et, d'autre part, la procédure d'octroi des autorisations.

Le *End-User Assurances Commonly Used Consolidated List*[229], contient deux types recommandations – essentielles et optionnelles – que les États exportateurs devraient intégrer dans leurs législations nationales afin d'accroître la qualité de l'analyse relative à la fiabilité de l'utilisateur final. Ces mesures concernent, entre autres, les parties impliquées dans la transaction, les biens, l'utilisation finale, la localisation, la réexportation, la vérification de livraison et la documentation relative à la transaction.

Le *Statement of Understanding on Implementation of End-Use Controls*[230] encourage les États à articuler la procédure d'octroi d'autorisation en trois temps, à savoir préalable, postérieure ainsi que l'octroi de licence proprement dit. Pour chaque étape il énonce un nombre de démarches – éléments fondamentaux et éléments complémentaires – à suivre, d'une part, par les autorités de l'État exportateur et, d'autre part, par l'exportateur.

Finalement, le *Best Practice Guidelines for the Licensing of Items on the Basic List and Sensitive List of Dual-Use and Technologies* met à la

226 *Ibid.*, paragraphe I.1.

227 *Ibid.*, Point V.5.

228 Point 2 et 3 du Document Extreme Vigilance : Sub-set of Tier 2 (VSL) items « Best Practices », adopté en séance plénière, le 1er décembre 2000.

229 End-User Assurances Commonly Used Consolidated List, adopté en 1999 et amendé en 2005, Wassenaar Arrangement on Export Control for Conventional Arms and Dual-Use Goods and Technologies, Basic Documents, January 2010.

230 Statement of Understanding on Implementation of End-Use Controls for Dual-Use Items, adopté en 2007, *ibid.*

disposition des États des « meilleures pratiques » relatives à la délivrance des autorisations pour les biens à double usage provenant tant de la liste de base que de la liste sensible[231]. Ces recommandations ont été constituées par la compilation des procédures de contrôle d'exportation pratiquées par les États participants.

Les directives relatives aux biens à double usage du **NSG** se calquent, pour partie, sur les directives relatives aux biens nucléaires du même NSG. Comme ces dernières, elles subordonnent le transfert des biens à double usage dans le domaine nucléaire et, par là même, la coopération internationale en matière d'application pacifique de l'énergie nucléaire, à la réalisation des objectifs de non-prolifération des armes nucléaires.

Concrètement, cela signifie que les États fournisseurs s'engagent à refuser les transferts des biens, en ce compris la technologie connexe[232], énumérés dans la liste annexée aux directives lorsqu'il existe un « risque inacceptable » de détournement vers une activité explosive nucléaire ou une activité du cycle du combustible nucléaire non soumise aux garanties ou de détournement à des fins de terrorismes nucléaires, ou lorsque les transferts sont contraires à l'objectif de prévention de la prolifération des armes nucléaires[233]. L'évaluation de ce « risque inacceptable » par les autorités nationales en charge de délivrer les licences d'exportation pour le transfert de ces biens à double usage doit être faite avec la plus grande prudence. Pour qualifier l'existence ou non de ce risque, appréciation par essence subjective, les États participants se sont engagés à examiner neuf critères non limitatifs[234].

Ainsi, le premier consiste à vérifier si l'État destinataire est partie au TNP ou à un autre accord international similaire de non-prolifération et si le régime des CSA de l'AIEA est effectivement en vigueur. Ce critère essentiel constitue de plus en plus la norme internationale minimale en matière d'exportation des biens nucléaires et assimilés.

Deuxièmement, dans l'hypothèse où l'État destinataire n'est pas partie au TNP ou à un autre accord international de non-prolifération simi-

---

231 Best Practice Guidelines for the Licensing of Items on the Basic List and Sensitive List of Dual-Use and Technologies, adopté en 2006, *ibid.*

232 Il est entendu que la technologie connexe visée ici concerne la technologie minimale requise pour l'installation, la mise en œuvre, l'entretien et la réparation d'un article de la liste. Elle fait partie intégrante de l'autorisation de transfert de l'article et ne doit pas faire l'objet d'une autorisation distincte sauf dans les cas hypothétiques où elle serait exportée seule.

233 Paragraphe 2 des Directives relatives aux transferts de biens à double usage dans le domaine nucléaire, INFCIRC/254/Rev.8/Part 2.

234 L'ensemble des critères exposés sont insérés au paragraphe 4 a) à i) des Directives relatives aux transferts de biens à double usage dans le domaine nucléaire, INFCIRC/254/Rev.8/Part 2.

laire, il s'agit de vérifier si ce dernier possède des installations nécessaires au cycle du combustible nucléaire, qui sont en service, en projet ou en construction et qui ne sont et ne seront pas soumises aux garanties de l'AIEA.

Troisièmement, l'État fournisseur doit examiner si les équipements, matières, logiciels ou technologies connexes à transférer sont effectivement adaptés à l'utilisation finale déclarée et si cette utilisation finale déclarée est effectivement adaptée à l'utilisateur final. Cette appréciation de l'opportunité technique du transfert par l'État fournisseur suscite l'agacement de certains États destinataires qui y voient, la volonté des États industrialisés de contrôler et d'apprécier leur développement économique.

Quatrièmement, il s'agit d'évaluer dans quelle mesure les équipements, les matières, logiciels ou les technologies connexes à transférer sont destinés à être utilisés pour une activité de recherche ou de développement, de conception, de fabrication, de construction, d'exploitation ou de maintenance concernant une installation quelconque de retraitement ou d'enrichissement.

Cinquièmement, l'État fournisseur doit apprécier si les actions, les déclarations et les politiques du gouvernement de l'État destinataire favorisent la non-prolifération nucléaire et si celui-ci se conforme à ses obligations internationales en matière de non-prolifération. Il ne suffit donc plus, pour autoriser un transfert, que l'État destinataire ratifie et adhère formellement à la norme internationale minimale en matière de non-prolifération nucléaire, il faut de surcroît que ce dernier démontre effectivement par ses attitudes et son comportement qu'il respecte les engagements contractés et favorise la lutte contre la prolifération des armes nucléaires. L'exemple irakien a prouvé à suffisance la nécessité de renforcer, par une appréciation comportementale, les principes régissant le contrôle du transfert des biens à double usage dans le domaine nucléaire. Toutefois, l'ajout de ce critère aux conditions imposées renforce la perception du caractère arbitraire tant critiqué par certains États destinataires.

Sixièmement, l'État fournisseur doit, d'une part, s'assurer que les destinataires ne se sont pas livrés antérieurement à des activités d'approvisionnement clandestines ou illégales.

Septièmement, l'État fournisseur doit vérifier qu'aucune demande de transfert du même utilisateur final n'a pas été rejetée et que celui-ci n'a jamais détourné, à des fins incompatibles avec les directives, un transfert quelconque autorisé antérieurement.

Huitièmement, l'État fournisseur doit prendre en compte le risque de détournement à des fins de terrorisme nucléaire.

Enfin neuvièmement, l'État fournisseur doit évaluer les risques de retransferts des biens listés ou de transferts des biens issus ou copiés posés par un État destinataire qui n'a pas développé un régime de contrôle des exportations efficace au sens de la résolution 1540 du Conseil de sécurité.

Complémentairement à l'appréciation de l'existence ou non d'un « risque inacceptable » de détournement, les fournisseurs doivent requérir, avant d'autoriser le transfert des biens à double usage, une déclaration de l'utilisateur final spécifiant les utilisations et les lieux d'utilisation finale des biens qu'il est proposé de transférer et l'assurance explicite que le bien ou toute réplique de celui-ci ne sera pas utilisé pour une activité explosive nucléaire ou pour une activité du cycle du combustible nucléaire non soumise aux garanties[235]. De plus, si le transfert est destiné à un État n'adhérant pas aux directives, le fournisseur doit également obtenir l'assurance de l'utilisateur final qu'il lui sera demandé de donner son consentement avant tout retransfert à un pays tiers, des biens énumérés dans l'annexe des directives ou de toute réplique de ceux-ci[236].

Remarquons que les critères d'évaluation décrits ci-dessus ne sont en rien exhaustifs, ils constituent le minimum à considérer et en deçà duquel les États membres ne peuvent déroger sans violer les principes de non-prolifération du NSG. Par ailleurs, les États participants se sont réservés explicitement le droit d'exiger toutes conditions de transfert complémentaires qu'ils estiment souhaitables[237].

c) Les biens relatifs aux vecteurs d'armes nucléaires

Les principes fondamentaux régissant l'autorisation de transfert des biens relatifs aux vecteurs d'armes nucléaires sont déterminés par les directives du MTCR et par l'**Arrangement de Wassenaar**. Les dispositions établies par ce régime ne distinguent pas les règles applicables aux biens à double usage de celles applicables aux vecteurs. C'est pourquoi notre analyse qui suit ne portera que sur les dispositions du MTCR.

À l'analyse, les principes régissant le transfert des biens relatifs aux vecteurs d'armes nucléaires instaurés par les directives du **MTCR** ont plus pour objectif d'éviter les transferts, voire de les empêcher, plutôt que d'organiser les échanges commerciaux relatifs à ces biens. En effet, en adhérant aux directives, les États signataires s'engagent, pour les transferts de catégorie 1, à examiner les demandes avec « une réserve particulière » avec quelqu'en soit l'objectif « une forte présomption de

235 Paragraphe 6 des Directives relatives aux transferts de biens à double usage dans le domaine nucléaire, INFCIRC/254/Rev.8/Part 2.

236 *Ibid.*, paragraphe 7.

237 *Ibid.*, paragraphe 8.

refus »[238]. De surcroît, avant d'approuver un quelconque transfert de catégorie 1, l'État fournisseur doit consulter les autres États signataires[239] et les tenir informés de sa décision[240]. Dans les « rares occasions » où un tel transfert serait autorisé, des conditions spécifiques doivent être exigées. L'État fournisseur requiert, tout d'abord, de l'État destinataire un engagement contraignant rencontrant des garanties suffisantes et contenant l'assurance que toutes les mesures nécessaires pour garantir que le bien transféré ne servira qu'à son utilisation finale déclarée seront prises[241]. Ensuite, l'État fournisseur doit obtenir l'assurance, avant d'autoriser le transfert, qu'il lui sera demandé de donner son consentement préalable pour toutes modifications, duplications de biens transférés ainsi que pour tout retransferts de biens en ce compris les duplications et les dérivés de ceux-ci[242]. En toute hypothèse, le « transfert d'installation de production[243] de catégorie 1 » doit être refusé[244].

Cette forte présomption de refus et cette interdiction de transfert se singularisent nettement par rapport aux régimes de contrôle appliqués aux biens nucléaires et aux biens à double usage établis par le NSG, l'Arrangement de Wassenaar ou le Comité Zangger. En effet, aucun de ces régimes n'impose aux États signataires une interdiction formelle de transfert pour leurs biens qui peuvent tous, théoriquement, être exportés, pour autant, bien évidemment, que les conditions d'exportation soient rencontrées.

Les biens de catégorie 2 doivent aussi faire l'objet de « réserves particulières » en ce qui concerne leurs transferts mais il n'y a pas de présomption de refus. Lorsque l'État fournisseur considère la demande de transfert d'importance, il doit consulter les autres États membres avant de prendre sa décision. L'appréciation de la demande effectuée par les autorités nationales en charge d'octroyer les autorisations de transfert porte sur trois facteurs différents[245]. Un facteur politique nécessaire pour

---

238 Paragraphe 2 des Directives pour les transferts sensibles se rapportant aux missiles, *op. cit.*

239 Paragraphe 3 de l'Aide Mémoire relatif aux Directives pour les transferts sensibles se rapportant aux missiles.

240 *Ibid.*, paragraphe 4.

241 Paragraphe 2 des Directives pour les transferts sensibles se rapportant aux missiles, *op. cit.*

242 *Ibid.*, paragraphe 5.

243 Bien que les directives ne définissent pas ce concept, il nous semble qu'il doit être compris, par analogie avec le NSG, comme un ensemble d'unités de production permettant la fabrication de biens de catégorie 1.

244 Paragraphe 2 des Directives pour les transferts sensibles se rapportant aux missiles, *op. cit.*

245 *Ibid.*, paragraphe 3.

mesurer l'impact du transfert sur la prolifération des armes de destruction massive et estimer les préoccupations de l'État destinataire en cette matière. Il s'agit avant tout d'apprécier la politique et les actions entreprises en faveur de la non-prolifération par les différentes autorités de l'État destinataire. Un facteur technique permettant, d'une part, d'évaluer les capacités et objectifs des programmes de recherche et de développement de l'État destinataire dans le domaine spatial, en particulier en matière de lanceurs et, d'autre part, d'estimer la signification du transfert en termes de mise au point potentielle de systèmes de lancement d'armes de destruction massive autres que des avions pilotés par l'homme. Finalement, un facteur sécuritaire nécessaire pour apprécier l'applicabilité des accords internationaux pertinents, évaluer les risques de prise de contrôle par des groupes terroristes et apprécier l'utilisation finale des transferts envisagés en fonction des garanties à exiger pour en assurer le respect. Dans la mesure où le transfert serait susceptible de contribuer à un système de lancement d'armes de destruction massive, ces garanties doivent être assorties d'un droit de *Prior consent* de l'État fournisseur portant sur, d'une part, le changement d'utilisation, la modification ou la reproduction des biens transférés et, d'autre part, le retransfert des biens, de reproductions ou de dérivés desdits biens[246].

4) Outils complémentaires d'assistance à la décision

Il existe pour les trois catégories de biens relatifs aux armes nucléaires, des outils d'assistance à la décision constitués pour l'essentiel de réseaux d'échanges d'information entre États participants. L'objet de ces réseaux consiste, le plus souvent, à transmettre des informations sur les transferts refusés, voire accordés.

Pour la première catégorie consacrée aux **biens nucléaires**, les deux régimes de contrôle des transferts, que nous avons retenus, instaurent des outils d'assistance à la décision. Si leurs objectifs consistent, dans les deux cas, à seconder les États participants et plus particulièrement les autorités nationales chargées de délivrer l'autorisation de transfert, dans l'examen de la demande d'autorisation, les outils élaborés à cette fin sont sensiblement différents.

Les mémorandums A et B du Comité Zangger établissent, pour l'essentiel, un système de notification dit *annual returns* par lequel chaque État participant transmet en principe, chaque année, ses exportations de biens nucléaires visés par les mémorandums à destination d'ENDAN non parties au TNP. Cette information est communiquée au secrétariat du Comité qui la transmet à tous les États participants.

---

[246] *Ibid.*, paragraphe 5.

Ce système d'aide à la décision permet aux autorités nationales d'appréhender plus adéquatement le bien-fondé de la demande d'autorisation de transfert, dans la mesure où elles peuvent disposer désormais d'un aperçu exhaustif du programme nucléaire du pays destinataire.

Remarquons que si la pratique a largement standardisé la procédure de notification des informations au secrétariat en recourant à la formule « with reference to the obligations undertaken in the framework of the Zangger Committee, I have the honour to inform you that no relevant export/the following exports were made to NNWS not party to the NPT… », il reste que les termes « the following exports » et « no relevant export » peuvent recouvrir, selon nous, des réalités bien différentes qui peuvent fausser l'exhaustivité du système. En effet, les États communiquent-ils les autorisations de transferts accordées ou uniquement les autorisations de transferts accordées dont le transfert a été effectivement réalisé ? Il semblerait que le Comité n'a pas adopté une définition précise de ces termes, laissant le choix à l'appréciation des États participants.

Parallèlement à cette notification interne, depuis 1992, les États participants au Comité Zangger ont convenu de notifier à l'AIEA leurs exportations d'eau lourde à destination d'ENDAN non parties au TNP.

Si le Comité Zangger met l'accent sur un système de notification centralisé, les directives du NSG relatives aux biens nucléaires veillent plutôt à instaurer des processus de consultations bi- ou multilatérales entre États participants. Il s'agit tout d'abord de consultations générales entre fournisseurs sur toutes questions liées à la mise en œuvre des directives[247]. Ces consultations ont essentiellement pour but d'essayer d'induire une certaine cohésion entre États participants[248]. L'*Information Exchange Meeting* et le *Licensing and Enforcement Experts Meeting* jouent sur ce point, un rôle prépondérant. En effet, ils permettent un large échange d'informations entre États participants sur les activités nucléaires licites et surtout illicites des États non membres sur les pratiques relatives à la délivrance d'autorisation d'exportation, ainsi que sur le développement et le contenu des directives.

Par ailleurs, dans les « cas particulièrement sensibles » et chaque fois, « qu'il le juge utile », l'État fournisseur s'engage à consulter les autres gouvernements intéressés afin d'éviter qu'un transfert quelconque ne contribue à accroître les risques de conflits ou d'instabilité[249]. L'efficacité de cet engagement est très relative dans la mesure où les direc-

---

[247] Le « Point of Contact » joue d'ailleurs un rôle fondamental dans l'organisation de ces consultations.

[248] Paragraphe 16 a) de l'INFCIRC/254/Rev.9/Part.1.

[249] *Ibid.*, paragraphe 16 b).

tives ne précisent pas les modalités, la portée et les effets de ces consultations qui restent entièrement dépendantes de la bonne volonté de l'État fournisseur.

Finalement, si un ou plusieurs fournisseur(s) estime(nt) qu'il y a eu violation des accords entre fournisseur et destinataire ou violation des garanties de l'AIEA – telles que l'explosion d'un engin nucléaire –, des consultations rapides par voie diplomatique doivent être entreprises afin de déterminer et d'évaluer la réalité et l'entendue de la violation présumée. Pour éviter que le temps nécessaire à ces consultations rapides ne soit exploité par un fournisseur concurrent moins scrupuleux, pour obtenir le marché, les directives enjoignent aux États participants de ne rien faire qui serait susceptible de rendre inopérante toute action éventuelle du NSG[250]. Les directives insistent également sur la nécessité de renforcer les échanges d'information et la coopération entre États participants en matière de sécurité physique. Celle-ci semble devoir être entendue comme un volet de la protection physique désignant les mesures qui doivent être envisagées pour rendre plus difficile une utilisation des matières nucléaires à des fins explosives[251] et pour assurer la protection des matières nucléaires en transit et la récupération des matières et équipements volés[252].

Soulignons toutefois que le NSG dispose d'une base de données réservée aux États participants qui contient la plupart des documents échangés dans le cadre de l'*Information Exchange Meeting* et le *Licensing and Enforcement Experts Meeting*[253]. Ce système offre l'avantage d'accélérer et de faciliter l'échange d'information entre les États.

Pour la deuxième catégorie consacrée aux **biens à double usage**, tant les directives du NSG que l'Arrangement de Wassenaar instaurent des systèmes d'appui à la décision[254]. Ces systèmes apparaissent nettement plus contraignants, que ceux établis pour les biens nucléaires.

Pour le NSG, il convient de préciser que les instruments d'échanges d'information tels que l'*Information Exchange Meeting*, examinés dans le cadre des directives relatives aux biens nucléaires sont également applicables aux biens à double usage.

---

250 *Ibid.*, paragraphe 16 c).

251 Ainsi, les directives indique que les États participants « devraient promouvoir l'adhésion la plus large possible aux instruments internationaux correspondants, notamment la Convention sur la protection physique des matières nucléaires, ainsi que l'application du document INFCIRC/225 tel que modifié périodiquement ».

252 Paragraphe 12 de l'INFCIRC/254/Rev.9/Part.1.

253 Il s'agit du Nuclear Information Sharing System (NISS).

254 Rappelons que la concordance entre ces deux instruments, en termes de champ d'application, est loin d'être parfaite.

Pour garantir une certaine homogénéité d'application des directives du NSG relatives aux biens à double usage dans le domaine nucléaire et pour éviter toute distorsion de concurrence entre les États fournisseurs, un système de notification des rejets d'autorisation de transfert des biens à double usage et des règles de consultations a été adopté[255]. En vertu de celui-ci, les États s'engagent à notifier rapidement[256] aux autres États participants, tout rejet d'autorisation de transfert des biens à double usage de la liste annexée à la directive. Cette notification entraîne l'obligation pour les États de consulter l'État initiateur du refus avant de considérer une demande de transfert qui serait pour l'essentiel identique à celle rejetée. Après cette consultation, si l'État fournisseur décide d'octroyer l'autorisation de transfert, il doit le notifier aux autres États participants. Cette autorisation entraîne la suppression de l'obligation de consultation pour tout transfert ultérieur similaire.

Trois ans après la notification, les États doivent reconsidérer les motivations de leurs notifications de refus afin de voir s'il y a lieu de les maintenir ou non ; leurs décisions sont transmises aux autres États participants.

Complémentairement et sur la base volontaire les États peuvent également notifier les refus d'autorisation appliqués en vertu de la *catch-all clause* ou de toute autre disposition mais cette notification n'entraîne pas une obligation de consultation pour un autre État participant en cas de demande de transfert similaire.

L'ensemble des notifications de refus d'autorisations de transfert sont intégrées dans la base de données NISS afin de faciliter la consultation entre États membres.

Le réseau d'échange d'information instauré par l'Arrangement de Wassenaar s'articule autour de deux systèmes : le *General Information Exchange* et le *Dual-Use Goods and Technology Information Exchange*.

Le *General Information Exchange* est un système d'échange d'informations entre États, sur les États ne participant pas à l'arrangement. Les informations sont transmises sur la base volontaire par les États participants. Elles se rapportent à toute matière que les États jugent nécessaire de porter à la connaissance des autres et concernent, notamment, les activités et méthodes d'acquisition, les politiques d'exportations, l'état

[255] Paragraphe 9 des Directives relatives aux transferts de biens à double usage dans le domaine nucléaire, INFCIRC/254/Rev.8/Part.2.

[256] Via le Point of Contact, un système uniformisé de notification a d'ailleurs été mis en place.

de développement des projets et le niveau de connaissance des États non participants ainsi que la stabilité de certaines régions[257].

Ce système d'échange a pour but d'essayer d'induire entre les États participants une approche homogène des risques associés à certains transferts et de conduire à la coordination des politiques nationales établies pour combattre ces risques. Ce système s'apparente dans ses objectifs, sinon dans sa forme, aux consultations générales du NSG imposées dans le cadre de la mise en œuvre de ses directives.

Le *Dual-Use Goods and Technology Information Exchange* consiste en un système de notification, entre États participants, des autorisations refusées ou accordées de biens à double usage énumérés dans une liste de biens et technologies annexée aux *Initial Elements* de l'arrangement. De cette liste sont isolés un certain nombre de biens « sensibles » et « très sensibles » auxquels s'applique un régime de notification plus restrictif[258]. Pour les biens de la liste, les États participants s'engagent à notifier, deux fois par an, aux autres États participants tout refus d'autorisation qu'ils estiment significatif sur le plan de la non-prolifération[259]. Pour les biens « sensibles » et « très sensibles », les États s'engagent à notifier toutes les autorisations de transfert refusées. Cette notification doit être faite préférablement dans un délai de trente jours, elle ne peut en excéder soixante à compter de la date de la décision de refus[260]. Les autorisations de transfert, en ce compris de transit, accordées doivent également être notifiées mais sur une base bisannuelle[261].

Les notifications de refus n'entraînent pas l'obligation, pour les autres États participants, de refuser une demande de transfert d'un bien qui sera, pour l'essentiel, identique à celle rejetée. Les États participants ne sont pas non plus tenus de consulter l'État, auteur de la notification mais, dans l'hypothèse où ils viendraient à autoriser ce transfert, ils doivent simplement le notifier aux autres États participants[262]. Il apparaît donc que si le *Dual-Use Goods and Technology Information Exchange*

---

257 Point II, §2, et Appendix 1 du Wassenaar Arrangement on Export Control for Conventional Arms and Dual-Use Goods and Technologies, Initial Elements, *op. cit.*

258 Deux dernières parties de la list of Dual-use Goods And Technologies telle que définie à l'annexe 5 des Initials Elements du 19 décembre 1995 et ses différentes modifications.

259 Point V, § 2, du Wassenaar Arrangement on Export Control for Conventional Arms and Dual-Use Goods and Technologies, Initial Elements, *op. cit.* Pour un modèle de notification, voir Appendice 2, p. 7 des Initial Elements.

260 *Ibid.*, Point V, § 3.

261 A l'instar du NSG, l'Arrangement de Wassenaar dispose d'un système informatisé de compiliations et d'échanges de données entre les États participants.

262 Point II, § 4, du Wassenaar Arrangement on Export Control for Conventional Arms and Dual-Use Goods and Technologies, Initial Elements, *op. cit.*

semble, sous réserve de son champ d'application, intégrer les principes des *annuals returns* du Comité Zangger et du système de notification des rejets d'autorisation de transfert du NSG, il est loin de disposer d'un pouvoir contraignant équivalent.

Pour la troisième catégorie des biens nécessaires aux armes nucléaires constituée des **biens relatifs aux vecteurs**, il existe également des outils d'assistance à la décision établis par les directives du MTCR et par l'Arrangement de Wassenaar. Pour ce dernier, les outils sont évidemment identiques à ceux appliqués aux biens à double usage par le simple fait que le champ d'application de l'arrangement porte sur les deux catégories de biens.

Les directives du MTCR instaurent quant à elles un système de notification, entre États participants, des demandes de transferts accordées pour les biens de catégorie 1 et rejetées pour les deux catégories. Une fois que le refus d'une autorisation de transfert a été notifié, un État ne peut autoriser le transfert d'un bien qui sera pour l'essentiel identique à celui rejeté sans consulter au préalable l'auteur de la notification. Si après consultation, l'État autorise le transfert, l'obligation de consulter l'État auteur de la notification est supprimée pour tout transfert similaire ultérieur. Trois ans après la notification, l'État auteur doit reconsidérer les motivations à la base de son rejet afin d'estimer s'il y a lieu de maintenir ou non l'obligation de consultation. Cette procédure de consultation est sensiblement identique à celle instaurée pour les biens à double usage par le NSG. Remarquons toutefois que depuis la Conférence plénière de Stockholm de 1994, les États participants ont renforcé sensiblement les effets de ce système de notification en s'engageant à appliquer une politique dite de *no undercut* consistant à refuser systématiquement l'octroi d'une autorisation de transfert qui est pour l'essentiel identique[263] à celles refusées préalablement par un autre État participant[264].

5) Systèmes de vérification et sanctions

Aucun des cinq régimes de contrôle des transferts de biens relatifs aux armes nucléaires n'instaure de système spécifique de vérification des utilisations ni de dispositions particulières en matière de sanctions. Ceci peut sans doute s'expliquer par la nature même des instruments qui les établissent. Il paraît, en effet, délicat de concevoir et d'infliger des sanctions en vertu d'un acte dont la valeur est intrinsèquement conditionnée à la bonne volonté des États. Dans l'hypothèse où un État parti-

263 Identique en termes de destinations et de types de biens transférés.

264 *SIPRI Yearbook 1996 : Armaments, disarmament and international security*, Oxford University Press, 1996, p. 551.

cipant violerait ses engagements, seule une action individuelle concertée ou non de ses partenaires pourrait être envisagée. Cette absence de système spécifique de vérification des utilisations et de dispositions particulières en matière de sanctions ne signifie pas pour autant que ces régimes en sont totalement exemptés.

La première catégorie constituée des deux régimes de contrôle consacrés aux transferts de biens **nucléaires** renvoie aux systèmes de garanties de l'AIEA pour contrôler le respect des conditions pacifiques d'utilisation imposées à l'État destinataire du transfert[265].

Mais à quel système de garanties de l'AIEA, ces deux régimes font-ils référence ?

Il coexiste, en effet, deux systèmes de garanties : le système initial établi suite à la création de l'Agence et celui établi en vertu de l'article III.1 du TNP pour assurer le respect des engagements des ENDAN parties à ce traité. La différence entre ces deux systèmes de vérification réside essentiellement dans leur champ d'application, le système de vérification établi pour le TNP met en œuvre le principe des CSA tandis que le système initial ne porte que sur les seuls biens transférés[266].

Pour les directives du NSG relatives aux biens nucléaires, il n'y a guère de doute, elles requièrent sans ambiguïté l'application du deuxième système de garanties de l'AIEA. En effet, si les directives laissent à l'Agence le soin d'instrumenter les vérifications, elles imposent à l'État destinataire du transfert « l'application de garanties à toute matière brute et tout produit fissile spécial utilisé dans ses activités pacifiques présentes et futures »[267] et ce, avant que le transfert ne soit effectivement opéré.

Pour le Comité Zangger le choix est nettement moins évident et il faut reconnaître que le texte des mémorandums est relativement peu précis sur ce point. Il mentionne uniquement que les biens nucléaires visés ne peuvent être transférés à moins que « les matières brutes ou les produits fissiles spéciaux obtenus, traités ou utilisés dans l'équipement ou les matières en question ne soient soumis à des garanties dans le cadre d'un accord avec l'AIEA ». Du fait que le Comité Zangger se veut essentiellement un instrument interprétatif du TNP, la lecture exhaustive de l'article III du traité aurait dû indubitablement conduire le Comité Zangger à considérer que les garanties à requérir ne peuvent être que

265 Point 1. « Introduction » des mémorandums A et B de l'INFCIRC/209 et paragraphe 4 (a) de l'INFCIRC/254/Rev.9/Part.1.

266 Ces deux systèmes sont analysés plus en détails dans le chapitre II, point III.

267 Paragraphe 4 (a) de l'INFCIRC/254/Rev.9/Part.1.

celles établies par l'Agence pour le TNP et définies au paragraphe premier de l'article III[268]. Cependant les États participants au Comité Zangger ont préféré retenir comme suffisant, au regard des engagements contractés en vertu des Mémorandums A et B, la soumission des matières fissiles et produits fissiles spéciaux transférés au seul système initial de l'Agence[269]. Pour justifier ce choix, d'aucuns ont tiré argument du fait que les dispositions du paragraphe 1 de l'article III portent exclusivement sur les obligations des ENDAN parties au TNP et non sur les transferts de biens nucléaires. En ce sens, les termes « d'un tel État » de l'article III.1 in fine, précisant les principes du système de vérification, ne peuvent désigner qu'un État partie soumis à ce système et ne peuvent être étendus au paragraphe 2 qui n'opère aucune distinction entre États parties et non parties. Cette argumentation nous semble contredite par les termes mêmes du paragraphe premier qui vise « les garanties requises par le présent article » et non par le « présent paragraphe ».

Au-delà du simple report de la mise en œuvre du système de vérification sur l'AIEA, les États participants aux directives du NSG s'engagent à soutenir la mise en œuvre effective des garanties de l'AIEA ainsi que toute initiative visant à rendre les garanties plus adéquates compte tenu des progrès techniques et du nombre croissant d'installations. De plus, ils doivent encourager les concepteurs et les fabricants d'équipements sensibles à développer ces derniers de façon à ce que des garanties puissent être techniquement applicables[270]. Par ailleurs, le NSG a pris l'initiative d'inciter ses États membres à informer l'AIEA des transferts de biens nucléaires visés par les directives. Ces informations devraient permettre à l'Agence d'apprécier plus adéquatement les programmes et les connaissances nucléaires des États soumis à son contrôle mais aussi de détecter plus facilement les fraudes éventuelles. Cette transmission d'informations, baptisée *Universal Reporting*, a été institutionnalisée par le Conseil des gouverneurs de l'Agence en février 1993 et est ouverte à tous ses membres.

En matière de sanctions, le régime de contrôle des transferts de biens nucléaires établi par le Comité Zangger et par les directives du NSG s'appuie, selon une technique équivalente à celle utilisée par le TNP, sur celles établies par les Statuts de l'AIEA. Remarquons, toutefois, que les

---

268 Pour rappel l'article III.1 précise que « les garanties requises par le présent article s'appliqueront à toutes matières brutes ou tous produits fissiles spéciaux dans toutes les activités nucléaires pacifiques exercées sur le territoire d'un tel État, sous sa juridiction, ou entreprises sous son contrôle en quelque lieu que ce soit ».

269 Cf. Fritz SCHMIDT, « The Zangger Committee : its history and future role », *The Nonproliferation Review*, fall 1994, p. 43.

270 Paragraphes 13 et 14 de l'INFCIRC/254/Rev.3/Part.1.

directives du NSG relatives aux biens nucléaires prévoient qu'en cas de violation des accords entre fournisseurs et destinataires portant sur la mise en œuvre des directives, plus particulièrement en cas d'explosion d'un engin nucléaire ou de dénonciation illégale ou encore de violation des garanties de l'AIEA par un État destinataire, une consultation rapide par voie diplomatique doit être organisée entre fournisseurs. L'objectif de cette consultation vise à estimer l'étendue de la violation présumée et à convenir, en gardant à l'esprit les garanties de l'AIEA[271], d'une réaction appropriée et d'une action éventuelle qui pourraient comprendre l'arrêt des transferts nucléaires audit destinataire. Cette procédure débouchant ou non sur une forme quelconque de sanction est le maximum que les directives du NSG – outil de coordination des régimes nationaux de contrôle des transferts – puissent objectivement établir en dehors des lignes directrices à transcrire dans les législations nationales. En effet, les sanctions des violations des directives du NSG sont directement dépendantes de l'action concertée ou non des États participants de respecter et faire appliquer les principes contenus dans les directives dans la mesure où celles-ci ne contiennent aucun moyen indépendant de coercition.

Rappelons qu'en 2006, les directives furent complétées afin de préciser que dans l'hypothèse où l'AIEA devait constater que l'application des CSA n'est plus possible, l'État fournisseur et l'État destinataire devraient élaborer des mesures de vérification appropriées. Dans le cas de figure où l'État destinataire venait à refuser ces mesures, il devrait accepter à la demande de l'État fournisseur de restituer les biens nucléaires transférés ainsi que des biens dérivés[272]. Si sur le plan des principes l'introduction de cette disposition au sein des directives relatives aux biens nucléaires démontre l'importance des garanties pour les États du NSG, l'effectivité de celle-ci apparaît relativement faible. On n'imagine difficilement qu'un État qui par son comportement invalide volontairement l'action de l'AIEA, accepterait de restituer des biens transférés.

Pour les **biens à double usage** dans le domaine nucléaire, ni l'Arrangement de Wassenaar, ni les directives relatives aux biens à double usage du NSG ne prévoient de système de vérification des utilisations ou de sanctions particulières. Par le fait qu'il ne s'agit pas, par définition, de transferts de matières nucléaires, ni de biens destinés à servir dans une installation appelée à utiliser des matières nucléaires,

---

271 Plus particulièrement l'article XII des Statuts de l'AIEA. Cf. J. SIMPSON et D. HOWLETT, *Briefing Book Volume II : « Treaties, Agreements and other relevant documents »*, *op. cit.*, p. F-5.

272 Paragraphe 4 a) alinéa 3 de l'INFCIRC/254/Rev.9/Part.1.

tant le système initial de l'AIEA que celui établi en vertu du TNP ne peuvent être appliqués. S'agissant en particulier de l'Arrangement de Wassenaar, son objectif se limitant à instaurer un système d'appui des régimes de contrôle existants, il ne lui appartenait pas d'établir des sanctions ou un quelconque système de vérification des engagements contractés par les États dans le cadre d'autres instruments informels.

Si les directives du NSG, dans leur mise en œuvre, restent du seul ressort des États participants qui entendent les appliquer « conformément à leur législation nationale et à leurs engagements internationaux pertinents »[273], elles ne leur imposent pas moins, ce qui n'est pas le cas des autres régimes de contrôle, d'établir au sein de leur système juridique et administratif national des procédures d'octroi de licence d'exportation pour les transferts de biens à double usage dans le domaine nucléaire. Ces procédures doivent être conformes aux principes établis par les directives et doivent être assorties de mesures coercitives en cas de violation desdits principes.

Par ailleurs, lorsqu'un ou des État(s) membre(s) estime(nt) qu'il y a eu violation grave des principes établis par les directives, une consultation immédiate doit être organisée afin de définir la réponse la plus appropriée qu'il y a lieu d'apporter.

Les régimes de contrôle des transferts des **biens relatifs aux vecteurs d'armes nucléaires** n'établissent pas de systèmes de vérification des utilisations et ce, pour les mêmes motifs que les biens à double usage. En effet, ils ne peuvent se reporter sur l'AIEA pour assurer la création et la mise en œuvre d'un tel système. Constatons, toutefois, que si le régime de contrôle des transferts établi par le MTCR est particulièrement contraignant pour les États autorisés à y participer, l'admission offre l'avantage incontestable d'exempter totalement ou partiellement des principes et conditions imposés par les directives, les échanges commerciaux entre États participants. En ce sens le MTCR s'apparente plus, selon nous, à un cartel animé, malgré tout, par un certain souci d'ouverture vers d'autres États, qu'à un régime de contrôle des transferts des biens nécessaires à certains vecteurs. De ce fait, il ne nous apparaît guère surprenant qu'il s'attache plus à s'assurer que ses États membres respectent les conditions d'admission qu'à concevoir un système de vérification des utilisations reconnues par l'autorisation de transfert et un régime de sanctions frappant les violations. L'examen attentif des critères déterminant l'octroi ou non de l'autorisation est jugé suffisant pour ne pas nécessiter la création d'un système spécifique de vérification des utilisations. Par ailleurs, la responsabilité morale de l'État

273 Paragraphe 1 des Directives relatives aux transferts de biens à double usage dans le domaine nucléaire, INFCIRC/254/Rev.8/Part.2.

fournisseur étant nécessairement engagée, l'octroi inconsidéré d'une autorisation de transfert risque d'entraîner son isolement au sein du MTCR et la restriction des échanges à son égard ; ce qui constitue, sans doute, une sanction suffisamment dissuasive pour ne pas envisager d'établir un régime de sanction particulier.

E. Synthèse critique

Les quatre instruments informels examinés s'articulent tous autour du même objectif de coordination des politiques commerciales des États en matière de transferts de biens relatifs aux armes nucléaires. Cette coordination passe, le plus souvent, par la volonté d'essayer, d'une part, de renforcer les régimes nationaux de contrôle des transferts qui se traduit parfois par une interdiction de transferts pour certains biens dits très sensibles et, d'autre part, de faciliter, voire d'assouplir les échanges commerciaux de ces mêmes biens entre les États membres, ou entre certains d'entre eux seulement.

Aucun des instruments examinés ne requiert des États qu'ils confient à une quelconque autorité une partie de leurs compétences, il ne s'agit donc pas d'établir un régime international de contrôle des transferts doté d'un pouvoir d'autorisation autonome. La création d'instruments communs se limitant, dans le meilleur des cas, à établir des systèmes d'échanges d'informations sur les risques liés à certaines destinations et à notifier les transferts de biens autorisés et parfois refusés. La volonté des États participants de conserver la liberté d'appréciation et d'action sur ces points fait d'ailleurs souvent l'objet de dispositions particulières dans les actes fondamentaux de ces instruments[274].

Par ailleurs, aucun des instruments examinés ne s'attache à définir précisément les trois éléments – l'autorisation, les instruments de contrôle et les sanctions – constituant un régime de contrôle des transferts, tous concentrent leurs efforts sur l'autorisation et plus particulièrement sur les critères et conditions déterminant son octroi ou son refus. Hormis quelques exceptions dues à la spécificité des biens visés, les principes guidant ces différentes autorisations sont sensiblement identiques, ce qui peut s'expliquer par le fait que les différents instruments informels poursuivent, par des moyens parfois différents, le même objectif de non-prolifération et rassemblent, à quelques exceptions près, les mêmes États. De surcroît, comme nous l'avons démontré, ces instruments ont été créés de manière successive afin de pallier aux déficiences de ceux

[274] Par exemple, le paragraphe 3 de l'Aide Mémoire relatif aux Directives pour les transferts sensibles se rapportant aux missiles qui précise qu'il « est entendu que la décision de transfert est uniquement soumise à l'appréciation souveraine de l'État fournisseur », (traduction personnelle).

qui les ont précédés et qui ont permis indirectement l'apparition de nouvelles puissances dotées de l'arme nucléaire.

Par la volonté des États de maintenir ces instruments au niveau de simples engagements à traduire et à mettre en œuvre au travers de leurs systèmes législatifs nationaux[275], il n'était pas politiquement concevable d'envisager d'insérer des dispositions spécifiques en matière de sanctions contre l'État qui ne respecterait pas les engagements contractés. Le risque d'isolement commercial, voire d'exclusion informelle de l'État membre récalcitrant constitue une sanction vraisemblablement jugée suffisante.

Il aurait été techniquement possible d'envisager une certaine coordination des sanctions contre les violations des systèmes de contrôle nationaux mais la volonté politique d'établir cette coordination n'a, jusqu'à présent, pas pu être rencontrée. Remarquons que certains instruments, tels que le MTCR, prévoient, malgré tout, des mécanismes de concertations pour définir les actions à entreprendre contre un État qui violerait les conditions imposées par l'autorisation de transfert.

En matière de vérification des utilisations admises par l'autorisation de transfert, aucun des instruments que nous avons examinés ne conçoit un système de vérification propre. Un report sur les systèmes de vérification de l'AIEA est, lorsque le champ d'application le permet, quasi systématique. L'indépendance présumée de l'Agence permet, sans doute, aux États soumis d'accepter plus facilement un contrôle permanent de leurs installations. Par ailleurs, l'absence d'organes propres aux instruments informels examinés empêche la création de systèmes de vérification autres qu'une forme quelconque de contrôle direct de l'État fournisseur.

Remarquons finalement que l'analyse de ces différents instruments formels et informels de contrôle laisse clairement apparaître que la coordination des régimes nationaux de contrôle des transferts en matière de non-prolifération des armes nucléaires est largement dépendante de la volonté politique des États et des rapports de force qu'ils nouent entre eux. Ce facteur, difficilement quantifiable, conditionne la mise en conformité des systèmes législatifs nationaux ainsi que leur mise en œuvre dans la mesure où les États membres assument leurs obligations en fonction du crédit qu'ils donnent à une mise en application au moins équivalente des autres États membres.

275 À l'exception notable du MTCR, la transposition de ces instruments au sein des ordres juridiques et administratifs internes ne fait pas l'objet d'une quelconque vérification. Les États participants se limitent à informer, par exemple lors d'une réunion plénière, qu'ils se sont acquittés de cette obligation.

III. Les sanctions et les systèmes de vérification

Les différents instruments de contrôle des transferts qui interviennent en matière de non-prolifération des armes nucléaires n'établissent pas, nous l'avons vu, de systèmes indépendants de vérification du respect des utilisations imposées par l'autorisation de transfert. Or, un tel système constitue avec l'autorisation et les sanctions, l'élément indispensable de tout régime de contrôle. Afin d'assurer la vérification du respect des utilisations autorisées, les différents instruments formels et informels de contrôles examinés ont préféré reporter l'exercice de la mise en œuvre de ces contrôles sur l'AIEA. Si le recours à l'Agence, pour assurer les tâches de vérification de ces instruments permet, par son indépendance présumée, de rendre ces contrôles politiquement acceptables pour les États destinataires, il reste que les systèmes de garanties de l'AIEA ne concernent qu'une partie des biens relatifs aux armes nucléaires soumis à autorisation de transfert en vertu de ces instruments. En effet, l'essentiel des vérifications porte sur les matières brutes ou fissiles spéciales. Cette focalisation de l'AIEA sur les matières nucléaires est issue des premiers accords bilatéraux de coopération imposés par les États-Unis aux États bénéficiaires du transfert de connaissances. Au début des années 1950, on considérait que les sources possibles de minerais d'uranium sur la planète étaient relativement limitées et très localisées ; il semblait dès lors peu envisageable qu'un État proliférant puisse y accéder à l'insu des principaux États fournisseurs. De ce fait, un contrôle des matières apparaissait largement suffisant. L'amélioration des moyens de prospection et la découverte d'un nombre croissant de mines potentielles ont rendu cette vision obsolète et ont incité les États fournisseurs à se préoccuper plus activement des transferts d'équipements, de technologies et des installations, sans toutefois réussir à mettre en œuvre un système de vérification garantissant la conformité de l'utilisation de ces biens par rapport à celle effectivement déclarée. Certaines exigences imposées par l'autorisation de transfert permettent de s'assurer plus ou moins de l'utilisation effective des biens. Il en va ainsi des certificats de destination finale requis par quelques législations nationales qui permettent de confirmer l'arrivée à destination des biens et des techniques de *Prior consent* qui octroient un certain droit de regard au fournisseur sur l'utilisation qui est faite des équipements et installations transférés. Remarquons toutefois, qu'aucun des instruments de non-prolifération examinés, n'interdit aux États fournisseurs d'imposer, par le biais d'accords bilatéraux, des contrôles spécifiques aux États destinataires quant à l'utilisation des installations ou des équipements.

A. *Les systèmes de garanties de l'Agence internationale de l'énergie atomique*

Créée à la suite du plan Atoms for Peace du président des États-Unis, Dwight D. Eisenhower, l'AIEA compte aujourd'hui 151 États membres dont les 27 États membres de l'Union européenne. Organisation internationale interétatique[276], dont le siège est établi à Vienne, elle ne trouve pas son origine dans une résolution internationale de l'Assemblée générale des Nations unies mais procède d'un Statut propre qui a les caractéristiques d'un traité international. Elle est fondée sur le principe de l'égalité souveraine de tous les États membres qui s'engagent à exécuter de bonne foi les obligations prises en vertu du Statut[277] mais ne fait pas partie, au sens strict, du système des Nations unies et ses activités échappent en particulier au domaine où s'exerce le droit de veto du Conseil de sécurité.

La mission de vérification de l'AIEA, conçue initialement comme une mission complémentaire, est devenue, au fil du temps, son activité

[276] Les organes de gestion principaux de l'Agence sont la Conférence générale et le Conseil des gouverneurs.
La Conférence générale est composée de représentants de tous les États membres et se réunit une fois par an, en session ordinaire, pour examiner notamment le rapport annuel, le budget et les comptes et pour admettre de nouveaux membres. Elle débat de toute question rentrant dans le cadre de son Statut ou concernant les pouvoirs et fonctions des organes de l'Agence. Elle joue surtout un rôle très important en tant que tribune à laquelle les États membres peuvent exposer et défendre leur politique de non-prolifération.
La composition du Conseil des gouverneurs est le reflet d'un compromis délicat entre la volonté des pays les plus avancés de conserver une influence importante et le désir d'assurer une représentation équitable des diverses régions du monde. Il comprend 35 membres dont 13 « plus avancés » désignés directement par ce même Conseil des gouverneurs, selon une clé de répartition préétablie. Les 22 autres sont désignés par la Conférence générale qui doit garantir une représentation équitable des États les moins avancés. Le Conseil des gouverneurs a qualité pour s'acquitter des fonctions de l'Agence telles que définies par son Statut et répond de leur bonne exécution devant l'Assemblée générale. Il approuve, en particulier, les accords de garanties conclus avec le ou les États et en assure la bonne exécution.
Le Conseil des gouverneurs est assisté, pour la mise en œuvre de ses missions, d'un Secrétariat dirigé par un directeur général nommé pour une période de quatre ans. Le personnel du Secrétariat doit être recruté « sur la base géographique la plus large possible ». L'AIEA comptait, fin 2009, 2 338 fonctionnaires représentant 87 nationalités différentes, cf. IAEA, Annual report 2009, p. V. Le Secrétariat est divisé, en fonction des missions de l'Agence, en six départements : coopération technique, énergie nucléaire, sûreté nucléaires, administration, recherche et isotopes, garanties.

[277] Article IV.C du Statut de l'AIEA.

principale à laquelle elle consacre un peu moins du tiers de son budget annuel[278]. L'article III.A.5 de son Statut en définit le contenu, il s'agit :

> d'instituer et d'appliquer des mesures visant à garantir que les produits fissiles spéciaux et autres produits, les services, l'équipement, les installations et les renseignements fournis par l'Agence ou à sa demande, ou sous son contrôle ne sont pas utilisés de manière à servir à des fins militaires ; et d'étendre l'application de ces garanties, à la demande des parties, à tout accord bilatéral ou multilatéral ou, à la demande d'un État, à telles des activités de cet État dans le domaine de l'énergie atomique.

Concrètement, l'Agence a développé deux grands systèmes de garanties dont le champ d'application est fondamentalement différent. Il y a, tout d'abord, celui établi en 1961, visant à certifier le non-détournement de certaines matières utilisées dans une ou des installations déterminées et, ensuite, le système établi en vertu du TNP visant à l'application des garanties à toutes les activités nucléaires des États membres de ce traité[279].

Il faut bien admettre que le système de garanties mis en place pour l'application du TNP est devenu le standard requis par pratiquement toutes les autorisations de transfert de biens nucléaires, dès lors seul ce dernier sera analysé dans le présent ouvrage.

B. Le système de garanties mis en place pour l'application du TNP

Le TNP stipule en son article III.1 que les ENDAN parties à ce traité s'engagent à accepter l'application de garanties de l'AIEA « à toutes matières brutes ou tous produits fissiles spéciaux dans toutes les activités nucléaires pacifiques exercées sur le territoire d'un tel État, sous sa juridiction ou entreprises, sous son contrôle, en quelque lieu que ce soit ».

Cette extension d'attribution a contraint l'AIEA à concevoir un nouveau système de garanties répondant à ces conditions. À l'inverse du système initial qui est facultatif et à objet limité[280], le nouveau système de garanties de l'Agence est obligatoire, intégral et territorial[281]. Il conserve néanmoins un caractère contractuel non seulement par le fait que seuls les États ayant ratifié le TNP y sont obligatoirement liés mais

---

[278] En 2009 le budget annuel de l'Agence était de 302 millions euros, dont 117 étaient consacrés aux activités de garanties. Cf. IAEA, Annual report 2009, p. 99.

[279] Il s'agit de la mise en œuvre des CSA.

[280] Pour rappel, il n'est appliqué qu'à la demande expresse des Parties et ne porte que sur les installations spécifiées.

[281] Il est requis pour tout ENDAN Partie au TNP et s'applique à toutes les activités nucléaires de cet État.

surtout parce que l'article III de ce traité prévoit expressément la conclusion d'accords de garanties avec l'AIEA pour assurer sa mise en œuvre effective. Cependant, au vu du nombre d'accords à conclure et de l'égalité de traitement qu'il convient d'assurer à tous les ENDAN, une certaine standardisation des accords de garanties était nécessaire. À cette fin, un document intitulé structure et contenu des accords à conclure entre l'Agence et les États dans le cadre du Traité de non-prolifération des armes nucléaires a été élaboré par l'Agence[282] ; ce qui estompe, quelque peu, le caractère contractuel du système de garanties qui se trouve désormais réduit à la signature de l'accord de garanties et surtout à la détermination des arrangements subsidiaires, prévus par ces accords, fixant les modalités particulières d'adaptation à chaque situation concrète[283].

Rappelons que, suite à l'adoption par le Conseil des gouverneurs du Protocole additionnel à l'accord (aux accords) entre l'État et l'AIEA, relatif(s) à l'application des garanties, le système de garanties établi par l'Agence pour l'application du TNP a été largement renforcé.

Ce protocole additionnel, bien que distinct de l'accord de garanties, doit être considéré, une fois conclu, comme ne constituant avec celui-ci qu'un seul document. En effet, il a été élaboré comme un

> document présentant des liens symbiotiques avec l'accord de garanties, de sorte qu'existe entre les deux documents une relation dynamique qui fonctionne dans chaque sens.
>
> On ne trouve pas, dans le protocole, de nombreuses clauses qui devraient y figurer s'il s'agissait d'un document autonome ; par exemple il ne comporte pas de clauses de règlements des différends, d'interprétation ou d'amendement, mais s'en remet pour cela aux clauses qui existent dans l'accord de garanties[284].

À d'autres égards, le protocole remplace les dispositions de l'accord, par exemple, en ce qui concerne la désignation des inspecteurs et les visas.

En principe, le système de garanties mis en place par l'Agence pour le TNP s'applique exclusivement aux ENDAN parties au TNP. Les conditions de transfert de biens nucléaires à destination d'un ENDAN non partie au traité pourraient se limiter, à requérir l'application de garanties de l'AIEA aux seules matières utilisées ou transférées, soit le

---

282 INFCIRC/153, ce document est communément appelé « Blue book ». En 2008, 163 États avaient conclu un accord de garanties avec l'AIEA.

283 Les principes organisant les arrangements subsidiaires sont définis au paragraphe 39 de l'INFCIRC/153.

284 Cf. AIEA, Conseil des gouverneurs, GOV/2914 du 16 avril 1997, Appendix 2, p. 2.

régime de garanties de l'INFCIRC/66.Rev.2. Toutefois les conférences de révisions du TNP et les instruments informels de non-prolifération des armes nucléaires, en particulier les directives du NSG relatives aux biens nucléaires, considèrent de plus en plus que le système des garanties généralisées, en fait les CSA, devrait être condition essentielle pour octroyer l'autorisation de transfert.

Le système instauré par le TNP a un objectif technique précis, qui consiste à détecter, en temps voulu, « le détournement de quantités significatives de matières nucléaires des activités nucléaires pacifiques vers la fabrication d'armes nucléaires ou autres dispositifs nucléaires explosifs ou à des fins inconnues, et de dissuader tout détournement par le risque d'une détection rapide »[285]. Il ne s'agit pas d'apporter la preuve de la fabrication clandestine d'armes nucléaires mais simplement d'établir que la matière a disparu du circuit normal. Par ailleurs, au fur et à mesure de la conclusion des protocoles additionnels entre le ou les État(s) et l'Agence, le système de garanties aura également pour objectif de vérifier non seulement l'exactitude des déclarations des États mais aussi leur exhaustivité, « de façon qu'une assurance crédible soit donnée quant au non-détournement de matières nucléaires des activités déclarées et à l'absence d'activités nucléaires non déclarées »[286].

Pour permettre d'atteindre cet objectif, le système de garanties repose sur trois instruments : une comptabilité des matières nucléaires assortie d'un système d'informations sur l'ensemble des activités liées au cycle du combustible, des dispositifs de confinement et de surveillance, et un régime de vérification.

La comptabilité des matières nucléaires est, en principe, un système national de comptabilité et de contrôle s'appliquant à toutes les matières soumises aux garanties[287]. Cette comptabilité doit être tenue par zones de bilan matières (ZBM) déterminées par l'accord de garanties en utilisant autant que possible les dispositifs de surveillance et de confinement existants. La délimitation de la ZBM est fonction de l'exactitude du bilan matières qu'il est possible de dresser. Cela peut être une installation, une partie d'installation suffisamment autonome par sa fonction technologique et son confinement ou, au contraire, plusieurs installations implantées en des sites distincts mais technologiquement intégrées. Les mesures des flux de matières sont effectuées en un certain nombre de points stratégiques situés aux limites des ZBM de telle sorte que toutes les matières nucléaires puissent être mesurées à l'entrée et à la sortie de ces zones. Ce système comptable permet normalement à

---

[285] Cf. INFCIRC/153, paragraphe 28.

[286] Conférence générale de l'AIEA, document GC(39) 17 du 1er septembre 1995.

[287] Paragraphes 7 et 31 de l'INFCIRC/153.

l'Agence de connaître à tout moment la quantité, l'emplacement et le mouvement des matières. De surcroît, dans la mesure où la composition isotopique des matières nucléaires varie en fonction des opérations conduites dans les installations concernées, il est nécessaire de procéder à l'établissement d'un stock physique de ces matières nucléaires. Celui-ci est déterminé grâce à des relevés d'opérations confirmés par des mesures telles que l'étalonnage d'appareils, l'analyse d'échantillons, etc.[288]

Les différences entre le stock comptable et le stock physique permettent d'apporter les corrections ou les ajustements nécessaires et de confirmer que la comptabilité reflète bien la réalité ou, le cas échéant, de déceler les pertes.

Complémentairement à la tenue de cette comptabilité des matières, les États sont tenus de fournir à l'Agence, de manière régulière, une série d'informations précises sur leurs activités liées au cycle du combustible nucléaire[289]. On peut citer, notamment, la description des activités de recherche et de développement liées au cycle du combustible nucléaire mais n'impliquant pas des matières nucléaires ou la description des différents bâtiments implantés dans chaque site en ce compris les installations mises hors d'activité, ou encore des renseignements relatifs aux transferts de certains équipements spécifiques et de certaines matières non nucléaires, ...[290] Certaines activités en dehors des sites contrôlés et certaines activités sensibles de recherche et de développement, liées à l'enrichissement ou au retraitement, mais n'utilisant pas de matières nucléaires soumises aux garanties doivent également faire l'objet, dans la mesure où cela est « raisonnablement possible », d'une information spécifique quant à leur localisation, l'identité des gestionnaires et responsables, ...[291]

Au vu des informations transmises, l'Agence peut requérir de l'État des informations complémentaires afin de s'assurer de la cohérence des données reçues[292].

Le système comptable est assorti de dispositifs de confinement et de surveillance. Ceux-ci sont définis dans les arrangements subsidiaires conclus entre l'Agence et le ou les État(s) objet(s) du contrôle. Ils précisent les systèmes de serrures, l'apposition des scellés, les systèmes de télésurveillance, de mesures automatiques, d'analyse non destructive, de façon, d'une part, à s'assurer que le contenu de la ZBM dont l'Agence a

---

288 Paragraphe 56 de l'INFCIRC/153.

289 Voir article 2 du modèle de Protocole additionnel à l'accord (aux accords) entre ... et l'AIEA relatif(s) à l'application de garanties, INFCIRC/540.

290 *Ibid.*, Article 2(a).

291 *Ibid.*, Article 2(b).

292 *Ibid.*, Article 2(c).

connaissance par la comptabilité n'a pas été modifié et, d'autre part, à contrôler les activités de l'installation impliquant un mouvement de matières nucléaires.

Finalement, le système de garanties octroie à l'Agence la possibilité d'effectuer des vérifications sur place. Ces vérifications sont effectuées par des inspecteurs de l'Agence désignés en accord avec l'État contrôlé[293]. Les inspections sont soit :

- *ad hoc*, pour vérifier les informations contenues dans le rapport initial sur les matières nucléaires et identifier les changements intervenus par la suite. Elles vérifient aussi les informations transmises, en vertu du Protocole additionnel, concernant les différents sites, installations déclassées, mines et installations de concentration d'uranium, ...[294] ;
- régulières, pour s'assurer de la conformité des rapports à la comptabilité, vérifier l'emplacement, la quantité, la composition des matières, contrôler les renseignements sur les causes possibles des différences d'inventaire et des incertitudes sur les stocks comptables[295] ;
- spéciales, afin de vérifier les renseignements contenus dans les rapports spéciaux[296] ou au cas où les précisions et explications complémentaires fournies par l'État à l'Agence ne lui suffisent pas pour s'acquitter de ses responsabilités contractées en vertu de l'accord de garantie ou du protocole additionnel[297].

Lors de ces vérifications sur place, les inspecteurs de l'Agence peuvent examiner la comptabilité des matières nucléaires, procéder à des mesures indépendantes, prélever des échantillons dans l'environnement, mettre en place des scellés et d'autres dispositifs d'identification et d'indication de fraude spécifiés dans les arrangements subsidiaires, vérifier le fonctionnement et l'étalonnage des appareils et des autres dispositifs

---

293 Paragraphe 85 de l'INFCIRC/153 et article 11 du modèle de Protocole additionnel à l'accord (aux accords) entre ... et l'AIEA relatif(s) à l'application de garanties, INFCIRC/540.

294 Article 71 de INFCIRC/153 et articles 4, 5 du modèle de Protocole additionnel à l'accord (aux accords) entre ... et l'AIEA relatif(s) à l'application de garanties, INFCIRC/540.

295 Article 72 de l'INFCIRC/153.

296 Les rapports spéciaux sont établis si l'État contrôlé estime que des matières nucléaires ont été ou ont pu être perdues en quantités supérieures aux limites spécifiées par l'accord ou lorsque le confinement a changé inopinément au point qu'un retrait de matières nucléaires soit devenu possible.

297 Article 73 de l'INFCIRC/153.

de contrôle et de mesure, etc.[298] Ils jouissent sur le territoire de chacun des États membres de la capacité juridique ainsi que des privilèges et immunités nécessaires à l'exercice de leurs fonctions. Ceux-ci sont déterminés par le biais d'accords particuliers entre l'Agence et les États[299].

Pour renforcer l'appréciation et l'ampleur par l'AIEA des programmes nucléaires nationaux, le protocole additionnel introduit un certain nombre d'obligations relatives aux échanges d'information sur les transactions internationales portant sur les biens nucléaires.

Il contraint tout d'abord les États de notifier à l'Agence leurs exportations de biens nucléaires énumérés en Annexe II[300]. Cette liste est basée sur la liste des biens nucléaires du NSG telle qu'elle existait en 1997. Celle-ci n'a malheureusement pas été adaptée aux différentes modifications apportées depuis lors à la liste nucléaire du NSG, ce qui réduit quelque peu l'efficacité de l'information collectée. En effet, les mis à jours régulières des listes du Comité Zangger ou du NSG ont bien souvent pour objet d'intégrer les évolutions technologiques ou de combler les manquements détectés qui sont précisément ceux recherchés par les États et autres acteurs proliférants.

À l'inverse les importations de biens de l'Annexe II ne doivent pas faire l'objet d'une notification systématique. Toutefois à la demande de l'Agence, l'État importateur pourrait être tenu de confirmer l'importation de ces mêmes biens.

Pour les biens à double usage, le protocole ne contient d'obligation de notification similaire. Toutefois, les États s'engagent à informer sur la base annuelle l'Agence de la localisation de toutes activités listées en Annexe I[301]. Il s'agit pour l'essentiel d'activités liées aux biens à double usage, comme par exemple la production de graphite de qualité nucléaire, de tubes de zirconium ou encore de systèmes électromagnétiques de séparation isotopique.

C. Les sanctions pour violation des deux systèmes de garanties

Tant le système de garanties initiales que le système établi en vertu du TNP ne contiennent aucune disposition spécifique sanctionnant les éventuels détournements de quantités significatives de matières qu'ils détecteraient. Ces deux systèmes sont, avant tout, des instruments de surveillance et d'alerte au service des différents régimes de contrôle de

[298] Articles 74 et 75 de l'INFCIRC/153 et article 6 du modèle de Protocole additionnel à l'accord (aux accords) entre … et l'AIEA relatif(s) à l'application de garanties, INFCIRC/540.

[299] Article XV du Statut de l'AIEA.

[300] Article 2 a) IX de l'INFCIRC/540.

[301] Article 2 a).IV de l'INFCIRC/540.

transferts qui y ont fait recours. Ils ne sont en aucun cas des instruments de coercition, garants du respect des engagements des États. Il appartient, dès lors, à ces régimes d'établir les sanctions éventuelles qu'il conviendrait d'infliger à ces violations. Or, nous avons vu que tant le TNP, fondement juridique de l'INFCIRC/153, que le NSG ou les autres instruments informels restent largement silencieux sur cette question. Seul le statut de l'Agence, base juridique de l'INFCIRC/66.Rev.2, établit quelques dispositions applicables dans la seule hypothèse, de plus en plus rare, où l'Agence a octroyé, par un accord de projets, son assistance à un État membre. S'il s'avère qu'au cours de la réalisation du projet l'État bénéficiaire est soupçonné de violer les obligations inhérentes à son adhésion à l'AIEA, le Conseil des gouverneurs de l'AIEA peut enjoindre l'État délinquant de prendre les mesures nécessaires propres à mettre fin aux violations constatées. Faute pour cet État de se plier dans un délai raisonnable à cette injonction, le Conseil des gouverneurs peut donner des instructions pour réduire ou interrompre l'aide accordée et demander la restitution des équipements et des matières fournis et/ou priver l'État membre contrevenant de l'exercice des privilèges et droits inhérents à la qualité de membre de l'Agence. Ces décisions n'ont évidemment d'effet que pour les transferts futurs et ne sont pas, à proprement parler, de réelles mesures coercitives visant à mettre fin aux violations constatées par les inspecteurs de l'Agence.

Ceci dit, la procédure d'alerte, établie par l'article XII C du Statut de l'AIEA, permet de porter le constat de ces violations à la connaissance de l'ensemble de la communauté internationale et non aux seuls États membres du régime de contrôle des transferts qui ont recouru au système de vérification de l'Agence, ce qui présente malgré tout un certain intérêt[302]. Cet article prévoit que toute violation de l'accord de garanties constatée par les inspecteurs de l'AIEA doit être transmise au directeur général de l'Agence qui en informe aussitôt le Conseil des gouverneurs. Celui-ci porte cette violation à la connaissance de tous les États membres de l'Agence et saisit le Conseil de sécurité et l'Assemblée générale de l'ONU. Une fois informés, les États peuvent décider d'agir individuellement et/ou collectivement dans ou en dehors du régime de contrôle à l'origine de la mise en œuvre de ces inspections. Ces sanctions peuvent être soit d'ordre politique (rupture de relations diplomatiques), soit d'ordre économique (embargo), soit encore d'ordre militaire. Jusqu'en 1991 date à laquelle le Conseil de sécurité de l'ONU prit pour la pre-

[302] Sur les mécanismes de constat des violations, voir H. MÜLLER, « Approche spécifiques : prolifération nucléaire, chimique et bactériologique », in S. SUR, (dir.), *Obligations en matières de désarmement et de limitation des armements : Problèmes de respect des mesures d'imposition*, Institut des Nations unies pour la recherche sur le désarmement, Genève, 1995, p. 359 et s.

mière fois une décision relative à une violation manifeste du système de garanties de l'AIEA, condamnant l'Irak[303] et autorisant des sanctions contre ce dernier impliquant, si nécessaire, le recours à la force, cette procédure d'alerte semblait avoir un effet très marginal sur un État qui optait délibérément pour la dissimulation. Les sanctions infligées à l'Irak, suite au cessez-le-feu, imposant l'élimination des armes de destruction massive et les moyens de lancement des missiles et autorisant expressément l'AIEA à inspecter les sites nucléaires connus ou soupçonnés et à enlever ou contrôler toutes les matières nucléaires ont eu, sans nul doute, un effet dissuasif vis-à-vis des États potentiellement intéressés par l'élaboration d'armes nucléaires.

L'exemple irakien a démontré que le respect du régime de non-prolifération des armes nucléaires faisait réellement partie des préoccupations du Conseil de sécurité de l'ONU et que les violations constatées par les inspecteurs de l'AIEA pouvaient entraîner l'application de moyens de contrainte importants pour autant, bien entendu, que les États manifestent la volonté politique de les mettre en œuvre[304].

Plus récemment, l'embargo iranien constitue un autre exemple de sanctions adoptées par le Conseil de sécurité sur la base de l'article 41 de la Charte des Nations unies. Au total quatre résolutions ont été votées à quasi-unanimité depuis le 2006[305]. La cause principale de ces mesures était la réticence des autorités iraniennes à se conformer aux requêtes de l'AIEA, en particulier de fournir la liste de l'ensemble de ses installations nucléaires et d'en autoriser l'accès aux inspecteurs de l'AIEA. Soulignons toutefois que si le ton de ces résolutions tend à se durcir, elles consistent, pour l'essentiel, dans la restriction des échanges commerciaux de biens nucléaires et apparentés mais ne permettent pas le recours à la force à l'instar de ce qui fut imposé à l'Irak en 1991.

---

[303] Résolution du Conseil de sécurité des Nations unies adoptée le 3 avril 1991, S/RES/687 (1991).

[304] Les mesures utilisées par certains États, plus particulièrement les États-Unis, pour contraindre la Corée du Nord à donner suite aux obligations contractées par son adhésion au TNP constituent un autre exemple, plus pacifique, de la volonté de faire dorénavant respecter plus adéquatement le régime de non-prolifération.

[305] Résolutions S/RES/1737 (2006), S/RES/1747 (2007), S/RES/1803 (2008), S/RES/1929 (2010).

Chapitre III

Origine des régimes de non-prolifération des armes nucléaires de l'Union européenne

Si les premières découvertes en physique nucléaire sont dues à des équipes de recherches européennes, le deuxième conflit mondial a indirectement permis aux États-Unis d'acquérir une avance technologique évidente sur le plan du nucléaire militaire mais aussi dans ses applications pacifiques. En conséquence, pour rattraper leurs retards et récupérer leur leadership international, certains États européens ont tenté d'unir leurs efforts. La volonté politique de ces États, et plus particulièrement des futures puissances nucléaires militaires, se manifestant toutefois par le souci de partager et de communautariser les recherches dans le domaine des applications civiles tout en conservant les connaissances acquises – notamment par la participation de leurs chercheurs au projet Manhattan – comme les développements futurs en matière d'armes nucléaires. Il apparaissait aussi clair que cette conjugaison des efforts devait rester limitée aux aspects scientifiques et techniques de l'énergie nucléaire et ne pouvait s'étendre aux éléments d'ordre politique qui restaient l'apanage des seuls États.

C'est sur la base de ce canevas que les différentes applications de l'énergie nucléaire, pacifiques et militaires vont se développer. La création de la Communauté européenne de l'énergie atomique chargée de la conjonction des efforts dans le domaine civil en est la démonstration la plus manifeste. Toutefois, le développement rapide des différentes techniques liées à l'énergie nucléaire ainsi que l'affirmation de la France et du Royaume-Uni en tant qu'États dotés de l'arme nucléaire vont progressivement complexifier le partage des compétences au sein de l'Union européenne. Par ailleurs, les questions liées au contrôle des transferts des biens relatifs aux armes nucléaires s'agencent assez mal avec l'articulation des compétences issue des années 1950 et se trouvent éclatées selon une ligne de partage aux contours incertains entre le Traité Euratom, le Traité sur le fonctionnement de l'Union européenne et le Titre V Politique étrangère et de sécurité commune[1] du Traité sur l'Union européenne (TUE).

---

[1] Ci-après PESC.

I. Genèse des programmes nucléaires européens

Suite à l'engouement pour le développement de l'énergie nucléaire provoqué par la levée du secret atomique due au plan Atoms For Peace du président américain Eisenhower, plusieurs tentatives de collaborations régionales en vue de développer les applications pacifiques de l'énergie nucléaire ont vu le jour, et ce, plus particulièrement en Europe occidentale.

Dès 1954, les leaders de huit commissions atomiques nationales vont fonder la Société européenne de l'Énergie atomique[2], société informelle sans véritable statut ni budget, dont l'objectif consistait en l'organisation de contacts scientifiques et de colloques restreints visant à favoriser la coopération dans le domaine de l'énergie nucléaire. Elle joua un rôle efficace et discret dans le développement de l'énergie atomique en Europe.

Sur un plan plus politique, l'énergie nucléaire apparut, en 1954, comme un des moyens efficaces pour relancer, après l'échec de la Communauté européenne de défense[3], le processus d'intégration européenne initié par la Communauté européenne du charbon et de l'acier[4]. Le fait qu'il s'agissait d'une technologie à ses débuts offrait l'avantage, à l'inverse de l'énergie classique ou des grandes voies de communication, d'éviter des comportements nationaux trop rigides et difficilement conciliables[5].

---

2 Cette Société regroupait : le Centre d'Études pour les Applications de l'Énergie Nucléaire (Belgique), le Commissariat à l'Énergie Atomique (France), le Comittato Nazionale per le Ricerche Nucleari (Italie), l'Institutt for Atomenergi (Norvège), Stichting voor Fundamenteel Onderzoek der Materie (Pays-Bas), le Department of Atomic Energy (Royaume-Uni), le Aktiebolaget Atomenergi (Suède), la Commission de l'Énergie Atomique (Suisse).

3 Suite au rejet par l'Assemblée nationale française, le 30 août 1954.

4 Traité CECA, Paris, 18 avril 1951.

5 Ce qui, pour B. Goldschmidt, était mal apprécier l'état, déjà très différent, d'avancement des programmes nationaux des pays membres de l'Europe des six. En effet, l'Allemagne fédérale venait de recouvrer, le 5 mai 1955, le droit de procéder à des recherches atomiques civiles à la suite de la mise en vigueur des accords de Paris, d'octobre 1954, par lesquels elle avait dû renoncer à toute activité militaire en la matière. L'Italie n'avait qu'un embryon d'organisation et envisageait d'acheter des réacteurs aux États-Unis, tandis que les Pays-Bas, engagés dans leur association avec la Norvège, n'avaient pas encore mis sur pied un véritable programme national. La Belgique, liée par ses ventes d'uranium aux pays anglo-saxons, venait seulement d'avoir le droit de conserver pour elle-même une fraction de sa production et espérait alors recevoir des États-Unis, en échange des services passés, un traitement très privilégié. Cf. B. GOLDSCHMIDT, *Les rivalités atomiques 1939-1966*, Les grandes études contemporaines, Fayard, Paris, 1967, 340 p.

Ainsi, lors de la Conférence de Messine des 1er et 2 juin 1955, les ministres des Affaires étrangères des six pays membres adoptèrent quatre possibilités de relance de l'intégration européenne. Parmi celles-ci, se trouvait en bonne place l'énergie nucléaire.

Il leur apparaissait en effet que « le développement de l'énergie atomique à des fins pacifiques [ouvrait], à brève échéance, la perspective d'une révolution industrielle sans commune mesure avec celle des cent dernières années »[6]. Au vu des efforts colossaux déployés par les États-Unis pour développer leur programme d'application pacifique de l'énergie nucléaire[7], les Six considéraient que le seul moyen permettant à l'industrie nucléaire, « fondement de l'expansion économique future »[8], de connaître un essor rapide et suffisant au sein de l'Europe, consistait en la conjugaison des efforts des six pays membres. En effet,

> qui pourrait rêver d'aboutir seul dans une entreprise aussi considérable, alors que les cloisonnements nationaux limiteraient, fractionneraient les réalisations, empêcheraient de donner à la recherche, aux investissements, aux entreprises l'ampleur nécessaire et indispensable pour rattraper le retard dont l'origine remonte à notre isolement durant la guerre[9].

Pour réaliser cette « nécessité d'autant plus impérieuse que, désormais, puissance atomique et liberté économique sont étroitement liées »[10], un Traité instituant une Communauté européenne de l'énergie atomique, baptisée Euratom, fut signé à Rome le 27 mars 1957, en même temps que celui instituant la Communauté économique européenne.

Le Traité Euratom se fixait pour objectifs de développer la recherche et les échanges d'information, de créer les installations communes nécessaires, d'assurer l'approvisionnement des industries en minerais et combustibles nucléaires, d'établir un contrôle efficace des matières nucléaires, d'instaurer le libre échange des produits et équipements de l'industrie nucléaire ainsi que la libre circulation des spécialistes.

---

6 Voir J. ERRERA, E. SYMON, J. VAN DER MEULEN, et L. VERNAEVE, *Euratom, analyse et commentaires du traité*, Bibliothèque de l'Institut belge de science politique, Les Éditions de la librairie encyclopédique, Bruxelles, 1958, p. 11.

7 En 1957 les dépenses totales consenties par l'Atomic Energy Commission s'élevaient à quinze milliards de dollars dont au moins trois avaient été affectés aux applications pacifiques. Cf. J. ERRERA, E. SYMON, J. VAN DER MEULEN, et L. VERNAEVE, *op. cit.*, p. 22.

8 *Ibid.*, p. 23.

9 *Ibid.*, p. 22.

10 *Ibid.*, p. 23.

Ainsi, de manière plus nette que l'AIEA, le Traité Euratom s'inscrit avant tout comme un outil visant à la promotion la plus efficace possible de l'énergie atomique au sein de l'Europe des Six.

Théoriquement, le Traité Euratom est indifférent aux questions de non-prolifération des armes nucléaires[11]. Il n'interdit nullement aux États d'utiliser, à des fins militaires, les matières fissiles produites dans la Communauté. De même, les principes régissant le marché commun nucléaire et l'égal accès aux ressources ne sont assortis d'aucune dérogation explicite ni, semble-t-il, implicite pour les usages à destination militaire.

Ainsi, le contrôle des minerais, matières brutes et fissiles spéciales prévu par le traité a été conçu de manière à garantir que ces matières ne soient « détournées des usages auxquels leurs utilisateurs ont déclaré les destiner ». Il ne s'agit donc pas d'un contrôle de finalité visant à s'assurer que les matières contrôlées ne sont utilisées à d'autres fins que pacifiques mais bien d'un contrôle de conformité garantissant que l'utilisation effective des matières correspond à celle déclarée par l'utilisateur.

En outre, aux termes de l'article 84 du traité, le contrôle d'Euratom ne peut s'étendre aux matières « destinées aux besoins de la défense qui sont en cours de façonnage spécial pour ces besoins, ou qui, après ce façonnage sont, conformément à un plan d'opérations, implantées ou stockées dans un établissement militaire ». Toutefois cette exception n'est applicable qu'à partir du

> façonnage spécial et, par conséquent, toutes les opérations courantes de préparations des matières fissiles spéciales – depuis l'extraction du minerai jusqu'à la séparation isotopique de l'uranium 235 ou la séparation chimique du plutonium ou éventuellement de l'uranium 233, selon le cas – sont soumises au contrôle. Par contre, toutes les opérations où apparaissent les détails de conception et de fabrication des armes sont soustraites au contrôle. [...]. Le contrôle d'Euratom permet donc de savoir à tout moment quelles sont les matières utilisées pour des usages pacifiques et celles utilisées pour des usages militaires[12].

Cette exception insérée, sous impulsion française, démontre à suffisance la neutralité d'Euratom vis-à-vis des questions de non-prolifération des armes nucléaires. La détermination de l'usage civil ou militaire des biens nucléaires utilisés par les États membres est définie, pour

[11] Sur les questions relatives à l'application des dispositions du Traité Euratom aux activités militaires, voir J.-P. COT, « Remarques sur l'application du chapitre 3 du Traité Euratom aux essais nucléaires français », *Europe*, n° 11, Éditions du Juris-Classeur, Paris, novembre 1995, p. 1.

[12] Cf. J. ERRERA, E. SYMON, J. VAN DER MEULEN, et L. VERNAEVE, *op. cit.*, p. 161.

l'essentiel, par les conditions imposées par le fournisseur de ces biens. Par conséquent, un État membre qui posséderait des gisements de minerais riches en uranium ou qui obtiendrait ceux-ci d'un fournisseur qui n'imposerait aucune restriction d'usage pourrait les affecter librement à un programme de développement et de mise au point d'armes nucléaires. En ce sens, le programme d'armements nucléaires français en recourant à des matières indigènes ou non subordonnées à une utilisation pacifique respectait les dispositions du Traité Euratom.

À l'origine cependant, tant sur le plan des matières que de la technologie, le développement d'Euratom était subordonné à la volonté de collaboration des États-Unis, du Royaume-Uni et du Canada[13]. Ceux-ci détenaient, à l'époque, le monopole du contrôle direct ou indirect des mines connues d'uranium et étaient les seuls à posséder la maîtrise des connaissances techniques nécessaires au développement d'un programme civil[14].

Immédiatement après l'entrée en vigueur des Traités de Rome, Euratom entama la négociation d'un accord de coopération avec les États-Unis[15] dont l'objectif visait à permettre notamment, la mise en service, au sein de la Communauté européenne, de « puissantes centrales électriques utilisant des réacteurs nucléaires de type équivalent à ceux sur lesquels les travaux de recherche et de développement ont été poussés à un stade avancé aux États-Unis ». En contrepartie de leur collaboration, les États-Unis exigèrent d'Euratom qu'il s'engage à garantir le respect des trois conditions visées par l'article 123 de l'*Atomic Energy Act* – qui imposait une utilisation exclusivement pacifique des matières transférées[16] – conditions qui, d'une part, restreignaient les éventuelles ambitions militaires de la Communauté mais qui, d'autre part, apparaissaient comme une reconnaissance de l'efficacité, sur le plan international, du système de contrôle d'Euratom dans la mesure où, pour la première fois, les États-Unis acceptaient de renoncer à contrôler eux-mêmes, sur pièces et sur place, l'usage des matières livrées.

---

13 La collaboration avec l'Union soviétique ne pouvait, pour des motifs politiques, être envisagée.

14 Remarquons toutefois que la Belgique détenait des quantités d'uranium non négligeables, via les mines de Shinkolobwé du Congo belge, mais elle s'était engagée, par contrat, à fournir l'essentiel de la production aux États-Unis et au Royaume-Uni. La France disposait de quelques gisements sur son sol mais en quantités insuffisantes. Elle prospecta par la suite, avec un certain succès, dans ses anciennes colonies.

15 Conclu le 8 novembre 1958. Deux autres accords furent négociés avec le Canada et le Royaume-Uni.

16 Ces trois conditions sont la non utilisation à des fins militaires, l'obtention du consentement préalable pour tout retransfert et la soumission à un contrôle de sécurité.

Cette fonction de contrôle de conformité de l'utilisation déclarée par l'utilisateur ou des conditions imposées par le fournisseur qui n'était à l'origine, comme pour l'AIEA, qu'un aspect relativement accessoire du traité, deviendra progressivement l'activité majeure d'Euratom par la disparition progressive de l'importance des activités communes.

II. Prise en considération des questions de non-prolifération

Si le Traité Euratom avait instauré, entre les États membres de la Communauté européenne de l'énergie atomique, les conditions nécessaires pour permettre à ces États de rattraper leur retard en matière de recherche atomique, les questions relatives à la non-prolifération des armes nucléaires lui étaient étrangères.

Or, à partir de la création de l'AIEA et plus particulièrement avec l'adoption du TNP, la non-prolifération nucléaire devint un thème essentiel de la politique internationale. Face à ce phénomène, se développait, dans l'esprit de certains États membres de la Communauté européenne de l'énergie atomique, le souci d'instaurer progressivement une coordination des politiques nationales de non-prolifération. L'objectif initial de cette coordination était de préserver et de garantir l'égalité des conditions de concurrence, tant à l'intérieur qu'à l'extérieur de la Communauté européenne.

Ainsi, lors de la Conférence intergouvernementale de septembre/octobre 1956 portant création de l'AIEA, la délégation belge prit l'initiative de réunir les « délégations des pays de la Conférence de Bruxelles pour le marché commun de l'Euratom » afin de « tenter d'organiser une coopération efficace entre nos délégations. Ne vous semble-t-il pas, par exemple, qu'il serait utile que le groupe Euratom se concerte et prenne une attitude commune sur les points principaux du projet de statut de l'Agence afin de nous assurer que ce statut tienne compte, dans toute la mesure du possible, des objectifs que nos gouvernements poursuivent en créant une communauté nucléaire européenne »[17].

Ces premières tentatives de coordination des politiques nationales de non-prolifération des armes nucléaires ne se concrétiseront pas par la création d'une réelle « politique commune ». L'impossibilité d'obtenir un consensus entre les États membres sur, d'une part, le concept même du marché commun nucléaire et sur, d'autre part, le rapport entre les décisions internationales et les principes régissant le fonctionnement interne et les relations externes de ce marché commun en sont les raisons principales.

---

[17] New York, 21 septembre 1956.

Cette fracture conceptuelle entre les États membres de la Communauté va encore s'accentuer au début des années 1960 avec l'explosion réussie, le 13 février 1960, de la première arme atomique française ainsi que le refus de la France, à l'inverse des autres États membres, de ratifier le TNP.

En effet, l'admission de la France au sein du Club atomique[18] impliquait *de facto* une divergence d'intérêt fondamentale entre les États membres de la Communauté. Désormais, aux deux catégories existantes – les États qui avaient officiellement renoncé comme l'Allemagne et ceux qui, sans s'être prononcés officiellement, ne possédaient pas de programme de recherches atomiques militaires – s'ajoutait une troisième catégorie d'États aux intérêts nettement contradictoires aux deux premières, celle des États dotés de l'arme nucléaire.

Les ENDAN membres de la Communauté européenne de l'énergie atomique craignaient que leur adhésion au TNP n'altère, par l'obligation de conclure un accord de garanties avec l'AIEA, les principes régissant le Traité Euratom et plus particulièrement la libre circulation des matières nucléaires, équipements, hommes et capitaux[19]. Ils souhaitaient, afin d'éviter la duplication des contrôles, voir reconnaître le système de garanties d'Euratom comme suffisant au regard du TNP.

Pour les États-Unis, ce système de garanties aurait pu suffire à assurer le respect, par les États de la Communauté européenne, des obligations issues du TNP[20] ; il n'en allait cependant pas de même pour l'Union soviétique pour qui l'AIEA devait être le seul organisme en charge de cette mission. Elle refusait, par principe, de reconnaître équivalent un contrôle établi par une organisation régionale et estimait en particulier que Euratom, par sa composition et ses liens avec l'OTAN, ne disposait pas de l'indépendance suffisante pour effectuer cette mission en toute objectivité.

---

18 Expression communément utilisée pour qualifier les États dotés d'armes nucléaires.

19 Note de la Commission européenne de l'Énergie Atomique à l'attention de Messieurs les Représentants Permanents du 7 mars 1967.

20 Les États-Unis considéraient le système de contrôle d'Euratom parfaitement à même de garantir, au même titre que l'AIEA, le respect du TNP. Ce qui, d'une certaine façon, témoignait d'un changement de politique par rapport aux négociations relatives à la création de l'AIEA.

Ainsi le secrétaire d'État, Dean Rusk, déclara le 23 février 1966 devant le Joint Committee : « As you know we have vigorously pursued a program to strengthen the safeguards systems of the IAEA and Euratom. We feel our efforts in this regard have been successful, and both the IAEA and Euratom systems are equivalent and effective. »

Afin d'éviter un rejet soviétique de l'ensemble de l'article III, les États-Unis forcèrent leurs alliés à se résigner[21].

Cependant si l'article III.4 du TNP, tel qu'il a été finalement adopté, imposait aux ENDAN de conclure un accord de garanties avec l'AIEA, il autorisait deux ou plusieurs États à le conclure conjointement. Un accord de garanties tripartite – Commission européenne, États membres et AIEA – réduisant partiellement l'impact du TNP sur les ENDAN membres d'Euratom était donc en principe envisageable. C'est pourquoi ces États, et en particulier la Belgique, acceptèrent de se rallier malgré tout au TNP, tout en précisant

> qu'afin d'éviter que l'application du TNP ne soit incompatible avec le respect des dispositions du Traité Euratom, ces garanties [du TNP, mises en œuvre par l'AIEA] devront être définies de manière telle que les droits et obligations des États membres de la Communauté restent intacts conformément à l'avis donné par la Commission en vertu de l'article 103 du Traité Euratom. Dans ce but, la Commission des Communautés européennes devra entrer en négociation avec l'AIEA[22].

Afin de préserver leurs droits issus du Traité Euratom, et complémentairement à la réserve décrite ci-dessus, ces États conditionnèrent leur ratification du TNP à la conclusion effective de l'accord Commission européenne, États membres et AIEA.

La France, malgré le fait que le TNP lui reconnaissait le statut d'EDAN, refusa d'adhérer au traité car elle estimait que « ce traité ne résout en effet aucun problème, car il se borne à consacrer l'extrême puissance nucléaire des États-Unis et de l'Union soviétique. La France souhaite pour sa part un véritable désarmement, ce qui implique la

---

21 Un problème relativement similaire avait été posé lors de la création de l'AIEA. En effet, certains États membres de la Commission de l'énergie nucléaire du Comité intergouvernemental créé par la Conférence de Messine, chargée d'élaborer le projet du Traité CEEA auraient souhaité voir la future Agence Euratom assumer l'exercice sur leurs territoires des contrôles « de protection sanitaire et de sécurité » pour les projets de l'AIEA. Ce désir avait été rejeté par les Américains qui avaient fait valoir que l'Union soviétique n'accepterait jamais une modification du projet des statuts de l'Agence impliquant une reconnaissance d'Euratom ou de tout groupement européen. De surcroît, les Américains n'étaient, en réalité, guère favorables à cette idée et recherchaient avant tout l'établissement d'un système de sécurité uniforme et d'application universelle. Sur la question de la reconnaissance des garanties d'Euratom par les États-Unis, voir Darryl HOWLETT, *Euratom and Nuclear Safeguards*, Macmillan in association with the Centre for International Policy Studies, Hampshire, 1990, p. 70 et s.

22 Cf. Simone HERPELS, *Le rôle de l'État : de l'approche nationale à l'approche multinationale in Belgian Nuclear Society, Un demi siècle de nucléaire en Belgique*, témoignages, Presses interuniversitaires européennes, Bruxelles, 1994, p. 155.

destruction des stocks, le contrôle de la fabrication des armes et le contrôle des vecteurs »[23].

Si la décision française ne porta pas, en tant que telle, atteinte à la Communauté européenne, elle eut néanmoins un impact considérable sur son fonctionnement interne. En effet, en vertu de l'article 101 du Traité Euratom, la Commission devait être mandatée par le Conseil des ministres pour pouvoir entamer, avec l'AIEA, les négociations sur l'accord de garanties tripartite[24]. La France estimait que l'adhésion de ses cinq partenaires au TNP entraînait *ipso facto* une novation en ce qui concerne le contrôle d'Euratom et exigeait, pour donner son accord sur le mandat de la Commission, que ses partenaires lui reconnaissent, en sa qualité de puissance nucléaire militaire et bien qu'elle refusait de ratifier le TNP, une situation privilégiée en matière de contrôle, similaire à celle qui était reconnue par le TNP aux EDAN.

Malgré la multiplication des démarches auprès des Autorités françaises pour tenter de les convaincre de renoncer à cette prétention, les cinq ENDAN se virent contraints d'accepter, dans la partie liminaire du mandat de négociation donné le 20 septembre 1971 par le Conseil des ministres à la Commission européenne, et malgré l'objection de la Commission, un paragraphe suivant lequel « le Conseil estime que, à partir de l'entrée en vigueur de l'accord entre l'Agence de Vienne et Euratom, les mesures de contrôle prévues au Traité d'Euratom et aux règlements communautaires qui en découlent ne s'appliqueront qu'aux matières et installations à usage pacifique que chaque État membre déclarera à la Commission. Pour les États non nucléaires militaires, cette déclaration portera sur les matières visées à l'article III, paragraphe 1 du TNP ; pour la France, cette déclaration portera sur les matières et installations soumises au contrôle soit en vertu d'un accord signé par le Gouvernement français ou par la Communauté conformément à l'alinéa 2 de l'article 101 du Traité Euratom avec un autre État ou une organisation internationale, soit en application d'engagements unilatéraux éventuellement souscrits par la France »[25]. Cette reconnaissance brisait l'équilibre instauré par le Traité Euratom qui mettait sur pied d'égalité le contrôle des activités civiles nucléaires de tous ses États membres.

Suite à l'octroi dudit mandat, la Commission et les États membres concernés entamèrent les négociations avec une équipe de fonction-

[23] Cf. Déclaration du Conseil des ministres du 13 juin 1968 in G. FISCHER, *La non-prolifération des armes nucléaires*, *op. cit.*, note 21, p. 64.

[24] Les trois parties à l'accord étaient les cinq ENDAN membres de la Communauté, la Commission et l'AIEA.

[25] Cf. S. HERPELS, *Un demi siècle de nucléaire en Belgique*, *op. cit.*, p. 156.

naires de l'AIEA. Elles furent caractérisées par un âpre marchandage. Pour les États membres d'Euratom, il s'agissait au maximum de concéder à l'AIEA un rôle de réviseur visant à certifier la bonne exécution des garanties d'Euratom[26]. À l'inverse, l'AIEA refusait de reconnaître les caractéristiques particulières du système supranational de contrôle d'Euratom dont notamment, son indépendance par rapport aux États membres. Pour l'Agence, la nécessité, dans la perspective d'universalité des garanties du TNP, de maintenir le système régional de garanties d'Euratom apparaissait superflue ; celui-ci pouvait adéquatement être remplacé par cinq accords de garanties (correspondant aux cinq ENDAN d'Euratom)[27]. Cependant, comme les États membres maintenaient leur refus de ratifier le TNP aussi longtemps qu'un accord de contrôle satisfaisant n'aurait pas été atteint, l'AIEA dut céder partiellement. Les négociations aboutirent en juillet 1972 au texte de « l'accord entre la Belgique, l'Italie, le Luxembourg, les Pays-Bas, la RFA, la Communauté européenne de l'énergie atomique et l'Agence dans le cadre du Traité sur la non-prolifération des armes nucléaires »[28].

Il résultait de cet accord que la Communauté, les États membres et l'Agence coopéreraient en vue de faciliter la mise en œuvre des garanties avec le souci d'éviter autant que possible de dupliquer inutilement les mesures de contrôle. Les deux principes moteurs guidant les inspections de l'Agence étaient qu'elles devaient être effectuées en même temps que celles d'Euratom et être remplacées au maximum par l'observation des activités des inspecteurs d'Euratom.

Il fallut encore attendre cinq ans pour que l'accord soit effectivement mis en œuvre[29]. Sa réalisation révéla rapidement l'intention de l'Agence d'en restreindre progressivement la portée pour ramener, en fait, le contrôle d'Euratom au niveau d'un simple contrôle national. Cette situation aboutit en pratique à une duplication pure et simple des contrôles d'Euratom et de l'AIEA.

Notons que le Royaume-Uni a conclu par la suite, en tant qu'EDAN, un accord dit volontaire soumettant aux garanties superposées de l'Agence et d'Euratom les matières brutes et fissiles spéciales se trouvant dans les installations ou parties d'installations énumérées dans une

---

26 Notons, cependant, qu'il existait certaines divergences entre les cinq ENDAN, membres d'Euratom, sur le rôle à attribuer au système de garanties d'Euratom dans le cadre d'un Traité de non-prolifération à vocation universelle. Cf. D. HOWLETT, *Euratom and Nuclear Safeguards*, *op. cit.*, p. 125.

27 *Ibid.*, p. 120.

28 Ce document est reproduit in INFCIRC/193 du 14 septembre 1973.

29 Le 22 février 1977.

liste déterminée par cet État[30]. La France a conclu un accord similaire à la différence près qu'elle se réserve le droit de désigner non seulement les installations mais également les matières brutes et fissiles spéciales qu'elle accepte de soumettre à ce contrôle[31].

Les négociations relatives à l'élaboration des directives du NSG qui, comme nous l'avons vu, avaient notamment pour objectif d'encourager la France à adhérer à une politique internationale concertée de contrôle des exportations, allaient être à l'origine de nouvelles tensions entre les États membres des Communautés européennes. En effet, si le refus français de ratifier le TNP avait porté indirectement atteinte au système de contrôle Euratom, l'adhésion de la France aux directives du NSG et sa volonté de les appliquer aux échanges intracommunautaires allaient, une fois encore, à contre-courant de la politique suivie jusqu'alors par les autres États membres.

Comme cela avait déjà été le cas lors de la ratification du TNP, la Belgique, l'Italie, les Pays-Bas, la République fédérale d'Allemagne et le Royaume-Uni soumirent, conformément à leur conception communautaire, leur adhésion aux directives du NSG à une réserve communautaire stipulant que « pour ce qui est des échanges intracommunautaires, le Gouvernement…, en sa qualité de membre de la Communauté européenne, appliquera ces documents compte tenu, le cas échéant, des engagements qu'il a contractés dans le cadre des Traités de Rome »[32].

À l'inverse, et conformément à sa conception, la France arguant du fait que la non-prolifération des armes nucléaires relevait exclusivement de la politique étrangère des États membres et n'était donc pas couverte par les Traités de Rome, refusa d'inclure cette réserve communautaire lors de son adhésion aux directives du NSG.

S'affrontaient là deux conceptions contradictoires de la ligne de partage des compétences entre la Communauté et ses États membres dans le domaine de la non-prolifération des armes nucléaires. La conception française consistait à souligner que « les problèmes de non-prolifération, qui sont par essence politiques, se situent dans un ordre juridique différent des obligations communautaires ». « Dès lors, si le Marché commun proscrit des discriminations de caractère économique, commercial, fiscal, etc., son existence ne pourrait s'opposer, le cas échéant, à des limitations de caractère politique résultant d'une exigence supérieure »[33].

---

30 Voir document INFCIRC/263 du 6 septembre 1976.

31 Voir document INFCIRC/290 du 27 juillet 1978.

32 Voir document INFCIRC/254, février 1978.

33 Cf. Jean-Pierre PUISSOCHET, « A propos d'une délibération de la Cour de justice des Communautés européennes », *Annuaire français de droit international*, XXIV, 1978, p. 980.

La seconde conception, assez radicalement inverse, soutenue principalement par la Belgique, visait à subordonner l'application des règles de non-prolifération au respect des engagements contractés dans le cadre des Traités de Rome. Ce qui, en pratique, consistait à admettre qu'un pays membre de la Communauté, puisse exiger en matière d'exportation des biens nucléaires, des traitements différents selon que ses clients sont membres ou non des Communautés européennes.

Cette divergence de conception conduisit inévitablement, lorsqu'il fallut appliquer effectivement les directives du NSG aux échanges intracommunautaires, à un conflit entre la France et la Belgique. Il s'agissait en particulier de déterminer le régime de non-prolifération nucléaire applicable au transfert en Belgique du plutonium obtenu à la suite du retraitement, à l'usine de La Hague, en France, des barres de combustibles irradiés dans les centrales belges.

Le Gouvernement français entendait, en annexe au contrat commercial conclu entre la société française COGEMA et la société belge Synatom, conditionner le retour de ce plutonium en Belgique à la conclusion d'un accord préalable par échanges de lettres avec le Gouvernement belge. Cet accord devait, selon les Autorités françaises, imposer le consentement préalable du Gouvernement français pour, d'une part, le retransfert en Belgique des matières fissiles spéciales obtenues suite au retraitement des combustibles irradiés et, d'autre part, pour un éventuel transfert de ces matières de Belgique vers un État membre ou non de la Communauté. Des conditions similaires étaient imposées à l'Allemagne, aux Pays-Bas et à l'Autriche[34] qui souhaitaient conclure des contrats de retraitement analogues.

L'objectif français était d'élaborer, en vertu des directives du NSG, un régime général de contrôle applicable à tous les clients de COGEMA sans établir un régime spécifique pour les États membres de la Communauté européenne.

Ces exigences, préalables obligatoires à la conclusion du contrat commercial, s'imposaient aux yeux du Gouvernement français dans la mesure où il convenait, au-delà des spécifications techniques, de stipuler, au cas par cas, les conditions politiques d'usage des matières transférées. Comme ces conditions relevaient de considérations politiques de non-prolifération des armes nucléaires, elles ne relevaient pas, du point de vue français, du Traité Euratom.

De plus, les Autorités françaises estimaient que, si elles reconnaissaient la réserve communautaire concernant l'application intracommu-

[34] A l'époque, non membre de la Communauté européenne (contrat conclu le 31 mars 1978 entre la Compagnie générale des matières nucléaires (COGEMA) et la Gemeinschaftskernkrafwerk Tullnerfeld Gesellschaft m.b.H. (GKT)).

nautaire des directives du NSG à laquelle elles n'avaient pas souscrit, cela constituerait un précédent dangereux dans la mesure où d'autres groupements d'États – comme la Ligue arabe, le Comecon – pourraient suivre cet exemple et refuser d'appliquer entre eux ces directives. De surcroît, l'industrie de retraitement française était violemment contestée par les États-Unis et si la France n'imposait pas le respect strict des directives du NSG, elle risquait, selon ses propos, de devoir affronter l'irritation de ses fournisseurs (Australie, Canada, États-Unis)[35].

D'évidence, ces exigences françaises étaient inacceptables pour la Belgique, pour qui admettre de telles dispositions aurait été en opposition avec les engagements souscrits par les États membres dans le cadre du Traité Euratom qui consacre les principes de libre circulation des matières brutes et fissiles spéciales et de non-discrimination d'usage entre les utilisateurs de ces matières au sein de la Communauté.

De toute façon, l'argumentation française qui considérait que le Traité Euratom ne pouvait être invoqué en l'espèce et que, au contraire, seules les directives du NSG étaient applicables, justifiant ainsi la nécessité de conclure un accord bilatéral sur cette question, ne pouvait être suivie par la Belgique pour trois raisons. Premièrement, l'objectif des directives du NSG est d'empêcher la prolifération des armes nucléaires et ce, de façon plus active que le TNP. Cet objectif n'est pas en contradiction avec celui du Traité Euratom ; une certaine complémentarité peut même être envisagée[36]. Deuxièmement, sur un plan strictement juridique, les directives du NSG n'ont pas de valeur en tant que telles, la demande française de conclure un accord bilatéral le démontre. Il s'agit d'une entente entre États fournisseurs de biens nucléaires pour accorder les politiques nationales de contrôles à l'exportation dans le domaine de la non-prolifération des armes nucléaires ; chaque État participant ayant fait une déclaration unilatérale d'intention par l'envoi d'une lettre au

---

35 Selon cette logique, il n'était pas surprenant que, lors des réunions des délégations des États membres concernant le mandat de négociation à accorder à la Commission visant à conclure entre la Communauté et l'Australie un accord relatif aux mesures de contrôles à mettre en œuvre à propos du transfert de matières nucléaires, la délégation française, à l'inverse des autres délégations, émit une réserve de caractère général sur le projet de décision. Elle déposa ensuite un projet alternatif de décision du Conseil et des États membres réunis au sein du Conseil de façon à permettre aux États membres intéressés d'être associés à la Commission dans la négociation et la conclusion de l'accord et de préciser, au cours de cette négociation, la répartition des compétences entre la Communauté et les États membres. Ce projet français contenait, en fait, une innovation fondamentale par rapport au mandat élaboré antérieurement en ce sens qu'il prévoyait l'engagement de ne pas transférer en dehors de la Communauté ou de l'Australie les matières fissiles spéciales sans l'accord du gouvernement sur le territoire duquel elles auraient été enrichies ou séparées.

36 Le Traité Euratom est neutre du point de vue de la non-prolifération nucléaire.

directeur général de l'AIEA. Ces déclarations peuvent être révoquées à tout moment. Il est donc inopportun d'opposer les directives du NSG à caractère politique au Traité Euratom. Finalement, la Belgique, en adoptant les directives du NSG, à l'instar d'autres membres de la Communauté, a posé expressément comme condition d'application qu'elles ne peuvent entraver la bonne exécution du Traité Euratom. Cette réserve est opposable à tous les partenaires qui en ont eu connaissance, ce qui est bien le cas de la France.

Par ailleurs, le risque que l'industrie de retraitement française soit violemment contestée par les États-Unis si la France acceptait d'inclure une clause comme celle demandée par la Belgique, était, du point de vue des Autorités belges parfaitement gratuit. En effet, lors des négociations des accords de garanties conclus, avant et après le début du litige franco-belge, avec l'Australie, le Canada et les États-Unis, ces États avaient accepté de reconnaître la Communauté européenne comme une seule et même entité.

Des négociations longues et laborieuses furent menées par les Gouvernements belge, allemand et hollandais pour tenter de concilier les impératifs de la politique de non-prolifération française avec les conceptions nationales du respect des dispositions des traités communautaires.

Fin 1980, la France avait obtenu, sans céder sur ses exigences essentielles, un accord avec l'Allemagne[37] et les Pays-Bas.

L'accord franco-allemand reconnaissait à l'Allemagne le droit, d'une part, de choisir la qualité du combustible livré après retraitement et, d'autre part, de définir l'échéancier des livraisons. Si la reconnaissance de ces droits démontrait, officiellement, la volonté des Autorités françaises d'assouplir leurs exigences, en réalité cet accord était complété par un accord secret par lequel l'Allemagne s'engageait à ne pas transférer le plutonium pur, façonné ou transformé hors du territoire de la République fédérale sans l'accord préalable du Gouvernement français[38].

---

[37] Il semblerait que la raison ayant contraint l'Allemagne à s'incliner partiellement devant les exigences françaises était motivée par des nécessités économiques. Le démarrage de nouvelles centrales nucléaires était conditionné à la preuve de l'existence de contrats de retraitement. De plus, à l'époque, les possibilités de consommation du plutonium en Allemagne étaient fortement limitées et le plutonium n'intervenait pas, dans la période considérée, dans les produits exportés par l'industrie allemande.

[38] Cet accord secret adopté par échange de lettres entre les Gouvernements français et allemand était constitué de quatre documents se référant respectivement :

– au rapatriement des déchets radioactifs résultant du retraitement du combustible irradié ;

– aux conditions de rapatriement du plutonium issu du retraitement en France des combustibles irradiés en provenance d'Allemagne ;

L'accord franco-hollandais portait uniquement sur le retour des déchets nucléaires. Ne disposant pas d'industrie plutonifère, les Pays-Bas n'étaient pas intéressés par le retour du plutonium issu du retraitement du combustible irradié.

À l'inverse, les négociations belgo-françaises n'avaient pas pu aboutir, malgré la multiplication des réunions à tous les niveaux de pouvoirs[39]. Convaincues que si les parties s'en tenaient aux principes, aucun accord ne serait possible, les Autorités françaises proposèrent une solution intermédiaire pour débloquer la situation.

Cette solution préconisait de recourir à l'utilisation de formulaires types de licence d'exportation, identiques à ceux mis au point entre Français et Allemands, établis au moment de la livraison du plutonium et sans convention préalable entre les gouvernements[40]. Cette proposition ne reçut pas l'assentiment du Gouvernement belge car subsistait une incertitude quant aux conditions que la France imposerait, le moment venu, pour le transfert du plutonium en Belgique.

Pour répondre à cette objection, les Autorités françaises firent savoir que leur seule préoccupation était d'obtenir la garantie du Gouvernement belge sur la conformité de l'usage effectif du plutonium à l'usage déclaré par son utilisateur[41].

– à la non-réexportation hors du territoire de la République fédérale, du plutonium livré par la France à l'Allemagne ;

– à la demande de livraison de plutonium par les sociétés allemandes.

39 Et ce, même au plus haut niveau. Ainsi ce contentieux fut évoqué, au printemps 1980, lors de la rencontre concernant la centrale nucléaire de Chooz entre le président français Valéry Giscard d'Estaing et le Premier ministre belge Wilfried Martens.

40 Le contenu de ce formulaire visait pour l'essentiel à localiser les matières transférées, les installations et personnes qui étaient amenées à les utiliser, ainsi qu'à préciser l'affectation proposée de ces matières. Il reprenait des données comme les coordonnées de l'acquéreur, les quantités et le type de plutonium transféré, l'utilisation définitive, la date de celle-ci, etc.

41 En pratique, un premier transfert de plutonium de France en Belgique avait déjà eu lieu selon un arrangement qui « permet de vivre ». Le France s'était contentée d'une confirmation par le Gouvernement belge que la société à laquelle le plutonium était transféré était bien une « personne autorisée », qu'il s'agissait d'une opération réelle et non fictive et que les renseignements fournis par les sociétés industrielles belges aux Français étaient dignes de foi. Ce *modus vivendi* avait pu, au nom de la nécessité économique être accepté par les deux gouvernements mais devait être considéré comme une exception (transfert de 25 kg de plutonium issus du retraitement à La Hague de combustibles irradiés en provenance d'Allemagne rentrant dans le cadre des contrats de retraitements France/Allemagne et qui devaient être transférés à Belgonucléaire en Belgique pour y être façonnés en éléments de combustible plutonifère destinés au réacteur tripartite Belgique, Pays-Bas, Allemagne (SNR-300 de Kalkar) situé aux Pays-Bas).

Cette garantie ne pouvait, selon les Autorités belges, être accordée car le contrôle de la conformité des utilisations de matières fissiles aux déclarations d'usage faites par les utilisateurs était effectué non par la Belgique, mais par la Commission d'Euratom, en vertu de l'article 77.a. du Traité Euratom[42]. En toute hypothèse, la Belgique ne disposait plus d'un service de contrôle national pour assurer le suivi de toutes les matières nucléaires circulant sur son territoire[43].

Pour résoudre cette difficulté, la Belgique formula, en fonction des remarques officieuses transmises par la Commission européenne[44], une contre-proposition suggérant aux Autorités françaises d'obtenir cette garantie en demandant à la Commission européenne, d'une part, de confirmer que la société intéressée avait bien fait la déclaration d'usage souhaitée par la France et, d'autre part, de s'engager à veiller au respect de cette déclaration conformément à l'article 77.a. du Traité Euratom[45].

En réponse à cette suggestion, la France fit savoir qu'elle ne pouvait, par principe, accepter qu'il soit fait référence à la Commission ou à Euratom et déposa de nouvelles propositions d'échange de lettres. Les dispositions contenues dans ces lettres étaient pour l'essentiel les suivantes :

> 1. [...]
> 2. La France s'engage à accorder les autorisations d'exportation pour les quantités de plutonium dont la destination finale est l'utilisation sur le territoire belge [...].
> Les autorisations d'exportation seront accordées sur demande du Gouvernement belge spécifiant la destination finale, les quantités, l'échéancier de livraison, le calendrier d'utilisation et la forme sous laquelle la livraison doit avoir lieu.
> 3. Le Gouvernement belge donnera l'assurance au Gouvernement français, pour chaque livraison, que la destination finale du plutonium et son échéan-

---

42 Une fois de plus, la Belgique ne pouvait admettre une solution qui portait atteinte au principe suivant lequel les conditions relatives aux transferts, à l'usage et au stockage du plutonium doivent être définies dans un cadre communautaire.

43 Seul subsiste un Service de sécurité nucléaire dépendant du ministère de la Justice, doté d'effectifs et de moyens très restreints. Ses missions se limitent à assurer que les opérations de contrôle effectuées tant par les services d'Euratom que par ceux de l'AIEA se déroulent selon la lettre et l'esprit des traités en vertu desquels elles sont opérées. Ce Service a été, depuis lors, partiellement intégré par l'Agence fédérale de la Sécurité nucléaire instaurée en 2001.

44 Il apparaît clairement, au vu des documents en notre possession, que, tout au long du litige franco-belge, la Commission européenne a été tenue informée officieusement par la Belgique des discussions en cours et qu'elle a largement contribué à l'élaboration des positions belges.

45 Note du Service scientifique (P10) pour Monsieur le Ministre des Relations extérieures, du 29 septembre 1982.

cier d'utilisation seront conformes aux indications données par les industriels.
4. Le plutonium pur livré par la France ne pourra être réexporté hors du territoire belge sans l'accord préalable des Gouvernements belge et français.
Le plutonium, après transformation et façonnage en éléments combustibles, pourra, en cas de besoin, être réexporté si la destination finale se trouve être un pays avec lequel la France a un accord particulier sur le plutonium[46].

Si cette nouvelle proposition française répondait partiellement aux préoccupations des Autorités belges et supprimait, conformément à la volonté française, toute référence au Traité Euratom et à la Commission, elle ne portait pas moins atteinte, pour les autorités belges, à des dispositions essentielles de ce traité. Ainsi le paragraphe 2 instaurait, en limitant la destination finale du plutonium au territoire belge, une discrimination contraire à l'article 2 du Traité Euratom, qui crée le marché commun de ces matières, et à l'article 84, qui stipule clairement que, dans l'exercice du contrôle, il ne peut être fait de discrimination selon la destination donnée aux matières[47]. De plus, le paragraphe 3, en imposant des garanties d'utilisation finale à donner par l'État belge, restait, même selon cette formulation, en dehors du champ de compétences de l'État belge[48].

Sur un plan plus politique, le texte contenait certaines zones d'ombre qui pouvaient se révéler, à terme, préjudiciables pour le programme de développement belge[49].

Pour démontrer que « l'attitude [des Autorités belges] ne procédait pas d'un simple mauvais vouloir, mais [qu'elle essayait], au contraire, de concilier les desiderata français avec le respect des engagements communautaires et internationaux », une nouvelle contre-proposition fut déposée[50]. Cette dernière suggérait que :

[...] en ce qui concerne plus précisément le retour en Belgique des lots de plutonium issus du retraitement, les deux gouvernements ont convenu des dispositions administratives suivantes [...] :

---

46 Projet d'échange de lettres du 23 février 1983 annexé à la Note pour Monsieur le Directeur général de la politique du Service scientifique datée du 9 mars 1983. Ce projet contenait deux lettres : l'une concernant le retour du plutonium et l'autre concernant le retour des déchets de retraitement à La Hague.

47 Il en est de même pour le paragraphe 4.

48 Compétence dévolue à la Commission en vertu du chapitre VII du Traité Euratom.

49 Il en va ainsi des termes « en cas de besoin » de l'alinéa 2 du paragraphe 4 ou de l'absence, dans le texte proposé, de toute référence au façonnage en Belgique de plutonium pour le compte d'un autre État.

50 Note pour Monsieur le directeur général de la politique, du 24 mai 1983, établie par le Service scientifique.

a) le plutonium issu du retraitement par la COGEMA des combustibles belges irradiés sera restitué à la Belgique selon les besoins et quantités librement déterminés par les Autorités belges.
b) la France s'engage à accorder les autorisations d'exportation pour les quantités de plutonium spécifiées dans une note adressée par la Belgique à la France par les voies officielles et précisant la destination finale, les quantités, l'échéance de livraison, le calendrier d'utilisation et la forme sous laquelle ces livraisons doivent avoir lieu.
c) en ce faisant, le Gouvernement belge donnera l'assurance au Gouvernement français que la destination finale du plutonium et son échéance d'utilisation seront conformes aux indications données par les industriels belges, et/ou leurs clients étrangers.
d) le plutonium, après transformation et façonnage en éléments combustibles, pourra être réexporté pour destination finale vers des pays prenant le même type d'engagement de non-prolifération, de contrôles internationaux d'usage final, et ce, conformément aux guidelines de Londres pour les pays hors Communauté.
En ce qui concerne les pays membres de la Communauté européenne, cette réexportation sera assujettie aux contrôles de conformité et d'usage prévus à l'article 77.a. du Traité C.E.E.A. et sera notifiée à la France.

Cette contre-proposition ne reçut aucune suite directe de la part des Autorités françaises.

Les dispositions contenues dans les deux propositions exposées ci-dessus démontraient à suffisance que des divergences d'interprétation fondamentales subsistaient entre les Autorités belges et françaises. Il apparaissait de plus en plus nettement qu'il ne pourrait être mis fin à quatre ans de conflit par un quelconque moyen bilatéral. Il suffit, pour s'en convaincre, de comparer les termes « le plutonium ne pourra être réexporté sans l'accord préalable du Gouvernement français et, après transformation, il pourra en cas de besoin être réexporté si la destination finale se trouve être un pays avec lequel la France à un accord particulier » de la proposition française avec les termes « la France s'engage à accorder les autorisations d'exportation pour les quantités de plutonium spécifiées dans une note adressée par la Belgique et il pourra, après transformation, être réexporté pour destination finale vers des pays prenant le même type d'engagement de non-prolifération » de la proposition belge.

Pour tenter de mettre un terme au conflit belgo-français, le Royaume-Uni proposa de faire examiner cette problématique dans le cadre du groupe de travail Non-prolifération de la Coopération politique européenne.

Fondée non sur des traités mais sur une série de rapports[51], la Coopération politique européenne (CPE) se situait toute entière en marge des institutions communautaires. Elle était basée sur l'idée que le cheminement vers l'Union politique supposait, à côté de l'action proprement communautaire, un rapprochement progressif des politiques étrangères des États membres. Il s'agissait avant tout d'instances purement intergouvernementales auxquelles la Commission était partiellement associée. Les ministres des Affaires étrangères des États membres en constituaient l'organe décisionnel principal[52]. La présidence en exercice de la conférence se présentait comme le porte-parole de la CPE dans les contacts avec les tiers et était assistée d'un secrétariat composé de fonctionnaires détachés des présidences précédentes et suivantes[53]. La conférence était assistée par le Comité politique composé des directeurs des affaires politiques des ministères des Affaires étrangères des États membres. Organe central d'impulsion et de coordination, le Comité politique était responsable de la direction de la douzaine de groupes de travail, formés des responsables compétents des ministères nationaux, dont les thèmes étaient définis en fonction des divers centres d'intérêts inclus progressivement dans la CPE.

Enfin, le groupe réunissant les correspondants européens des dix ministères avait pour tâche de suivre la mise en œuvre de la CPE et d'assurer la solution des problèmes d'ordre général, y compris les problèmes d'organisation.

Le groupe de travail Non-prolifération nucléaire de la CPE fut créé en 1981 à l'initiative des Néerlandais et des Anglais[54]. Il se donnait pour objectif :

> d'assurer que les usages civils de l'énergie nucléaire ne contribuent pas à la prolifération des armes et des explosifs nucléaires, [et de ce fait] les Dix ont estimé nécessaire d'avoir des discussions, des consultations et des échanges d'information sur les questions comportant des aspects de non-prolifération et se prêtant à la discussion dans le cadre de la coopération politique, en

---

51 Rapports de Luxembourg (27 octobre 1970), de Copenhague (23 juillet 1973) et de Londres (13 octobre 1981). Ces rapports ont été établis par un comité composé des directeurs des affaires politiques des Ministères des Affaires étrangères des États membres.

52 Ils se réunissaient en conférence quatre fois par an au moins et aussi souvent que nécessaire, à titre officiel ou non. Ces réunions étaient généralement organisées sur le territoire de l'État qui assurait la présidence du Conseil des Communautés.

53 La CPE utilisait les ambassades des États membres auprès des capitales des États membres, ainsi que les ambassades dans les pays tiers et les représentations permanentes auprès des organisations internationales : l'ambassade du pays assurant la Présidence faisait office de porte-parole unique et de secrétariat volant de la coopération politique.

54 Il s'est réuni pour la première fois le 9 décembre 1981.

tenant compte, bien entendu, des compétences de la Commission européenne [...].

Tel est l'objectif du groupe de travail sur la non-prolifération. À cette fin, il procède à des échanges de vues sur les politiques de non-prolifération des États membres, sur celles suivies par certains états tiers, sur diverses questions traitées par les organisations internationales spécialisées, principalement l'AIEA[55].

Remarquons que l'initiative anglaise de tenter de résoudre le conflit belgo-français s'inscrivait dans un contexte général de réformes du Traité Euratom faisant suite à une délibération de la Cour de justice des Communautés européennes[56] et à une proposition de la Commission de réviser le chapitre VI de ce traité.

La proposition britannique d'examiner au sein du Groupe de travail non-prolifération les moyens d'assurer la compatibilité entre les principes de libre circulation et les principes de non-prolifération fut accueillie favorablement tant par la France que par la Belgique[57].

Le projet britannique retenait deux voies de réflexion envisageables. Soit reconnaître à la Commission, selon sa proposition de révision du chapitre VI du Traité Euratom, la possibilité d'arrêter par règlement, les conditions relatives aux transferts de matières à l'intérieur de la Communauté[58]. Cette solution, jumelée avec l'adoption d'un article similaire à l'article 223 du Traité CE[59] permettait, selon les Britanniques, d'offrir,

---

55 Réponse à la question écrite n° 1493/83 de Mme Ien van Heuvel aux ministres des Affaires étrangères des dix États membres de la Communauté européenne se réunissant dans le cadre de la coopération politique (JO, C 84, 26 mars 1984, p. 18).

56 La Belgique avait, en vertu de l'article 103, saisi la Cour de justice des Communautés européennes des conditions dans lesquelles les États membres pouvaient adhérer à la Convention sur la Protection Physique des Matières nucléaires. Cf. Délibération du 14 novembre 1978 arrêtée en vertu de l'article 103, alinéa 3 du Traité Euratom – Délibération 1/78, Rec. 1978, p. II-2151.

57 La proposition britannique avait été remise aux Autorités belges et françaises, à titre bilatéral, le 16 décembre 1983.

58 Il était proposé d'introduire un paragraphe à l'article 53 formulé de la façon suivante : « sans préjudice des dispositions du chapitre IX, la Commission arrête, par règlement, des conditions relatives aux transferts de matières à l'intérieur de la Communauté et aux importations en provenance de l'extérieur, ainsi que des conditions d'usage et de stockage à l'intérieur de la Communauté. La Commission est tenue d'instruire, dans un délai de trois mois à compter de la réception, toute demande formulée par un État membre. Ledit règlement peut être déféré au Conseil par tout État membre dans un délai d'un mois à compter de sa publication au Journal officiel des Communautés européennes. Le Conseil, dans un délai d'un mois à compter de sa saisine, peut, statuant à la majorité qualifiée, abroger, ou, statuant à l'unanimité, modifier le règlement de la Commission » (JO, C 330, 16 décembre 1982, p. 5).

59 La formulation britannique se présentait comme suit :
« les dispositions du présent chapitre ne font pas obstacle aux règles ci-après :

sur la base de règlements communautaires, et sans porter atteinte aux compétences nationales en matière de non-prolifération, des garanties équivalentes à celles demandées antérieurement dans le cadre de relations bilatérales.

Soit, adopter une Déclaration de politique commune des États membres d'Euratom prenant acte, pour l'essentiel, de leur volonté de refuser de transférer ou retransférer en dehors de la Communauté des biens visés par les directives du NSG sauf si le destinataire fournit des assurances et garanties suffisantes concernant l'usage pacifique et non explosif. Par ailleurs, un droit de *Prior consent* entre États membres était maintenu pour certains transferts et retransferts de biens jugés très sensibles[60].

---

a) aucun membre n'est tenu de fournir des renseignements dont il estimerait la divulgation contraire aux intérêts essentiels de sa sécurité ;
b) tout État membre peut prendre les mesures qu'il estime nécessaires à la protection des intérêts essentiels de sa sécurité pour empêcher l'exportation à partir de son territoire de matières nucléaires vers d'autres buts que civils non explosifs ».

60 « Préambule
références :
– aux devoirs de la Communauté
d'assurer l'approvisionnement en matières,
d'assurer la diffusion des informations techniques,
d'appliquer les garanties.
– à l'accord de garantie avec l'AIEA concernant
les ENDAN
le Royaume-Uni
la France
– à l'INFIRC 254
Considérant
que, le commerce des matières, équipements et technologies nucléaires entre les États membres selon les principes établis par Euratom entre dans le cadre des termes définis par les directives mentionnées ci-dessus ;
[...]
que conformément au paragraphe 10 des directives, les États membres ont convenu qu'un État membre destinataire ne peut retransférer les articles [...] en ce compris la technologie [...] qui ont été fournis par un autre État membre, ou transférer un article obtenu à partir des installations préalablement fournies par un autre État membre, à un État en dehors de la Communauté à moins que le destinataire du transfert ou du retransfert n'ait fourni les assurances nécessaires concernant l'usage pacifique et non explosif, les garanties, la protection physique et que les retransferts soient conformes aux dispositions des directives.
Les États membres ont aussi convenu de ne pas retransférer les installations, et les principaux composants d'importance cruciale décrits au paragraphe 6 des directives, ni de transférer les installations ou les composants d'importance cruciale provenant desdits articles, ni de retransférer de l'eau lourde ou des matières de qualité militaire sans le consentement préalable de l'État membre fournisseur.
Charge la Commission d'établir un registre des transferts des articles décrits au paragraphe 6 des « guidelines », communiqués par les États membres et pour lesquels les

Lors des réunions du groupe de travail non-prolifération qui suivirent, la tendance se dégagea nettement en faveur d'une Déclaration de politique commune plutôt qu'en une quelconque mise en œuvre d'une révision du chapitre VI du Traité Euratom. De surcroît, certains États membres considéraient qu'il était inopportun politiquement de procéder à une révision du Traité Euratom pour résoudre le problème posé. De plus, ils estimaient, à l'inverse des Britanniques, que la proposition de révision de la Commission risquait de porter atteinte à la compétence exclusive des États membres en matière de politique de non-prolifération, ce qu'ils ne pouvaient admettre. En effet, le projet n'accordait-il pas à la Commission la capacité d'arrêter par voie de règlements « les conditions relatives aux transferts de matières nucléaires » ainsi que « les conditions d'usage et de stockage à l'intérieur de la Communauté », conditions qui sont, par essence, issues des choix politiques de non-prolifération ?

Suite à une série de contacts bilatéraux organisés par la France, en charge de la présidence communautaire, avec les États membres directement concernés[61], un accord put être finalement obtenu sur un projet de Déclaration de politique commune concernant « les conséquences d'une adoption des directives de Londres par les dix États membres de la Communauté »[62]. Ce projet, transmis au Conseil des ministres des Affaires étrangères des Dix, fut officiellement adopté le 20 novembre 1984[63] et se présentait sous la forme suivante :

> Les Gouvernements de
> [...]
> Prenant note de l'adhésion de tous les États membres aux directives relatives à l'exportation de matières, équipements et technologies nucléaires publiées dans la circulaire INFCIRC/254 de l'AIEA (ci-après dénommées les directives de Londres).
> Se référant aux divers engagements d'utilisation pacifique et de contrôle auxquels les États membres ont respectivement souscrits.
> [...]

États membres entendent maintenir leur consentement préalable pour toute exportation en dehors de la Communauté. Instruction est donnée à la Commission de prendre en compte cette Déclaration de politique commune, et du contenu du registre, dans l'examen des demandes d'autorisation d'exportation établies en vertu de l'article 73 du Traité Euratom ».

61 Allemagne, Belgique, Italie, Royaume-Uni.

62 Ce projet fut adopté par le Groupe non-prolifération lors des réunions des 21 et 22 mai 1984. Il est singulier de constater que c'est sous la présidence française que la Déclaration mettant un terme à plus de quatre ans de conflit belgo-français fut adoptée.

63 Connu plus généralement sous la dénomination de la Déclaration de Dublin.

ont examiné la question des transferts de matières nucléaires à la lumière des directives de Londres[64].
Les États membres :
1) reconnaissent que les directives de Londres constituent une discipline commune minimum des États membres pour toutes les exportations de matières nucléaires ;
2) constatent que les transferts entre États membres de toutes les matières nucléaires autres que le plutonium et l'uranium enrichi au-delà de 20 % n'appellent aucune disposition particulière ;
3) conviennent de subordonner les transferts entre États membres de plutonium et d'uranium enrichi au-delà de 20 % aux modalités complémentaires ci-annexées ;
4) estiment que, dans ces conditions, les modalités des transferts de toutes les matières nucléaires entre les États membres sont pleinement conformes aux directives de Londres et qu'ils peuvent s'effectuer sans aucune restriction.

Les modalités complémentaires concernant les transferts de plutonium et d'uranium enrichis au-delà de 20 %, annexées à cette déclaration, imposaient à ces matières :

– d'être stockées sur le lieu de séparation ou d'enrichissement ;
– d'être soumises à l'octroi d'une licence d'exportation[65], pour les transferts entre les États membres, délivrée au vu d'une attestation du destinataire[66] dont le gouvernement certifie l'exactitude des informations contenues[67] ;
– d'être affectées uniquement à des utilisations déterminées[68] ;
– d'être retransférées vers un État tiers moyennant l'accord conjoint de l'État exportateur et de l'État membre qui les a séparées ou enrichies au-delà de 20 %.

---

64 Selon un formulaire type annexé à la Déclaration.

65 Selon un formulaire type annexé à la Déclaration.

66 Attestation spécifiant la destination finale, les quantités, l'échéancier de livraison, le calendrier d'utilisation, la forme sous laquelle la livraison aura lieu et finalement l'affectation à laquelle les matières transférées sont destinées.

67 Attestation du type : « L'ambassade de … présente ses compliments au ministère des Relations extérieures et a l'honneur de lui transmettre, sous ce couvert, une/des demande(s) de transferts de plutonium ou d'uranium enrichi au-delà de 20 %, émanant de la Société … et rédigée(s) conformément au formulaire type figurant en annexe à la Déclaration de politique commune sur les conséquences d'une adoption des directives de Londres par les dix États membres de la Communauté, approuvée le 20 novembre 1984 par le Conseil des ministres des Affaires étrangères des Dix. En ce faisant, le Gouvernement de … certifie l'exactitude des indications données dans les attestations visées ci-dessus ».

68 Essentiellement l'alimentation de réacteurs électronucléaires et le façonnage de combustible.

Singulièrement, le contenu de la Déclaration et de ses annexes se rapprochait fortement des thèses défendues par la Belgique depuis le début du conflit franco-belge.

En toute hypothèse, l'adoption de cette Déclaration de politique commune constitua et constitue encore un élément essentiel du régime de contrôle des exportations de biens nucléaires.

En effet, en s'appuyant sur le postulat de l'adhésion de tous les États membres aux directives du NSG, la Déclaration harmonisait, *de facto*, les critères exigés pour les transferts de matières nucléaires tant intra qu'extracommunautaires.

Théoriquement, la Communauté formait désormais une zone de confiance où, d'une part, les transferts internes s'effectuaient, à l'exception du plutonium et de l'uranium enrichi au-delà de 20 %, automatiquement en compatibilité avec les directives du NSG, et où d'autre part, nulle matière nucléaire ne pouvait sortir du territoire communautaire sans être assujettie à des conditions minimales de non-prolifération ; les directives du NSG étant considérées comme les règles minimales applicables aux exportations de matières nucléaires en dehors de la Communauté.

La Déclaration de politique commune « sur les conséquences d'une adoption des directives de Londres par les dix États membres de la Communauté » ainsi que, peu avant, la déclaration conjointe des Dix lors du rapport annuel du secrétaire général de l'AIEA à l'Assemblée générale des Nations unies[69], constituèrent les premiers signes tangibles d'une certaine volonté de coordination des politiques de non-prolifération des États membres de la Communauté européenne.

Cependant, cette volonté de coordination des politiques restait encore très limitée et les tentatives d'action concertée des États membres se heurtaient encore régulièrement aux velléités nationales et, malgré la multiplication des réunions du Groupe non-prolifération et l'intensification des consultations bilatérales, les résultats de la CPE en cette matière s'avérèrent fort peu consistants. Ainsi, il ne fut pas possible d'obtenir un consensus entre les États membres sur le contenu d'une Déclaration commune à la troisième conférence de révision du TNP (1985) et ils apparurent, lors de celle-ci, fondamentalement divisés sur des thèmes comme l'exigence des CSA pour les transferts de biens nucléaires, la nécessité de distinguer de façon claire et définitive les activités civiles des activités militaires des EDAN, la méthode pour opérer cette distinction ou encore le CTBT. À l'inverse, un accord fut obtenu sur une Déclaration commune, en avril 1987, pour la conférence des Nations

69 Déclaration réaffirmant l'intérêt des Dix dans la lutte contre la non-prolifération et la haute nécessité des garanties internationales.

unies sur l'usage pacifique de l'énergie nucléaire. De même, le Conseil européen s'accorda pour imposer, en 1986, un embargo sur la fourniture de toutes installations nucléaires importantes à l'Afrique du Sud et en 1987, le Pakistan essuya un refus des États membres de soumissionner pour la construction de nouvelles centrales nucléaires sur son territoire.

Lors des négociations de l'accession de l'Espagne aux Communautés européennes, le Danemark, l'Irlande et les Pays-Bas défendirent l'idée qu'il fallait, par souci de cohérence, exiger des Autorités espagnoles, préalablement à l'adhésion de l'Espagne aux Communautés, la ratification du TNP. À l'inverse, la France soutenait que les Traités de Rome étaient indifférents à la politique de non-prolifération des États membres et qu'il n'y avait pas lieu d'imposer à l'Espagne une condition similaire. Cependant, grâce à l'action de persuasion menée par la Commission et par une majorité d'États membres, et pour éviter d'être soumis à un régime spécifique de garanties invalidant partiellement son libre accès au marché interne du combustible, l'Espagne ratifia le TNP le 5 novembre 1987[70]. À cette date l'accord tripartite de vérification entre l'AIEA, Euratom et les ENDAN est devenu lui aussi applicable à cet État[71].

III. Prémices d'une politique communautaire de non-prolifération

La mise en œuvre de l'Acte unique européen[72], en juillet 1987, initia un tournant dans la place concédée aux aspects politiques de la non-prolifération des armes nucléaires au sein de la Communauté européenne. L'institutionnalisation de la CPE donna, même si celle-ci restait, malgré tout, distincte de la Communauté dans ses structures et ses procédures, aux travaux du Groupe non-prolifération une certaine légitimité externe qui ne provoqua pas, contrairement aux attentes, une dynamisation de ceux-ci. La « pleine association »[73] de la Commission

---

70 L'adhésion par la suite de la Grèce et du Portugal aux Communautés européennes et de l'Autriche, de la Finlande, de la Suède à l'Union européenne n'a pas posé des difficultés en ce qui concerne les questions de non-prolifération dans la mesure où ces États, à l'inverse de l'Espagne, avaient ratifié le TNP avant leur demande d'adhésion.

71 Pour rappel, le régime de garanties imposées aux ENDAN membres de la Communauté résulte des obligations contractées par ces derniers au sein du TNP telles qu'appliquées en vertu de l'accord tripartite États membres-Commission-AIEA. Voir *Réglementation générale et cadre institutionnel des activités nucléaires*, Volume II, Agence pour l'Énergie Nucléaire, Paris, 1984, p. 100, ainsi que Vicente GARRIDO REBOLLEDO in *Nuclear export controls in Europe*, PRIF, European University Press, Brussels, 1995, p. 123.

72 Acte unique européen (17 et 28 février 1986), Titre III, Dispositions sur la coopération européenne en matière de politique étrangère.

73 Article 30(3).b de l'Acte unique européen.

aux travaux de la CPE fut toujours interprétée restrictivement et sa présence aux différentes réunions fut régulièrement contestée par certains États membres.

La première position commune des Douze, au sens de l'Acte unique[74], fut présentée, en 1989, par la présidence française à la conférence générale de l'AIEA. Résultat d'un équilibre subtil entre les points de vue divergents des États membres, cette déclaration, plus affirmée politiquement que celle de 1983[75], insistait sur l'utilité de lutter contre la prolifération des armes nucléaires[76], sur l'efficacité des garanties de l'AIEA et sur la nécessaire collaboration internationale en matière de sûreté des installations nucléaires.

Plus significativement, au sommet de Dublin de 1990, le Conseil européen adopta un document reprenant les arguments exprimés lors de conférence générale de l'AIEA et insistant sur la nécessité d'un cadre équitable et stable pour le commerce nucléaire international[77]. Cette déclaration du Conseil européen reconnaissait explicitement au TNP une importance particulière dans le maintien d'un régime de non-prolifération nucléaire efficace et annonçait que les États membres de la Communauté européenne « qu'ils soient ou non membres du TNP, [œuvreraient] activement pour parvenir à un résultat satisfaisant des [...] délibérations de la Quatrième Conférence d'examen du TNP ».

Le fait que la France, alors non membre du TNP, marqua son accord pour soutenir les travaux de la Conférence d'examen du TNP, démontrait un degré d'unité sans précédent des États membres de la Communauté sur une matière qui n'avait cessé de les diviser depuis plus de 20 ans. La présidence irlandaise obtint même la constitution d'un Comité CPE durant la Conférence à laquelle la France participa en tant qu'observateur. Cependant les actions des Douze, en tant que groupe, pendant la Conférence furent comme en 1985 décevantes, les États

74 Au sens de l'article 30(7).a du titre II de l'Acte unique européen.

75 Faite lors du rapport annuel du secrétaire général de l'AIEA à l'Assemblée générale des Nations unies.

76 Elle mentionnait même favorablement le TNP, alors que la France refusait d'en être membre.

77 « Les douze États membres de la Communauté européenne ont collectivement adhéré aux directives applicables à l'exportation de matières, d'équipements et de technologies nucléaires, assumant ainsi une discipline commune de base pour leurs exportations nucléaires. Le Conseil européen exprime l'espoir que d'autres pays mèneront leur politique d'exportation sur une base similaire. Tout en maintenant et développant le régime actuel de non-prolifération, le Conseil européen œuvrera à la défense du droit de tous les États au développement de la recherche, de la production et de l'usage de l'énergie nucléaire à des fins pacifiques ».

membres restaient fondamentalement divisés sur des points essentiels[78]. Le Comité CPE se réunit mais ses travaux ne portèrent guère sur la quatrième Conférence de révision du TNP pour laquelle il avait été constitué ; ils se concentrèrent surtout sur la Conférence générale de l'AIEA à venir. L'unité apparente dont les États membres firent preuve lors de la Conférence d'examen du TNP ne réussit pas à masquer les divisions internes. De même, le renforcement de la coordination par la création du Comité CPE ne permit pas non plus de dynamiser l'activité diplomatique commune.

La découverte du programme atomique militaire de l'Irak, au lendemain de la guerre du Golfe, révéla brutalement les risques que la prolifération nucléaire pouvait représenter pour la sécurité mondiale et en particulier européenne. Face aux critiques, l'Allemagne fut contrainte de réviser fondamentalement son système de contrôle à l'exportation et la France décida de se rallier à la lettre et non plus seulement à l'esprit du TNP en annonçant, en juin 1991, sa volonté de le ratifier[79].

Dans cette ambiance favorable à la prise d'initiative, le Conseil européen de Luxembourg de juin 1991 fit une déclaration sur la non-prolifération[80], apportant « son soutien au renforcement du régime de non-prolifération nucléaire et appelant à une adhésion universelle au TNP », ce qui était une conséquence directe de l'adhésion française à ce traité.

Durant l'été 1991, la France, suivie peu après par l'Angleterre et la Belgique, annonça sa volonté de n'autoriser les exportations de biens nucléaires visés par le NSG vers les ENDAN que si ceux-ci avaient soumis l'ensemble de leurs activités nucléaires aux garanties de l'AIEA (CSA)[81]. Cette décision fut rapidement adoptée par les autres États membres et une déclaration commune fut présentée par la présidence espagnole, à la réunion annuelle du NSG à Varsovie en 1992, annonçant que désormais la Communauté européenne et ses États membres imposeraient, comme condition d'exportation, un CSA. Ils suggéraient de plus que cette politique soit adoptée par l'ensemble des États membres du NSG.

---

[78] Notamment sur l'arrêt total des essais nucléaires, sur l'extension des garanties aux EDAN, sur la question des CSA, etc.

[79] Ce qui fut fait en août 1992.

[80] La non-prolifération des armes chimiques, biologiques et conventionnelles était aussi visée.

[81] La France annonça cette nouvelle exigence d'exportation des articles nucléaires à la 46e Assemblée générale des Nations unies (24 septembre 1991), lors du discours de Roland Dumas, ministre des Affaires étrangères de la République française. La Belgique fit de même lors de la troisième réunion du « Nuclear-Related Dual-Use Working Group » du NSG (Annapolis, 7 octobre 1991).

Au printemps 1992, les Douze élaborèrent dans le cadre de la CPE, un projet visant à renforcer les garanties de l'AIEA qui fut soumis au Conseil des gouverneurs de l'AIEA, en juin 1992. Ces propositions, qui allaient bien au-delà de simples considérations générales sur la nécessité de lutter contre la prolifération, prévoyaient des dispositions concernant l'organisation des inspections spéciales et recommandaient de concentrer les efforts de contrôles de l'AIEA vers des États suspectés de proliférer. Elles suggéraient aussi d'établir, sur une base volontaire, un système de communication universelle à l'AIEA des transferts autorisés d'installations, d'équipements et de matières nucléaires, système d'information que les Douze appliqueront, au travers d'Euratom, à partir de septembre 1992[82].

Un pas de plus fut franchi, en 1992, vers un renforcement de la coordination des politiques de non-prolifération, suite à l'adoption du Traité sur l'Union européenne. Par ce dernier, les États membres se donnaient les moyens[83], d'une part, de coordonner plus efficacement leurs politiques extérieures et, d'autre part, de progresser vers l'élaboration d'une réelle politique étrangère et de sécurité commune. Une attention particulière fut réservée à la non-prolifération des armes nucléaires. En effet, dans une déclaration du Conseil européen du 10 décembre 1991 annexée au traité[84], il est proposé d'insérer « la politique du désarmement et du contrôle des armements en Europe, y compris les mesures de confiance » et les « questions liées à la non-prolifération nucléaire » parmi les domaines prioritaires pouvant faire l'objet d'une action commune. Cette déclaration invitait le Conseil des ministres des Affaires étrangères à soumettre pour le Conseil européen de Lisbonne des 26 et 27 juin 1992 un rapport « sur les perspectives d'évolution de la PESC[85] en vue d'identifier les domaines se prêtant à une action commune à l'égard de certains pays ou groupes de pays ».

Huit domaines en matière de non-prolifération, pour lesquels des actions communes pouvaient être envisagées, furent retenus par le rapport du Conseil des ministres des Affaires étrangères[86].

---

82 Sur les efforts entrepris en matière de non-prolifération des armes nucléaires par la Communauté européenne dans le cadre de la CPE, voir Harald MÜLLER et David FISCHER, *United Divided : The European at the NPT Extension Conference*, *op. cit.*, p. 13.

83 Par le biais de la position commune, qui n'est toutefois que l'intégration de l'ancienne CPE dans le cadre de la PESC, et surtout par le biais de l'action commune.

84 Cf. European Council Declaration on areas which could be the subject of Joint action (Maastricht, 10 décembre 1991).

85 Pour rappel, il s'agit Politique étrangère et de Sécurité commune du Titre IV du Traité sur l'Union européenne.

86 A savoir :

Ces propositions ne se concrétisèrent pas immédiatement sous forme d'actions communes *sensu stricto* mais trouvèrent malgré tout certaines formes de réalisation et eurent le mérite de renforcer l'action et la coordination des États membres dans le domaine de la non-prolifération, faisant de celle-ci un des sujets obligés des Conseils européens. Ainsi, à titre d'exemple, une attitude commune fut prise par les Quinze à l'égard de la Corée du Nord condamnant d'une part la décision de la Corée du Nord de se retirer du TNP et exigeant, d'autre part, que celle-ci se soumette à la pleine application des garanties de l'AIEA.

Il faudra attendre juillet 1994 pour que finalement une action commune relative à la non-prolifération nucléaire soit adoptée par le Conseil. Cette dernière consacrée plus spécifiquement à « la préparation de la conférence de 1995 des États parties au Traité sur la non-prolifération nucléaire », élaborée sur la base d'une proposition allemande avait pour objectif « le renforcement du système international de non-prolifération nucléaire par la promotion de l'universalité du TNP et, en particulier, par sa prorogation indéfinie et inconditionnelle ». Des démarches en ce sens furent entreprises par les États membres et la présidence[87], avec des succès divers, avant et pendant la conférence de renouvellement du TNP. Il est incontestable que l'effort diplomatique déployé par l'Union européenne et ses États membres pour convaincre les autres parties au TNP de participer à la conférence et de se rallier à un renouvellement inconditionnel et indéterminé contribua à la réussite de la conférence d'avril/mai 1995. Si l'utilisation de l'action commune comme instrument

« 1. Promouvoir l'adhésion au TNP auprès des États qui refusent de s'y rallier ;
2. Garantir le respect et la pleine application du TNP. En cas de violation par un État membre, des actions communes peuvent être entreprises via l'AIEA, les Nations unies, … ;
3. Préparer la conférence d'extension du TNP de 1995. Un des objectifs d'une action commune pouvant être l'obtention d'un consensus pour une extension indéfinie du traité ;
4. Renforcer et rationaliser le régime de garanties de l'AIEA. La Communauté et ses États membres ont déjà engagé des actions communes au Conseil des gouverneurs ou à l'assemblée générale de l'AIEA ;
5. Appuyer quelques aspects des travaux du Centre international des sciences et techniques ;
6. Des actions visant à prévenir la prolifération des missiles balistiques et à soutenir l'adhésion d'un nombre croissant d'États au respect des principes du MTCR (Missile Technology Control Regime) ;
7. Des démarches communes visant à la conclusion et à la mise en œuvre de la Convention sur les armes chimiques et sur la mise en œuvre des obligations résultant de la convention sur les armes biologiques ;
8. Dans une deuxième étape, un domaine possible pour une action commune pourrait être un certain support pour la mise en œuvre du CAC » (traduction personnelle).

[87] Cette action commune fut initiée sous présidence allemande et poursuivie sous présidence française.

d'intervention dans le cadre du TNP fut finalement considérée par les États membres comme largement positive, son adoption initiale ne fut pas obtenue sans difficultés. En effet, la proposition allemande rencontra l'opposition de certains États peu enclins à contraindre leur action diplomatique, en particulier la France et le Royaume-Uni qui craignaient de devoir défendre des positions peu compatibles avec leur politique de défense[88].

Dans les mois qui suivirent, le procédé de l'action commune va connaître une deuxième application dans le cadre de la non-prolifération des armes nucléaires. À l'intervention du Parlement européen, dans une résolution relative aux commerces des armes, invitant les États membres à développer une approche commune en matière de transferts d'armes et de biens à double usage et partant du constat que l'achèvement du marché intérieur pouvait mettre en cause l'efficacité des contrôles nationaux à l'exportation, la Commission entama d'initiative une analyse systématique des régimes nationaux de contrôle des transferts. Elle déposa en février 1992, à l'intention du Conseil, une communication « sur le contrôle à l'exportation de biens et technologies à double usage et achèvement du marché intérieur » dans laquelle elle faisait état de différences significatives tant en matières de biens contrôlés que de critères et conditions d'autorisation ou encore de sanctions[89]. Sur la base de cette communication, le Conseil décida de la création d'un groupe *ad hoc* à haut niveau *biens et technologies à double usage* qu'il chargea d'élaborer des propositions en vue d'adopter dès que possible des mesures appropriées. Rapidement les problèmes surgirent. Si la plupart des États membres marquaient leur accord sur la nécessité d'organiser une certaine coordination des procédures de contrôle et, le cas échéant, par le biais d'un règlement, ils étaient par contre nettement plus divisés sur le champ d'application à donner à un tel règlement. En effet, l'intégration des biens à double usage dans un règlement communautaire dépassait, du point vue de certains États membres, le champ des compétences communautaires. Ils considéraient que ces biens étaient, par définition, *nécessaires à la production ou au commerce d'armes, de muni-*

---

[88] Cf. H. MÜLLER et D. FISCHER, *United Divided : The European at the NPT Extension Conference*, *op. cit.*, p. 33.

[89] Voir sur l'analyse de la communication de la Commission, Harald MÜLLER, « La politique européenne de non-prolifération », *Mémento défense-désarmement*, 1994/95, l'Europe et la sécurité internationale, les dossiers du GRIP, n° 191-195, Institut européen de recherche et d'information sur la paix et la sécurité, Bruxelles, 1994, p. 39 et s.

tions et de matériels de guerre, et tombaient, par ce fait, sous l'exception établie par l'article 223[90] du Traité CE[91].

Devant l'impossibilité d'aboutir à un accord au sein du groupe *ad hoc* sur le projet de règlement, la présidence proposa, pour sortir de l'impasse, d'adopter les principes régissant l'exportation des biens à double usage par un règlement et de définir dans le cadre de la PESC, les listes de biens, de destinations et les lignes directrices en recourant à une action commune. Ce système offrait l'avantage de permettre la mise en œuvre d'un embryon de régime communautaire de contrôle tout en ne portant pas atteinte aux compétences propres des États membres. Ce système dit intégré fut adopté en décembre 1994[92].

Si le recours à l'action commune avait permis de sauver le projet de système de contrôle communautaire des biens à double usage, l'utilisation de cet instrument, comme palliatif à un règlement, apparaissait pour le moins décevante. Elle démontrait, une fois de plus, que si les États membres acceptaient de coordonner leurs politiques sur les grands principes universels de la non-prolifération, ils étaient encore fondamentalement divisés sur les méthodes et les moyens pour les mettre en œuvre.

Toutefois, suite à deux arrêts de la Cour de justice des Communautés européennes statuant sur question préjudicielle – les arrêts Werner et Leifer[93] – les principes constitutifs de ce système intégré furent invalidés. La Commission, s'appuyant indirectement sur ces deux arrêts de la Cour, déposa en mai 1998, une proposition de règlement instituant un régime de contrôle des exportations de biens et technologies à double usage intégrant tant les principes régissant l'exportation de ces biens que

---

90 Actuellement l'article 346 TFUE.

91 Le partage des compétences entre les instances communautaires et les États membres fait l'objet du chapitre IV.

92 Il s'agit :
du Règlement (CE) n° 3381/94 du Conseil du 19 décembre 1994 instituant un régime communautaire de contrôle des articles à double usage (JO, L 367, 31 décembre 1994, p. 1). Précisons que pour des raisons d'ordre logistique, la mise en œuvre effective du règlement fut reportée au 1er juillet 1995. Cf. Règlement (CE) n° 837/95 du Conseil du 10 avril 1995 modifiant le règlement (CE) n° 3381/94 (JO, L 90, 21 avril 1995, p. 1).
Sur le processus ayant abouti à l'adoption de ce système intégré, voir Harald MÜLLER, « The Export Control Debate in the "New" European Community », *Arms Control Today*, vol. 23, n° 2, March 1993, p. 11.

93 Arrêt du 17 octobre 1995, affaire C-70/94, Fritz Werner Industrie-Ausrüstungen GmbH et Bundesrepublik Deutschland, Rec. 1995, p. I-3189 et arrêt de la Cour du 17 octobre 1995, affaire C-83/94, Peter Leifer, Reinhold Otto Krauskopf, Otto Holzer, Rec. 1995, p. I-3231.

les lignes directrices et les listes de biens et de destinations[94]. Après de longues et âpres négociations, cette proposition de règlement largement amendée fut adoptée par le Conseil en juin 2000[95].

Pour donner suite à l'adoption de la résolution 1540 du Conseil de sécurité des Nations unies qui invitait les États à élaborer des dispositifs nationaux efficaces de contrôle destinés à prévenir la prolifération des ADM, le Conseil de l'Union européenne approuva en décembre 2003 la Stratégie de l'UE contre la prolifération des armes de destruction massive[96]. Le point 4) de ce document soulevait la nécessite de « [r]endre plus efficaces les contrôles des exportations dans une Europe élargie et mener à bien une évaluation par les pairs afin de diffuser les bonnes pratiques en tenant particulièrement compte des défis posés par l'élargissement prochain ». En réponse, un processus de *Peer review* par groupes de trois États membres fut organisé afin de dégager les meilleures pratiques. Sur la base de ces dernières et d'une étude d'impacte[97] réalisée par la suite, la Commission présenta au Conseil, le 18 décembre 2006 une proposition de refonte du Règlement 1334/2000 instituant un régime communautaire de contrôle des exportations de biens et technologies à double usage[98]. Les négociations aboutirent deux ans plus tard par l'adoption du Règlement 428/2009[99].

Depuis 1994, l'Union européenne, en tant qu'entité politique, intervient, au travers de résolutions du Parlement européen, de déclarations de la Présidence et du haut représentant, de positions ou d'actions communes et de décisions du Conseil, de plus en plus fréquemment en matière de non-prolifération des armes nucléaires. Ainsi, à la suite de la

---

94 Proposition de règlement du Conseil instituant un régime communautaire de contrôle des exportations de biens et technologies à double usage, COM (1998) 257 final 98/0162 (ACC).

95 Règlement (CE) n° 1334/2000 du Conseil du 22 juin 2000 instituant un régime communautaire de contrôle des exportations de biens et technologies à double usage (JO, L 159, 30 juin 2000, p. 1).

96 *Stratégie de l'UE contre la prolifération des armes de destruction massive*, Conseil de l'Union européenne, Bruxelles, le 10 décembre 2003, 15708/03.

97 *Impact Assessment Study on possible options for the modification of the EU regime on export control of dual-use goods and technologies*, réalisé par y Interexport Management Systems Ltd au nom de la Commission européenne, février 2006. Le texte est disponible sur : http://trade.ec.europa.eu/doclib/docs/2006/april/tradoc_127589.2.pdf.

98 *Proposition de règlement du Conseil instituant un régime communautaire de contrôles des exportations de biens et technologies à double usage*, présentée par la Commission, COM(2006) 828 final.

99 Règlement (CE) n° 428/2009 du Conseil du 5 mai 2009 instituant un régime communautaire de contrôle des exportations, des transferts, du courtage et du transit de biens à double usage (JO, L 134, 29 mai 2009, p. 1).

campagne d'essais nucléaires pakistanais, un appel, par une déclaration de la Présidence, a été lancé à l'Inde et au Pakistan pour qu'ils ne procèdent pas à de nouveaux essais ni ne déploient d'armes nucléaires, ou de missiles balistiques sur leur territoire. Cet appel précisait que l'Union européenne se verrait contrainte de prendre « toutes les mesures qui s'imposent » si ces deux États n'adhéraient, pas sans conditions aux accords internationaux en matière de non-prolifération, notamment au Traité d'interdiction complète des essais nucléaires, et n'engageaient pas les procédures de ratification nécessaires[100]. De façon plus significative, une quatrième action commune relative « à la promotion de la transparence dans les contrôles des exportations liées au domaine nucléaire » fut adoptée en avril 1997. Celle-ci comportait un soutien actif aux travaux de transparence du NSG, notamment par une contribution de 75 000 écus pour le financement du premier séminaire sur les contrôles des exportations liées au domaine nucléaire[101].

Enfin en avril 1998, le Conseil adopta une position commune relative à la deuxième réunion préparatoire de la Conférence de révision du TNP de mai 2000[102].

Soulignons que l'existence de ces positions et actions communes ne se fut pas nécessairement soldée en une politique extérieure intégrée de L'Union européenne. Si les Conférences de révision postérieures firent également l'objet de positions communes déterminant les éléments et principes essentiels que l'Union entend s'imposer, elles continuèrent à

---

100 Déclaration de la Présidence (09031/98) du 29 mai 1998 au nom de l'Union européenne sur les essais nucléaires effectués par le Pakistan.

101 Cf. Action commune (00288/97) du 29 avril 1997 adoptée par le Conseil sur la base de l'article J.3 du Traité sur l'Union européenne, relative à la contribution de l'Union européenne à la promotion de la transparence dans les contrôles des exportations liées au domaine nucléaire (JO, L 213, 5 août 1997, p. 1). Par la suite le Conseil adopta deux autres décisions : l'une visant à financer le deuxième séminaire sur la transparence du NSG, l'autre visant à financer le système de communication entre les membres du NSG. Cf. Décision du Conseil du 3 novembre 1998 sur la mise en œuvre de l'action commune 97/288/PESC relative à la contribution de l'Union européenne à la promotion de la transparence dans les contrôles des exportations liées au domaine nucléaire en vue du financement du deuxième séminaire du NSG sur les contrôles des exportations liées au domaine nucléaire (98/623/PESC) (JO, L 297, 6 novembre 1998, p. 1) ; Décision du Conseil du 25 janvier 1999 relative à la mise en œuvre de l'action commune 97/288/PESC concernant le financement d'un système de communication pour tous les membres du Groupe des fournisseurs nucléaires qui ne sont pas des États membres de l'Union européenne (1999/74/PESC) (JO, L 023, 30 janvier 1999, p. 4).

102 Cf. Position commune 98/289/PESC relative à la préparation de la deuxième session du comité préparatoire de la conférence d'examen de l'an 2000 des parties au Traité sur la non-prolifération des armes nucléaires (98/289/PESC) (JO, L 129, 30 avril 1998, p. 1).

être marquées par une approche relativement dispersée des États membres, tout particulièrement lors de la Conférence de 2000.

Plus fondamentalement, lors du sommet de Thessalonique de juin 2003, le Conseil européen adopta une déclaration sur la non-prolifération des armes de destruction massive incluant la volonté d'élaborer une stratégie cohérente de l'Union européenne. Ensuite une stratégie adoptée en décembre 2003 détermina les principes des politiques et des actions de l'Union en matière de non-prolifération des armes nucléaires. Bien qu'elle ne fût guère juridiquement contraignante pour les États membres, elle constitua l'affirmation politique que l'Union et ses États membres disposaient désormais d'un cadre de référence commun s'articulant essentiellement autour du TNP[103].

Avec l'entrée en vigueur du Traité de Lisbonne en décembre 2009, la question du porte-parole de l'Union européenne pour la Conférence de révision de 2010 fut inévitablement soulevée. Cette fonction assumée jusqu'alors par l'État membre exerçant la présidence tournante de l'UE, devait désormais en principe être assumée conjointement par le président de l'Union et le haut représentant de l'Union pour les Affaires étrangères et la Politique de sécurité. La réforme eut essentiellement pour effet de renforcer la visibilité de l'Union européenne au sein de la Conférence de révision. Néanmoins, la visibilité et la personnalisation de l'Union via son haut représentant n'ont pas eu pour effet de la dégager de la tutelle des États membres qui continuèrent d'adopter à l'unanimité les décisions exprimées ensuite par le Haut représentant. Ainsi, le texte de la déclaration du 3 mai 2010 ne se démarqua pas de la logique de ceux adoptés lors des conférences précédentes[104].

En conclusion, depuis l'adoption du Traité Euratom, il est incontestable que l'Union européenne s'inscrit dans un processus lent mais certain de coordination des politiques nationales de non-prolifération des armes de destruction massive. Celui-ci semble être plus le résultat d'une volonté d'alignement des politiques de non-prolifération des principaux États fournisseurs du globe, qu'un phénomène strictement européen. En

---

[103] *Stratégie de l'UE contre la prolifération des armes de destruction massive*, Bruxelles, le 10 décembre 2003. L'adoption de ce document a été accompagnée par celle de la Stratégie européenne de sécurité « L'Europe sûre dans un monde meilleur ». Ainsi, les principales priorités sur lesquelles l'UE devrait concentrer ses efforts sont la consolidation du système international de la non-prolifération, l'universalisation de régimes multilatéraux, le suivi et le renforcement de la mise en œuvre et de conformité à ces accords et la coopération accrue avec les partenaires clés.

[104] Cf. Statement on behalf of the European Union at the General Debate of the Review Conference of the NPT, by H.E. Catherine Ashton High Representative of the European Union Foreign Affairs and Security Policy, United Nations, New York, 3 May 2010.

effet, l'alignement n'est en réalité que la traduction des décisions prises dans le cadre des instruments internationaux de non-prolifération comme le NSG ou le MTCR.

Sur un plan plus formel, on constate, malgré tout, une certaine volonté des États membres de donner à la politique de non-prolifération de l'Union européenne une forme d'identité par le biais de déclarations de son Haut représentant et de décisions du Conseil adoptées et défendues au sein d'instances comme l'assemblée générale de l'AIEA ou lors des Conférences de révisions, en ce compris les Conférences préparatoires du TNP.

Sur le plan intracommunautaire, une certaine intégration des régimes de transfert semble progressivement se dessiner. Celle-ci est également plus le résultat d'une nécessité née des conséquences de la suppression des contrôles aux frontières internes que le fruit d'une réelle volonté politique d'intégration.

CHAPITRE IV

Le partage des compétences entre l'Union et ses États membres

L'objectif de ce chapitre est double. Il consiste, d'une part, à définir et comprendre le partage des compétences en matière de contrôle des transferts des biens relatifs aux armes nucléaires et, d'autre part, à dégager les différents instruments nationaux et communautaires intervenant en cette matière.

L'analyse du partage des compétences est envisagée tant, sur le plan théorique, par l'examen des principes qui sont appelés à le régir, que par l'analyse de la situation *in concreto*. Il est évident, en effet, que lors de l'élaboration des Traités CE et Euratom, la question du contrôle des transferts des biens relatifs aux armes nucléaires n'avait pas la même pertinence qu'aujourd'hui. Ainsi bon nombre des règles en matière de non-prolifération des armes nucléaires ont été essentiellement élaborées après l'adoption de ces traités. Par ce fait, il n'est pas étonnant que les différents aspects relatifs aux systèmes de contrôle de ces transferts s'accommodent difficilement de la ligne de partage des compétences définies par les Traités de Rome. On assiste, en effet, à une large dispersion des éléments de contrôle des transferts qui ne peut être appréhendée que par l'examen et l'analyse de la situation pratique.

Une des questions récurrentes de l'approche européenne de la non-prolifération des biens pouvant contribuer à l'élaboration d'une arme nucléaire, concerne les difficultés liées à l'absence de consensus sur la ligne de partage des compétences entre les États membres, d'une part, et les différents organes de l'Union, d'autre part. Le conflit belgo-français sur l'applicabilité des directives du NSG aux échanges intracommunautaires et, plus récemment, les multiples avatars du système communautaire intégré de contrôle des transferts des biens à double usage, ont démontré à suffisance combien la question des compétences divise les États membres et les institutions communautaires.

On distingue deux sources possibles d'attribution de compétences à l'Union européenne susceptibles d'intervenir en matière de non-prolifération des armes nucléaires. Il y a, premièrement, celles déterminées par le Traité Euratom, en particulier le régime d'approvisionnement en matières nucléaires (chapitre VI), le régime de propriété des matières fissiles spéciales (chapitre VIII), le marché commun nucléaire (chapitre IX) et le contrôle de sécurité (chapitre VII).

Deuxièmement et principalement, il y a les dispositions du Traité de Lisbonne, celles du TFUE relatives à la politique commerciale et la réalisation du marché commun et plus spécialement de l'article 207 (ex-article 133 (Traité instituant la Communauté européenne (TCE)) et des dispositions d'exceptions des articles 36 (ex-article 30 TCE) et 346 (ex-article 296 TCE). Ensuite, il y a les dispositions du Titre IV Politique étrangère et de sécurité commune du Traité sur l'Union européenne.

Dés lors le cœur de répartition de compétences se trouve partagé entre le volet communautaire du Traité de Lisbonne (TFUE) et sa composante intergouvernementale, la PESC (TUE).

Précisons d'emblée que le terme compétence n'a pas le même sens selon qu'il s'agisse du Traité sur le fonctionnement de l'Union européenne ou de celui sur l'Union européenne. Cette distinction découle de la différence de statut entre les Traités CE et CEEA et la PESC. Comme le souligne Philippe Manin[1], dans les deux premiers cas il s'agit de l'attribution de compétences à une personne juridique distincte des États dont le respect peut être sanctionné par la Cour de justice de l'Union européenne. Tandis que pour la PESC, le terme compétence indique seulement qu'un certain nombre de domaines peuvent faire l'objet d'une coopération entre États membres dans un cadre institutionnel spécifique. Il s'agit d'une formalisation plus accrue de la Coopération politique européenne et ces dispositions restent, pour l'essentiel, un processus de coopération et de concertation intergouvernemental visant à coordonner l'action des États membres en matière de politique étrangère et de sécurité commune. Un contrôle, par la Cour de justice de l'Union européenne, des obligations contractées par les États membres dans ce cadre est explicitement écarté par le Traité sur l'Union européenne[2].

En conséquence, il convient d'être attentif au fait que si ces deux traités interviennent pour déterminer les différents volets du champ de compétences en matière de contrôle des transferts de biens relatifs aux armes nucléaires, la reconnaissance d'un pouvoir d'intervention à un organe quelconque, en vertu de l'un ou l'autre de ces traités, n'est pas neutre et implique des mécanismes de contrôle du respect des compétences octroyées à portée très différente.

La question des compétences soulève inévitablement des interrogations sur leurs répartitions entre le Traité Euratom et les TUE et TFUE.

---

[1] Cf. Philippe MANIN, *Les Communautés européennes l'Union européenne droit institutionnel*, A. Pedone, Paris, 1993, p. 61.

[2] Article 24(1), alinéa 2 (ancien article 11) du Traité sur l'Union européenne.

En effet, comment convient-il de conjuguer les dispositions générales du TFUE avec celles plus spécifiques du Traité Euratom ?

Une réponse partielle était apportée par le Traité CE qui précisait que « les dispositions du présent traité ne dérogent pas aux stipulations du traité instituant la Communauté européenne de l'énergie atomique »[3]. Cette disposition n'a pas été intégrée au sein du TFUE. Est-ce à dire que désormais, le TFUE pourrait déroger librement au Traité Euratom ? Il ne semble guère que l'on puisse l'affirmer dans la mesure où les règles relatives aux droits des traités restent applicables. Il s'agit plutôt d'un acte politique conscient ou non de la moindre importance que revêt encore pour les États membres le Traité Euratom.

À l'inverse du TFUE, le Traité Euratom a un champ de compétences étroit, limité à la réalisation d'un objectif déterminé – la croissance de l'industrie nucléaire[4] – qui ne lui permet pas de répondre à l'ensemble des questions intéressant le secteur qui lui a été alloué. Ainsi, les trois listes de biens constituant le marché commun nucléaire du Traité Euratom[5], jamais révisées depuis leur adoption en 1957, sont, aujourd'hui, largement dépassées par l'évolution de la technologie nucléaire et répondent de moins en moins à la réalité des échanges commerciaux de l'industrie nucléaire. Par ailleurs, les questions relatives à la lutte contre la prolifération des armes nucléaires n'entrent que très partiellement dans le champ de compétences du Traité Euratom. Notons, par exemple, que la sélection des biens déterminant le champ d'application de ce traité a été faite en fonction de leur apport respectif au développement de l'industrie nucléaire et non en fonction de considérations relatives aux questions de non-prolifération.

Lors des conventions intergouvernementales de révisions des traités européens la question d'une mise à jour du Traité Euratom fut régulièrement soulevée mais n'a jamais pu aboutir[6]. Cela est partiellement dû à la trop grande divergence des politiques électronucléaires des États membres.

Avec l'entrée en vigueur du Traité de Lisbonne, l'Union européenne jadis « fondée sur les Communautés européennes complétées par les politiques et formes de coopération »[7], se substitue aux trois Commu-

---

[3] Article 305 §2 du Traité CE.

[4] Voir article 1 du Traité Euratom.

[5] Annexe IV du Traité Euratom.

[6] Voir par exemple la Déclaration n° 54 de la République fédérale d'Allemagne, de l'Irlande, de la République de Hongrie, de la République d'Autriche et du Royaume de Suède annexée au Traité de Lisbonne.

[7] Article premier (ex-article A) du Traité sur l'Union européenne.

nautés préexistantes et désormais dispose d'une personnalité juridique interne et externe.

Dés lors peut-on considérer que les dispositions du TFUE s'étendent automatiquement à toutes les zones non couvertes par le Traité Euratom ? Appelée à se prononcer sur la compétence de la Communauté pour conclure des accords internationaux en matière de services et de protection de la propriété intellectuelle, la Cour de justice, dans son avis 1/94, répond sans ambiguïté par l'affirmative en précisant que « comme le Traité Euratom ne comporte aucune disposition sur le commerce extérieur, rien ne s'oppose à ce que les accords conclus en vertu de l'article 113 du Traité CE s'étendent aux échanges internationaux de produits Euratom »[8]. En conséquence, là où le Traité Euratom contient une réglementation spécifique et complète de la matière, il convient de s'en tenir à celle-ci. Par contre, en l'absence d'une telle réglementation, le TFUE peut trouver à s'appliquer dans le domaine couvert par le Traité Euratom. Il faut bien admettre que le problème des rapports entre les deux traités n'est plus aujourd'hui source de préoccupations pour les États membres, ni vraisemblablement pour les institutions européennes et que le Traité Euratom n'a plus qu'une existence résiduelle et la force d'attraction du TFUE se marque tous les jours davantage.

Les compétences relatives à la lutte contre la prolifération des armes nucléaires s'articulent, en fait, autour de trois champs fondamentaux : les compétences en matière de politique de non-prolifération – essentiellement la définition des principes de non-prolifération et, plus particulièrement, ceux gouvernant les transferts –, les compétences en matières commerciales – essentiellement l'élaboration des systèmes de contrôle des transferts – et finalement, les compétences en matière de contrôle et de répression, principalement l'élaboration des régimes de vérification et de sanction.

I. La politique de non-prolifération des armes nucléaires

Il est admis et peu contesté que la politique de non-prolifération des armes nucléaires est un élément constitutif de la politique étrangère et est donc, à titre principal, du ressort des États membres. Les déclarations du Conseil européen, suite à l'adoption du Traité sur l'Union européenne (Maastricht, 1992) l'ont, rappelons-le, insérée sans ambiguïté parmi les domaines prioritaires de la PESC. Depuis lors, l'Union s'est exprimée à plusieurs reprises au travers des déclarations de la Prési-

---

8 Avis de la Cour du 15 novembre 1994, 1/94, Rec. 1994, p. I-5296. Cet avis n'est, en réalité, que la dernière confirmation d'une jurisprudence constante de la Cour. Voir par exemple : Arrêt de la Cour du 6 juillet 1982, affaire jointes 188 à 190/80, Rec. 1982, p. 2544.

dence, de positions ou d'actions communes[9] et même plus récemment dans ses stratégies communes, sur des questions de politiques de non-prolifération des armes nucléaires.

Ce mécanisme fondé sur la coopération intergouvernementale n'est, cependant, pas sans limites. En effet, l'adoption à l'unanimité tant d'une position commune ou d'une action commune, remplacées avec le traité de Lisbonne par seule et unique décision, que d'une stratégie commune, nécessite inévitablement des négociations peu compatibles avec la rapidité d'intervention requise par la politique étrangère et aboutit souvent à une position de compromis insuffisamment claire.

Même si les États membres acceptent parfois, d'une part, d'agir via l'Union européenne dans le cadre des réunions et groupes de travail des instruments formels et informels relatifs à la non-prolifération des armes nucléaires et, d'autre part, admettent la participation en tant qu'observateur, à certains d'entre eux, de l'Union européenne, il reste que la prise d'engagements au sein de ces instruments reste une compétence de politique étrangère des États membres qu'ils ne sont pas prêts de partager[10]. De façon régulière la Commission européenne demande aux États membres de soutenir la pleine participation des institutions de l'Union européenne au sein des régimes informels de non-prolifération mais cette proposition n'est guère soutenue par ceux-ci. Seul le Groupe d'Australie et le NSG ont accordé à l'Union européenne le statut respectivement de membre et d'observateur.

La mise en œuvre des engagements internationaux contractés par les États membres dans les régimes, notamment, par la création de systèmes de contrôle des transferts est, en principe, dans ces aspects de politique étrangère, tels que la définition des critères et conditions de l'autorisation en ce compris la décision d'octroi ou de refus, de la compétence des États membres. Cette approche se reflétait dans le système communautaire dit intégré de 1994 constitué d'une action commune et d'un règlement qui laissait aux États membres la compétence décisionnelle de transfert et qui utilisait un instrument communautaire pour définir les procédures d'autorisation. Toutefois, rappelons que cette articulation des compétences fut invalidée par la Cour de justice.

---

9 Stratégie commune de l'Union européenne, du 4 juin 1999, à l'égard de la Russie (1999/414/PESC) (JO, L 157, 24 juin 1999, p. 1) et Action commune du Conseil, du 17 décembre 1999, établissant un programme de coopération de l'Union européenne en faveur de la non-prolifération et du désarmement dans la Fédération de Russie (1999/878/PESC) (JO, L 331, 23 décembre 1999, p. 11).

10 Sur la participation de la Commission aux organisations internationales, voir Ph. MANIN, *Les Communautés européennes l'Union européenne droit institutionnel*, *op. cit.*, p. 153.

Il convient toutefois de rester attentif au fait qu'en matière de contrôle des transferts, la distinction entre les aspects relevant de la politique étrangère et ceux relevant de la politique commerciale ne fait pas l'objet d'un consensus entre l'Union et les États membres.

Soulignons en outre qu'il n'est pas exclu que les objectifs de la politique étrangère puissent dans certains cas aller à l'encontre des priorités commerciales. Un des exemples d'une telle rivalité pourrait être les conséquences de l'adoption en novembre 2003 d'une clause de non-prolifération qui désormais doit être proposée et introduite dans tous les accords négociés avec des pays tiers sur la base de l'article 24 TUE. Cette clause contient un engagement de coopérer et de renforcer la lutte contre la prolifération des armes de destruction massive et leurs vecteurs par la ratification des traités et accords internationaux relevant et par la mise en place d'un système de contrôle des exportations efficace et performant. Ce dernier doit inclure notamment le contrôle des opérations de transit et un régime de sanctions dissuasifs[11].

Depuis 2003, cette clause a été insérée dans tous les nouveaux accords comme dans les renouvellements d'accords PESC ou mixtes et couvre une centaine de pays tiers[12]. Il est difficile d'en mesurer l'impact sur la politique commerciale commune, mais son action en matière de politique étrangère, et plus particulièrement sur la non-prolifération des armes de destruction massive, semble être déterminante[13].

Par ailleurs, cette compétence politique en matière de politique étrangère est, pour certains transferts de matières nucléaires, partagée avec la Commission européenne. En effet, dans le cadre du chapitre VI du Traité Euratom consacré à l'approvisionnement de l'Union en matières fissiles, l'exportation de minerais, matières brutes et matières fissiles spéciales doit être autorisée par la Commission[14]. La difficulté étant que le Traité Euratom semble accorder à la Commission un pouvoir d'appréciation et de définition au moins équivalent à celui reconnu aux États membres. L'article 59 de ce traité précise que l'autorisation de la Commission ne peut être octroyée si les bénéficiaires de ces livraisons n'offrent pas « toutes les garanties que les intérêts généraux de la Com-

---

11 Pour le texte complet de la clause de non-prolifération voir *Fight against the proliferation of weapons of mass destruction : mainstreaming non-proliferation policies into the EU's wider relations with third countries*, EU Council Note, 14997/03, 19 novembre 2003, p. 4.

12 *Note on the implementation of the WMD Clause, Council of the European Union, Brussels, January 19, 2009 (5503/09).*

13 Voir Implementation and impact of the clause, p. 6 et suivante de la Note on the implementation of the WMD Clause, Council of the European Union, Brussels, January 19, 2009 (5503/09).

14 Article 59 du Traité Euratom.

munauté seront respectés, ou si les clauses et conditions de ces contrats sont contraires aux objectifs du présent traité »[15]. Que convient-il d'entendre par ces termes ? Faut-il reconnaître à la Commission, comme le laissent entendre certains auteurs[16], un pouvoir d'appréciation à caractère politique permettant de refuser une autorisation en raison, par exemple, d'une décision d'embargo, d'un risque de conflit d'intérêts politique impliquant l'Union ou un de ses États membres, ou encore un risque d'atteinte à la sécurité interne ou externe de l'Union[17] ? Il nous semble qu'une réponse positive doit être donnée. On peut, en effet, tirer argument des objectifs du Traité CEEA et, en particulier, de celui assignant à Euratom « d'instituer avec les autres pays et les autres organisations internationales toutes liaisons susceptibles de promouvoir le progrès dans l'**utilisation pacifique**[18] de l'énergie nucléaire »[19] la possibilité pour la Commission de baser son autorisation sur des considérations liées à la non-prolifération des armes nucléaires.

Cette apparente exception à la compétence exclusive des États membres en matière de politique de non-prolifération ne révèle-t-elle pas plutôt une absence de consensus sur le contenu et les limites précises de cette compétence qu'une réelle remise en cause du partage de celle-ci. En d'autres termes, les États membres n'ont-ils pas tendance à inclure abusivement dans ce champ de compétences des éléments qui ne ressortent pas des questions de politique de non-prolifération des armes nucléaires ? En toutes hypothèses, il paraît difficile d'opérer avec certitude une répartition précise entre ce qui ressort de celle-ci et ce qui n'en ressort pas.

II. La politique commerciale

À l'inverse de la politique de non-prolifération des armes nucléaires, la politique commerciale commune est, en vertu de l'article 3 TFUE, une compétence exclusive de l'Union européenne. Cette reconnaissance formelle de la compétence communautaire par le Traité de Lisbonne a mis un terme à la polémique qui animait la répartition de cette matière entre les États membres et l'Union même si la jurisprudence de la Cour de justice de l'Union européenne n'avait cessé, chaque fois qu'elle a été

---

15 Article 59, dernier alinéa du Traité Euratom.

16 Cf. ERRERA, E. SYMON, J. VAN DER MEULEN, et L. VERNAEVE, *Euratom, analyse et commentaires du traité*, *op. cit.*, p. 132.

17 Cf. Hans VON DER GROEBEN, Jochen THIESING, Claus-Dieter EHLERMANN, *Handbuch des Europäischen Rechts*, Nomos, Baden-Baden, 1981, p. 36.

18 C'est nous qui soulignons.

19 Article 2 h) du Traité CEEA.

saisie, de confirmer la compétence exclusive de l'Union européenne en cette matière[20].

L'article 207(1) TFUE *in fine* souligne que la politique commerciale commune est menée dans le cadre des principes et objectifs de l'action extérieure de l'Union. Cette précision a le mérite de formellement reconnaître l'interdépendance de ces deux politiques, même si parfois leurs objectifs peuvent s'avérer contradictoires. Toutefois, il conviendra de voir comment cette intégration va se concrétiser surtout dans le domaine du contrôle des exportations de biens sensibles où la primauté des objectifs de politique étrangère est régulièrement soutenue par certains États membres.

Précisons que, tant qu'à présent, le Conseil des ministres de l'Union européenne a toujours considéré l'article 207 TFUE comme une base légale suffisante, pour intervenir en matière de contrôle des exportations de biens susceptibles de contribuer à la fabrication d'armes de destruction massive. En effet, seul l'article 207 est visé par le règlement du Conseil concernant les exportations de certains produits chimiques[21] ainsi que par le règlement du Conseil instituant un régime communautaire de contrôle des exportations, des transferts, du courtage et du transit de biens à double usage[22]. L'article 352 TFUE autorisant l'Union, moyennant certaines procédures, à intervenir pour réaliser, dans le fonctionnement du marché commun, l'un de ces objets sans que ce traité ait prévu les pouvoirs d'action requis, n'a pas, contrairement à d'autres secteurs d'activité[23], été utilisé.

---

20 Arrêt de la Cour du 17 octobre 1995, affaire C-83/94, Peter Leifer, Reinhold Otto Krauskopf, Otto Holzer, Rec. 1995, p. I-3231, Avis de la Cour du 15 novembre 1994, 1/94, Rec. 1994, p. I-5267 ; Arrêt de la Cour du 15 décembre 1976, affaire 41-76 Suzanne Donckerwolcke et Henri Schou/procureur de la République au tribunal de grande instance de Lille et directeur général des douanes et droits indirects, Rec. 1976, p. 1923 ; Avis de la Cour du 11 novembre 1975 1/75, Rec. 1975, p. 1355.

21 Règlement (CEE) n° 428/89 du Conseil du 20 février 1989 concernant les exportations de certains produits chimiques (JO, L 50, 22 février 1989, p. 1). Ce règlement a été abrogé par l'article 23 du règlement (CE) n° 3381/94 du Conseil du 19 décembre 1994 instituant un régime communautaire de contrôle des articles à double usage (JO, L 367, 31 décembre 1994, p. 1). Dans un domaine relativement similaire voir règlement (CEE) 3677/90 du Conseil du 13 décembre 1990 relatif aux mesures à prendre afin d'empêcher le détournement de certaines substances pour la fabrication illicite de stupéfiants ou de substances psychotropes (JO, L 357, 20 décembre 1990, p. 1). Ce règlement a été sensiblement modifié par le règlement (CEE) 900/92 (JO, L 96, 10 avril 1992 p. 1).

22 Règlement (CE) n° 428/2009 du Conseil du 5 mai 2009 instituant un régime communautaire de contrôle des exportations, des transferts, du courtage et du transit de biens à double usage (JO, L 134, 29 mai 2009, p. 1).

23 L'article 352 (ex-article 308 TCE) TFUE a été utilisé abondamment, notamment, en matière d'environnement, d'agriculture et d'union douanière.

Une nouvelle disposition de l'article 207 confirme que *l'exercice des compétences attribuées par le présent article dans le domaine de la politique commerciale commune n'affecte pas la délimitation des compétences entre l'Union et les États membres et n'entraîne pas une harmonisation des dispositions législatives ou réglementaires des États membres dans la mesure où les traités excluent une telle harmonisation.* À l'inverse les États membres ne peuvent adopter des dispositions dans le cadre de la PESC alors que celles-ci auraient pu être adoptées dans le cadre de la politique commerciale commune[24], peu importe qu'il s'agisse d'une compétence exclusive ou non. Si ce principe est peu contesté par les États membres, la difficulté réside surtout sur le contenu de la politique commerciale commune au regard de la politique étrangère sur lequel le Traité de Lisbonne n'apporte pas de nouvelles précisions.

De même si la politique d'exportation, ainsi que les mesures de défense commerciale sont reprises comme par le passé dans la liste des fondements de la politique commerciale commune, il existe des divergences d'interprétations importantes sur le contenu de cette politique d'exportation, ou plus précisément sur les limites entre celle-ci et la politique de non-prolifération. Pour tenter de comprendre et de déterminer la ligne de partage entre ces deux zones, l'analyse focalisera sur les éléments ayant motivé l'ancien découpage du système communautaire de contrôle dit intégré des biens à double usage entre un règlement, d'une part, et une action commune, d'autre part. Ensuite l'évolution de ce système en un mécanisme régi exclusivement par un règlement communautaire sera examinée.

Lors des premières discussions au sein du sous-groupe *ad hoc* d'experts sur la législation relative au contrôle des exportations des matières et équipement nucléaires, il était uniquement question d'établir une harmonisation des listes nationales relatives au contrôle des exportations de matières et d'équipements nucléaires et d'instaurer une certaine coordination des pratiques de contrôle. Suite à la découverte du programme de recherche militaire atomique irakien et à la vague de renforcement des régimes de contrôle qui a suivi, il a été convenu d'étendre la réflexion sur l'harmonisation et la coordination des régimes nationaux de contrôle à d'autres biens, en particulier les biens à double usage visés par la liste NSG[25]. Partie d'une simple concertation dans le cadre de la CPE, l'approche retenue par la Commission et les délégations des États

[24] Voir Affaire C-91/05, 20 mai 2008, Commission contre Conseil, Rec. 2008 p. I-03651. Pour une décision cadre du Conseil n'empiétant pas sur les compétences communautaires voir Affaires C-440/05, 23 octobre 2007 Rec. 2008 p. I-9128.

[25] Rappelons que pour examiner et élaborer des propositions sur ce point, le Conseil a établi, en février 1992, un *groupe de travail ad hoc à haut niveau biens et technologies à double usage*.

membres va s'orienter plus nettement vers l'adoption d'un acte juridique communautaire en tant que tel soulevant du même coup la question des compétences respectives. Précisons qu'il s'agissait toujours et uniquement d'une harmonisation des systèmes nationaux et non d'un transfert de compétences vers un organe communautaire existant ou à créer qui aurait été chargé d'assurer l'exercice du contrôle des transferts. Une des principales difficultés d'un acte communautaire était précisément que les principes nécessaires pour assurer l'application par les États membres de contrôles efficaces, sur la base de normes communes, des exportations de biens à double usage, comportaient des éléments qui, de l'avis de certains États membres, relèvent de la politique étrangère et de sécurité et entrent donc dans leur champ de compétences réservées[26]. Il s'agit, en particulier, des listes de biens, de destinations et des critères communs pour la délivrance des licences.

Sur la base de ce constat, deux options vont être envisagées, soit un règlement du Conseil contenant à la fois les éléments de compétences communautaires et de compétences des États membres, soit deux actes séparés mais liés par des références croisées, à savoir un règlement du Conseil et – pour ce qui concerne les listes élaborées dans le cadre intergouvernemental – une décision des représentants des États membres réunis au sein du Conseil.

La première option proposée par la Commission suggérait de baser le règlement sur l'actuel article 207 TFUE (à l'époque article 113 TCE), qui permet au Conseil d'adopter, à la majorité qualifiée, les mesures de politique commerciale nécessaires en vue d'assurer l'achèvement du marché intérieur. En effet, la libre circulation au sein du marché intérieur de ces biens était conditionnée à la nécessité d'une harmonisation des contrôles à l'exportation aux frontières extérieures de l'Union ; il apparaissait donc logique de baser le règlement sur cet article. Toutefois, pour tenter d'assouplir le veto de certains États membres de faire entrer dans le champ d'application de l'article 113CE les listes de biens, de destinations et les critères d'octroi des autorisations, la Commission proposa d'obtenir au préalable l'accord politique unanime des États membres sur ces listes et critères et de les annexer au projet de règle-

[26] Certains États membres considèrent que leur régime national d'autorisation n'a pas pour but de favoriser ou défavoriser les intérêts économiques d'un État membre, mais qu'il constitue une manifestation de leur souveraineté, un élément de leur politique étrangère et qu'à ce titre, « aucun régime communautaire (d'exportation ou de transit) ne peut interférer avec les compétences et prérogatives nationales au point de les annihiler, précisément parce qu'aucune compétence n'a été attribuée à la Communauté dans les domaines de la politique étrangère et de la sécurité extérieure des États membres ». Cf. Point de vue défendu par le Luxembourg et appuyé par la France et le Royaume-Uni in Arrêt de la Cour du 4 octobre 1991, affaire C-367/89, Aimé Richard et les Accessoires scientifiques SNC, Rec. 1991, p. I-4628, point 29.

ment[27]. Celui-ci serait ensuite, en ce compris les annexes, présenté au Conseil en vue d'une adoption formelle conformément à la procédure de l'article 113 du traité. La Commission proposait d'assurer le lien entre les deux compétences – communautaire et nationale – au travers des considérants du règlement selon une technique préalablement utilisée pour le règlement relatif à l'exportation des précurseurs chimiques[28]. Ainsi, le projet modifié[29] de la Commission précisait au troisième considérant « que des listes communes de biens à double usage, de destinations et de critères sont des éléments essentiels d'un dispositif de contrôle efficace ; que les décisions portant sur le contenu de ces listes sont par définition de nature stratégique et relèvent, par conséquent, de la compétence des États membres ; que ces listes ont été approuvées par les États membres »[30]. Remarquons que le règlement sur les précurseurs chimiques précisait dans les considérants non seulement que « les listes de produits chimiques annexées au présent règlement ont fait l'objet d'un accord dans le cadre de la coopération politique » mais aussi que le « contenu de ces listes est susceptible d'être réexaminé dans ces instances », ce que ne faisait pas le projet de la Commission. La conséquence de cette omission était que l'initiative de modifier les listes annexées au règlement ne pouvait être prise que par la Commission même si le projet modifié prenait soin de préciser que les modifications aux annexes ne pouvaient être proposées qu'après constatation de l'accord des États membres[31].

Ce système était d'une part, contraire aux principes communautaires dans la mesure où la Commission limitait son propre droit d'initiative et,

---

27 Précisons que la Commission n'a pas toujours considéré que les articles à double usage entraient dans le champ d'application de l'article 133 TCE, devenu l'article 207 TFUE. Dans des observations écrites déposées devant la Cour de justice des Communautés européennes à l'époque, la Commission estimait que les articles visés par le COCOM étaient des « marchandises mentionnées par l'article 223, paragraphe 1 sous b), du Traité CEE, à savoir des armes, des munitions et du matériel de guerre » et que de ce fait les mesures de contrôle des transferts prises par les États membres étaient « compatibles avec le Traité CEE en vertu de cet article ». Voir Arrêt de la Cour du 4 octobre 1991, affaire C-367/89, *op. cit.*, p. I-4627, point 24.

28 Règlement (CEE) n° 428/89 du Conseil du 20 février 1989 concernant les exportations de certains produits chimiques, *op. cit.*

29 Le projet initial de la Commission était sensiblement identique sauf qu'il était alors envisagé d'adopter deux règlements sur la base de l'article 113 du Traité de Rome : un règlement-cadre contenant les principes du système de contrôle à l'exportation et un règlement d'application contenant, en annexes, notamment, les listes de biens à double usage.

30 Article 15bis de la Proposition modifiée de règlement (CEE) du Conseil relatif à l'exportation de biens à double usage de la Communauté en date du 10 février 1993, indexée sous SEC(93) 210 final, p. 6.

31 *Ibid.*, p. 21.

d'autre part, portait atteinte aux compétences en matière de politique de non-prolifération que les États membres se réservaient en soumettant en deuxième lecture la définition et la révision des listes à la procédure établie par l'article 113. Une alternative fut alors déposée à la demande de certaines délégations qui ne pouvaient admettre d'amalgamer, au sein d'un même règlement, une référence à l'article 113 et une référence au principe d'unanimité. Cette seconde option proposait de combiner un règlement du Conseil, pris sur la base de l'article 113 pour définir les procédures du système de contrôle des transferts et une décision des représentants des États membres réunis au sein du Conseil dans le cadre de la CPE pour élaborer les listes. Le lien entre ces deux instruments étant assuré par un système des références croisées. Par ailleurs, il était suggéré d'adopter le règlement et la position commune le même jour et de les publier au Journal officiel de l'Union européenne conjointement. Cette solution, qui avait également connu quelques précédents[32] dans la législation communautaire, offrait l'avantage de rallier un plus grand nombre de délégations.

Suite à l'entrée en vigueur du Traité sur l'Union européenne, certaines délégations ont soulevé la question de savoir s'il ne convenait pas mieux de transformer cette décision des États membres en une action commune ou en une décision commune du Conseil de l'Union européenne prise respectivement sur la base des articles 12 et 13 de ce traité.

Bien que certaines délégations regrettaient l'abandon de la première option – un règlement unique[33] – un compromis fut finalement obtenu sur l'adoption par le Conseil d'un règlement et d'une action commune. Ces deux instruments ont, dans l'esprit d'assurer une certaine cohésion au système intégré, d'une part, été adoptés le même jour et publiés conjointement au Journal officiel et, d'autre part, été liés par un système de références croisées. Ainsi le règlement 3381/94 précise que les décisions portant sur le contenu des listes communes de biens à double usage, de destinations et de lignes directrices « sont de nature stratégique et relèvent par conséquent, de la compétence des États membres » et « que ces décisions font l'objet d'une action commune au titre de

32 Une technique similaire a été utilisée, en avril 1993, dans le cadre du renforcement de l'embargo sur la Serbie et le Monténégro. Voir :
– Règlement (CEE) 990/93 du Conseil du 26 avril 1993 concernant les échanges entre la Communauté économique européenne et la république fédérative de Yougoslavie (Serbie et Monténégro) (JO, L 102, 28 avril 1993, p. 14).
– Décision (93/235/CECA) des représentants des gouvernements des États membres, réunis au sein du Conseil concernant les échanges entre la Communauté européenne du charbon et de l'acier et la république fédérative de Yougoslavie (Serbie et Monténégro) (JO, L 102, 28 avril 1993, p. 17).

33 En particulier, les délégations allemande et irlandaise.

l'article J.3 du Traité sur l'Union européenne »[34]. L'action commune stipulant quant à elle que « la présente décision et le règlement (CEE) n° 3381/94 du Conseil [...] constituent un système intégré auquel participent, selon leurs compétences propres, le Conseil, la Commission et les États membres »[35].

Le choix d'une action commune plutôt qu'une position commune se justifiait par l'intention de l'Union européenne de donner, en recourant à l'instrument PESC le plus contraignant, un signal fort de sa volonté politique de lutter contre la prolifération des armes de destruction massive. La Commission et certaines délégations espéraient, de surcroît, que les États membres utiliseraient la plénitude des instruments qu'offre l'action commune pour renforcer les effets du règlement et assurer une certaine surveillance communautaire de l'action individuelle des États. Ils pensaient que la préférence pour une action commune ne prendrait toute sa valeur que si le Conseil, lors de son adoption, fixait tous les éléments prévus par l'article 13, et notamment les moyens, les conditions, les procédures pour l'adaptation des listes (éventuellement les cas dans lesquels une décision pourra être adoptée à la majorité qualifiée) et, si nécessaire, la durée de l'action commune.

Ces espoirs ne furent guère rencontrés, les États se contentèrent d'adopter purement et simplement les listes de biens, de destinations et les critères d'octroi des licences. La Commission a bien tenté, lors des négociations, d'insérer un article précisant qu'à « l'issue de la première période, les adaptations successives de certaines annexes (I, III et IV) seront décidées à la majorité qualifiée » mais elle se heurta à l'opposition décidée des délégations anglaise, française et grecque qui ne souhaitaient pas renoncer à la règle de l'unanimité.

Le recours à l'action commune pour adopter ces listes et critères tel un simple instrument intergouvernemental de décision s'avéra particulièrement décevant. À notre sens, l'action commune a été conçue comme un instrument ponctuel d'intervention active en appui d'une politique commune et non pas comme un moyen de formaliser l'adoption de critères politiques nécessaires à la mise en œuvre d'une législation communautaire. Il aurait été nettement plus approprié que les États membres adoptent une position commune sur la base de l'article 12 TUE qui n'est finalement qu'une version plus formalisée de la décision

---

34 Quatrième considérant du règlement (CE) n° 3381/94, *op. cit.*

35 Article premier de la décision du Conseil, du 19 décembre 1994, relative à l'action commune, adoptée par le Conseil sur la base de l'article J.3 du Traité sur l'Union européenne, concernant le contrôle des exportations de biens à double usage (JO, L 367, 31 décembre 1994, p. 1).

des représentants des États membres réunis au sein du Conseil adoptée dans le cadre de l'ancienne coopération politique européenne.

Avec l'adoption du système communautaire intégré de contrôle des transferts, il semblait acquis que la ligne de partage entre les compétences des États membres et des institutions communautaires se conformait, sous réserve d'une certaine zone grise, à la division classique entre politique de non-prolifération et politique commerciale y afférente en limitant toutefois le contenu de cette dernière. La référence à la nature stratégique des biens à double usage au sein des considérants du règlement démontre et reflète à suffisance la volonté des États membres de considérer que le régime de contrôle des transferts de ces biens relève peu, voire pas, de la politique commerciale commune et tombe sous le régime d'exception de l'article 296.1 b) TCE autorisant les États à « prendre les mesures nécessaires, à la protection de leurs intérêts essentiels et de leur sécurité, qui se rapportent à la production et au commerce des armes et du matériel de guerre ». En vertu de la portée accordée par les États membres à cet article, la politique commerciale s'est vue confinée, en ce qui concerne le transfert des biens relatifs aux armes nucléaires, à la définition des types d'autorisation, à leur validité territoriale, aux principes guidant les procédures d'autorisation et d'information et enfin, à la procédure douanière. Les États membres se réservant au travers de leurs compétences en matière de politique de non-prolifération, la participation et surtout la prise de décision au sein des instruments formels et informels concernés[36], la définition des listes de biens, des destinations et des lignes directrices mais aussi la prise de décision et l'octroi des autorisations de transferts.

Cette répartition de compétences a été remise en question, peu après l'adoption du système communautaire intégré, par deux arrêts – l'arrêt Werner et l'arrêt Leifer[37] – de la Cour de justice de l'Union européenne statuant sur question préjudicielle. Bien que portant sur des faits antérieurs à l'adoption du système communautaire intégré, ces deux arrêts, qui concernent l'exportation au départ du territoire communautaire de biens à double usage, ont déstabilisé les principes constitutifs de ce système hybride. Une des questions essentielles posées à la Cour était de déterminer si les biens à double usage étaient inclus dans le régime général de l'article 207 TFUE (ex-article 133 TCE) ou si ceux-ci tombaient sous le régime d'exception de l'article 346.1.b (ex-article 296.b

---

[36] Rappelons que la Commission des Communautés européennes participe en tant qu'observateur à certains de ces instruments.

[37] Arrêt du 17 octobre 1995, affaire C-70/94, Fritz Werner Industrie-Ausrüstungen GmbH et Bundesrepublik Deutschland, Rec. 1995, p. I-3189 et arrêt de la Cour du 17 octobre 1995, affaire C-83/94, Peter Leifer, Reinhold Otto Krauskopf, Otto Holzer, Rec. 1995, p. I-3231.

TCE) du même traité. Retenant une notion similaire des biens à double usage à celle entendue par le règlement 3381/94[38], la Cour a considéré, sans guère étayer son raisonnement, que la « nature de ces produits ne saurait en effet les faire échapper au champ d'application de la politique commerciale commune »[39]. En effet, le champ d'application du régime d'exception établi par l'article 346.1.b TFUE est, en principe, strictement limité aux biens énumérés dans une liste adoptée par le Conseil. Cette liste a été effectivement fixée en 1958 mais elle n'a jamais été modifiée ni mise à jour depuis et est aujourd'hui irrémédiablement dépassée par l'évolution de la technologie. Par ailleurs, les biens à double usage n'y figurent pas. Toutefois, les États membres ont recouru et recourent de façon régulière à cet article pour justifier des dispositions nationales concernant des biens non énumérés dans la liste[40]. Ainsi, il circule entre les États membres des « versions officieuses qui vont beaucoup plus loin que la liste originale de 1958 et qui sont interprétées de façon assez extensive par les États membres »[41]. Plus récemment, le Conseil et le Parlement ont souligné dans le cadre d'une directive consacrée aux marchés de l'armement que la liste de 1958 « est générique et est à interpréter au sens large à la lumière du caractère évolutif des technologies, des politiques d'acquisition et des besoins militaires conduisant au développement de nouveaux types d'équipements »[42].

Précisions toutefois que depuis le Traité d'Amsterdam de 1997, un paragraphe a été rajouté dans le texte de l'article 346 référençant directement la liste de 1958.

---

[38] Pour rappel, il s'agit d'articles pouvant avoir une utilisation tant à des fins civiles que militaires (article 2.a) du règlement (CE) n° 3381/94 du Conseil du 19 décembre 1994 instituant un régime communautaire de contrôle des articles à double usage (JO, L 367, 31 décembre 1994, p. 1). Voir pour le sens retenu par la Cour, les points 35 et 36 de l'arrêt de la Cour du 17 octobre 1995, affaire C-83/94, *op. cit.*, Rec. 1995, p. I-3250.

[39] Point 11 de l'arrêt de la Cour du 17 octobre 1995, affaire C-83/94, *op. cit.*, Rec. 1995, p. I-3244 ; voir aussi le point 28 des conclusions de l'avocat général, Rec. 1995, p. I-3203.

[40] Notons, à titre d'exemple, que cette interprétation du caractère non exhaustif de la liste de 1958 a été défendue par le Royaume-Uni dans ses observations déposées dans le cadre de l'affaire Werner. Voir point 62 de l'arrêt du 17 octobre 1995 – affaire C-70/94, *op. cit.*, Rec. 1995, p. I-3213.

[41] Cf. M. de BREMAEKER, *Rapport fait au nom de la Commission d'enquête parlementaire sur les commandes militaires*, Chambre des Représentants de Belgique, 954/13-92/93, session ordinaire 1994-1995, 22 février 1995, p. 163.

[42] Considérant 10 de la Directive 2009/81/CE du Parlement européen et du Conseil du 13 juillet 2009 relative à la coordination des procédures de passation de certains marchés de travaux, de fournitures et de services par des pouvoirs adjudicateurs ou entités adjudicatrices dans les domaines de la défense et de la sécurité, et modifiant les directives 2004/17/CE et 2004/18/CE (JO, L 216, 20 août 2009, p. 76).

Il reste, cependant, que l'article 346 prend soin de préciser que les mesures prises par les États membres « ne doivent pas altérer les conditions de la concurrence dans le marché commun en ce qui concerne les produits non destinés à des fins spécifiquement militaires »[43]. Bien que ces termes n'aient jamais fait l'objet d'une définition précise, il ne peut s'agir, selon nous, que des articles à double usage au sens entendu par le système communautaire intégré[44]. En ce sens, le recours à l'action commune, instrument caractérisé de la PESC, pour définir les listes d'articles à double usage aurait dû, en principe, être écarté. Le fait que toute controverse formelle sur la portée de cet article ait été soigneusement évitée depuis l'adoption d'abord du Traité CE et ensuite du Traité de Lisbonne n'a guère contribué à délimiter son contenu et n'a pas non plus permis de supprimer cette zone grise de produits dont le régime juridique reste incertain. Ceci correspondrait, sans doute, à la volonté politique des États de se préserver une large marge de manœuvre qu'une intervention de la Cour de justice risquerait de réduire.

On peut s'interroger sur l'absence de réaction de la Commission qui n'a, tant qu'à présent, pas fait usage de la faculté que lui ouvrait, d'une part, l'article 263 TFUE pour faire contrôler par la Cour de justice la légalité des actes posés par les États membres et le Conseil dans le cadre de cet article 346, ni d'autre part, du droit d'initiative que lui reconnaît l'article 346.2 pour proposer au Conseil des modifications à la liste des biens stratégiques exclus du champ d'application du TFUE[45]. La raison réside, peut-être, dans un certain pragmatisme politique basé sur le fait que l'article 346 ne faisait, jusqu'il y a peu, pas l'objet de préoccupa-

---

43 Article 346.1.b) TFUE *in fine*.

44 Cette approche semble être partagée par le professeur J. Verhoeven, qui, dans son analyse de l'article 296 du Traité CE, précisait que « la notion de produits non destinés à des fins spécifiquement militaires vise tout matériel quel qu'il soit, qui présente directement ou indirectement un intérêt stratégique particulier. Des poudres et des explosifs aux logiciels en passant par les machines-outils, elle couvre une large gamme de produits dont les fluctuations sont directement fonction des évolutions dans les formes et les instruments de la belligérance ». Voir R. KOVAR, J.-P. JACQUÉ, V. CONSTANTINESCO et D. SIMON, *Traité instituant la CEE – Commentaire article par article*, Economica, *op. cit.* Ajoutons, également, que l'annexe I de l'action commune du système communautaire intégré précise dans les différentes catégories que, pour ce qui est du « contrôle des biens conçus ou modifiés pour des usages militaires, il faut se reporter à la ou aux liste(s) *ad hoc* relative(s) au contrôle des biens à usage militaire tenue(s) par chaque État membre ». Cf. Décision du Conseil 2000/243/PESC, Annexe I, p. 4, (JO, L 82, 1er avril 2000, p. 1). Il y donc une reconnaissance implicite d'une certaine division de compétences.

45 Soulignons que chaque fois qu'elle a été appelée à se prononcer, la Cour a reconnu une portée limitée à ces dispositions d'exception de l'article 296. Voir, par exemple, arrêt du 16 septembre 1999, affaire C-414/97 et arrêt du 26 octobre 1999, affaire C-273/97.

tions majeures de la Commission et que, par ailleurs, l'obsolescence progressive de la liste de 1958 en réduisait informellement l'importance et maintenait dans le champ communautaire des articles qu'une procédure de révision aurait pu exclure.

La suppression des contrôles physiques aux frontières internes entraînant la libre circulation de fait des biens à double usage a contraint les États membres à s'accorder sur des principes de contrôle de transferts afin d'éviter de déstabiliser leurs systèmes de contrôle nationaux. Ceci s'est traduit par l'adoption d'actes communautaires déterminant indirectement une ligne de partage des compétences entre les institutions communautaires et les États membres vraisemblablement conforme à la pratique mais non à l'esprit des traités.

En soumettant les biens à double usage au régime général, la Cour de justice a, par les arrêts Werner et Leifer, mis un terme à ce départage informel peu conforme.

Par ailleurs, il convient de s'interroger sur la question de savoir si les États membres peuvent, compte tenu de la compétence exclusive de la Communauté, prendre unilatéralement des mesures de politique commerciale et notamment celles relatives au régime de restriction des exportations des biens à double usage. Selon une jurisprudence constante de la Cour de justice de l'Union européenne, « des mesures de politique commerciale de caractère national ne sont admissibles qu'en vertu d'une habilitation spécifique de la part de la Communauté »[46]. Telle est d'ailleurs la conception initiale de l'article 207 qui « veut que le territoire des États membres constitue un territoire douanier unique avec des règles uniformes régissant [...] l'exportation de marchandises à destination de ces pays ». « La frontière extérieure de la Communauté est en principe indivisible du point de vue douanier ». « En conférant à la Communauté une compétence exclusive dans le domaine de la politique commerciale, les États membres ont renoncé au pouvoir d'adopter des mesures unilatérales de restrictions des échanges avec les pays tiers, sauf dans certaines circonstances définies par le droit communautaire »[47].

46 Point 12 de l'arrêt du 17 octobre 1995, affaire C-70/94, *op. cit.*, Rec. 1995, p. I-3224. Voir également point 15 des questions soulevées devant la Cour de l'arrêt du 4 octobre 1991, affaire C-367/89, *op. cit.*, Rec. 1991, p. I-4639 ; point 31 de l'arrêt de la Cour du 18 février 1986, affaire 174/84, Bulk oil (Zug) AG contre Sun International et Sun oil Trading Company, Rec. 1986, p. 586 ; point 32 de l'arrêt de la Cour du 15 décembre 1976, affaire 41-76, *op. cit.*, Rec. 1976, p. 1937 ; point 38 de l'avis de la Cour du 4 octobre 1979 – 1/78, Accord international sur le caoutchouc naturel, Rec. 1978, p. 2908 ; l'avis de la Cour du 11 novembre 1975 – 1-75, Rec. 1975, p. 1364.

47 Conclusions de l'avocat général, Ordonnance du président de la Cour du 19 mars 1996 – affaire C-120/94, Commission des Communautés européennes contre République hellénique, Rec. 1996, I-1523.

Ainsi, sur le plan intracommunautaire, l'article 36 TFUE (ex-article 30 TCE) habilite les États à faire exception à la règle fondamentale de libre circulation dans des hypothèses déterminées et à la condition qu'ils n'en tirent pas prétexte pour protéger les produits nationaux contre la concurrence de produits identiques en provenance d'autres États membres. Il s'ensuit que les États peuvent unilatéralement, afin de préserver leur sécurité publique[48], soumettre des biens déterminés – tels que des biens à double usage – à un régime d'autorisation de transfert. Précisons que ces mesures d'interprétation stricte ne « peuvent être justifiées que si elles sont de nature à répondre à l'intérêt protégé par cet article et qu'elles ne portent pas atteinte plus qu'il n'est indispensable aux échanges intracommunautaires »[49] et qu'aucune « autre mesure, moins restrictive du point de vue de la libre circulation des marchandises ne permet d'atteindre le même objectif »[50]. En outre, notons que la charge de démontrer la nécessité de ces mesures incombe à l'État qui les adopte et les juges nationaux sont compétents pour apprécier si les dispositions de l'article 36 TFUE sont respectées à cet égard[51]. La nature exacte des mesures prises par les États membres dans ce cadre doit avoir un « caractère de prohibitions, totales ou partielles, d'importation, d'exportation ou de transit, selon le cas » et qu'elles doivent se distinguer nettement « des droits de douane et des taxes assimilés qui ont pour effet d'affecter les conditions économiques de l'importation ou de l'exportation sans, pour autant, comporter une intervention contraignante dans les décisions des opérateurs économiques »[52].

Il reste que la Communauté dispose d'une pleine compétence et que l'exportation de marchandises de la Communauté à destination d'États tiers a fait l'objet d'un règlement – le règlement 1061/2009 portant établissement d'un régime commun applicable aux exportations[53] – adopté conformément à l'article 207 TFUE qui stipule en son article premier que « les exportations de la Communauté à destination de pays tiers sont libres, c'est-à-dire non soumises à restrictions quantitatives, à l'exception de celles qui sont appliquées conformément aux dispositions

48 « La notion de sécurité publique, au sens de l'article 36 du traité, couvre tout à la fois la sécurité intérieure d'un État et sa sécurité extérieure ». Voir point 22 de l'arrêt du 4 octobre 1991, affaire C-367/89, *op. cit.*, Rec. 1991, p. I-4652.

49 Voir point 20 de l'arrêt du 4 octobre 1991, affaire C-367/89, *op. cit.*, Rec. 1991, p. I-4651. Voir aussi point 21 de l'arrêt du 16 septembre 1999, affaire C-414/97.

50 Point 21 de l'arrêt du 4 octobre 1991, affaire C-367/89, *op. cit.*, Rec. 1991, p. I-4651.

51 Voir R. Kovar, J.-P. Jacqué, V. Constantinesco et D. Simon, *Traité instituant la CEE – Commentaire article par article*, Economica, *op. cit.*

52 Arrêt du 10 décembre 1968, affaire C-7/68, Commission/Italie, Rec. 1968, p. I-628.

53 Règlement (CE) n° 1061/2009 du Conseil du 19 octobre 2009, portant établissement d'un régime commun applicable aux exportations (JO, L 291, 7 novembre 2009, p. 1).

du présent règlement ». L'article 10 du même règlement, reprenant les termes de l'article 36 TFUE, prévoit une exception similaire pour les échanges avec les États tiers en habilitant les États membres à adopter ou à appliquer des « restrictions quantitatives à l'exportation justifiées pour des raisons de moralité publique, d'ordre public, de sécurité publique, [...] ». La Cour a considéré qu'un « État membre peut, à titre exceptionnel, adopter, en vertu de l'article 11 du règlement, des mesures nationales portant restriction de l'exportation de marchandises à double usage vers des pays tiers »[54].

Ceci étant dit, il nous semble difficilement contestable que l'Union, en adoptant un règlement spécifique au contrôle à l'exportation des biens à double usage, restait dans le champ de ses compétences exclusives et il n'était pas nécessaire, sur le plan théorique, de recourir à une action commune pour définir les différentes listes des biens soumis à ce régime[55]. De surcroît, dans l'hypothèse où il aurait été jugé souhaitable de laisser aux États le soin de définir les listes des biens, il convenait que ceux-ci soient dûment habilités par le règlement.

S'il convient de reconnaître qu'un État peut adopter un régime de contrôle des transferts dans les limites strictes et moyennant une habilitation communautaire, encore faut-il déterminer le contenu de cette politique commerciale commune et, en particulier, si la politique commerciale commune ne porte que sur des mesures qui poursuivent des objectifs commerciaux ou si elle peut porter également sur des mesures de nature commerciale mais qui visent à atteindre des objectifs de politique étrangère et de sécurité. En d'autres termes, un État membre peut-il d'initiative, en vertu de ses compétences en matière de politique étrangère et de sécurité, prendre des dispositions pour restreindre ou empêcher le transfert de certains produits ? À cette question, source de multiples débats[56], la Cour apporte une réponse négative en affirmant qu'une « mesure ayant pour effet d'empêcher ou de restreindre l'exportation de certains produits [...] ne saurait être soustraite du domaine de la politique commerciale commune au motif qu'elle vise à atteindre des

---

[54] Point 30 de l'arrêt de la Cour du 17 octobre 1995, affaire C-83/94, *op. cit.*, Rec. 1995, p. I-3248.

[55] Signalons que l'arrêt Werner portait sur une autorisation de transfert d'un four de fonderie à induction sous vide ainsi que les inducteurs nécessaires à ce four destiné à la Libye. Ces articles sont notamment visés par la liste NSG des articles à double usage, voir INFCIRC/254/Rev.8./Part.2, annexe, point 1.B.4. L'arrêt Leifer portait sur des transferts de produits chimiques, en particulier l'oxychlorure de phosphore (POCL3). Cette substance est visée par le Groupe d'Australie.

[56] Voir notamment l'analyse de Panos KOUTRAKOS, « Exports of Dual-use Good Under the Law of the European Union », *European Law Review*, vol. 23, Sweet & Maxwell and Contributors, 1998, p. 235.

objectifs de politique étrangère et de sécurité »[57]. Elle précise, par ailleurs, que « l'objet spécifique de la politique commerciale, laquelle a trait aux échanges avec les pays tiers et fondée selon l'article 113, sur la notion de politique commune, exige qu'un État membre ne puisse en restreindre la portée en déterminant librement, eu égard à ses propres impératifs de politique étrangère ou de sécurité, si une mesure relève de l'article 113 »[58].

Il semble, dès lors, que la Communauté en définissant un régime spécifique de contrôle des biens à double usage est compétente pour définir les conditions et critères d'octroi de l'autorisation et que les États ne peuvent s'arroger, sans habilitation particulière, le droit de les définir.

III. Les contrôles et sanctions

Le troisième champ essentiel de compétences en matière de non-prolifération des armes nucléaires – les deux premiers étant les compétences en matière de politique de non-prolifération et en matière commerciale – concerne les compétences en matière de contrôle et de répression, il s'agit essentiellement de l'élaboration des régimes de vérification et de sanction.

À l'exception des sanctions externes qui relèvent à titre principal, par le biais des actions diplomatiques, de la politique étrangère des États membres, il apparaît que tant la définition des systèmes de vérification que les principes relatifs au régime de sanctions internes sont de la compétence de l'Union.

Si la compétence de principe en matière de contrôle et de sanctions des régimes appartient à l'Union, il s'agit, toutefois, de rester attentif à la base légale invoquée par celle-ci pour élaborer ces dispositions. Rappelons, simplement que le Traité Euratom comme le TFUE interviennent, en vertu de leur champ d'application respectif, à des degrés différents en cette matière.

Notons, enfin, qu'en matière de sanctions externes, l'Union n'est pas totalement dépourvue de moyens. On pense, notamment, aux pressions qui peuvent être exercées au travers des multiples accords commerciaux conclus avec les États tiers[59].

---

57 Voir point 10 de l'arrêt Werner, *op. cit.*, Rec. 1995, p. I-3224.

58 *Ibid.*, Point 11.

59 On peut citer, à titre d'exemple, la clause de non-prolifération introduite dans les accords avec les pays tiers ou par le passé les programmes importants d'assistance technique aux États de l'Europe de l'est (PHARE) et de l'ancienne Union soviétique (TACIS) destinés à renforcer la sûreté des installations nucléaires.

CHAPITRE V

Examen et analyse des systèmes de contrôle des transferts des biens nucléaires mis en place par l'Union européenne

Même s'il est prématuré de parler d'un régime européen de contrôle des transferts de biens relatifs aux armes nucléaires, il apparaît malgré tout que l'Union européenne s'inscrit dans un processus dynamique tendant progressivement vers l'élaboration d'une coordination renforcée des régimes communs de non-prolifération des armes nucléaires. Sur le plan politique, les États membres admettent désormais de conformer globalement leur politique nationale aux principes généraux de non-prolifération définis dans le cadre de la PESC. Il est aussi acquis que le haut représentant de l'Union pour les affaires étrangères et la politique de sécurité s'exprime au nom de celle-ci à la Conférence générale de l'AIEA ou aux Conférences de révision du TNP[1]. Toutefois, cette unanimité sur les principes guidant la non-prolifération ne se retrouve guère sur le plan des règles à appliquer en matière de régimes de contrôle des transferts des biens relatifs aux armes nucléaires. En effet, si tous les États membres estiment essentiel d'éviter que des transferts de biens permettent à un État de conceptualiser et d'élaborer une arme nucléaire, il n'y a guère d'unanimité sur les conditions qui doivent être exigées, sur la répartition des compétences entre l'Union et ses États, ou encore sur les techniques de surveillance, etc. Les difficultés liées à la conclusion du protocole additionnel relatif au renforcement des garanties entre l'AIEA, d'une part, les États membres et la Commission, d'autre part, ont révélé à suffisance la diversité des intérêts poursuivis par les États membres ne disposant pas de programmes électronucléaires et ceux qui en possèdent et, parmi ces derniers, ceux qui sont dotés d'armes nucléaires et ceux qui ne le sont pas.

Ces divergences, amplifiées par une certaine compétition industrielle, n'ont guère permis de traduire, tant qu'à présent, les principes communs de non-prolifération en un régime communautaire de contrôle des transferts des biens relatifs aux armes nucléaires. Toutefois, depuis l'adoption en 1994 du règlement et de l'action commune relatifs aux

---

1 En ce sens la résolution de l'Assemblée générale d'avril 2011, qui reconnaît le statut d'observateur à l'Union européenne renforce la reconnaissance de celle-ci par la communauté internationale. Cf. Resolution on Participation of the European Union in the work of the United Nations (A65/L.64/Rev.1).

contrôles des biens à double usage et plus encore avec l'adoption en 2000 d'un règlement instituant un régime communautaire de contrôles des exportations de biens et technologies à double usage se substituant aux deux actes précités, une première étape vers un système communautaire de contrôle des transferts des biens relatifs aux armes de destruction massive semble avoir été franchie.

Si pour l'instauration d'un régime commun de contrôle des transferts, il reste encore beaucoup de chemin à parcourir, en matière de surveillance de l'utilisation par les États membres des matières nucléaires, l'Union européenne dispose déjà d'une solide expérience. En effet, le système de garanties Euratom constitue un des éléments essentiels du Traité instituant la Communauté européenne de l'énergie atomique.

I. Le règlement relatif aux contrôles des biens à double usage

La nécessité de coordonner les régimes nationaux de contrôle des transferts de biens nucléaires des États membres de l'Union européenne s'est surtout fait sentir à l'approche de la réalisation du marché unique européen du 1er janvier 1993[2].

Certains estimaient, à juste titre, que la suppression des contrôles aux frontières internes de l'Union risquait d'affaiblir considérablement l'efficacité des régimes de contrôle nationaux, voire même de permettre le transfert, via un certain nombre de points de transit, de biens qui n'auraient en principe pas pu être transférés. Il faudra attendre le 1er juillet 1995 pour que les États membres réussissent à s'accorder et à mettre en œuvre une première uniformisation partielle des régimes de contrôle des transferts. Celle-ci s'articulait autour de deux instruments : le règlement du Conseil du 19 décembre 1994 instituant un régime communautaire de contrôle de biens à double usage[3] et la décision du Conseil du 19 décembre 1994 relative à l'action commune, adoptée sur la base de l'article J.3 du Traité sur l'Union européenne concernant le

[2] « De l'avis de la Commission, la situation actuelle [des biens et technologies à double usage] entraverait le bon fonctionnement du marché sans frontières car les listes de produits soumis aux contrôles ne sont pas uniformes, les listes des destinations interdites ne sont pas connues, les licences d'exportation sont nationales, les peines et amendes prévues pour les infractions diffèrent sensiblement d'un État membre à l'autre, etc. », *Agence Europe*, 23 janvier 1992, n° 5652, p. 5.

[3] Règlement (CE) n° 3381/94 du Conseil du 19 décembre 1994 instituant un régime communautaire de contrôle des articles à double usage (JO, L 367, 31 décembre 1994, p. 1). Ci-après règlement (CE) n° 3381/94.

contrôle des biens à double usage[4]. Ces instruments constituaient, selon leurs propres termes, un système intégré auquel participaient, en vertu de leurs compétences propres, le Conseil, la Commission et les États membres[5].

Rappelons que la validité juridique de cette approche ancrée dans une logique dite *trans-pilier*[6], à laquelle certains États membres restent très attachés a été invalidé par la Cour de justice des Communautés européennes incitant indirectement la Commission à déposer, en mai 1998, une nouvelle proposition de règlement instituant un régime communautaire de contrôle des exportations de biens et technologies à double usage plus conforme aux principes communautaires[7]. L'examen de cette proposition a été confié, par le Conseil, au groupe *ad hoc biens à double usage*[8]. Comme lors des débats relatifs à l'adoption du règlement 3381/94, les discussions relatives à la proposition de la Commission ont été longues et laborieuses et n'ont abouti qu'en juin 2000 par l'adoption d'un règlement instituant un régime de contrôle des biens à doubles usage présentant guère de similitude avec le projet initial de la Commission. Ce règlement a abrogé le système communautaire intégré et a institué un régime communautaire de contrôle des exportations de biens et technologies à double usage (repris ci après sous l'appellation système réglementaire)[9]. Ce dernier a été lui-même remplacé en 2009 par le règlement 428/2009 dit règlement de refonte du système commun.

Il reste toutefois indispensable d'analyser tant le système intégré initial abrogé que le système réglementaire de contrôle dans la mesure où il s'agit des seuls instruments de contrôle intéressant les biens relatifs aux armes nucléaires mis en place à l'échelle de l'Union européenne.

---

4 Décision du Conseil 2000/243/PESC du 20 mars 2000 modifiant la décision 94/942/PESC relative à l'action commune concernant le contrôle des exportations de biens à double usage (JO, L 82, 1er avril 2000, p. 1).

5 Sixième considérant du règlement (CE) n° 3381/94 et article 1er, alinéa 2, de la décision du Conseil 94/942/PESC.

6 Ce terme est utilisé pour caractériser une action de l'Union européenne basée à la fois sur un des traités CE, CEEA, CECA et sur le Titre IV ou V du Traité sur l'Union européenne.

7 Proposition de la Commission (1998/257 final).

8 Ce groupe de travail a succédé au *groupe ad hoc biens et technologie à double usage*.

9 Règlement (CE) n° 1334/2000 du Conseil du 22 juin 2000 instituant un régime communautaire de contrôles des exportations de biens et technologies à double usage (JO, L 159, 30 juin 2000, p. 1), Décision du Conseil 402/2000/PESC du 22 juin 2000 abrogeant la décision 94/942/PESC relative à l'action commune concernant le contrôle des exportations de biens à double usage, (JO, L 159, 30 juin 2000, p. 218).

A. Remarques préliminaires

Avant d'analyser le contenu, proprement dit, du système de contrôle des échanges commerciaux, il convient de s'interroger sur le sens de certains termes, plus particulièrement les termes « biens à double usage » et « technologie », tels qu'ils ont été définis par le système communautaire intégré et le système réglementaire.

En vertu de l'ancien article 2 du règlement 3381/94, les biens à double usage sont des biens « susceptibles d'avoir une utilisation tant civile que militaire ». Cette définition synthétique n'a cessé de susciter un certain nombre d'interrogations. En effet, le système communautaire intégré cherchait, en principe, à englober la plupart des régimes internationaux de contrôle des transferts de biens permettant de contribuer à l'élaboration d'une arme de destruction massive. Or, dans le domaine de la non-prolifération des armes nucléaires, les listes de biens des principaux systèmes de contrôle des transferts n'ont pas toutes été constituées sur la base de cette dualité d'utilisation civile et militaire. Ainsi, par exemple, la liste de base des directives du NSG relatives aux biens nucléaires contient des matières, équipements et technologies nécessaires au cycle du combustible nucléaire sans qu'il soit nécessairement démontré que ceux-ci peuvent individuellement être utilisés dans un programme militaire. Par ailleurs, la liste des biens à double usage des directives du NSG relatives à ces biens a été conçue de manière à intégrer des biens « susceptibles de contribuer grandement à une activité explosive nucléaire ou à une activité du cycle du combustible nucléaire non soumise aux garanties »[10] et non pas en vertu d'une dualité d'utilisation civile et militaire. Seul le MTCR se rapproche partiellement du système communautaire dans la mesure où la liste des équipements et technologies a été essentiellement élaborée en fonction de cette ambivalence d'utilisation civile et militaire. Encore que, même ici, l'accent ait surtout été mis sur l'affectation militaire, les potentialités civiles de certains de ces biens restent encore à démontrer.

La définition des biens à double usage telle que retenue par le système communautaire se situait, en quelque sorte, en porte-à-faux par rapport aux biens visés par les régimes de contrôle relatifs à la non-prolifération des armes nucléaires. Cette inadéquation n'aurait guère de conséquences si les biens énumérés aux annexes de l'action commune n'étaient précisément ceux visés par le NSG, le Comité Zangger, le MTCR, etc.

---

[10] Voir le paragraphe 1 des directives applicables aux transferts d'équipements et des matières à double usage dans le domaine nucléaire, ainsi que des technologies s'y rapportant, INFCIRC/254/Rev.8/Part.2.

Remarquons que l'intitulé de la version initiale du règlement respectait et intégrait, plus adéquatement, le contrôle à l'exportation établi par les différents régimes internationaux de non-prolifération des armes nucléaires en parlant du contrôle à l'exportation « des biens et technologies à double usage et de certains produits et technologies nucléaires ». Il semblerait que la suppression de l'intitulé « certains biens et technologies nucléaires » est due à quelques États membres qui estimaient, à tort, que « certains biens et technologies à double usage intégraient tous les biens nucléaires »[11].

Cette question fut à nouveau soulevée lors de l'examen de la proposition de la Commission qui avait conservé dans sa proposition la définition du règlement 3381/94. Sur proposition d'une délégation, la définition fut complétée par l'introduction de la phrase « y compris tous les biens qui peuvent à la fois être utilisés à des fins non explosives et entrer de quelques manières dans la fabrication d'armes nucléaires ou d'autres dispositifs nucléaires explosifs »[12]. Cet ajout adopté sans difficulté mit un terme à l'inadéquation entre le système communautaire de contrôle et les régimes internationaux de transferts qu'il entend mettre en œuvre sur le plan de l'Union.

Le système communautaire intégré définissait en annexe I de l'action commune le sens du terme technologie comme les « connaissances spécifiques requises pour le *développement*, la *production* ou *l'utilisation* d'un produit ; ces connaissances se transmettent par voie de *documentation technique*[13] ou *d'assistance technique*[14] »[15]. Cette définition relativement exhaustive empruntée aux directives du NSG relatives aux

---

11 La version initiale du règlement présentée par la Commission au Conseil le 31 août 1992, proposait d'entendre par biens à double usage : « toute marchandise, technologie associée (donnée technique ou scientifique, y compris le savoir faire ou l'ingénierie), ainsi que certains produits et technologies nucléaires, susceptibles d'avoir une destination tant civile que militaire et figurant dans une liste à arrêter dans un règlement complémentaire au présent règlement », projet de Règlement (CEE) du Conseil relatif au contrôle à l'exportation de certains biens et technologies à double usage et de certains produits et technologies nucléaires daté du 17 juillet 1992.

12 Article 2 a) du règlement (CE) n° 3381/94.

13 Documentation technique : « données pouvant se présenter sous des formes telles que bleus (*sic*), plans, diagrammes, maquettes, formules, tableaux, dessins et spécifications d'ingénierie, manuels et instructions écrits ou enregistrés sur des supports ou dispositifs tels que disques, bandes magnétiques, mémoires mortes », Décision du Conseil 2000/243/PESC, p. 25.

14 Assistance technique : « assistance pouvant revêtir des formes telles que instructions, procédés pratiques, formations, connaissances appliquées, services de consultants et pouvant impliquer le transfert de documentation technique », Décision du Conseil 94/942/PESC, p. 25 (JO, L 367, 31 décembre 1994, p. 1).

15 Décision du Conseil 2000/243/PESC, p. 25.

biens nucléaires[16] est, lorsqu'il s'agit de l'appliquer aux contrôles portant sur les transferts de technologies, paradoxalement limitée, en vertu de la même annexe de l'action commune, aux seules « formes matérielles »[17] de la technologie. En outre, les modalités pratiques de contrôle des transferts de technologies des différentes catégories des biens à double usage énumérés font l'objet, dans cette même annexe, de deux notes : l'une relative à la technologie, l'autre plus spécifiquement relative à la technologie nucléaire[18].

Si le système réglementaire insère directement dans la définition « des biens à double usage » les « logiciels et les technologies », il conserve, en fait, la définition de la technologie telle retenue par le système communautaire intégré, notamment la distinction entre technologie nucléaire et celles relatives aux autres biens à double usage. Il en étend toutefois la portée en supprimant la réserve de l'annexe I relative à l'application des contrôles aux seules formes matérielles.

B. Objectifs et champ d'application

L'objectif du système réglementaire tel que instauré par le règlement 428/2009 est d'instituer « un régime communautaire de contrôle des exportations, des transferts, du courtage et du transit des biens à double usage »[19]. La formulation de cet objectif est identique à celle des règlements 3381/94 et 1334/2000. Peut-on pour autant considérer qu'il y a identité entre les objectifs poursuivis par le système communautaire intégré et le système réglementaire qui lui a succédé ?

---

16 INFCIRC/254/Rev.9./Part.1.

17 Décision du Conseil 2000/243/PESC, p. 4.

18 La note relative à la technologie nucléaire précise que :
– le transfert de technologie directement associée à des biens de la catégorie nucléaire est soumis à un examen aussi strict que le transfert des biens eux-mêmes ;
– le transfert de technologie relative au développement, à la production ou à l'utilisation de biens soumis à contrôle demeure soumis à contrôle même lorsqu'elle s'applique à des biens non soumis à contrôle ;
– la licence délivrée pour l'exportation de biens couvre également l'exportation au bénéfice du même utilisateur final, de la technologie minimale nécessaire à l'installation, à l'exploitation, à l'entretien et à la réparation de ces biens ;
– le contrôle des transferts de technologies ne s'applique pas aux connaissances qui sont du domaine public ou relèvent de la recherche scientifique fondamentale.
La note générale relative à la technologie contient des dispositions relativement similaires à la différence près qu'elle renvoie, pour l'appréciation du contrôle des exportations de technologies directement associées aux biens à double usage transférés, aux modalités de contrôles spécifiées par articles ou groupe d'articles des différentes catégories. Cf. Décision du Conseil 2000/243/PESC, p. 5.

19 Cf. Article 1er du règlement (CE) n° 428/2009.

Faut-il dès lors considérer que le système réglementaire constitue précisément la réalisation du « système commun » tel que ambitionné par le régime communautaire intégré ?

Si cette question ne semble pas avoir été évoquée lors des débats au sein du groupe *ad hoc* double usage, les propositions de règlement de la Commission de 1998 et de 2007 visaient sans nul doute à réaliser un tel objectif. En effet, tant les propositions initiales de la Commission que les règlements finalement adoptés n'inscrivent plus de dispositions relatives à un processus évolutif tendant vers la réalisation d'un régime plus cohérent même si la possibilité d'une harmonisation plus poussée n'est toutefois pas totalement écartée. De surcroît, l'utilisation des termes « système commun » par le troisième considérant du règlement 428/2009 vise de toute évidence à conforter cette approche.

Même s'il est incontestable que le système réglementaire renforce sensiblement l'approche communautaire du contrôle des transferts de biens pouvant contribuer à l'élaboration d'armes de destruction massives, il reste que le régime de contrôle qu'il instaure ne répond que partiellement aux objectifs qu'il entend rencontrer. Il s'agit encore d'essayer, certes de façon plus contraignante, de garantir que les États membres appliquent, conformément à certains standards, les mesures nécessaires de contrôle à l'exportation ainsi qu'à la réexportation de certains biens pouvant contribuer à l'élaboration d'une arme de destruction massive vers des destinations extérieures à l'Union européenne.

Pour l'analyse du champ d'application du système commun, il convient de distinguer, d'une part, les transferts extracommunautaires et, d'autre part, les transferts intracommunautaires. Pour les premiers, les opérations d'exportation, d'importation, de transit et de courtage seront analysées. Pour les seconds, l'analyse focalisera sur les biens exclus du principe de libre circulation au sein de l'Union européenne

1) Les transferts extracommunautaires

a) Les opérations visées par le système réglementaire

Les opérations visées par le règlement 428/2009 sont de trois types : les opérations d'exportation et de réexportation, les opérations de transit et finalement les opérations de courtage. Meme si elles concernent toutes les biens à double usage, elles diffèrent quelque peu par la manière dont le contrôle de ces opérations est organisé. Il convient donc de les analyser séparément.

Pour le règlement 428/2009 il convient d'entendre par exportation, une procédure d'exportation au sens de l'article 161 du code des douanes communautaire[20], qui consiste globalement en la sortie de marchandises communautaires en dehors du territoire douanier de l'Union et, par réexportation[21], la sortie de marchandises non communautaires en dehors du territoire douanier de la Communauté à l'exclusion du transit[22]. Outre cette définition, similaire à celle du règlement initial de 1994, la Commission avait proposé d'inclure dans la définition certaines opérations intangibles, telles que les transmissions de technologie par voies électroniques, fax, ou téléphone. Cette volonté d'étendre le champ d'application à ce type d'opérations présentait en termes d'effectivité des contrôles de nombreuses difficultés pratiques. En effet, l'intangibilité de ces opérations de transferts les rend particulièrement difficiles à surveiller notamment parce qu'il n'existe pas, par définition, de contrôles douaniers pour ce type de transferts. Seul un contrôle *a posteriori* permettrait dans une certaine mesure de vérifier que les transferts opérés ont été dûment autorisés. L'efficacité d'une telle disposition repose, pour l'essentiel, sur la volonté des exportateurs de soumettre ou non ce type de transfert à autorisation, compte tenu du risque qu'ils encourent à être sanctionnés si l'absence des autorisations nécessaires venait à être découverte.

---

20 Article 161 : « 1. Le régime de l'exportation permet la sortie hors du territoire douanier de la communauté de marchandises communautaires. L'exportation comporte l'application de formalités prévues pour ladite sortie, y compris des mesures de politique commerciale et, le cas échéant, des droits à l'exportation.
2. À l'exclusion des marchandises placées sous le régime du perfectionnement passif ou sous un régime de transit conformément à l'article 163 et sans préjudice de l'article 164, toute marchandise communautaire destinée à être exportée doit être placée sous le régime de l'exportation.
3. […]
4. Sont déterminés selon la procédure du Comité les cas et les conditions dans lesquels des marchandises sortant du territoire douanier de la Communauté ne sont pas soumises à une déclaration d'exportation.
5. La déclaration d'exportation doit être déposée au bureau de douane compétent pour la surveillance du lieu où l'exportateur est établi ou bien où les marchandises sont emballées ou chargées pour le transport d'exportation. Les dérogations sont déterminées selon la procédure du Comité ». Cf. Règlement (CEE) 2913/92 du Conseil, du 12 octobre 1992 établissant le code des douanes communautaire (JO, L 302, 19 octobre 1992, p. 1).

21 Article 182 : « 1. Les marchandises non communautaires peuvent être :
– réexportées hors du territoire douanier de la Communauté, […].
2. La réexportation comporte, le cas échéant, l'application des formalités prévues pour la sortie des marchandises y compris des mesures de politique commerciale.
Peuvent être déterminés selon la procédure du comité les cas dans lesquels des marchandises non-communautaires peuvent être placées sous un régime suspensif en vue de la non-application des mesures de politique commerciale à l'exportation […] ».

22 Article 2(2) du règlement (CE) n° 428/2009.

Un consensus fut finalement obtenu pour étendre le champ d'application du règlement à

> la transmission de logiciels ou de technologies, par voie électronique, y compris par télécopieur, téléphone, courrier électronique ou tout autre moyen électronique, vers une destination à l'extérieur de la Communauté européenne ; cela comprend la mise à disposition sous forme électronique des logiciels et des technologies à l'intention de personnes physiques ou morales et de partenariats à l'extérieur de la Communaute[23].

Toutefois, la transmission orale de technologies par téléphone est limitée aux hypothèses où celles-ci sont décrites dans un document et si des parties pertinentes de celui-ci sont lues au correspondant par téléphone ou lui sont décrites par ce moyen de manière à obtenir un résultat sensiblement le même[24].

Pour certains États membres, en particulier l'Allemagne, cette approche était insuffisante dans la mesure où certains transferts intangibles – tels que l'assistance technique – n'étaient pas couverts par le règlement. Déjà en 1992, lors des négociations relatives au système communautaire intégré, l'Allemagne avait fait de l'insertion de dispositions relatives aux contrôles de la technologie intangible une des conditions de son approbation du règlement, mais elle ne fut guère appuyée par les autres États membres[25]. Un compromis fut toutefois obtenu, par le biais d'une déclaration annexée au procès-verbal du Conseil adoptant le règlement et l'action commune, en sortant la technologie intangible du champ d'application du règlement communautaire et en reconnaissant aux États membres le droit d'en assumer individuellement le contrôle dans le respect des dispositions du Traité CE[26]. Un engagement fut également pris, dans la même déclaration, « d'examiner dans les meilleurs délais les possibilités et l'opportunité d'une harmonisation sur le

23 Les mots « cela comprend la mise à disposition sous forme électronique des logiciels et des technologies à l'intention de personnes physiques ou morales et de partenariats à l'extérieur de la Communauté » ont été ajoutés par lé réforme de 2009 afin de clarifier la question du contrôle de la transmission via serveur internet qui n'était pas explicitement visée par le règlement (CE) n° 1334/2000.

24 Article 2(2).iii du règlement (CE) n° 428/2009.

25 À l'exception d'un soutien timide du Danemark.

26 « Le Conseil et la Commission conviennent que la présente réglementation ne concerne que l'exportation et le transit des biens à double usage, y compris les technologies et les logiciels, et ne concerne pas, par exemple, la communication transfrontalière de données sur la fabrication de tels biens, les services ou les activités du négoce international. Il demeure par conséquent de la seule responsabilité des États membres de voir s'ils considèrent nécessaire de contrôler ces activités, dans le respect des dispositions du traité ». Cf. Annexe C « Déclarations au P.V. » point A.2., premier alinéa, de la note du Secrétariat du Conseil du 30 juin 1994 indexée 8204/94.

plan communautaire dans ces domaines, ou d'autres mesures dans le cadre de l'Union européenne »[27].

Si, en 1999, dans le cadre des négociations relatives au système réglementaire, une avancée certaine avait été faite en matière de contrôle des transferts intangibles, elle restait toutefois insuffisante du point de vue de certaines délégations. Bien qu'une approche commune des transferts intangibles apparaissait nécessaire pour la plupart des États membres, il était politiquement inconcevable de l'insérer dans le règlement. Néanmoins, un consensus était envisageable dans le cadre de la PESC. Ainsi, le Conseil adopta le même jour que le règlement une action commune relative au contrôle de l'assistance technique liée à certaines destinations finales militaires[28]. Bien que l'action commune 2000/401 fasse explicitement référence au règlement 1334/2000, il ne s'agit pas d'une version allégée du système intégré. À l'inverse du règlement 3381/94, le règlement 1334/2000 suffit à lui même et l'action commune 2000/401 a pour but, dans un cadre moins contraignant, de le compléter sans toutefois apporter d'éléments indispensables à sa mise en œuvre.

En 2008, lors des débats relatifs à la révision du règlement 1334/2000, la question d'une intégration potentielle de l'assistance technique au sein du règlement ne fut pas proposée, ni considérée par la Commission ou les États membres, si bien que l'action commune a été maintenue.

En vertu de cette décision du Conseil, les États s'engagent à interdire ou à soumettre à autorisation tout transfert d'assistance technique lorsqu'elle est fournie en dehors de la Communauté et qu'elle est destinée, ou que le fournisseur est conscient du fait qu'elle est destinée, à contribuer directement ou indirectement à l'élaboration d'armes de destruction massive[29]. La définition empruntée largement aux directives du NSG intègre les types d'assistance par voie orale, ce qui élargit nettement le champ d'application mais pose, en termes de mise en œuvre, de multiples difficultés pratiques.

Les opérations d'importation ne sont, elles, pas reprises dans le champ d'application du régime communautaire, ce qui s'inscrit dans la logique même du système réglementaire qui a pour objectif d'éviter que les relations commerciales externes des États membres contribuent à l'émergence d'un nouvel État doté de l'arme nucléaire et non, de contrô-

27 *Ibid.*, deuxième alinéa.

28 Décision du Conseil 2000/401/PESC du 22 juin 2000 relative au contrôle de l'assistance technique liée à certaines destinations finales militaires (JO, L 159, 30 juin 2000, p. 216).

29 Article 2 de la décision du Conseil 2000/401/PESC.

ler les transferts de biens à double usage dont la destination finale serait un des États membres de l'Union. Toutefois, les États adoptèrent en juillet 1997, en marge du système de contrôle intégré et de façon informelle, une règle commune pour l'octroi de garanties de retransfert lorsqu'ils agissent en tant qu'importateurs. Cette règle consiste à garantir dans le Certificat internationale d'importation délivré par l'État membre importateur que le bien « ne sera pas réexporté sans l'autorisation des autorités de l'État membre de l'Union européenne où l'exportateur est établi »[30] ; ce qui permet, tout en offrant les garanties de retransfert nécessaires, de préserver la libre circulation de ces biens au sein de l'Union européenne. Ces dispositions spécifiques informelles n'ont pas été introduites dans les règlements 1334/2000 et 428/2009, mais on peut supposer que dans la mesure où elles ne sont pas contredites par les dispositions de ceux-ci, elles restent d'application.

Soulignons toutefois que les États membres restent libres de contrôler, s'ils le souhaitent, l'importation de biens à double usage sur leur territoire, même si de tels contrôles risquent d'être peu pertinents vu qu'ils ne peuvent s'opposer aux transferts de ces mêmes biens importés via un autre État membre.

À l'instar du règlement 3381/94, le règlement 1334/2000 excluait explicitement les opérations de transit du champ d'application du système règlementaire. Ainsi, l'article 3§4 précisait que « le présent règlement ne s'applique pas aux biens à double usage qui ne font que transiter par le territoire communauté ». La Commission avait pourtant, déjà en 1992, dans une Communication au Conseil et au Parlement, précisé qu'en matière de contrôle des biens en transit, des « différences sensibles [entre États membres] sont constatées, tant sur le plan législatif que pratique »[31].

Il faudra attendre 2009 pour que les opérations de transit soient finalement intégrées dans le règlement. Pour celui-ci, le terme « transit » doit être entendu comme le passage sur le territoire communautaire de biens à double usage en provenance et à destination de pays tiers et

---

30 Report to the European Parliament and the Council on the application of Regulation (EC) n° 3381/94 setting up a community system of export controls regarding dual-use goods, COM(98) 258, Annex 1, Elements of consensus between Member States, p. 2.

31 Communication de la Commission au Conseil et au Parlement sur le contrôle à l'exportation de biens et technologies à double usage et achèvement du marché intérieur, 17 janvier 1992 (III/2305/91-FR), p. 3. Remarquons aussi que dans une « Note to the Members of the Ad Hoc High-level Working Party » du Secrétariat général du Conseil, intitulée « éléments-clés à prendre en considération lors de l'élaboration d'un règlement du conseil relatif aux contrôles de l'exportation de biens et technologies à double usage », il était précisé au point 4(5) qu'il serait souhaitable que le règlement couvre également les procédures de transit.

n'inclut pas le passage sur le territoire d'un État membre de biens en provenance et à destination d'autres États membres.

Le contrôle des opérations de transit s'apparente plus à la faculté pour les États membres d'interdire certaines opérations de transit qu'à la mise en place d'un système d'autorisations de celles-ci. Même si certains États membres exigeaient systématiquement une autorisation pour toutes les opérations de transit, il apparaissait disproportionné de généraliser cette obligation à l'ensemble de l'Union par rapport aux objectifs de non-prolifération[32].

En outre, à l'inverse des autorisations d'exportation, la validité des autorisations de transit est strictement limitée au territoire de l'État membre traversé. Ce qui a pour conséquence que dans l'hypothèse où un bien doit transiter par le territoire de plusieurs États membres, il est potentiellement soumis a autant d'autorisations de transit que d'États traversés. Ce qui ne change fondamentalement pas la nature du système par rapport à la situation antérieure.

Finalement, en 2009, le champ d'application du règlement a été étendu aux opérations de courtage, qui doivent être entendues comme : « la négociation ou l'organisation de transactions en vue de l'achat, la vente ou la fourniture des biens à double usage d'un pays tiers vers un autre pays tiers, ou la vente ou l'achat de biens à double usage qui se situent dans des pays tiers en vue de leur transfert vers un autre pays tiers »[33]. Cependant, toutefois les services auxiliaires comme, par exemple, le transport, les services financiers, l'assurance ou la réassurance, ou encore la publicité générale ou la promotion, ne sont pas visés par le règlement.

b) Les biens visés par le système réglementaire

b1 – Le contrôle des exportations

En principe, tous les biens à double usage qui doivent être soumis, en vertu du système réglementaire, à une autorisation d'exportation sont énumérés à l'annexe I du règlement 428/2009. Cette liste constitue la mise en œuvre des « accords internationaux sur le contrôle des biens à double usage, comprenant l'Arrangement de Wassenaar, le régime de contrôle de la technologie relative aux missiles (MTCR), le Groupe des fournisseurs de biens nucléaires (NSG), et le Groupe d'Australie[34] et la convention sur les armes chimiques »[35]. Cette liste est mise à jour en

---

32 *Proposition de règlement du Conseil instituant un régime communautaire de contrôles des exportations de biens et technologies à double usage*, présentée par la Commission, COM(2006) 828 final, p. 9.

33 Article 2(5) du Règlement (CE) n° 428/2009.

34 Lire le Groupe d'Australie.

35 Annexe 1 du Règlement (CE) n° 428/2009.

principe sur la base annuelle afin d'intégrer l'évolution rapide des régimes internationaux qu'elle entend mettre en œuvre sur le plan communautaire. Jusqu'en 2009, l'adoption de la liste relevait uniquement du Conseil. Toutefois, la modification de l'article 207 TFUE par le Traité de Lisbonne impose désormais que celle-ci soit adoptée par la procédure législative ordinaire. Celle-ci requiert que la révision de la liste des biens, comme toute révision du règlement, soit adoptée conjointement par le Conseil et le Parlement européen. Le recours à la codécision pour la mise à jour d'une annexe technique du règlement risque de ralentir sensiblement le processus qui déjà par le passé prenait plusieurs mois, notamment par l'obligation de traduire le document dans les 23 langues officielles de l'Union européenne. Les raisons ne sont pas à rechercher dans un intérêt particulier du Parlement pour la liste des biens, mais, à l'inverse, dans un certain désintérêt de celui-ci. Ainsi la révision de 2009 n'a été inscrite à l'agenda de comités compétents du Parlement européen que dans le courant de l'année 2011[36]. Dans sa proposition de révision du règlement 1334/2000 la Commission avait anticipé ce risque de blocage, en insérant des dispositions organisant la mise à jour de l'annexe par la procédure de comitologie[37]. Cette proposition n'a cependant pas été retenue par les États membres.

Soulignons toutefois que l'abandon de l'approche transpilier du système initial de 1994 par la mise en annexe d'un règlement de la liste des biens à double usage et non plus de son adoption dans le cadre intergouvernemental de la PESC, fut une des questions les plus débattues au sein du groupe *ad hoc* double usage du Conseil en charge d'examiner la proposition de la Commission en 1998. Si, en droit, il était, depuis les arrêts Leifer et Werner, difficilement contestable que la définition du champ d'application du régime de contrôle des biens à double usage devait être faite dans le cadre de l'article 207 TFUE (ex-article 133 TCE), il restait, que sur le plan politique, cette approche n'était pas partagée par tous les États membres. Par ailleurs, la définition exacte des biens à double usage risquait d'entraîner des controverses interminables dans la mesure où la ligne de partage entre le double usage et l'usage militaire n'est guère aisée à tracer. Rappelons de surcroît que la liste des armes bénéficiant du régime d'exception de l'article 346 n'avait jamais été adoptée formellement[38]. Si l'insertion de la liste des biens à double

---

36 Les Comités du Parlement concernés sont le Comité INTA (International Trade) et le sous-comité SEDE (Subcommittee on Security and Defense).

37 Article 12 et 19 de la Proposition de règlement du Conseil instituant un régime communautaire de contrôles des exportations de biens et technologies à double usage, présentée par la Commission, COM(2006) 828 final.

38 Sur ce point, il convient de préciser que depuis le Traité d'Amsterdam de 1997 l'article 346 (ex-article 296) accorde à la liste de 1958 une existence certaine, étant

usage en annexe I du règlement a eu pour avantage de permettre l'adoption des mises à jour à la majorité qualifiée et non plus par consensus, elle en avait inévitablement pour corollaire la perte du droit de veto pour les États membres dans un domaine qui restait politiquement considéré par certains États comme intergouvernemental.

Afin de tenir compte des sensibilités politiques tout en respectant les principes du droit communautaire, un chapitre IV fut inséré dans le règlement 1334/2000 précisant que les listes de biens à double usage sont mises à jour « dans le respect des obligations et des engagements pertinents, et de toutes modifications de ces derniers, que chaque État membre a acceptés en tant que membre des régimes internationaux de non-prolifération et de contrôle des exportations, ou du fait de la ratification de traités internationaux en la matière »[39]. Cette contrainte faisait également l'objet du septième considérant du règlement.

Cette question fut révoquée en 2009 lors de l'examen de la proposition de refonte du règlement 1334/2000. En effet, à la suite des élargissements de 2004 et 2007, il apparaissait que certains des nouveaux États membres n'étaient pas membres de tous les régimes internationaux de contrôle des exportations. Ainsi Chypre, l'Estonie, la Lituanie, Malte, la Lituanie, la Slovénie, la Slovaquie et la Roumanie ne sont pas membres du MTCR. Par ailleurs, Chypre n'est pas membre du Groupe d'Australie du fait de l'opposition continue de la Turquie à son adhésion. Dès lors, une référence « aux engagements que chaque État membre a acceptés en tant que membre des régimes » rendait difficile l'intégration automatique des listes du MTCR et du Groupe d'Australie.

C'est pourquoi l'article 15 du règlement 428/2009 a du être reformulé pour faire référence aux obligations et engagements pertinents « que les États membres ont acceptés en tant que membres des régimes » et non plus que chaque État membre a acceptés. Cette reformulation n'a pas fondamentalement modifié la décision d'approbation des listes au sein du Conseil qui tant qu'à présent n'a jamais fait débat entre États membres et a toujours été adoptée par consensus.

Complémentairement à cette question de principe sur le pouvoir de décision de la mise à jour des listes, l'insertion en annexe du règlement des listes de biens à double usage soulevait également des inquiétudes

donné qu'il stipule que : « Le Conseil, statuant à l'unanimité sur proposition de la Commission, peut apporter des modifications à la liste, qu'il a fixée le 15 avril 1958, des produits auxquels les dispositions du paragraphe 1, point b), s'appliquent ». Rappelons que l'article 346 dans sa version originale mentionnait simplement que « au cours de la première année suivant l'entrée en vigueur du présent traité, le Conseil statuant à l'unanimité fixe la liste des produits auxquels les dispositions du paragraphe 1 b) s'appliquent ».

[39] Article 11 du règlement (CE) n° 1334/2000.

sur la compétence, en principe exclusive, de la Commission pour proposer des modifications à ces listes de biens. Il est difficile d'admettre pour les États membres de lier la mise en œuvre des régimes internationaux de non-prolifération à la volonté de la Commission qui n'est pas partie et ne peut participer aux travaux des instruments internationaux qui définissent les listes de biens à contrôler[40]. Pour en atténuer l'effet, une déclaration fut inscrite au procès-verbal adoptant le règlement du Conseil 1334/2000 par laquelle la Commission, prenant note de la responsabilité particulière des États membres en la matière, acceptait de proposer rapidement au Conseil toute modification des listes de biens dès lors qu'un État membre soulevait des préoccupations de sécurité publique[41]. Cette déclaration ne fut pas reprise lors de l'adoption du règlement 428/2009, la Commission a donc désormais récupéré sa liberté d'initiative en la matière.

Le système réglementaire reconnaît aux États membres, par les articles 4 et 8 du règlement 428/2009, la possibilité de soumettre à autorisation ou d'interdire l'exportation de biens à double usage ne figurant pas dans l'annexe I.

L'article 4 rappelle que les États disposent de la faculté de prendre des mesures nationales au titre de l'article 10 du règlement (CEE) 1061/2009[42]. Il s'agit de restrictions quantitatives justifiées pour des questions de moralité, de politique ou de sécurité publique. Toutefois ces mesures et décisions nationales qui ont une incidence sur les exportations de biens à double usage doivent être arrêtées dans le cadre de la politique commerciale commune[43].

Ces dispositions sont malgré tout plus restrictives que l'ancien système communautaire intégré, qui octroyait une habilitation plus large

---

40 Rappelons toutefois que la Commission par le passé et l'Union européenne depuis 2010 est membre du Groupe d'Australie et dispose d'un statut d'observateur au sein du NSG.

41 Plus concrètement, la procédure de modifications des listes devrait être la suivante :
– Chaque délégation, en principe le secrétariat technique, pourra soumettre au groupe compétent désigné par le Conseil (*Groupe ad hoc double usage*) des suggestions de modifications de manière à aligner le règlement sur les décisions prises aux seins des instruments internationaux.
– Si un consensus est trouvé au sein du groupe *ad hoc* pour estimer que les modifications proposées sont à retenir, la Commission présentera au Conseil une proposition de modification étant entendu que la Commission conserve la faculté de présenter des propositions soit de sa propre initiative soit à la demande d'une délégation.

42 Article 4(8) du règlement (CE) n° 428/2009. Pour rappel le règlement 2603/69 a été remplacé par le règlement (CEE) 1061/2009 du Conseil du 19 octobre 2009, portant établissement d'un régime commun applicable aux exportations (JO, L 291, 7 novembre 2009, p. 1).

43 Cinquième considérant du règlement (CE) n° 428/2009.

aux États, en précisant que des mesures nationales supplémentaires étaient autorisées pour autant que celles-ci soient compatibles avec les objectifs du règlement[44].

L'article 8 du règlement 428/2009, accorde aux États membres la faculté d'interdire ou de soumettre à autorisation, de façon permanente ou temporaire, l'exportation de biens à double usage ne figurant pas sur la liste de l'annexe I pour des raisons liées à la sécurité publique ou à la sauvegarde des droits de l'homme. Les mesures unilatérales, notamment les listes de biens concernés, prises par les États membres en vertu de cet article ainsi que leurs modifications successives doivent être notifiées, en précisant les raisons, à la Commission et aux États membres immédiatement après leur adoption dans un délai déterminé[45]. Ces mesures sont publiées au Journal officiel de l'Union européenne[46]. Seuls la France, le Royaume-Uni, l'Allemagne et la Lettonie ont adopté de telles restrictions[47].

La proposition initiale de règlement présentée par la Commission en 1998 était plus restrictive et suggérait de limiter cette faculté à des cas exceptionnels pour des raisons de sécurité nationale. Cependant, lors des négociations relatives à cet article, la portée exacte de celle-ci ne semblait pas faire l'unanimité et les termes sécurité publique ont été préférés. Cette question ne fut plus débattue lors de l'adoption du règlement 428/2009.

Bien que le règlement 428/2009 ne contienne pas de référence explicite à l'article 10 du règlement 1061/09 du Conseil portant établissement d'un régime commun applicable aux exportations[48], il semble que cette notion doit être interprétée au sens de cet article. Par ailleurs, les termes « sauvegarde des droits de l'homme » ont été ajoutés du fait que pour

---

44 Dixième considérant du règlement (CE) n° 1334/2000.

45 Article 8(2) et (3) du règlement (CE) n° 428/2009.

46 Article 8(4) du règlement (CE) n° 1334/2009.

47 Pour la liste des États concernés, voir Quentin MICHEL, *The European Union Export Control Regime : Comment of the Legislation : article by article*. Disponible sur le site internet : http://local.droit.ulg.ac.be/sa/uee/.

48 « Sans préjudice d'autres dispositions communautaires, le présent règlement ne fait pas obstacle à l'adoption ou à l'application par les États membres, de restrictions quantitatives à l'exportation justifiées par des raisons de moralité publique, d'ordre public, de sécurité publique, de protection de la santé et de la vie des personnes et des animaux ou de préservation des végétaux, de protection des trésors nationaux ayant une valeur artistique, historique ou archéologique, ou de protection de la propriété industrielle et commerciale ». Cf. Règlement (CE) 1061/09 du Conseil du 19 octobre 2009, portant établissement d'un régime commun applicable aux exportations (JO, L 291, 7 novembre 2009, p. 21). Ces dispositions sont, elles-mêmes, largement inspirées de l'article 36 TFUE du moins pour ce qui est des motifs de restrictions admissibles.

certaines délégations ceux-ci n'étaient pas inclus dans la notion de sécurité publique.

Complémentairement à l'article 5 qui accorde aux États la reconnaissance générale de principe, l'article 4 du règlement reconnaît aux États membres, par l'introduction de la technique dite de la *catch-all clause*[49], la possibilité d'exiger, de façon plus ponctuelle, une autorisation de transfert pour des biens non listés en annexe I. Cette technique consiste à ce qu'un exportateur est tenu de demander une autorisation de transfert pour un ou des bien(s) non visé(s) par le régime de contrôle considéré, lorsqu'il a connaissance ou qu'il est informé que le ou les bien(s) transféré(s) peu(ven)t être destiné(s) à un programme de recherche ou d'élaboration d'une arme de destruction massive. L'introduction de cette technique déjà présente dans le régime communautaire intégré avait fait l'objet de longues et délicates négociations entre les différentes délégations des États membres. Le compromis auquel elles avaient finalement abouti avait permis d'insérer dans le règlement 3381/94 trois *catch-all clauses* de valeur et de portée très différentes. La proposition de la Commission de 1998 n'avait guère modifié ces dispositions mais en avait étendu considérablement la portée aux cas où les biens exportés « sont ou peuvent être destinés, entièrement ou en partie, à un usage final militaire dans un pays soumis à un embargo des Nations unies »[50]. En élargissant le champ d'application du règlement aux biens à double usage destinés aux armes conventionnelles et non plus uniquement aux armes de destruction massive, la Commission a ouvert indirectement la boîte de Pandore entraînant des débats difficiles entre délégations sur les objectifs poursuivis par le règlement. Un consensus fut finalement obtenu par l'introduction de cinq *catch-all clauses* de valeur et de portée différentes mais qui peuvent être regroupée en trois catégories.

Ces cinq *catch-all* ont été reprises intégralement par le Règlement 428/2009 et n'ont pas fait l'objet de débats entre États membres lors de l'examen de la proposition de la Commission.

La première catégorie regroupe trois *catch-all* à champ d'application différent mais dont l'objectif est de permettre aux autorités nationales d'imposer aux exportateurs l'obligation de demander une autorisation d'exportation lorsqu'ils sont informés par ces mêmes autorités du caractère proliférant d'un bien non repris en annexe I.

En particulier, il s'agit pour la première d'imposer à l'exportateur l'obligation de demander une autorisation d'exportation lorsqu'il est informé par ses autorités publiques que les biens qu'il désire exporter « sont ou peuvent être destinés, entièrement ou en partie, à contribuer au

49 Apparaît parfois sous la forme française de clause attrape tout.

50 Proposition de la Commission (1998/257 final).

développement, à la production, au maniement, au fonctionnement, à l'entretien, au stockage, à la détection, à l'identification ou à la dissémination d'armes chimiques, biologiques ou nucléaires ou d'autres dispositifs nucléaires explosifs, ou au développement, à la production, à l'entretien ou au stockage de missiles pouvant servir de vecteurs à de telles armes »[51]. L'objectif de cette *catch-all clause*, légèrement amendée par rapport à celle du système communautaire intégré[52], est de donner aux autorités nationales les moyens juridiques nécessaires pour lutter contre les risques de prolifération inhérents à l'évolution rapide des technologies. Il s'agit, en particulier, de leur octroyer les moyens d'agir pour éviter que certains mettent à profit le laps de temps entre le constat du caractère proliférant d'un bien et celui nécessaire pour obtenir l'accord des Vingt-Sept et du Parlement pour l'intégrer dans la liste de l'annexe I du règlement 428/2009. Elle permet également de surveiller et de bloquer, si nécessaire, les transferts de biens se trouvant dans la zone dite grise. Cette zone correspond à des biens considérés généralement comme non proliférants, mais qui pourraient néanmoins contribuer à la prolifération des armements et pour lesquels il n'est pas économiquement, ni politiquement opportun d'imposer systématiquement une procédure lourde d'autorisation de transfert. La mise en œuvre de cette *catch-all clause* vise généralement un nombre restreint de destinations (États soupçonnés de proliférer, États du seuil, etc.)[53].

La seconde *catch-all clause* de cette catégorie porte plus particulièrement sur les armes conventionnelles et vise à imposer aux exportateurs l'obligation de demander une autorisation d'exportation s'ils ont été informés par leurs autorités que les « produits peuvent être destinés, entièrement ou en partie, à une utilisation finale militaire » et que « le pays acheteur ou de destination est soumis à un embargo sur les armes décidé dans une position commune ou une action commune adoptée par le Conseil de l'Union européenne, ou dans une décision de l'OSCE ou imposé par une résolution contraignante du Conseil de sécurité des

---

51 Article 4(1) du règlement (CE) n° 428/2009.

52 Les modifications apportées visent essentiellement à rendre la formulation plus conforme à celle utilisée par les instruments internationaux de non-prolifération des armes nucléaires.

53 Lors des négociations relatives à l'article 4 du premier règlement, il avait été suggéré de le compléter par une liste commune de destinations vers lesquelles un examen plus attentif des transferts aurait été nécessaire. En vertu de cette première *catch-all clause* une autorisation d'exportation aurait pu être exigée pour des biens de la zone grise à destination des pays listés. Voir résultat des travaux du groupe conseillers « double usage » du 31 janvier 1994, indexé : 4650/94, p. 5.

Nations unies »[54]. Pour cette *catch-all clause* la difficulté réside dans la définition de la portée des termes « utilisation finale militaire ».

La déclaration annexée au procès-verbal adoptant le règlement 1334/2000 précisait qu'« en ce qui concerne la définition de l'expression utilisation finale militaire, il est fait mention, à l'article 4, paragraphe 2, de la liste des matériels de guerre des différents États membres. Si un État membre ne publie pas une liste nationale de matériels de guerre, le terme utilisation finale militaire est interprété sur la base de la législation nationale de cet État membre, en tenant compte de la liste des munitions de Wassenaar. Les États membres conviennent que, dès qu'ils se seront mis d'accord sur une liste commune de matériels de guerre couverts par le code de conduite de l'UE pour les exportations d'armements, il y aura lieu d'envisager s'il convient ou non de faire mention de cette liste dans le présent règlement ».

Lors de l'examen de la proposition de refonte du Règlement en 2008, cette question n'a pas été envisagée alors que la liste mentionnée dans la déclaration annexée au procès-verbal avait été adoptée en application de la position commune du conseil 2008/944/PESC définissant des règles communes régissant le contrôle des exportations de technologie et d'équipements militaires qui succédait au Code de conduite de l'UE[55].

Le règlement 428/2009 a conservé, sans que cette question soit débattue, l'ancienne formulation et continue à renvoyer aux listes nationales. Il précise toutefois qu'il convient d'entendre par utilisation finale militaire l'incorporation dans des biens militaires figurant sur la liste des matériels de guerre des États membres, l'utilisation d'équipements de production, d'essai ou d'analyse et de composants à cet effet, en vue de la mise au point, de la production ou de l'entretien de produits militaires figurant sur cette même liste nationale, et enfin l'utilisation en usine de tout produits non finis en vue de la production de produits militaire figurant sur cette liste[56].

La troisième *catch-all clause* de cette catégorie vise à lutter contre un risque de prolifération tout particulier, celui consistant à transférer des biens qui sont, en principe, non proliférant mais qui peuvent être utilisés comme pièce ou composants pour des biens militaires eux-mêmes exportés préalablement sans autorisation ou en violation de celle-ci[57].

---

54 Article 4(2) du règlement (CE) n° 428/2009.

55 Liste commune des équipements militaires de l'Union européenne adoptée par le Conseil le 21 février 2011 en application de la Position commune 2008/944/PESC du Conseil définissant des règles communes régissant le contrôle des exportations de technologie et d'équipements militaires (JO, C 86, 18 mars 2011, p. 1).

56 Article 4(2) a, b et c du règlement (CE) n° 428/2009.

57 Article 4(3) du règlement (CE) n° 428/2009.

Elle permet aux autorités nationales de soumettre à autorisation de transfert, selon le même principe que les deux premières *catch-all clause*, un bien en principe non visé par les listes.

Si l'introduction de ces deux *catch-all clause* dans le règlement a le mérite, d'un point de vue conceptuel, de tenter d'homogénéiser partiellement l'approche des États membres en matière d'armes conventionnelles ou plutôt en matière de biens pouvant contribuer à l'élaboration de telles armes, il faut bien admettre que concrètement, elle ne modifie guère la situation présente. En effet, les armes et matériel de guerre bénéficiant du régime d'exception de l'article 346 TFUE et devraient, en principe, être strictement énumérés par le Conseil. Or, si une telle liste a été effectivement adoptée en 1958, il reste qu'elle est, actuellement, pour le moins obsolète et que les États membres n'ont jamais tenu compte de celle-ci. Il reste à savoir si la liste adoptée en vertu du code de conduite en 2006 et mise à jour régulièrement depuis lors peut être considérée comme la liste de référence.

Précisons enfin que pour cette *catch-all clause*, c'est aux autorités publiques de l'État membre qu'il incombe d'avertir les exportateurs d'une utilisation potentielle des biens à des fins d'armement et non à ceux-ci d'en informer leurs autorités.

La seconde catégorie de *catch-all clause* regroupe également trois types dispositions dont le champ d'application est identique à celui de la catégorie I. Pour rappel, il s'agit des biens non repris en annexe I, mais qui soit peuvent contribuer à une arme de destruction massive, soit sont à destination d'un État sous embargo et qui peuvent avoir une utilisation militaire ou être utilisés comme composants pour des produits militaires exportés sans autorisation.

À la différence de la première catégorie, c'est sur l'exportateur que repose la mise en œuvre de cette *catch-all clause*. En effet, elle impose à l'exportateur lorsqu'il a connaissance que les biens qu'il désire exporter sont destinés, entièrement ou en partie, à l'un des usages mentionnés ci-dessus, d'en informer ses autorités qui décident de l'opportunité de soumettre l'exportation concernée à autorisation[58].

Cette notification n'enclenche pas systématiquement la nécessité d'une autorisation d'exportation, celle-ci restant liée à l'appréciation de l'autorité, mais a essentiellement pour effet d'exonérer l'exportateur d'une quelconque responsabilité future quant à une utilisation illégitime du bien transféré.

Finalement, la troisième catégorie de *catch-all clause* ne concerne que les armes de destructions massives et est, à l'inverse des deux autres

58 Article 4(4) du règlement (CE) n° 428/2009.

catégories, facultative. L'article 4(5) du règlement 428/2009 autorise les États membres à conserver ou à introduire dans leurs législations nationales des systèmes de contrôle imposant à l'exportateur d'informer ses autorités lorsqu'il a des motifs de suspecter que les biens concernés sont ou peuvent être destinés, entièrement ou en partie, à une des finalités non autorisées et que, dans un tel cas, l'exportation peut être soumise à autorisation.

Ces dispositions qui existaient depuis le système communautaire intégré auraient dû normalement faire partie intégrante de la deuxième *catch-all clause* dans la mesure où elles visent les cas dans lesquels l'exportateur doit informer ses autorités lorsqu'il est en droit de supposer que l'utilisation effective ne sera pas conforme à l'utilisation déclarée. Cependant, suite au refus de certains États membres de conférer un caractère obligatoire à ces dispositions, les États initiateurs de cette clause, en particulier l'Allemagne, ont tenu à préserver formellement le droit des États membres à maintenir dans les systèmes de contrôle nationaux des dispositions similaires. Précisons que la nouvelle version retenue par le règlement 1334 en a étendu considérablement la portée, compte tenu qu'il ne s'agit plus uniquement pour l'exportateur d'avoir des soupçons que les biens exportés vont être utilisés pour élaborer une arme de destruction massive mais aussi que ceux-ci pourraient être utilisés à de telles fins. Ces dispositions n'ont pas été modifiées par le Règlement 428/2009.

Le principe de la *catch-all clause* et la façon dont il est articulé dans le règlement posent un certain nombre d'interrogations. Si la première *catch-all clause* semble relativement simple à mettre en application, la deuxième et la troisième soulèvent incontestablement des difficultés pratiques qu'il conviendra d'éclaircir. En vertu de la deuxième *catch-all clause* l'exportateur doit informer ses autorités s'il « a connaissance » de ce que les biens qu'il désire exporter sont destinés, entièrement ou en partie, à des finalités liées aux armes de destruction massive ou conventionnelle. Dans l'hypothèse où ces biens sont, contre toute attente, utilisés à des fins illégitimes, à qui appartient-il de démontrer que l'exportateur avait ou n'avait pas connaissance de cette utilisation finale ?

Par ailleurs, en vertu de ces dispositions, un exportateur peut-il être responsable d'un détournement d'utilisation de biens qui, au moment du transfert, n'avaient pas d'utilisations connues à des fins d'armes de destruction massive ou conventionnelle ? Hormis les quelques cas extrêmes, il sera particulièrement difficile de démontrer et d'apporter les preuves des responsabilités respectives. Il est sans doute vrai qu'un exportateur peut, par le jeu de ses relations commerciales, être amené à recevoir des informations sur les intentions réelles du destinataire du transfert. En fonction de son degré d'honnêteté et de ses intérêts, il peut les transmettre à ses autorités ou les dissimuler, auquel cas, il n'est pas certain que la crainte d'une éventuelle sanction – encore faudra-t-il apporter la preuve de cette dissimulation – influencera le comportement, fraudeur ou non, des candidats exportateurs. Toutefois, si l'effet dissuasif de telles dispositions apparaît relativement ténu, il est incontestable que la responsabilisation des fournisseurs, aussi difficile sera-t-elle à démontrer, trouve une certaine utilité *a posteriori*. Elle constitue, en effet, un moyen nécessaire pour pouvoir engager des poursuites et éventuellement condamner celui qui, sans recourir à la fraude ou à la falsification, a transféré des biens dont il connaissait ou pouvait légitimement supposer qu'ils allaient contribuer à l'élaboration d'armes de destruction massive. Cette hypothèse est loin d'être négligeable dans la mesure où les listes de biens soumis à contrôle accusent inévitablement un léger retard par rapport à l'évolution rapide et continue de la technologie pouvant contribuer à l'élaboration d'armes de destruction massive.

L'absence d'homogénéité au sein de l'Union européenne dans la mise en œuvre de ces *catch-all clauses*, en ce compris la reconnaissance du droit des États membres de conserver ou d'insérer des dispositions renforcées en cette matière, risque aussi, de renforcer la tentation, d'une part, de *licence shopping*[59] et, d'autre part, d'inciter les entreprises les moins scrupuleuses à se délocaliser ou à établir des filiales dans les États membres ne possédant pas de telles dispositions.

Notons que pour atténuer les effets directs du risque de disparités, toute autorisation d'exportation exigée en vertu de ces *catch-all clause* par un État membre peut être, le cas échéant, notifiée à la Commission et aux autres États membres. Ces derniers s'engagent « à tenir dûment compte de cette information et la communiquent, dans la mesure du possible, à leurs bureaux de douane et autres autorités nationales compétentes »[60]. La portée de cette disposition fait débat entre les États membres. Pour certains, il convient d'y entendre la notification systématique de toutes les décisions de soumettre un bien à une clause *catch-all*. Pour d'autres, cette notification ne doit avoir lieu que lorsque les autorités nationales la jugent nécessaire, par exemple si ces mêmes biens sont également disponibles dans un autre État membre.

b2 – Le contrôle du transit

Comme il a déjà été évoqué, les dispositions relatives au contrôle du transit n'ont été insérées que depuis 2009 avec le règlement 428/2009. Le champ d'application est d'ailleurs plus restreint que celui pour les

---

[59] Le *Licence* shopping est le fait qu'un exportateur transfère des biens à double usage dans les autres États membres de l'Union en fonction des chances de succès qu'il a d'obtenir les autorisations d'exportation.

[60] Article 4(6) du règlement (CE) n° 428/2009.

exportations. Il ne porte que sur les biens listés en annexe I et uniquement s'ils sont ou peuvent être destinés, en tout ou partie, à l'élaboration d'une arme de destruction massive[61]. Cette formulation peut apparaître anachronique dans la mesure où le fait pour un bien d'être repris en annexe I du règlement est justifié précisément par le fait qu'il peut contribuer à l'élaboration d'une arme de destruction massive. Par conséquent, on pourrait considérer que si un État membre souhaite suivre une interprétation stricte du règlement, il serait tenu d'interdire ou d'exiger une autorisation pour tous les biens transitant par son territoire.

Par ailleurs, le règlement autorise les États membres à contrôler le transit des biens non listés en annexe I s'ils peuvent contribuer à l'élaboration d'une arme de destruction massive ou à un usage militaire dans le cadre d'un État soumis à embargo[62]. À l'inverse des exportations, le règlement n'autorise pas d'étendre la responsabilité du transitaire en le contraignant à informer les autorités de l'État par où ses biens non repris en annexe I vont transiter, s'il sait ou a connaissance que ceux-ci vont ou peuvent contribuer à un usage prohibé.

b3 – Le contrôle des activités de courtage

À l'instar du contrôle des activités de transit, le contrôle du courtage n'a été introduit dans le règlement qu'avec la réforme de 2009 et avec un champ d'application similaire.

En vertu de l'article 5, les États membres sont tenus de soumettre à autorisation les services de courtage de biens à double usage de l'annexe I, si le courtier a connaissance ou a été informé par les autorités compétentes de l'État membre où est établi, que ce bien peut ou pourrait contribuer à une arme de destruction massive. Il convient d'être attentif à cette formulation, qui s'apparente dans sa logique structurelle à une *catch-all clause* mais n'en est pourtant pas une. En, effet, cette disposition ne soumet pas à autorisation des biens non repris en annexe I, mais requiert plutôt que si les services de courtage liés aux biens listés sont ou peuvent contribuer à l'élaboration d'une arme de destruction massive ils doivent être soumis à autorisation. En d'autres termes, à l'inverse des exportations, les services de courtage comme le transit ne sont soumis à autorisation pour des biens listés qu'au cas par cas.

Remarquons que la formulation « sont ou peuvent contribuer » soulève les mêmes interrogations que celles relatives à l'analyse du transit. À savoir qu'une interprétation stricte de celles-ci devrait entraîner l'obligation de soumettre à autorisation l'ensemble des services de courtage.

---

[61] Article 6(1) et 6(2) du Règlement (CE) n° 428/2009.

[62] Article 6(3) du règlement (CE) n° 428/2009.

Si la proposition initiale de la Commission n'avait retenu que ces deux types d'opérations de courtage pour lesquels, une autorisation était requise, le texte finalement adopté a un champ d'application plus large.

Malgré que les activités de courtage de biens non listés ne sont pas visées, le règlement laisse toutefois la faculté aux États membres de soumettre ces activités à autorisation ainsi que d'imposer une obligation d'information des autorités, si le courtier a des motifs de soupçonner que ces biens sont ou peuvent contribuer à une arme de destruction massive. Compte tenu de l'extrême mobilité des courtiers qui ne sont pas tenus par une infrastructure industrielle comme les exportateurs, la tentation pour le courtier de faire du *licence shopping* ne peut être écartée. Il est donc dommage, si pas préjudiciable, que ce type de contrôles n'est pas organisé de manière uniforme pour les 27 États membres.

2) Les transferts intracommunautaires

En principe, les opérations de transferts au sein de l'Union européenne sont exemptes de tout contrôle en matière de non-prolifération. Toutefois, le règlement établit de nombreuses exceptions au principe de libre circulation intracommunautaire.

La proposition initiale de la Commission de 1998 supprimait, pourtant, tout régime d'exception, tant temporaire que définitif, à la libre circulation intracommunautaire des biens à double usage. Seuls les transferts de certains biens nucléaires[63] restaient, selon la même procédure que celle de l'article 21 du règlement 3381/94[64], soumis à un système d'autorisation de transfert. Toutefois, afin de permettre aux autorités compétentes des États membres de suivre les mouvements sur le territoire communautaire des biens très sensibles du NSG, du MTCR et du Groupe d'Australie[65], les transferts intracommunautaires de ces biens étaient soumis à un système de notification[66]. De plus, si une demande d'autorisation de transfert vers un pays tiers était déposée

63 Il s'agit des articles nucléaires visés par la Déclaration de politique commune du 20 novembre 1984 à savoir le plutonium et l'uranium enrichi à plus de 20 % ainsi que les installations, les principaux composants d'importance cruciale et la technologies liés au retraitement, à l'enrichissement et à la production d'eau lourde.

64 Proposition de la Commission (1998/257 final), article 23. Notons que cette autorisation intracommunautaire s'apparente plutôt à une notification. Cf. Déclaration de politique commune du 20 novembre 1984.

65 Il s'agit des articles actuellement visés par l'annexe IV du règlement (CE) n° 428/2009.

66 Proposition de la Commission (1998/257 final), article 22. Les informations à fournir par la personne physique ou morale effectuant le transfert sont identiques à celles requises pour une demande d'autorisation de transfert pour des articles à double usage de l'annexe I.

auprès d'un État membre, celui-ci était tenu de consulter l'État membre où ces biens étaient initialement localisés. Ce dernier disposait d'un droit de veto sur l'octroi de l'autorisation[67].

Cette proposition fut rejetée par les délégations des États membres qui ne pouvaient admettre la suppression des nombreuses exceptions au principe de libre circulation établie tant à titre transitoire qu'à titre définitif par le système communautaire intégré. Pour comprendre les principes régissant les exceptions retenues par le règlement 1334/2000 et maintenues par le règlement 428/2009, il n'est pas inutile d'exposer brièvement, dans un premier temps celles qui régissaient le système communautaire intégré qui les a précédés.

a) Le régime d'exception au principe de libre circulation du système communautaire intégré

Le système communautaire intégré établissait deux exceptions à caractère transitoire et trois exceptions à caractère définitif.

a1 – Les exceptions à caractère définitif au principe de libre circulation des biens à double usage

Tout d'abord, le règlement intègre le système spécifique d'autorisation établi par la Déclaration de politique commune du 20 novembre 1984 relative aux transferts intracommunautaires de plutonium et d'uranium enrichi au-delà de 20 % ainsi que d'installations, de principaux composants d'importance cruciale et de technologies liés au retraitement, à l'enrichissement et à la production d'eau lourde[68]. En rapport avec cet article, la Commission avait tenu à rappeler que les transferts de matières nucléaires à l'intérieur de la Communauté par ou pour le compte de la Commission dans l'exercice des tâches que lui confie le Traité Euratom feront l'objet d'un examen individuel par la Commission[69].

La deuxième exception, établie par l'article 20 du règlement 3381/94, réservait aux États membres le droit de soumettre à autorisation certains transferts à destination des autres États membres. Cette autorisation pouvait inclure, le cas échéant, des conditions concernant l'usage final et/ou le retransfert[70]. En fonction de ces dispositions, une

---

67 Proposition de la Commission (1998/257 final), article 22(3).

68 Article 21 du règlement (CE) n° 3381/94. Pour la procédure de notification des transferts internes et de *Prior consent* en cas de retransfert instaurée par la déclaration de politique commune du 20 novembre 1984.

69 Annexe C « Déclarations au P.V. » point B.10, de la note du Secrétariat du Conseil du 30 juin 1994, indexée 8204/94.

70 Remarquons qu'il ne s'agissait pas, contrairement aux versions initiales du règlement (CE) n° 3381/94, d'un système obligatoire de *Prior consent*. Ces conditions de retransfert devaient en effet faire l'objet d'une négociation entre les États parties.

liste des biens à double usage qui devaient faire l'objet de cette autorisation de transfert intracommunautaire avait été établie pour chaque État. Ces listes étaient regroupées à l'annexe V de l'action commune. Elles contenaient, pour l'essentiel, des produits que les États membres considèrent comme militaires ou stratégiques.

Les dispositions de l'article 20 faisaient initialement partie des dispositions transitoires mais suite aux interventions anglaises et françaises, elles ont été isolées en un article distinct afin de leur conférer un caractère permanent. Cependant, la Commission, appuyée par certains États, estimait que ces exceptions permanentes à la libre circulation intracommunautaire ne devaient, malgré tout, plus subsister à l'issue de la période transitoire. Un compromis fut finalement adopté et formalisé par une Déclaration annexée au procès-verbal du Conseil adoptant le règlement et l'action commune, affirmant que pour les exceptions qui n'auront pas été supprimées au cours de la période transitoire par les États membres concernés, un réexamen devait être effectué au terme de cette période[71]. Après ce réexamen, le règlement « ne devra couvrir que les biens à double usage et en conséquence, les biens de l'annexe V devraient à ce moment relever – pour leur seul contrôle à l'exportation –, soit de l'annexe I de l'action commune, soit de l'article 223 du traité ».

> [D'autre part, à la] demande d'un État membre, la Commission proposera dans le respect du marché intérieur et dans le souci de garantir l'efficacité du système intégré de contrôle, une révision du règlement afin de maintenir, pour les produits très sensibles de [...] l'annexe V, un régime de suivi administratif comprenant, si nécessaire, pour répondre à la demande de l'État membre concerné, la délivrance de licences individuelles par les autorités compétentes.
>
> [Par ailleurs] le Conseil et la Commission considèrent qu'en ce qui concerne [certains] produits mentionnés à l'annexe V [des explosifs pour l'essentiel], l'article 36 [du traité] pourra continuer à être invoqué, sans préjudice des dispositions de la directive 93/15/CEE[72], dans l'attente d'une harmonisation plus complète concernant les conditions de circulations de ces produits dans la Communauté[73].

---

71 Note de la Présidence de l'Union au COREPER du 18 mai 1994, p. 4 (indexé : 6934/94), ainsi que la note du Secrétariat du Conseil de l'Union aux délégations des États membres du 30 juin 1994 (indexé : 8204/94).

72 Directive 93/15/CEE du Conseil, du 5 avril 1993, relative à l'harmonisation des dispositions concernant la mise sur le marché et le contrôle des explosifs à usage civil (JO, L 121, 15 mai 1993, p. 20). Cette directive établit, notamment, des procédures spécifiques de contrôle du transfert d'explosifs entre États membres.

73 Annexe C « Déclarations au P.V. » point B.8, C.12 et 13 de la note du Secrétariat du Conseil du 30 juin 1994 (indexé : 8204/94).

En fonction de cette Déclaration, la liste de l'annexe V de l'action commune avait été scindée en deux groupes de biens : ceux pour lesquels le principe d'une autorisation intracommunautaire devrait être supprimé avant la fin de la période transitoire, et ceux pour lesquels l'État membre devra se prononcer sur la suppression ou non de cette autorisation à l'issue de la période transitoire. Seules l'Espagne et la France avaient recouru largement à l'article 20 du règlement en imposant la délivrance d'une autorisation de transfert intracommunautaire pour certains biens[74]. Au jour de l'abrogation de l'action commune par la décision du Conseil du 22 juin 2000[75], dans la logique de la mise en œuvre du nouveau régime de contrôle établi par le règlement 1334/2000, aucune de ces exceptions n'avait été supprimée par les États membres concernés.

a2 – Les exceptions au principe de libre circulation à caractère transitoire

Complémentairement aux exceptions permanentes au principe de libre circulation intracommunautaire, le règlement établissait trois types d'exceptions, en principe, à caractère transitoire.

Premièrement, tous les documents de transferts intracommunautaires de biens à double usage, énumérés à l'annexe I de l'action commune, devaient préciser clairement que ces biens sont soumis à une autorisation s'ils sont exportés[76]. Cette disposition était destinée à avertir les autorités de l'État destinataire du transfert, de la nécessité d'une autorisation en cas d'exportation des biens en dehors de l'Union. Lors des négociations relatives à cet article, le Royaume-Uni a longtemps insisté pour compléter ces dispositions par la possibilité pour les États membres d'exiger une autorisation générale de transfert pour les échanges intracommunautaires[77]. L'adjonction d'une telle disposition aurait sans doute

---

74 L'Espagne avait retenu 143 rubriques de biens à double usage, la France 93, venait ensuite, bien loin derrière, le Danemark (37), le Portugal (25), la Grèce (20), la Finlande (14), l'Italie (12), la Suède (10), le Royaume-Uni (4), l'Allemagne (3), le Benelux et l'Irlande (0).

75 Décision du Conseil 22 juin 2000 abrogeant la décision 94/942/PESC relative à l'action commune concernant le contrôle des exportations de biens à double usage 2000/402/PESC (JO, L 159, 30 juin 2000, p. 218).

76 Article 19(1).a du règlement (CE) n° 3381/94. Ces documents sont en particulier, les contrats commerciaux, les bons de commande, les factures, les notes d'expéditions. Voir Report to the European Parliament and the Council on the application of Regulation (EC) n° 3381/94 setting up a community system of export controls regarding dual-use goods, COM(98) 258, annexe 1 Elements of consensus between Member States, *op. cit.*, p. 2.

77 Par autorisation générale, il convient d'entendre la délivrance d'une autorisation valable pour tous les transferts d'un type d'articles pendant une période définie à destination d'un ou des États déterminés.

permis de surveiller plus étroitement les flux intracommunautaires des biens à double usage et d'y déceler les fraudes éventuelles, mais apparaissait largement contraire au principe de libre circulation voulu par le système communautaire intégré.

Complémentairement à ces dispositions, les personnes physiques ou morales qui procèdent à des échanges intracommunautaires devaient, avant ou dans un délai de trente jours après la première opération de ce type, déclarer aux autorités compétentes leur identité et l'adresse à laquelle les documents et registres peuvent être inspectés[78]. Cette disposition concernait aussi bien l'expéditeur que le destinataire du transfert.

La seconde exception temporaire établie par les dispositions transitoires du règlement communautaire[79] requérait que tous les transferts intracommunautaires des biens à double usage, énumérés à l'annexe IV de l'action commune, soient soumis à autorisation. Cette dernière ne pouvait en aucune hypothèse être une autorisation générale[80]. Les biens énumérés à l'annexe IV et visés par cette procédure concernaient essentiellement des biens très sensibles au sens du NSG, du MTCR, et du Groupe d'Australie.

Remarquons que cette procédure particulière faisait, pour les biens nucléaires, double emploi avec l'autorisation de transfert intracommunautaire établie par l'article 21 du règlement qui intègre la Déclaration de politique commune du 20 novembre 1984. En effet, l'annexe IV du règlement reprenait les biens nucléaires très sensibles visés par la Déclaration de politique commune. On ne voit guère ce que cette autorisation temporaire pouvait apporter de plus pour le contrôle des transferts de ces biens d'autant plus que les modalités d'octroi de l'autorisation de l'article 21 sont nettement plus précises que celles de l'article 19.

À l'inverse, ces dispositions, bien que très similaires à celles établies par l'article 20 du règlement et par l'annexe V de l'action commune, s'en distinguaient nettement par leur caractère strictement transitoire et par l'étendue de leur champ d'application. En effet, pour l'article 19 une autorisation doit être exigée par tous les États membres pour chaque transfert des biens de l'annexe IV tandis que pour l'article 20 la liste des biens soumis à autorisation est établie par chaque État membre et peut donc varier d'un État à l'autre.

Finalement, le règlement[81] établissait une troisième exception temporaire[82] au régime de libre circulation intracommunautaire qui avait pour

---

78 Article 19(2) du règlement (CE) n° 3381/94.

79 Article 19(1).b du règlement (CE) n° 3381/94.

80 *Id.*

81 Article 19(3) du règlement (CE) n° 3381/94.

objectif de lutter contre les risques du *Licence shopping*. Cette exception temporaire accordait aux États membres la possibilité d'exiger une autorisation pour le transfert d'un bien à double usage de leur territoire vers un autre État membre. Il ne pouvait toutefois y recourir que dans les cas où, au moment du transfert, l'opérateur a connaissance que la destination finale du bien en question est située en dehors de l'Union, que l'exportation de ce bien vers cette destination est, en vertu du règlement, soumise à une autorisation et finalement qu'aucune transformation ou ouvraison au sens de l'article 24 du code des douanes communautaire[83] ne doit être effectuée sur les biens dans l'État membre vers lequel ils sont transférés.

Ces trois conditions cumulatives posaient, incontestablement, un certain nombre de difficultés pratiques. En effet, sur la base de quoi et à partir de quel moment considérait-on que l'opérateur avait connaissance que la destination finale était située en dehors de l'Union ? L'opérateur était-il tenu d'informer les autorités des informations en sa possession ? À qui appartenait-il de démontrer que l'opérateur savait ou présumait que ces biens pourraient être exportés… Remarquons toutefois qu'un État membre qui adoptait une réglementation sur la base de cette exception devait en informer la Commission et les autres États membres afin d'écarter le risque que des disparités éventuelles dans l'application des contrôles à l'exportation ne provoquent un détournement de trafic pouvant créer des difficultés à un ou plusieurs États membres[84]. Il s'agit, ici, d'une obligation d'informer des réglementations adoptées et non des pratiques administratives des États membres, mais il peut être supposé qu'une communication de celles-ci pouvait être envisagée sur la base de ces dispositions. Notons, qu'à notre connaissance aucun État membre n'a, au cours des cinq années d'application du système communautaire intégré, recouru à ces dispositions d'exception.

La durée du régime transitoire est sans doute l'élément du système communautaire intégré qui fut le plus ardemment négocié par les délégations des États membres. Le consensus auquel elles ont abouti doit,

---

82 L'Allemagne a longtemps insisté pour extraire cette disposition du régime transitoire afin de lui conférer un caractère définitif.

83 L'article 24 du code des douanes communautaire précise qu'une « marchandise dans la production de laquelle sont intervenus deux ou plusieurs pays, est originaire du pays où a eu lieu la dernière transformation ou ouvraison substantielle, économiquement justifiée, effectuée dans une entreprise équipée à cet effet et ayant abouti à la fabrication d'un produit nouveau représentant un stade de fabrication important ». Cf. Règlement (CEE) 2913/92 du Conseil, du 12 octobre 1992 établissant le code des douanes communautaire (JO, L 302, 19 octobre 1992, p. 1).

84 Articles 19(3).c et 13 du règlement (CE) n° 3381/94.

pour en saisir pleinement la portée, être examiné à la lumière des déclarations annexées au procès-verbal du Conseil adoptant le règlement.

Normalement, en vertu de l'article 19(5) « la nécessité des mesures prévues par le présent article est réexaminée dans un délai de trois ans à compter de la date d'entrée en vigueur du présent règlement ». La proposition initiale de la Commission suggérait une période transitoire d'un an. Celle-ci était trop courte pour certaines délégations qui estimaient qu'une période de deux ans était au moins nécessaire. D'autres délégations, en particulier le Royaume-Uni et la France, estimaient qu'il était impossible de définir, *a priori*, la durée du régime transitoire. Ils considéraient de surcroît que le moment où il pourrait être mis fin au régime transitoire devait relever de la seule appréciation des États membres vu que cette décision contient des éléments de nature politique. La Présidence suggéra, à titre de compromis, qu'aucune durée ne serait déterminée, mais qu'un réexamen des dispositions transitoires devrait intervenir dans les trois ans afin de déterminer s'il peut être mis fin au régime transitoire. Or, insérer dans le règlement une disposition similaire imposait, en vertu de l'article 113 du Traité CE sur lequel se base le règlement, une décision prise à la majorité qualifiée, ce qui ne pouvait être admis par les délégations française et anglaise. Pour contourner cette difficulté, la Commission s'engagea, dans une déclaration annexée au procès-verbal du Conseil adoptant le règlement à ce qu'avant « la fin de la période de trois ans visée à l'article 20[85], paragraphe 5, elle [la Commission] formulera une proposition visant à modifier ou abroger l'article 20[86] uniquement si elle constate que tous les États membres appuient une telle mesure »[87]. D'autre part, pour éviter qu'une décision d'abrogation puisse être prise à la majorité qualifiée une fois le délai de trois ans dépassé, et dans l'hypothèse où les dispositions de l'article 19 seraient encore en vigueur, la Commission accepta de compléter sa déclaration en précisant que dans ce cas elle « élaborera, en étroite collaboration avec les États membres, un rapport sur le rapprochement des politiques nationales des États membres en matière de contrôle des exportations et l'adressera au Conseil. Sur la base de ce constat d'un degré suffisant d'harmonisation des politiques, eu égard notamment aux exigences de sécurité des engagements internationaux en la matière, la Commission présentera des propositions visant à modifier ou abroger l'article 20[88]. La Commission, dans ce contexte,

85 Lire article 19.

86 Lire article 19.

87 Annexe C « Déclarations au P.V. » point B.8, de la note du Secrétariat du Conseil du 30 juin 1994 indexée 8204/94.

88 Lire article 19.

proposera si nécessaire et dans le respect du marché intérieur une disposition inspirée de l'article 20 paragraphe 3[89] de façon à éviter les détournements de trafic »[90].

Finalement, l'article 19 précisait que les dispositions transitoires ne pouvaient, en tout état de cause, avoir pour effet que les envois d'un bien déterminé d'un État membre à un autre doivent être soumis à des conditions plus restrictives que celles imposées pour les exportations du même bien vers les pays tiers[91]. De plus, l'application des dispositions transitoires n'implique pas la réalisation de contrôles aux frontières intérieures de l'Union, mais uniquement de contrôles effectués dans le cadre des procédures normales appliquées de manière non discriminatoire sur l'ensemble du territoire de la Communauté[92].

b) Le régime d'exception au principe de libre circulation du système réglementaire établi par le Règlement 428/2009

Le régime d'exception au principe de libre circulation intracommunautaire fut sans nul doute une des questions les plus débattues. Si la substitution des autorisations intracommunautaires du système communautaire intégré par un régime de simple notification comme le suggérait la proposition de la Commission était difficilement acceptable pour certaines délégations, il n'en restait pas moins que l'instauration de dispositions d'exception à caractère permanent l'était tout autant pour d'autres délégations. Si le souhait de la plupart des États membres était d'adopter un régime d'exception restreint à un nombre limité de biens considérés comme très sensibles, il apparaît que celui finalement instauré par le règlement 1334/2000 et maintenu par le règlement 428/2009 a un champ d'application plus étendu que celui auquel il se substitue.

À l'inverse du règlement 3381/94, le régime d'exception du règlement 428/2009 n'instaure que deux dispositions à caractère permanent et abandonne toute disposition à caractère transitoire. Si la notion de régime d'exception à caractère transitoire pouvait se justifier au regard de la réalisation du marché intérieur dans la mesure où elle ne portait pas atteinte à l'objectif poursuivi, on peut s'interroger sur la compatibilité d'un régime d'exception à caractère permanent par rapport au principe de libre circulation établi par l'article 28 TFUE. Afin d'en atténuer les effets, les États membres ont tenu, tout en rattachant ces dispositions au régime d'exception de l'article 36 TFUE, à leur reconnaître un caractère évolutif. En effet, le douzième considérant du règlement

89 Lire article 19(3).

90 Annexe C « Déclarations au P.V. » point B.8, de la note du Secrétariat du Conseil du 30 juin 1994 indexée 8204/94.

91 Article 19(6) du règlement (CE) n° 3381/94.

92 Article 19(4) du règlement (CE) n° 3381/94.

428/2009 précise que « dans l'attente d'une harmonisation plus poussée, les États membres doivent garder le droit de contrôler les transferts de certains biens à double usage au sein de la Communauté aux fins de sauvegarder l'ordre et la sécurité publics. Si ces contrôles sont effectués au regard de l'efficacité du contrôle des exportations hors de la Communauté, ils feront l'objet d'un bilan périodique par le Conseil ».

La première exception au principe de libre circulation, établie par le règlement 428/2009[93], s'articule selon la même structure que celle de l'article 19 du règlement 3381/94 et de l'annexe IV de l'action commune du système communautaire intégré. Elle requiert que tous les transferts intracommunautaires de biens à double usage, énumérés à l'annexe IV du règlement, soient soumis à autorisation. Les biens énumérés à l'annexe IV et visés par cette procédure ne concernent, en principe, que des biens considérés comme très sensibles au sens du NSG, du MTCR, et du Groupe d'Australie. Il s'agit d'une soixantaine de biens contre une vingtaine sous le système communautaire intégré. Cette augmentation importante du nombre de biens résulte indirectement de la disparition de l'annexe V qui permettait à chaque État membre, dans le cadre du système communautaire intégré, d'établir une liste de biens qui devaient faire l'objet d'une autorisation de transfert intracommunautaire. Rappelons, qu'en vertu de cette disposition, certains États membres avaient adopté des listes de plus d'une centaine de biens. Dans la mesure où ne subsistait dans le règlement 428/2009 qu'un régime commun d'exception – un bien est soumis à autorisation par tous les États membres et non plus par un seul – certains États membres voulaient compléter l'annexe IV des biens qu'ils contrôlaient dans le cadre de l'annexe V. Le compromis finalement obtenu après de longues négociations, a eu pour conséquence positive de limiter les contrôles intracommunautaires à une seule liste commune de biens, mais pour corollaire d'augmenter sensiblement le nombre de biens contrôlés en intracommunautaire.

Par ailleurs, les biens nucléaires, en particulier ceux visés par la Déclaration de politique commune du 20 novembre 1984, sont soumis à une autorisation intracommunautaire puisque la référence à cette déclaration, établie par l'ancien article 21 du règlement, est désormais totalement omise. L'ambiguïté, née de la double imposition d'une procédure d'autorisation et de notification, a finalement été tranchée au profit de la seule autorisation. De plus, cette autorisation a été renforcée dans la mesure où les États membres ne peuvent faire bénéficier les biens nucléaires et les biens relatifs aux armes chimiques visés par

---

[93] Le règlement (CE) n° 428/2009 a repris la formulation de l'article 22 du règlement (CE) n° 1334/2000.

l'annexe IV de la procédure simplifiée de l'autorisation générale[94]. Notons toutefois, que suite à l'action de certains États membres, l'annexe IV a été modifiée peu après l'adoption du règlement 1334/2000 afin d'en faire sortir les matières nucléaires, considérées comme moins sensibles en termes de non-prolifération[95]. Depuis cet ajustement elle n'a plus été amendée et le règlement 428/2009 l'a repris dans son intégralité.

La deuxième exception du règlement 428/2009 consiste en la pérennisation de la troisième exception temporaire du système communautaire intégré, souhaitée depuis longtemps par certains États membres et dont l'objectif est de lutter contre les risques du *Licence shopping*. Celle-ci accorde aux États membres la possibilité de requérir une autorisation pour le transfert d'un bien à double usage de leur territoire vers un autre État membre, moyennant la rencontre de trois éléments cumulatifs qui sont les mêmes que ceux établis par le système communautaire intégré[96]. Seuls les termes « l'opérateur à connaissance » ont été substitués aux termes « l'opérateur sait » de l'ancienne version, ce qui en réduit légèrement la portée.

Insistons sur le fait que ces dispositions ne constituent qu'une habilitation accordée aux États pour établir une telle procédure d'exception et ce n'est qu'une fois celle-ci adoptée par leur pouvoir législatif national qu'elle pourra s'appliquer aux opérateurs.

Soulignons également que le règlement impose une certaine forme de récurrence dans la délivrance des autorisations intracommunautaire dans les « cas où l'exportation ultérieure de biens à double usage a déjà été acceptée, dans le cadre des procédures de consultation prévues à l'article 11, par l'État membre depuis lequel les biens sont destinés à être transférés, l'autorisation de transfert est immédiatement délivrée à l'opérateur, à moins que les circonstances n'aient considérablement change »[97].

Remarquons que le règlement prévoit un certain nombre de dispositions visant à limiter le risque que des disparités éventuelles dans l'application des contrôles à l'exportation ne provoquent un détournement de trafic ou ne portent atteinte, de façon injustifiée, au principe de libre circulation. Il s'agit, d'une part, que l'application de ces mesures

---

94 Article 22(1) et annexe IV partie 2 du règlement (CE) n° 428/2009.

95 Règlement (CE) n° 2889/2000 du Conseil du 22 décembre 2000 modifiant le règlement (CE) n° 1334/2000 en ce qui concerne l'exportation et les transferts intracommunautaires des biens et technologies à double usage. Ce règlement modifie également l'annexe II.

96 Article 22(2) du règlement (CE) n° 428/2009.

97 Article 22(4) du règlement (CE) n° 428/2009.

d'exception ne peut avoir pour conséquence que les transferts intracommunautaires soient soumis à des conditions plus restrictives que celles imposées pour les exportations des mêmes biens vers des pays tiers[98]. D'autre part, la mise en œuvre de ces dispositions d'exception n'implique pas la réalisation de contrôles aux frontières intérieures de la Communauté mais uniquement de contrôles effectués dans le cadre des procédures normales de contrôle, appliquées de manière non discriminatoire sur l'ensemble du territoire de la Communauté[99].

Précisons enfin que les documents relatifs aux transferts intracommunautaires doivent être conservés pendant une période d'au moins trois ans à compter de la fin de l'année civile au cours de laquelle l'opération de transfert a eu lieu et doivent être présentés à la demande des autorités compétentes de l'État membre d'origine du transfert de ces biens[100].

C. Principes et règles de contrôle du système réglementaire

1) Principes et procédures régissant les autorisations d'exportation, de transit et de courtage

Le principe fondateur du système réglementaire est que chaque exportation de biens à double usage tels que définis dans l'annexe I du règlement 428/2009 doit être soumise à la délivrance par les autorités compétentes de l'État membre où l'exportateur est établi d'une autorisation individuelle de transfert[101]. Toutefois, le règlement instaure pour certaines exportations une autorisation générale communautaire et autorise les États membres à accorder aux exportateurs le bénéfice de formalités administratives simplifiées dans trois hypothèses distinctes.

Le principe de l'autorisation générale consiste en l'octroi automatique de la licence de transfert à tout exportateur qui introduit une demande d'autorisation d'exportation pour un ou des biens à double usage énumérés par l'autorisation générale pour une ou des destinations finales également visées par celle-ci. Dans le cadre du règlement 428/2009, l'autorisation générale communautaire est une autorisation de transfert accordée directement, par et en vertu du règlement pour les biens à double usage énumérés en annexe II, partie 1 du règlement à destination des États énumérés en partie 3 de la même annexe. Concrètement cette autorisation s'applique à la majorité des biens à double usage à destina-

98 Article 22(7) du règlement (CE) n° 428/2009.

99 Article 22(6) du règlement (CE) n° 428/2009.

100 Article 22(8) du règlement (CE) n° 428/2009.

101 Article 3 du règlement (CE) n° 428/2009.

tion des principaux partenaires commerciaux de l'Union européenne[102]. L'introduction de cette autorisation communautaire constitue un changement important dans l'approche des États membres du contrôle des transferts des biens à double usage, dans la mesure où elle entame sérieusement la compétence exclusive des États membres pour décider de l'octroi ou du refus des autorisations de transferts. En effet, l'article 9 du règlement 428/2009 relatif à l'autorisation générale communautaire habilite directement les opérateurs à transférer directement les biens à double usage. Le rôle des autorités nationales demeure donc, en principe, limité aux formalités douanières. Toutefois, le règlement donne aux États membres de larges possibilités pour en restreindre l'usage et la portée, ce qui en pratique annihile partiellement une interprétation homogène de cette autorisation[103]. Ainsi l'usage de l'autorisation générale communautaire peut être conditionné à l'obligation pour les exportateurs de se faire enregistrer avant la première utilisation, ce qui est effectivement requis par la majorité des États membres. Par ailleurs, ceux-ci peuvent définir unilatéralement les conditions de notification ainsi que toute information complémentaire qu'ils estiment nécessaire pour en permettre l'usage. Les États membres doivent cependant, fonder leurs exigences sur celles qu'ils requièrent pour leurs autorisations générales nationales.

En toute hypothèse, les exportateurs doivent notifier aux autorités de l'État où ils sont établis de la première utilisation de cette autorisation. Précisons que celle-ci ne peut être utilisée si les biens font l'objet d'un processus de *catch-all clause* de première ou de seconde catégorie. En outre, l'autorisation générale communautaire ne peut être utilisée lorsque les biens en question sont exportés vers une zone franche ou un entrepôt franc situé(e) dans une destination couverte par cette autorisation[104].

Afin de lutter contre les risques de concurrence déloyale entre les exportateurs disposant dans leurs États membres de licences générales nationales[105] et ceux ne bénéficiant pas de telles autorisations, la Commission a proposé, en 2008, sept nouvelles autorisations générales communautaires inspirées des autorisations générales nationales[106].

---

[102] Il s'agit de l'Australie, du Canada, des États-Unis, du Japon, de la Norvège, de la Nouvelle-Zélande et de la Suisse.

[103] Annexe II, *Conditions et exigences pour l'utilisation de la présente*, règlement (CE) n° 428/2009.

[104] *Ibid.*, point 2.

[105] Il s'agit essentiellement de l'Allemagne, du Royaume-Uni et de la France.

[106] *Commission proposal to create new Community General Export Authorisations for certain non-sensitive dual-use items to certain non-sensitive countries, by amending the relevant provisions of Regulation (EC) n° 1334/2000 (Proposal for a Council*

Complémentairement à la compétence d'octroi des autorisations individuelles de transfert le règlement reconnaît aux États membres la possibilité d'adopter des procédures simplifiées dans trois hypothèses.

Tout d'abord, l'introduction de l'autorisation générale communautaire n'empêche pas les États membres d'octroyer des autorisations générales nationales pour autant que celles-ci ne portent pas sur « des biens visés par la partie 2 de l'Annexe II »[107]. Ce qui concrètement consiste à permettre aux États membres d'accorder des autorisations générales nationales pour des biens à double usage de l'annexe I non visés par l'annexe II à destination d'un ou des États de leur choix.

Précisons que comme pour l'autorisation générale communautaire, il doit être précisé dans les autorisations générales nationales qu'elles ne peuvent être utilisées que si les biens en question font l'objet d'un processus de *catch-all clause* de première ou de seconde catégorie[108].

Deuxièmement, pour les exportations d'un bien ou d'un groupe de biens à double usage, les États membres peuvent octroyer à un exportateur spécifique une autorisation globale valable pour des exportations à destination d'un ou de plusieurs États déterminés[109]. On se trouve ici en présence d'une autorisation générale individualisée où seul le titulaire est exempté de la procédure lourde d'autorisation individuelle. Ceci ne signifie évidemment pas qu'une seule autorisation globale peut être délivrée pour les mêmes biens vers les mêmes destinations ; tout exportateur répondant aux mêmes conditions objectives peut, en effet, introduire une demande similaire. Remarquons que cette autorisation globale pourrait théoriquement, à l'inverse de l'autorisation générale nationale, porter sur des biens de l'annexe I à destination des États de l'annexe II, partie 3.

Le règlement introduit une obligation générale pour les exportateurs de transmettre toutes les informations pertinentes requises pour leurs demandes d'autorisation individuelles et globales, en particulier relatives à l'utilisateur final, le pays de destination et les utilisations finales du bien exporté. L'autorisation peut, le cas échéant, être soumise à une déclaration d'utilisation finale[110]. Le contenu précis de cette obligation générale n'a pas été défini de façon précise et chaque État membre reste libre de le déterminer. Ainsi certains États membres exigent de l'exportateur un *International Import Certificate* et/ou un *Delivery Import*

Regulation amending Regulation (EC) n° 1334/2000 setting up a Community regime for the control of exports of dual-use items and technology (COM(2008) 854 final)).

107 Article 9(4) du règlement (CE) n° 428/2009.

108 Article 9(4) du règlement (CE) n° 428/2009.

109 Article 9(5) du règlement (CE) n° 428/2009.

110 Article 9(2) du règlement (CE) n° 428/2009.

Certificate et d'autres pas. À l'inverse pour la déclaration d'utilisation finale, un document d'orientation, incluant notamment un modèle type, a été adopté par le Conseil et publié au Journal officiel de l'Union européenne[111].

La proposition de la Commission relative au règlement 428/2009 avait inséré un dispositif invitant les États à définir et rendre public le délai nécessaire pour rendre une décision relative à une demande d'autorisation d'exportation, mais étonnement elle ne fut pas retenue lors des négociations. Les États membres estimaient qu'ils ne pouvaient contraindre ni rendre public la prise de décision dans un délai prédéterminé compte tenu de la sensibilité politique de ces transactions. La formulation finale retenue par l'article 9 du règlement se contente de préciser que les États doivent traiter les demandes « dans un délai qui doit être déterminé par la législation ou la pratique nationale » ce qui ne modifie guère la situation actuelle et ne répond pas au besoin de transparence souhaité par la réforme. La publication d'une liste pour l'ensemble des États membres offrait l'avantage d'autoriser la comparaison et d'éviter de donner suite aux rumeurs de variations importantes entre États membres. Notons, toutefois, que pour certains d'entre eux ces délais existent et sont rendus publics.

En vertu de l'article 9, l'autorisation d'exportation comme l'autorisation de courtage est valable dans toute la Communauté. Seule l'autorisation de transit a un champ d'application limité à celui de l'État membre qui l'a délivrée. Ce qui pour ce dernier laisserait supposer qu'il lui faudrait autant d'autorisations de transit que d'États membres traversés avec la possibilité que celle-ci soit refusée par chacun d'entre eux. Ainsi, il serait concevable d'imaginer le transit d'un bien dont la route serait dessinée non pas par la logique géographique mais par la faculté d'obtenir plus aisément les autorisations.

La validité des autorisations d'exportation et de courtage pour l'ensemble du territoire de l'Union constitue un des éléments essentiels du système communautaire. Si ce principe fut réintroduit sans difficulté dans le règlement 428/2009, c'est sans doute aussi, celui qui avait soulevé le plus d'inquiétudes, lors des négociations du système communautaire intégré, de la part des délégations des États membres qui y

[111] Recommandations du Conseil en matière de meilleures pratiques concernant les éléments constitutifs d'un certificat communautaire d'utilisation finale – sur lesquelles le groupe « Biens à double usage » est parvenu à un accord le 31 octobre 2008, et dont le Comité des représentants permanents a pris acte le 23 décembre 2008 – que les exportateurs qui sollicitent, auprès des autorités de leur pays, une autorisation d'exporter des biens à double usage (voir l'article 6, paragraphe 2, du règlement (CE) n° 1334/2000 du Conseil) devront, le cas échéant, présenter, dûment signé et estampillé (2009/C 11/01) (JO, C 11, 16 janvier 2009, p. 1).

voyaient, à juste titre, l'instrument nécessaire aux proliférateurs pour exploiter les failles du système aux dépens des principes de non-prolifération que ce système entend préserver. Afin d'atténuer le risque et la tentation d'abuser du système communautaire, les États avaient adopté un certain nombre de procédures et de principes particuliers, ces derniers ont largement été réintégrés dans le règlement 428/2009.

Tout d'abord, deux formulaires-types d'autorisation – l'un pour les autorisations individuelles d'exportation, l'autre pour les autorisations de courtage – ainsi que des « éléments communs pour la formulation des autorisations générales » nationales d'exportation ont été adoptés et insérés en annexe III du règlement 428/2009[112]. L'insertion de ces dispositions constitue la concrétisation partielle d'une déclaration annexée au procès-verbal du Conseil adoptant le règlement 3381/94[113] et dont la pratique du système communautaire intégré avait démontré l'utilité d'une meilleure harmonisation des formulaires d'autorisation[114].

Par ailleurs, si l'autorisation est valable dans toute la Communauté, elle ne peut être octroyée que par les autorités compétentes de l'État membre où est établi l'exportateur ou le courtier[115]. Cette question fondamentale de la définition de l'autorité compétente pour délivrer l'autorisation d'exportation a été longuement débattue entre les différentes délégations lors des négociations relatives au système communautaire intégré.

S'il n'y avait guère de doutes quant au fait de maintenir cette compétence dans les mains des États membres, il fallait encore préciser le critère qui permettrait de déterminer auprès de quel État l'exportateur devrait demander l'autorisation d'exportation. Quatre options étaient possibles : soit retenir le critère de l'État membre où est établi l'exportateur, soit celui du lieu où les biens sont situés, soit celui de l'origine des biens, soit encore celui du lieu de sortie des biens du territoire communautaire. Les deux dernières options ont été rapidement écartées, mais les avis étaient partagés entre la première et la seconde option. Si le lieu d'établissement de l'exportateur a finalement été retenu, la localisation

---

112 Article 14 et l'annexe III du règlement (CE) n° 428/2009.

113 « Le Conseil et la Commission estiment que la mise en œuvre du règlement serait grandement facilitée par une harmonisation des formulaires d'autorisation dans toute la Communauté ». Cf. Annexe C « Déclarations au P.V. » point B.3 de la note du Secrétariat du Conseil du 30 juin 1994 indexée 8204/94.

114 Des modèles de licences individuelles et globales avaient été établis ainsi qu'une procédure de reconnaissance des autorisations générales. Voir Report to the European Parliament and the Council on the application of Regulation (EC) n° 3381/94 setting up a community system of export controls regarding dual-use goods, COM(98) 258, annexe 1 Elements of consensus between Member States, p. 2.

115 Article 9(2) et 10 du règlement (CE) n° 428/2009.

des biens n'a cependant pas été totalement rejetée. En effet, l'article 11(1) du règlement 428/2009, qui reprend la formulation de l'article 7(2) de l'ancien règlement 3381/94, précise que dans l'hypothèse où

> des biens à double usage figurant sur la liste de l'annexe IV, sont ou seront situés dans un ou plusieurs États membres autres que celui dans lequel la demande a été introduite, ces précisions sont indiquées dans la demande. Les autorités compétentes de l'État membre auprès desquelles la demande d'autorisation a été introduite consultent immédiatement les autorités compétentes de l'État membre ou des États membres en question et leur fournissent toutes les informations utiles. Le ou les États membres consultés font connaître, dans un délai de dix jours ouvrables, leurs objections éventuelles à l'octroi d'une telle autorisation, qui sont contraignantes pour l'État membre où la demande a été introduite.
>
> Si aucune objection n'est reçue dans un délai de dix jours ouvrables, l'État membre ou les États membres consultés sont réputés n'avoir pas d'objection.
>
> Dans des cas exceptionnels, tout État membre consulté peut demander la prorogation du délai de dix jours. Cette prorogation ne peut toutefois pas excéder trente jours ouvrables[116].

Si la procédure de consultation permet de tenir compte de la localisation des biens, et de lutter contre certains risques de fraude, elle pose, elle aussi, un problème spécifique d'identification du ou des État(s) membre(s) qui doi(ven)t être consulté(s). Il fallait à nouveau choisir entre l'État membre où les biens sont situés, celui où les biens sont fabriqués, celui où sont engagées les procédures douanières pour l'exportation, ou encore une combinaison de ces possibilités. Compte tenu des divergences trop importantes entre les États membres, un accord fut obtenu sur un libellé relativement vague, assorti d'une déclaration annexée au procès-verbal du Conseil adoptant le règlement. Cette déclaration n'a pas été reprise lors de l'adoption du règlement 428/2009. Toutefois dans la mesure où le texte de l'article n'a pas été amendé, on peut considérer qu'elle garde, malgré tout, sa pertinence. Elle précise que :

> le texte du règlement prévoit, à l'article 7, paragraphe 2, une procédure de consultation. Dans le cadre de cette procédure, les autorités des États membres chargées de la délivrance des licences sont tenues de consulter l'État membre dans lequel le bien est ou sera situé. Le Conseil et la Commission reconnaissent que, dans certains cas, le terme de situation peut ne pas être suffisamment précis pour permettre aux autorités qui délivrent la licence de savoir de manière non équivoque quel(s) autre(s) État(s)

[116] Cette possibilité de prorogation potentielle de trente jours ouvrables du délai de consultation a été ajoutée par rapport à la version de l'article 7(2) du règlement (CE) n° 3381/94. L'interprétation de l'aspect « exceptionnel » ou non est laissée à l'appréciation de l'État membre consulté.

> membre(s) doit (doivent) être consulté(s) ; en outre, lors de l'exécution des contrôles à l'exportation, la vérification concernant le lieu où était situé le bien au moment de la délivrance de la licence peut poser des problèmes.
>
> En conséquence, il est reconnu qu'une solution pratique doit être trouvée afin d'obtenir une définition pratique pour le terme situation, de manière à permettre l'application effective du règlement et aux autorités nationales et aux exportateurs d'être fixés avec certitude. Pour ce faire, il est admis qu'il n'est manifestement pas nécessaire de consulter chaque État membre par lequel transite le bien lors de son acheminement vers une destination hors de la Communauté[117].

Il semblerait qu'aucune solution pratique n'a encore été adoptée et tant le nouveau règlement que la déclaration annexée au procès-verbal adoptant celui-ci n'évoque cette question. Toutefois les États ont retenu, de façon informelle, d'une part des documents standardisés organisant cette consultation et, d'autre part, quelques hypothèses d'approbation tacite exemptant indirectement d'entamer une procédure de consultation[118].

Notons qu'afin de lever l'ambiguïté relative à la définition de l'exportateur, les États membres ont convenus dans la déclaration annexée au procès-verbal adoptant le règlement 1334/2000 que

> l'agence ou la succursale d'un exportateur pouvant être établie dans un État membre autre que celui dans lequel se situe le siège de l'exportateur, le Conseil et la Commission conviennent que, dans ce cas, les autorités compétentes de l'État membre ou est située l'agence ou la succursale de l'exportateur peuvent accorder une autorisation d'exportation à cette agence ou succursale uniquement si celles-ci participent réellement à l'exportation envisagée. Une agence ou une succursale est considérée comme participant réellement à une exportation envisagée, entres autres, si elle est habilitée à prendre des décisions autonomes sur le contrat sur lequel repose l'exportation et dispose d'un système de comptabilité indépendant, si elle a négocié elle-même ce contrat et si elle est en mesure de s'acquitter elle-même des obligations qui incombent à l'exportateur au regard de la réglementation en matière de contrôles des exportations.

Cette déclaration n'a pas été reprise lors de l'adoption du règlement 428/2009, toutefois à l'instar de la déclaration relative à la procédure de

---

117 Annexe C « Déclarations au P.V. » point B.4.b), de la note du Secrétariat du Conseil du 30 juin 1994 indexée 8204/94.

118 Il s'agit des exportations temporaires, des exportations nécessaires à la maintenance ou à la réparation, des remplacements dans le cadre d'un contrat autorisé et pour lequel l'approbation a déjà été octroyée. Voir Report to the European Parliament and the Council on the application of Regulation (EC) n° 3381/94 setting up a community system of export controls regarding dual-use goods, COM(98) 258, Annexe 1, *Elements of consensus between Member States*, p. 2.

consultation susmentionnée, on peut considérer que cette interprétation reste d'actualité.

Toujours dans l'optique de lutter contre les risques de pratiques frauduleuses, les États ont convenu que, si une exportation risque de porter atteinte aux intérêts essentiels de sécurité d'un État membre, celui-ci peut demander à un autre État membre de ne pas octroyer d'autorisation d'exportation ou, si cette autorisation a été octroyée, demander son annulation, sa suspension, sa modification, voire sa révocation. L'État membre qui reçoit une telle demande est tenu d'engager avec l'État membre demandeur une consultation ne présentant pas de caractère contraignant, qui doit être achevée dans un délai de dix jours ouvrables[119]. Le fondement de ces dispositions est de permettre à l'État membre demandeur de faire part, à l'État en charge de délivrer l'autorisation, d'informations laissant supposer que l'exportation envisagée est destinée à servir des fins proliférantes. S'agissant ici avant tout d'un risque de divergences entre les politiques d'exportation de deux ou plusieurs États membres, il ne pouvait être envisagé de reconnaître un droit de veto entre États membres sur leurs décisions respectives d'autoriser ou non l'exportation de tel ou tel bien à double usage à partir de leur territoire[120]. Toutefois, afin d'assurer une certaine convergence des politiques de délivrance des autorisations d'exportation, la Commission avait proposé, lors des négociations relatives au système communautaire intégré, d'insérer dans le texte même du règlement les sept premiers critères relatifs aux exportations d'armes conventionnelles adoptés par les Conseils européens de Luxembourg, de juin 1991, et de Lisbonne, de juin 1992[121]. Cependant, il apparaissait pour la majorité des États

---

119 Article 11(2) du règlement (CE) n° 428/2009. Notons que le règlement (VE) n° 3381/94 était moins restrictif et parlait de porter atteinte aux intérêts essentiels d'un État membre et non à ses seuls intérêts essentiels de sécurité.

120 Notons que dans un règlement connexe instrumentant une décision d'embargo à l'égard de la République fédérale de Yougoslavie, il est établi des mécanismes de consultations entre États membres relatifs à des autorisations nationales d'exportations de produits pétroliers à caractère contraignant. Voir Règlement (CE) 2111/1999 du Conseil du 4 octobre 1999 concernant l'interdiction de la vente et de la fourniture du pétrole et de certains produits pétroliers à certaines parties de la République fédérale de Yougoslavie (RFY) et abrogeant le règlement (CE) 900/1999 (JO, L 258, 5 octobre 1999, p. 12).

121 Ces critères sont :
1. Le respect des engagements internationaux des États membres de la Communauté, notamment les sanctions édictées par le Conseil de sécurité des Nations unies et celles édictées par la Communauté, les accords de non-prolifération et autres ainsi que d'autres obligations internationales ;
2. Le respect des droits de l'homme de la part du pays de destination finale ;
3. La situation intérieure du pays de destination finale en fonction de l'existence de tensions ou de conflits internes ;

membres que ces critères, d'une part, appliqués pour les exportations d'armes conventionnelles, n'étaient guère transposables aux exportations de produits industriels à double usage et que, d'autre part, ils relevaient de la politique étrangère et de sécurité commune et, par ce fait, ils ne pouvaient faire l'objet d'un règlement[122]. En vertu de cette conception du partage des compétences, les États membres s'engagèrent à prendre en considération, pour décider de l'octroi éventuel d'une autorisation d'exportation individuelle, globale ou de service de courtage, les lignes directrices communes définies dans le cadre de la PESC et figurant à l'annexe III de l'action commune[123]. Lors des négociations relatives au règlement 1334/2000, il a été convenu d'insérer ces lignes directrices directement dans le règlement et que cette insertion ne devait pas être comprise comme un abandon par les États membres de leurs compétences relatives à la définition des politiques de transfert. Cette approche a été conservée par le règlement 428/2009. Ces lignes de conduite sont actuellement :

a) les obligations et engagements que chaque État membre a acceptés en tant que membre des régimes internationaux de non-prolifération et de contrôle des exportations ou du fait de la ratification des traités internationaux en la matière ;

b) leurs obligations découlant des sanctions imposées par une position commune ou une action commune adoptée par l'Union européenne ou par une décision de l'OSCE ou par une résolution contraignante du Conseil de sécurité des Nations unies ;

---

4. Le maintien de la paix, de la sécurité et de la stabilité régionale ;
5. La sécurité nationale des États membres, des territoires desquels un État membre assume les relations extérieures, ainsi que celle des pays amis ou alliés ;
6. Le comportement du pays acheteur à l'égard de la communauté internationale, s'agissant notamment de son attitude envers le terrorisme, de la nature de ses alliances et du respect du Droit international ;
7. L'existence d'un risque de détournement interne ou d'une réexportation non souhaitée ;
8. La compatibilité de l'exportation d'armes avec la capacité technique et économique du pays acheteur, en tenant compte du fait qu'il est souhaitable que les États assurent leurs besoins légitimes de défense par le moindre détournement de leurs ressources humaines et économiques à des fins d'armements.

Ce dernier critère n'a pas été retenu.

[122] Voir résultat des travaux du *groupe ad hoc à haut niveau biens et technologies à double usage* en date du 14 septembre 1991, répertorié sous 8698/92, p. 14.

[123] Article 8 du règlement (CE) n° 3381/94 du Conseil du 19 décembre 1994 instituant un régime communautaire de contrôle des articles à double usage (JO, L 367, 31 décembre 1994, p. 1).

c) des considérations de politique étrangère et de sécurité nationale, y compris celles qui s'inscrivent dans le cadre du Code de conduite de l'Union européenne en matière d'exportation d'armements ;

d) des considérations relatives à l'utilisation finale prévue et au risque de détournement[124].

Soulignons que ces lignes de conduite ne sont en rien exhaustives et elles ne constituent que des éléments que les États membres s'engagent à prendre en considération pour décider de l'octroi ou non de l'autorisation de transfert.

Remarquons que la délivrance d'une autorisation d'exportation en vertu du système réglementaire est liée à l'appréciation des autorités de l'État membre qui ne sont nullement tenues de l'octroyer, ni de motiver au demandeur leur décision d'octroi ou de refus[125]. Ces autorités peuvent, de surcroît, annuler, suspendre, modifier ou révoquer une autorisation qu'elles ont déjà octroyée. Toutefois, en cas de refus, d'annulation, de suspension, de limitation substantielle[126] ou de révocation de l'autorisation, elles doivent en informer les autorités compétentes des autres États membres[127]. Cette obligation couvre uniquement la notification de la décision et non pas la transmission des motifs qui l'ont justifiée ; les États restant, bien entendu, libres d'échanger toutes les informations qu'ils estiment pertinentes[128].

La réforme du système communautaire de 2009 a introduit un critère complémentaire à prendre en considération par les autorités nationales pour accorder ou non une autorisation globale. Il s'agit « de la mise en œuvre par l'exportateur de moyens proportionnés et appropriés ainsi que de procédures permettant d'assurer la conformité avec les dispositions et les objectifs du présent règlement et avec les conditions de l'autorisa-

124 Article 12 du règlement (CE) n° 428/2009.

125 Ceci ne signifie cependant pas que ces actes ne doivent pas être motivés en vertu de dispositions nationales relatives à la motivation des actes administratifs.

126 La définition de ces limitations substantielles est laissée à l'appréciation des États membres.

127 Article 12 du règlement (CE) n° 428/2009. Cette disposition est identique à celle du système communautaire intégré. Il semblerait que depuis sa mise en œuvre les États membres échangent relativement peu d'informations entre eux en dehors de ce qui est requis par les instruments internationaux de non-prolifération auxquels ils participent tous. Les quelques informations échangées portent essentiellement sur les refus d'autorisation et la Commission semble en être régulièrement écartée. Cf. Report to the European Parliament and the Council on the application of Regulation (EC) n° 3381/94 setting up a community system of export controls regarding dual-use goods, COM(98) 258, p. 10.

128 Voir Résultat des travaux du *groupe ad hoc à haut niveau biens et technologies à double usage* en date des 10 février, 3 mars, 10 et 11 mars 1993, répertorié sous 5419/93, p. 28.

tion »[129]. Ce dispositif, plus connu sous son appellation anglaise de ICP (Internal Compliance Program), est avec les clauses *catch-all* de deuxième et troisième catégorie, la concrétisation de la volonté politique de responsabiliser l'industrie dans l'appréciation du risque de prolifération des biens qu'elle entend exporter.

Soulignons enfin que le règlement 428/2009 a intégré un mécanisme de consultation obligatoire non contraignant entre États membres lorsqu'ils sont confrontés à une demande d'autorisation d'exportation, ou de services de courtage, ou doivent prendre une décision concernant un transit pour une transaction sensiblement analogue à celle refusée précédemment par un autre État membre. Si à l'issue de ces consultations, l'État membre cité en premier lieu décide de délivrer l'autorisation, il doit en informer les autres États membres et la Commission en apportant toutes les informations pertinentes à l'appui de sa décision.

Il n'existe pas de données officielles sur le nombre de consultations organisées en vertu de ce processus, déjà présent dans le règlement 1334/2000, mais la portée exacte des termes « de transaction sensiblement analogue » était source de controverse entre États membres. Afin d'y mettre fin le règlement s'est attaché à définir de façon précise ce qu'il convenait d'entendre par ces termes à savoir : « un bien présentant des paramètres ou des caractéristiques techniques sensiblement analogues pour le même utilisateur final ou destinataire »[130].

2) Procédures douanières

La mise en place d'un système commun efficace de contrôle des biens à double usage est « nécessaire pour assurer le respect des engagements et responsabilités des États membres à l'échelle internationale, notamment en matière de non-prolifération, ainsi que des engagements et responsabilités de l'Union européenne (UE) »[131] et suppose la convergence et la coordination, non seulement, des procédures et politiques d'octroi des autorisations, mais aussi, des procédures douanières. En effet, le respect des autorisations d'exportation, de transit ou de service de courtage et, par là même, des engagements de non-prolifération, ne peut être garanti que si les autorités douanières des États membres, en charge de contrôler le flux des marchandises, disposent des mêmes potentialités de contrôle aux frontières extérieures de l'Union européenne et agissent de façon équivalente.

En matière douanière, le système réglementaire repose sur une vérification par les autorités douanières des États membres de l'absence de

---

[129] Article 12(2) du règlement (CE) n° 428/2009.

[130] Article 13(5) du règlement (CE) n° 428/2009.

[131] Troisième considérant du règlement (CE) n° 428/2009.

disparités entre les biens présentés lors du dédouanement et les documents administratifs fournis en support de ceux-ci. L'absence d'une autorisation d'exportation en sus des documents douaniers impose automatiquement aux autorités douanières de refuser la sortie des biens à double usage du territoire communautaire. En vertu de l'article 16 du règlement 428/2009, c'est à l'exportateur qu'il incombe de démontrer, lors de l'accomplissement des formalités auprès du bureau de douanes compétent, qu'il a obtenu et détient les autorisations d'exportation nécessaires. Une traduction des documents produits comme preuve de l'octroi de l'autorisation dans la ou une des langue(s) officielle(s) de l'État membre où est présentée la déclaration en douanes peut être demandée à l'exportateur[132]. Par ailleurs, les États membres peuvent limiter le nombre de bureaux de douanes habilités à traiter les formalités douanières d'exportation des biens à double usage mais peu d'États ont utilisé jusqu'à présent cette possibilité[133].

Si le système réglementaire tente de coordonner les procédures douanières, il reste que l'efficacité du régime de contrôles douaniers de l'Union, repose, pour l'essentiel, sur la capacité technique des services douaniers des États membres à détecter et déjouer les tentatives de fraudes telles que, par exemple, l'exportation de biens à double usage sous une dénomination de biens non soumis à autorisation ou la falsification de documents. Pour lutter contre ce risque de fraude, le système communautaire n'apportait guère de solutions. Quelques propositions visant à renforcer les services de contrôles douaniers avaient, toutefois, été prises à l'initiative de la Commission.

Comme pour les autorisations, il apparaissait souhaitable pour certains États membres, en particulier le Royaume-Uni, de prévoir au sein du système commun, des dispositions visant à donner individuellement aux États membres la possibilité de lutter contre les risques d'abus et les tentatives de fraude en matière douanière. Concrètement, ces États membres estimaient nécessaire, tout en ne contestant pas le principe général selon lequel une autorisation d'exportation délivrée par un État membre doit être valable dans toute la Communauté, qu'un État membre puisse, dans certains cas spécifiques, bloquer une opération d'exportation au départ de son territoire, même si celle-ci a été régulièrement autorisée par un autre État.

Cette volonté s'est traduite par l'introduction de deux paragraphes au sein de l'article 10 du règlement 3381/94 qui ont été réintégrés globale-

132 Rappelons qu'une certaine standardisation des formulaires d'autorisation a été entamée.

133 Article 17 du règlement (CE) n° 1334/2000. La liste des bureaux ainsi habilités est publiée au Journal officiel de l'Union européenne, série C.

ment dans le règlement 1334/2000 et repris par le règlement 428/2009[134].

Ces paragraphes permettent à un État membre de suspendre et d'empêcher, pour une période de dix jours ouvrables, la sortie à partir de son territoire de biens à double usage énumérés à l'annexe I du règlement 428/2009 et pour lesquels il a été délivré une autorisation d'exportation en bonne et due forme, lorsqu'il a des raisons de suspecter que des informations pertinentes n'ont pas été prises en considération lors de l'octroi de l'autorisation ou que les circonstances ont considérablement changé depuis l'octroi de l'autorisation. Dans de tels cas, les autorités compétentes de l'État membre ayant octroyé l'autorisation d'exportation doivent être immédiatement consultées, celles-ci peuvent demander une extension à trente jours du délai de réflexion. Si les autorités nationales décident de maintenir l'autorisation ou si aucune réponse n'est reçue dans un délai de dix ou, respectivement, trente jours ouvrables, les biens à double usage doivent être immédiatement débloqués. Notons que la possibilité offerte par l'ancien règlement de permettre à l'État, qui a engagé les consultations, d'empêcher, malgré le maintien de l'autorisation par l'État consulté, le transfert si celui-ci était contraire à ses intérêts essentiels en matière de politique étrangère ou de sécurité, ou au respect de ses obligations ou engagements au niveau international, a été supprimée.

D. Mécanismes de coopération entre les autorités compétentes des États membres

Pour éviter de trop grandes disparités dans la mise en œuvre par les États du système commun, il est indispensable d'établir et de renforcer les mécanismes de coopération et d'échanges d'information entre les autorités compétentes des différents États membres. Afin d'écarter le risque que ces disparités éventuelles ne provoquent un détournement, le règlement pose comme principe que les États membres doivent prendre « toutes les dispositions utiles en liaison avec la Commission, pour établir une coopération directe et un échange d'informations entre les autorités compétentes »[135]. Les États sont tenus d'informer la Commission des dispositions législatives, réglementaires et administratives qu'ils prennent en vertu du règlement, ces informations doivent être transmises par la Commission aux autres États membres[136].

Pour le contenu de cette coopération, les délégations des États membres ont, au nom de l'expérience acquise dans ce domaine d'action

[134] Paragraphes 3 et 4 de l'article 16 du règlement (CE) n° 428/2009.

[135] Article 19(1) du règlement (CE) n° 428/2009.

[136] Article 25 du règlement (CE) n° 1334/2000.

réglementaire, rendu applicables *mutatis mutandis* les dispositions en matière de réglementation douanière ou agricole du règlement du Conseil relatif à l'assistance mutuelle entre les autorités administratives des États membres et à la collaboration entre celles-ci et la Commission[137]. Dans le cadre de ce règlement, les différentes autorités compétentes des États membres peuvent s'assister mutuellement et peuvent, soit spontanément, soit sur demande, collaborer entre elles et avec la Commission en vue notamment de prévenir et de rechercher les infractions à ces réglementations. Les informations échangées sont confidentielles et peuvent prendre plusieurs formes : mise à disposition de documents, surveillance spéciale, investigation, etc.

En outre, les États membres se sont engagés à prendre toutes les dispositions utiles pour établir une coopération directe et un échange d'informations entre les autorités compétentes. Ces dispositions ont été renforcées en 2009 et portent sur les renseignements concernant les exportateurs déchus, à la suite de sanctions nationales, du droit d'utiliser des autorisations générales, sur des données sur les utilisateurs finaux sensibles, les acteurs impliqués dans des activités d'acquisition suspectes et, s'ils sont disponibles, les itinéraires[138].

Rappelons que complémentairement à ces dispositions d'ordre général, le règlement établit quelques systèmes spécifiques d'échange d'information et de consultation entre États membres. Il s'agit, par exemple, de la notification des autorisations refusées et de la consultation d'un autre État membre lorsqu'un bien, pour lequel une demande de transfert est sollicitée, était initialement localisé dans cet État.

Afin de faciliter l'échange d'information entre États membres, en particulier en ce qui concerne les autorisations refusées, la distribution mensuelle par la Commission d'un CD compilant les informations transmises par les États membres a été remplacée par un réseau sécurisé et crypté d'échange des données entre États membres alimenté directement par ceux-ci et auquel la Commission participe.

En vue de formaliser plus spécifiquement la collaboration entre États membres, le règlement institue un groupe de coordination composé d'un représentant de chaque État membre et présidé par un représentant de la Commission. Ce groupe a pour mission, d'une part, d'examiner toute question concernant l'application du règlement soulevée par le président ou par un représentant d'un État membre et, d'autre part, d'étudier les

---

137 Règlement (CE) 515/97 du Conseil du 13 mars 1997 relatif à l'assistance mutuelle entre les autorités administratives des États membres et à la collaboration entre celles-ci et la Commission en vue d'assurer la bonne application des réglementations douanières et agricoles (JO, L 82, 22 mars 1997, p. 1).

138 Article 19(2) du règlement (CE) n° 428/2009.

mesures que devraient prendre les États membres pour informer les exportateurs des obligations qui leur incombent[139]. Les missions d'examen de ce groupe de coordination sont limitées aux aspects non politiques et réglementaires du système communautaire intégré. Il n'était, en effet, pas acceptable pour certaines délégations qu'un groupe de travail présidé par la Commission examine des questions liées directement ou indirectement à la politique étrangère des États membres. Dans l'exercice de sa mission, ce groupe peut, chaque fois qu'il l'estime nécessaire, consulter les organisations représentatives des exportateurs.

Il faut toutefois admettre que la distinction entre les aspects techniques et politiques traités respectivement par le groupe de coordination et le groupe double usage du Conseil est plus formelle que réelle. Il est souvent difficile de faire la distinction entre ces deux aspects et pour la plupart des États membres ce sont les mêmes délégués qui participent aux deux groupes.

Soulignons finalement que la Commission est tenue d'adresser tous les trois ans un rapport au Parlement européen et au Conseil concernant la mise en œuvre du règlement par les États membres[140].

II. Le régime spécifique de contrôle des transferts de matières nucléaires

Si paradoxalement, l'essentiel des dispositions en matière de contrôle des biens relatifs aux armes nucléaires est établi en vertu du Traité CE et des dispositions relatives à la PESC du Traité UE et non en vertu du Traité Euratom, il reste que celui-ci institue, quant à lui, un certain nombre de dispositions qui interfèrent directement sur les transferts tant intra qu'extracommunautaires de certains de ces biens, à savoir les matières nucléaires. Nous pensons, en particulier, au régime d'approvisionnement en matières nucléaires (chapitre VI), au régime de propriété des matières fissiles spéciales (chapitre VIII), au marché commun nucléaire (chapitre IX) et au contrôle de sécurité (chapitre VII). Le présent paragraphe portera sur l'impact de ces dispositions sur le contrôle des transferts de matières nucléaires[141].

---

139 Article 23(1) du règlement (CE) n° 428/2009.

140 Article 25 du règlement (CE) n° 428/2009. L'ancien règlement (CE) n° 3381/94 établissait une fréquence de deux ans. Ce rapport fut déposé pour la première fois en mai 1998. Cf. Report to the European Parliament and the Council on the application of Regulation (EC) n° 3381/94 setting up a community system of export controls regarding dual-use goods, COM(98) 258.

141 Pour l'analyse du Traité Euratom et notamment sa neutralité vis-à-vis des questions de non-prolifération.

A. Les transferts intracommunautaires

L'objectif du marché commun nucléaire était de reporter les barrières douanières aux frontières extérieures de la Communauté afin de permettre le développement d'une industrie nucléaire européenne, « fondement de l'expansion économique », comme catalyseur d'une intégration plus conséquente. Le caractère extrêmement neuf de l'industrie nucléaire permettait d'éliminer, sans risquer d'opposition majeure des États membres, les obstacles aux échanges intracommunautaires des éléments nécessaires au développement intégré de cette industrie.

Ce marché commun nucléaire dont le champ d'application est défini par l'annexe IV du traité est basé sur trois listes de biens et produits auxquelles correspondent des régimes juridiques différents. La liste A1 comprend globalement tous les minerais, matières fissiles et fissiles spéciales ; la liste A2 concerne les matières non nucléaires et les équipements spécialement conçus pour une utilisation dans le domaine nucléaire et la liste B énumère les biens ayant à la fois un usage pour l'industrie nucléaire et un usage pour l'industrie classique[142]. Pour ces différentes listes, les États avaient convenu, en vertu de l'article 93, qu'ils aboliraient « entre eux, un an après l'entrée en vigueur du présent traité, tout droit de douane à l'importation et à l'exportation ou taxes d'effet équivalent et toutes restrictions quantitatives tant à l'importation qu'à l'exportation ».

Remarquons que l'intégration d'un bien dans la liste B est déterminée par le Conseil sur proposition de la Commission. Celui-ci peut prendre une telle décision quand il estime qu'elle serait de nature à « contribuer au développement de l'énergie nucléaire dans la Communauté »[143]. Le tarif douanier commun n'est applicable à ces produits que s'ils sont munis d'un certificat délivré par la Commission attestant leur destination à des fins nucléaires. Le tarif douanier commun a été appliqué à ces biens par accord du 22 décembre 1958.

Ces listes n'ont, depuis leur adoption en 1957, jamais été révisées et sont, aujourd'hui, largement dépassées par l'évolution de la technologie nucléaire. Par ce fait, il apparaît que la libre circulation des matières, équipements et de la technologie nucléaires est plus régie par les dispositions du Traité de Rome relatives à la libre circulation des marchandises en général, que par les dispositions spécifiques du marché commun nucléaire du Traité Euratom. Cette intégration progressive des biens nucléaires, résultat de l'évolution technologique, n'a concrètement guère de conséquences pratiques dans la mesure où les dispositions des

---

[142] En quelque sorte, des articles à double usage.

[143] Article 95 du Traité Euratom.

articles 92 et suivants du Traité Euratom « apparaissent comme n'étant rien d'autre que l'application à un domaine hautement spécialisé, des conceptions juridiques qui inspirent la structure du marché commun général »[144]. De plus, les deux traités se distinguaient, pour ce qui concerne l'établissement d'un marché commun, essentiellement par la différence des délais d'élimination des droits de douane entre les États membres. Cette élimination est actuellement réalisée pour les deux traités.

Par ailleurs, rappelons que les États membres non dotés d'armes nucléaires ont, lors de leur adhésion aux directives du NSG relatives aux biens nucléaires, tenu à préciser que « pour ce qui est des échanges intracommunautaires, le Gouvernement de… en sa qualité de membre de la Communauté européenne, appliquera ces documents compte tenu, le cas échéant, des engagements qu'il a contractés dans le cadre des Traités de Rome »[145] et non du seul Traité Euratom, ce qui revient à reconnaître implicitement que les biens nucléaires ne sont plus couverts par le seul Traité Euratom. On peut encore ajouter que le règlement 428/2009 ne vise que le seul TFUE alors que son champ d'application porte également sur les biens nucléaires. De tout ceci, il peut être « déduit que la libre circulation des matières et équipements du Traité Euratom est à interpréter à la lumière de la jurisprudence, fort fournie, sur l'application des articles 30 à 36 du Traité CE sur la libre circulation des biens en général »[146].

En conclusion, la coexistence formelle de ce double marché commun apparaît plus comme une conséquence de l'histoire communautaire, appelée à disparaître que comme une réelle volonté de distinguer la libre circulation intracommunautaire des biens nucléaires visés par le Traité Euratom de ceux visés par le système de contrôle intégré établi par le règlement et l'action commune.

B. Les transferts extracommunautaires

Le transfert extracommunautaire des matières nucléaires fait l'objet d'un régime très spécifique découlant indirectement des chapitres VI et VIII du Traité Euratom. Il convient de souligner qu'à l'inverse du Traité

---

144 Délibération de la Cour de justice des Communautés européennes arrêtée en vertu de l'article 103, alinéa 3, du Traité CEEA, 1/78, 14 novembre 1978, Rec. C.J.C.E., 1978, point 15, p. 2172.

145 *Réglementation du Commerce nucléaire non-prolifération, approvisionnement, sécurité*, volume I : Aspects Internationaux, Agence pour l'Énergie Nucléaire, Paris, 1988, p. 120.

146 Lire article 34 à 37 TFUE. Cf. *Impact des accords bilatéraux et multilatéraux sur l'évolution des échanges nucléaires*, rapport de la Commission n° 3 commerce nucléaire international, Nuclear Inter Jura 1997, Tours, 14-19 septembre 1997, p. 21.

CEE, le Traité Euratom n'a subi au fil du temps que des révisions d'ordre organisationnel pour maintenir sa cohérence avec les évolutions institutionnelles. Si quelques tentatives ont été faites pour réviser ces principes, elles ont, jusqu'à présent, toutes échouées. Cela s'explique pour partie par l'évolution et la naissance progressive de divergences en matière de politique électronucléaire des États membres. Notons toutefois que lors de l'adoption du Traité de Lisbonne, l'Allemagne, l'Irlande, la Hongrie, l'Autriche et la Suède ont souligné dans une déclaration commune « que les dispositions essentielles du Traité instituant la Communauté européenne de l'énergie atomique n'ont pas fait l'objet de modifications de fond depuis l'entrée en vigueur dudit traité, et qu'une mise à jour est nécessaire. Elles sont donc favorables à l'idée d'une Conférence des représentants des gouvernements des États membres, qu'il conviendrait de convoquer dès que possible »[147]. Cette Conférence n'a pas encore été instaurée.

Les chapitres du Traité Euratom consacrés respectivement à la propriété et à l'approvisionnement en matières fissiles instituent « eux-mêmes un régime hybride d'une conception unique issu non seulement d'un compromis politique et économique mais également des réalités pratiques dont il fallait tenir compte afin de faciliter la mise en œuvre de la Communauté naissante grâce au concours de certains partenaires étrangers et notamment les États-Unis d'Amérique »[148]. En effet, la loi sur l'énergie atomique des États-Unis réservait à la Commission de l'énergie atomique de cet État (USAEC), la propriété des matières fissiles spéciales ; la détention et l'utilisation de ces matières ne pouvant être octroyées à des utilisateurs qu'en fonction d'une licence accordée selon les conditions déterminées par la loi et moyennant, le cas échéant, le paiement d'une redevance. Le droit de propriété des minerais et des matières brutes n'était, lui, pas restreint mais la détention et l'utilisation de ceux-ci étaient toutefois soumises à l'autorisation de la USAEC.

Pour permettre à la Communauté d'obtenir l'approvisionnement en matières fissiles spéciales nécessaires au développement de son programme nucléaire auprès des États-Unis, titulaires, à l'époque, d'un quasi-monopole de la production de ces matières, et dans la mesure où ceux-ci n'acceptaient de fournir la Communauté que moyennant l'octroi de certaines garanties d'utilisation et de transfert, il paraissait opportun d'asseoir le régime de propriété et d'approvisionnement du Traité Euratom sur un système au moins équivalent. De ce fait, l'article 86 du

147 Déclaration 54 de la République fédérale d'Allemagne, de l'Irlande, de la République de Hongrie, de la République d'Autriche et du Royaume de Suède annexée au Traité de Lisbonne.

148 Cf. R. M. STEIN, *Le régime de propriété*, Droit des Communautés européennes, les nouvelles, tome 2, p. 1157.

traité, s'inspirant de la loi sur l'énergie atomique des États-Unis, réserve à la Communauté la propriété des matières fissiles spéciales.

Le droit de propriété de la Communauté s'étend à toutes les matières fissiles spéciales produites ou importées par un État membre, une personne ou une entreprise, et soumises au contrôle de sécurité prévu au Chapitre VII[149]. Remarquons d'emblée que seules les matières fissiles spéciales sont soumises à un régime spécifique, les autres matières nucléaires restent, elles, soumises au droit national applicable et ce, même en l'absence de dispositions particulières[150].

Par ailleurs, le droit de propriété de la Communauté sur les matières fissiles spéciales n'est pas entier, il souffre de trois exceptions.

La première résulte du texte même de l'article 86 qui exclut, *a contrario*, les matières non soumises au contrôle de sécurité. Ces dernières sont, rappelons-le, celles « destinées aux besoins de la défense qui sont en cours de façonnage spécial pour ces besoins, ou qui, après ce façonnage, sont, conformément à un plan d'opération, implantées ou stockées dans un établissement militaire »[151].

La seconde dérogation au régime de propriété est accordée en vertu de l'article 75. Elle admet deux hypothèses d'exclusion des matières fissiles spéciales. Il s'agit, d'une part, des matières traitées, transformées ou mises en forme dans la Communauté qui sont retournées soit au fournisseur d'origine, soit à tout autre destinataire également situé en dehors de la Communauté désignée par le fournisseur et, d'autre part, des matières traitées, transformées ou mises en forme hors de la Communauté et qui sont retournées à la personne ou entreprise d'origine.

Enfin, remarquons que l'article 74 exclut de l'application dudit régime l'importation ou l'exportation de petites quantités de minerais,

---

149 Les définitions retenues des matières nucléaires ne présentent que « deux différences notables par rapport à celles de l'Article XX du Statut de l'Agence internationale de l'Énergie atomique. D'une part, ce dernier ne définit pas les minerais, ce qui se justifie par le fait que la fourniture de minerais par l'Agence internationale ne présenterait que peu d'intérêt pratique. D'autre part, la définition des matières brutes fournies par l'article XX se termine par les mots « et telles autres matières que le Conseil des gouverneurs désignera de temps à autre, dont l'équivalent ne figure pas dans la définition du traité, mais cette dernière couvre un domaine suffisant dans l'état actuel de la technique et, si le besoin d'étendre ce domaine se faisait ultérieurement sentir, le Conseil pourrait modifier la définition à cette fin, en vertu des dispositions de l'article 203 ». Cf. J. ERRERA, E. SYMON, J. VAN DER MEULEN, L. VERNAEVE, *Euratom, analyse et commentaires du traité*, *op. cit.*, p. 271.

150 Le Traité Euratom est d'ailleurs sans ambiguïté sur ce point, l'article 91 précise que « le régime de propriété applicable à tous objets, matières et biens qui ne font pas l'objet d'un droit de propriété de la Communauté en vertu du présent chapitre, est déterminé par la législation de chaque État membre ».

151 Article 84 du Traité Euratom.

matières brutes ou matières fissiles spéciales de l'ordre de celles qui sont couramment utilisées pour la recherche.

Le régime de propriété communautaire des matières fissiles spéciales rompt avec le concept traditionnel du droit de la propriété en lui détachant les droits d'utilisation et de consommation. Ce qui signifie, selon l'interprétation donnée par la Cour de justice de l'Union européenne que, « quelle que soit l'affectation des matières nucléaires, la Communauté reste le titulaire des prérogatives qui font le contenu essentiel du droit de propriété ». « Ainsi la Communauté conserve, en dernière analyse, le droit de disposer des matières fissiles spéciales [...] ».

> Par opposition au droit d'utilisation et de consommation, qui est dispersé à des fins d'exploitation économique parmi une multitude de possesseurs divers, le droit de propriété des matières fissiles a été concentré par le traité entre les mains d'un pouvoir public commun, à savoir la Communauté ; ainsi, c'est elle et elle seule qui est en mesure d'assurer que soient sauvegardés, dans la gestion des matières nucléaires, les besoins généraux de la collectivité, à l'échelle qui est la sienne.

« L'article 87 reconnaît d'ailleurs expressément cet état de choses du fait qu'il réserve explicitement à l'égard des utilisateurs – États membres, personnes et entreprises –, le respect des obligations résultant du traité [...] »[152]. Ce droit de propriété se résume, selon P. Orianne, à un résidu de souveraineté qui n'apporte pas grand-chose aux autres prérogatives de puissance publique des organes communautaires[153].

Paradoxalement, ce régime communautaire de propriété publique n'a pas été abrogé lorsque les États-Unis ont eux-mêmes renoncé, en vertu du Private Ownership of Nuclear Material Act de 1964, à leur régime spécifique de propriété[154]. La lourdeur de la procédure et le risque d'entraîner la remise en cause d'autres dispositions du Traité Euratom sont, sans doute, les raisons justifiant le maintien de ce régime de propriété.

Cette approche toute particulière se concrétise notamment au travers du régime d'approvisionnement en matières fissiles instauré par le chapitre VI du Traité Euratom dont l'objectif consiste à assurer aux différents utilisateurs communautaires un approvisionnement régulier et équitable en minerais et combustibles nucléaires. À cette fin, une

---

[152] Délibération 1/78, 14 novembre 1978, *op. cit.*, point 27, p. 2176.

[153] Cf. P. ORIANNE, *Industrie nucléaire et pouvoirs publics*, Association belge pour le droit européen, Bruxelles, 1966, p. 61.

[154] Sur les raisons du maintien du régime communautaire de propriété, voir *Réglementation du Commerce nucléaire non-prolifération, approvisionnement, sécurité*, volume I : Aspects Internationaux, Agence pour l'Énergie nucléaire, Paris, 1988, p. 43.

Agence – l'Agence d'approvisionnement d'Euratom[155] – a été établie dont la mission consiste, précisément, à préserver l'égal accès aux ressources, tant internes qu'externes et à assurer l'absence de discrimination entre les utilisateurs. Comme le précise le professeur Olivier Pirotte, l'Agence se « doit d'essayer de corriger les abus de liberté (tels que le refus de vendre) afin d'empêcher les pratiques contraires audit principe (art. 68) »[156]. Pour remplir cette tâche, l'Agence dispose essentiellement de deux procédés ; il s'agit, d'une part, du droit d'option sur les minerais, matières brutes et matières fissiles spéciales produits sur les territoires des États membres et, d'autre part, du droit exclusif de conclure des contrats portant sur la fourniture de minerais, matières brutes ou matières fissiles spéciales en provenance de l'intérieur ou de l'extérieur de la Communauté[157].

1) Le droit d'option de l'Agence

Le droit d'option de l'Agence s'exerce, en vertu du régime de propriété des matières, différemment selon qu'il s'agit de minerais et de matières brutes ou de matières fissiles spéciales. Pour ces dernières, l'exercice du droit d'option se concrétise par l'octroi des droits d'utilisation et de consommation dans la mesure où la propriété de ces matières est, sous certaines réserves, attribuée à la Communauté. Par ailleurs, l'Agence ne peut exercer son droit d'option sur les matières fissiles spéciales que dans trois hypothèses strictement limitées et moyennant le respect de certaines conditions. Il s'agit soit de répondre à la demande des utilisateurs de la Communauté, soit de constituer des stocks, soit finalement d'exporter lesdites matières[158].

À l'inverse, la prise d'option sur les minerais et les matières brutes confère à l'Agence la pleine propriété de ces matières qu'elle peut ensuite transférer aux différents utilisateurs selon les modalités et procédures précisées à l'article 60 du Traité Euratom[159].

---

155 L'Agence d'approvisionnement d'Euratom est un organe spécialisé, doté de la personnalité juridique et de l'autonomie financière. Elle est, toutefois, placée sous le contrôle de la Commission qui lui donne ses directives et dispose d'un droit de veto sur ses décisions.

156 Cf. Olivier PIROTTE, *Trente ans d'expérience Euratom, la naissance d'une Europe nucléaire*, Organisation internationale et relations internationales, Bruylant, Bruxelles, 1988, p. 60.

157 Article 52 b) du Traité Euratom.

158 Article 62(1) du Traité Euratom.

159 Cette procédure se divise en cinq stades successifs : l'information consistant à recueillir les besoins des utilisateurs et les capacités de production des producteurs, la diffusion aux utilisateurs des offres potentielles établies sur la base des capacités de productions, les commandes des utilisateurs à l'Agence en fonction des offres reçues par celle-ci, la répartition des offres au prorata des commandes et finalement la con-

Concrètement, l'Agence exerce son droit d'option par la conclusion de contrats avec les producteurs de minerais, de matières brutes ou fissiles spéciales. À cette fin, les producteurs sont tenus d'offrir à l'Agence l'ensemble de leur production réalisée sur le territoire communautaire et ce, préalablement à toute utilisation, stockage ou transfert[160]. Remarquons toutefois que le traité prend en considération certaines réalités industrielles et techniques en permettant aux producteurs de choisir, dans certains cas, le stade de production où ils feront leur offre à l'Agence. Il s'agit, plus particulièrement, d'une entreprise et, sous certaines conditions, d'un groupe d'entreprises associées effectuant une suite d'opérations comprises soit « entre l'extraction du minerai et la production de métal »[161], soit entre les matières brutes et les matières fissiles spéciales et ce, dans trois hypothèses limitatives[162].

L'obligation d'offre des producteurs est en réalité, très théorique, dans la mesure où la relative abondance de matières fissiles dans les années qui ont suivi l'entrée en vigueur du traité, n'a, en pratique, jamais nécessité que l'Agence fasse usage de son droit d'option[163]. Pour assouplir cette procédure de prise ou non d'option de l'article 60 du Traité Euratom, un système simplifié a été adopté en 1975. En vertu de celui-ci les producteurs sont réputés avoir rempli leurs obligations d'offre à l'Agence, par la transmission des informations relatives à leur capacité annuelle de production. Cette procédure simplifiée qui garantit, malgré tout, à l'Agence une connaissance complète du marché, permet aux utilisateurs de s'adresser directement aux producteurs de minerais, communautaires ou non, et de négocier librement le contrat de fourniture avec celui qu'ils auront choisi.

Le non-usage par l'Agence de son droit d'option ne libère pas, pour autant, le producteur de toutes contraintes quant à l'usage de sa produc-

---

clusion des contrats avec les utilisateurs. Pour une analyse de cette procédure, voir J. ERRERA, E. SYMON, J. VAN DER MEULEN, L. VERNAEVE, *Euratom, analyse et commentaires du traité*, *op. cit.*, p. 136.

160 Article 57(2) du Traité Euratom.

161 Article 58 du Traité Euratom.

162 Article 62(2) du Traité Euratom. Il s'agit des cas où ces matières sont stockées avec l'autorisation de l'Agence, où elles sont utilisées dans la limite des besoins propres du producteur, ou encore où elles sont utilisées par une entreprise communautaire unie avec le producteur dans le cadre d'un programme commun et moyennant le respect de conditions strictes. Pour une analyse précise, voir J. ERRERA, E. SYMON, J. VAN DER MEULEN, L. VERNAEVE, *Euratom, analyse et commentaires du traité*, *op. cit.*, p. 128 et s.

163 Cf. Règlement de l'Agence d'approvisionnement de la Communauté européenne de l'énergie atomique déterminant les modalités relatives à la confrontation des offres et des demandes de minerais, matières brutes et matières fissiles spéciales (JO, L 60, 11 mai 1960, p. 777 et JO, L 193, 25 juillet 1975, p. 37).

tion. Dès lors, deux options s'offrent à lui : il peut, moyennant le respect de certaines conditions, soit la transformer, soit l'exporter[164].

La transformation des minerais, matières brutes ou fissiles spéciales est soumise à la seule contrainte que le producteur se doit d'offrir à nouveau à l'Agence le produit de cette transformation. Ce qui, concrètement, ne le contraint guère, d'autant plus, que l'Agence n'a pas plus fait usage de ce deuxième droit d'option que du droit initial.

Soulignons, que ce droit d'option conçu pour assurer une répartition équitable des ressources limitées en minerais et matières fissiles entre les utilisateurs communautaires a, en pratique, au vu des excédents de production, amené certains producteurs communautaires à invoquer un hypothétique principe de préférence communautaire pour requérir de l'Agence l'obligation d'exercer son droit d'option sur l'ensemble de leur production. Cette interprétation opportuniste du traité a été rejetée par la Cour de justice de l'Union européenne qui a conclu, d'une part, à la non-existence d'un principe de préférence communautaire systématique même dans l'hypothèse où les minerais et matières fissiles sont offerts à des conditions aussi favorables que leurs concurrents non communautaires et, d'autre part, à l'absence d'obligation pour l'Agence d'exercer son droit d'option sur la production communautaire sous réserve que cela ne porte pas atteinte à la garantie d'un approvisionnement régulier et équitable des utilisateurs de la Communauté[165]. Il convient désormais de considérer l'exercice du droit d'option de l'Agence « comme une prérogative facultative et subsidiaire qui pourrait être utilisée éventuellement en fonction de l'état du marché ». « La pratique avait donc profondément dénaturé le texte, cependant ratifié, du Traité CEEA »[166].

Si l'Agence n'exerce pas son droit d'option, le producteur peut également, moyennant l'autorisation formelle et préalable de la Commission, transférer sa production en dehors de l'Union européenne à la condition de ne pas proposer un prix plus favorable à celui fait antérieurement à l'Agence[167]. Précisons d'emblée que l'exportation de matières fissiles spéciales ne peut être faite que par l'Agence et moyennant une autorisation équivalente de la Commission[168].

---

164 Article 59 du Traité Euratom.

165 Tribunal de Première Instance des Communautés européennes, 15 septembre 1995, affaires T-459/93 et T-523/93, ENU/Commission, Rec. 1995, II, 2459, points 65-67 ; pourvoi rejeté par CJCE, 11 mars 1997, affaire C-357/95P, ENU/Commission, Rec. 1998, I-1329.

166 Cf. O. PIROTTE, *Trente ans d'expérience Euratom, la naissance d'une Europe nucléaire*, *op. cit.*, p. 91.

167 Article 59 du Traité Euratom.

168 Article 62(1).c du Traité Euratom.

Cette autorisation communautaire pose incontestablement un problème de double emploi avec les autorisations de transfert octroyées par les États membres en vertu du règlement 428/2009[169] dans la mesure où les deux systèmes visent le contrôle des transferts de minerais, matières brutes et matières fissiles spéciales. Nous avons admis que le Traité Euratom reconnaît à la Commission un pouvoir d'appréciation et de définition au moins équivalent à celui reconnu aux États membres, par le TUE et le TFUE. Or, ni le Traité Euratom, ni, ce qui est plus étonnant, le système réglementaire ne semblent avoir pris en considération la gestion des inévitables conflits issus de l'octroi, en vertu du système réglementaire de contrôle, d'une autorisation par un État membre qui serait refusée par la Commission, sur la base de l'article 59 du Traité Euratom, ou vice versa[170]. Pour éviter ce type de conflits, il semblerait que la gestion quotidienne de ces deux systèmes ait retenu une ligne de départage informelle des compétences. L'appréciation de la Commission se limitant à l'examen des critères que nous qualifierons d'objectifs, tels que l'adoption par l'État destinataire, du TNP, des directives du NSG, de la Convention internationale sur la protection physique des matières nucléaires, des CSA ; les États membres se réservant l'appréciation des critères à caractère plus subjectifs comme par exemple, le respect des engagements de non-prolifération en ce compris l'appréciation de l'opportunité économique. Remarquons que le nombre d'autorisations accordées par la Commission tant pour les transferts de minerais et matières fissiles que pour les transferts de matières fissiles spéciales, reste relativement marginal. Ainsi, seules 11 autorisations ont été délivrées entre 2001 et 2010, donc une en 2010.

Le faible nombre de demandes d'autorisations de transferts résulte, pour partie, de l'interprétation juridique divergente de l'article 75 du Traité Euratom relatif aux engagements non visés par le régime d'approvisionnement. Celui-ci exempte de l'application des dispositions du chapitre VI « les engagements ayant pour objet le traitement, la transformation ou la mise en forme de minerais, matières brutes ou matières fissiles spéciales ». Tout le débat repose sur le sens précis des termes « traitement » et « transformation » et en particulier sur le fait de savoir s'ils recouvrent ou non les opérations d'enrichissement de l'uranium. Pour certains États membres, la France en particulier, ces opérations ne sont pas visées et par conséquent les transferts liés à celles-ci ne doivent pas être autorisés au préalable par la Commission.

---

169 Précisons que ce double emploi préexistait à l'adoption du système communautaire intégré de contrôle pour les États membres qui disposaient d'un système national de contrôle des transferts.

170 Précisons également, qu'à notre connaissance, la Cour de justice de l'Union européenne n'a jamais été appelée à se prononcer sur cette question.

En effet, pour le Gouvernement français, « il s'agit d'une opération de transformation de l'uranium (plutôt qu'une opération de production). Il se fonde sur le fait que la séparation isotopique de l'uranium 238 et de l'uranium 235 s'effectue avec une conservation de la masse des deux composants, l'usine ne fournissant qu'un travail de séparation »[171]. Par contre, pour la Commission, soutenue par d'autres États membres, il convient de considérer que « aussi large que soit le libellé de l'article 75, son interprétation doit être restrictive car il s'agit d'une règle d'exception ». « Les termes traitement, transformation et mise en forme ont pour effet de modifier certaines données brutes des matières telles que la forme et la qualité extérieures mais non les caractéristiques nucléaires fondamentales telles que la composition isotopique de l'uranium »[172]. De ce fait, les utilisateurs sont tenus d'introduire une demande d'autorisation de transfert auprès de la Commission.

La question n'a pas, malgré quelques tentatives, encore été tranchée et, en pratique, la plupart des utilisateurs omettent systématiquement d'introduire une demande d'autorisation de transfert auprès de la Commission entraînant en retour les protestations de cette dernière auprès de l'État membre concerné.

2) Le droit exclusif de conclure des contrats

Le deuxième procédé – le premier étant le droit d'option – de l'Agence pour assurer le bon exercice de ses missions consiste en un droit exclusif de conclure des contrats portant sur la fourniture de minerais, matières brutes ou matières fissiles spéciales en provenance de l'intérieur ou de l'extérieur de la Communauté[173].

En matière de contrôle des transferts, ce droit n'a pas, à l'inverse du droit d'option, d'incidence directe sur le régime des exportations communautaires dans la mesure où il ne porte que sur des livraisons aux utilisateurs communautaires. Il exerce, toutefois, une influence sur le régime de leurs importations du fait que l'approvisionnement en matières fissiles de l'Union européenne provient en grande partie d'États tiers à celle-ci.

Initialement conçu pour garantir la régularité des approvisionnements en matières fissiles aux utilisateurs, ce droit exclusif va, comme le droit d'option, perdre de sa pertinence avec la relative abondance de l'offre et la modification des législations de certains pays tiers, en

171 Cf. O. Pirotte, *Trente ans d'expérience Euratom, la naissance d'une Europe nucléaire*, *op. cit.*, p. 95.

172 *Id.*

173 Article 52(2).b du Traité Euratom.

particulier les États-Unis[174], qui suivront l'entrée en vigueur du Traité Euratom. De ce fait, la Commission européenne adopta, en 1960, une procédure simplifiée, elle-même modifiée en 1975, destinée à assouplir les règles établies par le traité[175]. Cette nouvelle procédure efface tout rôle commercial actif à l'Agence et lui attribue des fonctions plus administratives visant à surveiller et préserver la sécurité des approvisionnements des utilisateurs de la Communauté dans le respect de l'égalité d'accès des opérateurs.

Il convient de distinguer l'application de cette procédure aux minerais et matières brutes de celle concernant les matières fissiles spéciales.

Pour les minerais et matières brutes, les utilisateurs sont autorisés à négocier directement les contrats de fourniture qui, sauf exception[176], doivent être soumis à l'Agence pour signature[177]. Le contenu minimum de ces contrats est défini de façon précise par le règlement. L'Agence dispose d'un délai de dix jours ouvrables pour se prononcer soit en concluant le contrat, soit en refusant sa conclusion. Elle peut s'opposer à un contrat qui pourrait porter atteinte à la réalisation des objectifs du traité[178]. Pour ce faire, elle dispose d'un large pouvoir d'appréciation de l'opportunité économique, commerciale et nucléaire. À cet égard, les utilisateurs sont tenus de lui transmettre les informations qu'ils auront recueillies auprès des producteurs, telles que le nombre d'offres reçues, les quantités offertes et la fourchette des prix résultant de ces offres. Elle peut, de surcroît, demander toutes informations complémentaires estimées utiles pour prendre sa décision. Un refus peut, par exemple, être motivé en fonction du risque de mise en cause de la diversification des

---

174 Il s'agit, tout particulièrement du Private Owner of Special Material Act (1964) autorisant le passage progressif des matières fissiles sous un régime de propriété privée.

175 Règlement de l'Agence d'approvisionnement de la Communauté européenne de l'énergie atomique déterminant les modalités relatives à la confrontation des offres et des demandes de minerais, matières brutes et matières fissiles spéciales, *op. cit.*

176 Il s'agit de l'hypothèse où la Commission, constatant que pour un produit déterminé, il existe un excès manifeste de l'offre sur la demande, elle invite l'Agence à autoriser les intéressés à négocier et signer, moyennant le respect de certaines conditions, directement les contrats de fournitures. Ceux-ci étant réputés conclus par l'Agence. Cf. Article 5 du règlement de l'Agence d'approvisionnement de la Communauté européenne de l'énergie atomique déterminant les modalités relatives à la confrontation des offres et des demandes de minerais, matières brutes et matières fissiles spéciales, *op. cit.*

177 Article 5bis du règlement de l'Agence d'approvisionnement de la Communauté européenne de l'énergie atomique déterminant les modalités relatives à la confrontation des offres et des demandes de minerais, matières brutes et matières fissiles spéciales, *op. cit.*

178 Tribunal de Première Instance des Communautés européennes, 25 février 1997, affaires T-149/94 et T-181/94, Kernkraftwerke Lippe-Ems GmbH/Commission, Rec. 1997, II, 161, points 86-90.

sources d'approvisionnement provoquée par des offres considérablement accrues en provenance des États de la Communauté des États indépendants (CEI), à des prix sans aucun rapport avec le coût de production dans une économie de marché[179].

Pour les matières fissiles spéciales, l'application des dispositions du chapitre VI du traité est, en principe, plus rigoureuse, les contrats sont toujours signés par l'Agence.

Constatons toutefois que, comme pour le droit d'option, les contrats de traitements, de transformations et de mises en forme ne sont pas visés par le droit exclusif de conclure de l'Agence[180]. L'interprétation de ces dispositions fait l'objet des mêmes controverses que celles vues précédemment pour le champ d'application du droit d'option. Certains États considèrent que les contrats de conversion, de fabrication et de retraitement ainsi que par analogie, les contrats de stockage sont simplement notifiés, d'autres en ce compris l'Agence et la Commission, estiment à l'inverse que les contrats notamment d'enrichissement à façon de l'uranium doivent être considérés comme des fournitures soumises au droit exclusif de conclure de l'Agence. En pratique, il semblerait que ce soit la première interprétation qui soit appliquée malgré les lettres de protestations envoyées systématiquement par l'Agence.

En conclusion, il convient d'admettre que les dispositions des chapitres VI et VIII du Traité Euratom n'ont, sur le régime de contrôle des transferts des biens pouvant contribuer à l'élaboration d'une arme nucléaire, qu'un impact très modéré à caractère essentiellement formel. Ces dispositions ne concernent effectivement que certaines matières nucléaires, celles également visées par tous les instruments de contrôle de transferts des biens nucléaires, même les moins sévères, et semblent, en ce qui concerne leur application, faire l'objet d'un certain boycottage de la part des États membres.

III. Les sanctions et les systèmes de vérification

L'Union européenne dispose, tant en vertu du système commun que du Traité Euratom, de quelques systèmes de contrôle et de vérification du respect des utilisations imposées par l'autorisation de transfert.

A. Les systèmes de vérification

Comme les instruments informels de non-prolifération, ni le système réglementaire de contrôle des transferts, ni le Traité Euratom, n'éta-

179 Décision de la Commission du 4 février 1994 relative à une procédure d'application de l'article 53, deuxième alinéa du Traité CEEA, point 10 (JO, L 48, 19 février 1994, p. 46).

180 Article 75 du Traité Euratom.

blissent de dispositions spécifiques visant à assurer un contrôle de destination finale. Les États restent libres d'en imposer sous réserve que ceux-ci restent compatibles avec les objectifs et principes du système réglementaire et du Traité Euratom[181]. En conséquence, les États membres ont établi, en vertu de leurs engagements individuels au sein des différents instruments internationaux de contrôle, des systèmes de vérification essentiellement *a priori* – c'est-à-dire liés à la demande d'autorisation – sans qu'il n'existe une quelconque coordination entre ces différents systèmes nationaux. Soulignons, par ailleurs, que peu d'États membres disposent de systèmes de contrôle de destination *a posteriori* visant à apporter la preuve – par la soumission d'une copie des documents douaniers d'importation, par exemple – que les biens sont bien arrivés à la destination finale autorisée. L'absence d'un tel contrôle présente un risque potentiel de non-détection d'un détournement lors du transfert des biens vers leur destination finale. Il n'est pas inintéressant de souligner que dans d'autres matières, le droit communautaire établit des systèmes de contrôle de destination finale. Ainsi un règlement du Parlement européen et du Conseil concernant les transferts de déchets établit une procédure lourde de suivi des exportations de déchets assortie d'une obligation pour le destinataire final de confirmer formellement la réception des déchets transférés[182].

L'absence de contrôle de destination finale et le risque concomitant de détournement en cours de transfert seraient partiellement écartés si tous les biens nécessaires à l'élaboration d'une arme nucléaire étaient soumis à un contrôle de vérification des utilisations. En effet, la mise en œuvre d'un tel contrôle atténue, *de facto*, la tentation de détournement du fait même que les utilisations autorisées de ces biens font l'objet de vérifications, ce qui rend inévitable la présence physique des biens transférés sur le territoire de l'État destinataire pour que ces contrôles puissent être effectués. Or, seules certaines matières fissiles – celles visées par le système de garanties généralisées de l'AIEA – sont soumises à un contrôle de vérification. Il apparaît, en effet, que le système communautaire de contrôle ne requiert explicitement des États membres aucun contrôle spécifique de vérification des utilisations pour accorder l'autorisation de transfert. Il ne requiert des États membres que la prise

[181] Cf. Article 9(2) du règlement (CE) n° 428/2009. Cette capacité est moins explicite que sous l'emprise du système communautaire intégré. Cf. le dixième considérant du règlement (CE) n° 3381/94 du Conseil du 19 décembre 1994 instituant un régime communautaire de contrôle des articles à double usage (JO, L 367, 31 décembre 1994, p. 1).

[182] Règlement n° 1013/2006 du Parlement européen et du Conseil du 14 juin 2006 concernant les transferts de déchets (JO, L 190, 12 juillet 2006, p. 1). Voir, en particulier les dispositions du Titre IV.

en considération, lors de l'octroi éventuel de l'autorisation de transfert, « des considérations relatives à l'utilisation finale prévue et au risque de détournement » ainsi de « les obligations et engagements que chaque État membre a acceptés en tant que membre des régimes internationaux de non-prolifération et de contrôle des exportations ou du fait de la ratification des traités internationaux en la matière »[183]. Par ces termes il convient, selon nous, d'y entendre, les engagements pris par les États membres dans le cadre du TNP, du Comité Zangger, du NSG, de l'Arrangement de Wassenaar, du MTCR ou encore du Groupe d'Australie[184]. Dès lors, la soumission de l'État destinataire à un accord de garanties généralisées tel qu'établi par l'AIEA en vertu du TNP devrait, en principe, être requise par l'État membre fournisseur pour octroyer l'autorisation de transfert de certains biens nucléaires[185]. Il reste, cependant, que le système réglementaire de contrôle n'impose formellement aucun contrôle de vérification des utilisations, les États membres sont libres d'en exiger un ou non.

L'absence de toute disposition en cette matière s'inscrit, toutefois, dans la logique du système réglementaire qui se limite à instaurer un ensemble de procédures communes et non à définir des principes communs de non-prolifération.

En matière de contrôle de vérification des utilisations admises par l'autorisation de transfert, le Traité Euratom ne se montre guère plus prolixe que le système réglementaire de contrôle. Il convient d'être attentif au fait que le contrôle de sécurité d'Euratom instauré par le chapitre VII du traité vise à veiller à ce que les matières nucléaires présentes sur le territoire communautaire ne soient pas détournées à d'autres fins que celles auxquelles elles sont destinées et non à s'assurer du respect, sur le territoire de l'État destinataire, des conditions imposées par les autorisations de transferts accordées par les États membres de l'Union.

Rappelons qu'un des éléments ayant motivé la création du contrôle d'Euratom était d'offrir des garanties suffisantes aux États fournisseurs, essentiellement les États-Unis, pour faciliter l'importation de matières fissiles et permettre la libre circulation de celles-ci entre les États constituant cette Communauté. Par la suite, l'Union européenne, et particuliè-

---

183 Article 12.a) et d) du règlement (CE) n° 428/2009.

184 L'ancien règlement ne mentionnait que « les engagements au titres d'accords internationaux ». Dans la mesure ou les « accords internationaux » relatifs à cette matière se limitent, au sens formel du terme, au seul TNP, la portée de cette disposition en était fortement limité. Le nouveau règlement en utilisant les termes « régimes de non-prolifération » en a étendu considérablement le champ d'application.

185 Précisons que cette condition n'est, en principe, requise que pour certains articles nucléaires et non pour tous les articles visés par le système réglementaire.

rement ses États membres non dotés de l'arme nucléaire, tentèrent de faire reconnaître le caractère supranational du régime de contrôle d'Euratom afin qu'il soit considéré comme seul suffisant au regard des obligations de contrôle de vérification contractées par les États membres dans le cadre du TNP. Il est admis que cette demande n'a guère été satisfaite et, en pratique, il en est résulté une duplication pure et simple des contrôles d'Euratom et de l'AIEA. Toutefois, depuis 1992, en vertu de la Nouvelle Formule de Partenariat (NFP)[186], cette duplication semble progressivement s'être estompée au profit d'un régime de coopération visant à éviter les doubles emplois inutiles[187].

Dans la mesure où ce régime de contrôle des vérifications ne porte que sur l'utilisation de certaines matières fissiles indigènes ou importées sur le territoire communautaire et non sur le contrôle des matières transférées en dehors de ce territoire, il n'est pas pertinent pour la présente analyse. Notons, malgré tout, que les accords de garanties tripartites AIEA-Euratom-États membres influencent quelque peu la procédure d'exportation des matières soumises aux contrôles de garanties. En effet, si ces accords tiennent compte du marché commun nucléaire en considérant les territoires des États de l'Union comme une seule zone pour l'application des garanties, ils requièrent que les transferts en dehors de ce territoire soient notifiés par la Commission à l'AIEA[188]. Cette notification a pour but de permettre à l'AIEA de tenir des relevés indiquant chaque transfert et le cas échéant, la réapplication des garanties, ainsi que de procéder, si nécessaire, à une inspection *ad hoc* pour identifier les matières transférées et en vérifier la quantité et la composition.

Pour conformer le régime de contrôle requis par le chapitre VII du Traité Euratom aux systèmes de vérification établis en vertu du TNP et mis en œuvre au sein des États membres par les accords tripartites, la Commission adopta, dans un règlement, un ensemble de dispositions spécifiques d'application[189]. En vertu de ce règlement, les utilisateurs[190]

---

[186] Voir Effective and Efficient Implementation of Safeguards by the Agency and EURATOM under the Agreement (INFCIRC/193) telle que annexée au Document AIEA GOV/INF654 du 13 mai 1992.

[187] Sur la Nouvelle Formule de Partenariat, voir S. THORSTENSEN et K. CHITUMBO, « Les garanties de l'Union européenne : la nouvelle formule de partenariat », *AIEA bulletin*, volume 37, n° 1/1995, Vienne, p. 25.

[188] Article 12 pour le principe et articles 92 et s. pour les modalités, de l'INFCIRC193 et, pour le Royaume-Uni, articles 12 pour le principe et 92 pour les modalités, de l'INFCIRC263.

[189] Règlement (EURATOM) n° 3227/76 de la Commission du 19 octobre 1976 portant application des dispositions sur le contrôle de sécurité d'Euratom (JO, L 363, 31 décembre 1976, p. 1), modifié par le règlement (EURATOM) n° 220/90 (JO, L 22, 27 janvier 1990, p. 56).

sont tenus de notifier à la Commission tout transfert, et plus particulièrement toute exportation égale ou supérieure à un kilogramme effectif de matières brutes ou de matières fissiles spéciales[191]. Cette notification doit être faite après la conclusion du contrat, prévoyant le transfert, mais suffisamment tôt pour que la notification parvienne à la Commission huit jours ouvrables avant que les matières ne soient préparées pour l'expédition. Ceci permet à la Commission d'assurer ses obligations de notifications à l'AIEA.

Précisons que si le champ d'application du contrôle d'Euratom est, en principe, limité aux matières brutes et matières fissiles spéciales, les producteurs de minerais d'uranium ou thorium doivent, lorsqu'ils les exportent, en informer la Commission par une déclaration d'envoi/exportation de minerais[192]. Par ailleurs, depuis la signature des protocoles additionnels aux accords de garanties tripartites, les États membres sont tenus de notifier à l'AIEA, leurs transferts de certains biens nucléaires[193].

Hormis ces procédures de notification des transferts, assurées par la Commission en vertu de compétences conférées par le Traité Euratom mais requises indirectement par le TNP, le Traité Euratom est relativement discret en matière de contrôle de vérification des utilisations. Il convient toutefois de préciser que dans le cadre de l'autorisation d'exportation délivrée par la Commission, en vertu de l'article 59 du traité, il apparaît certain qu'une des conditions objectives requises est la soumission de l'État destinataire au régime des garanties généralisées de l'AIEA. En ce sens, le traité s'inscrit dans la logique de la plupart des instruments formels et informels de non-prolifération des armes nucléaires.

---

190 Cette notion d'utilisateur est particulièrement étendue dans la mesure où elle concerne « les personnes et entreprises » visées à l'article 1 du règlement 3227/76, à savoir celles qui sont tenues de déclarer à la Commission les caractéristiques techniques fondamentales des installations qu'elles utilisent, mais également tout exportateur de matières nucléaires non visées par l'article 1. Cf. Article 26 du règlement 3227/76.

191 Article 24 du règlement (EURATOM) n° 3227/76 modifié par le règlement (EURATOM) n° 220/90. Remarquons qu'en vertu de dispositions spécifiques de contrôles, cette notification peut être appliquée à des quantités inférieures de matière.

192 Annexe II du règlement (EURATOM) n° 3227/76 modifié par le règlement (EURATOM) n° 220/90.

193 Les trois protocoles additionnels aux accords de garanties ont été signés à Vienne le 22 septembre 1998 (AIEA-Euratom-États membres non dotés d'armes nucléaires ; AIEA-Euratom-Royaume-Uni ; AIEA-Euratom-France). Précisons qu'ils n'entreront en vigueur que lorsqu'ils auront été ratifiés par les quinze États membres, ce qui n'est raisonnablement pas escompté avant le 1er janvier 2000. Toutefois, il semblerait que les quinze États membres notifient déjà, sur la base volontaire dans le cadre du *Universal Reporting*, les transferts de ces articles nucléaires.

Finalement, en matière de contrôle d'extension imposant le consentement préalable de l'État membre fournisseur pour certains transferts, retransferts et utilisations, ni le système réglementaire de contrôle, ni le Traité Euratom ne prévoient de dispositions spécifiques. Toutefois, il est souligné, au sein des considérants du règlement 428/2009, qu'il convient « d'accorder une attention particulière aux problèmes de réexportation et d'utilisation finale »[194]. En ce sens, on peut considérer que règlement entend inclure indirectement les engagements pris dans le cadre des différents instruments de non-prolifération auxquels les États membres participent[195]. De ce fait, les dispositions en matière de contrôle d'extension examinées dans la première partie de cet ouvrage doivent être prises en considération, mais non nécessairement requises par les États membres, lors de l'examen de la demande d'autorisation. De plus, rappelons qu'en vertu de l'article 12 du règlement, les États se sont engagés à considérer l'utilisation finale prévue et le risque de détournement. En ce sens, il est difficile pour un État membre de ne pas imposer certains contrôles d'extension, tels que des contrôles de transferts et de retransferts.

Le Traité Euratom n'est guère plus précis en matière de contrôle d'extension qu'il ne l'est pour les contrôles de vérification. Comme pour ces derniers, la Commission pourrait théoriquement requérir de l'État destinataire, dans le cadre de l'autorisation d'exportation délivrée en vertu de l'article 59, des conditions de retransferts et d'utilisation des matières fissiles communautaires transférées. En effet, ces exigences de contrôle d'extension devraient être considérées comme intégrées dans les conditions objectives examinées par la Commission du fait qu'elles sont normalement requises par le NSG pour le transfert de certaines matières fissiles. En pratique, il apparaît toutefois que la Commission n'a jamais imposé de contrôle d'extension dans le cadre de cette autorisation. Il convient d'être attentif au fait que la procédure d'autorisation de transfert de l'article 59 du traité n'est en théorie applicable qu'à un nombre limité d'hypothèses, elles-mêmes fortement restreintes par la pratique. Soulignons, cependant, qu'un droit de *Prior consent* pour le retransfert de certaines matières fissiles communautaires peut être requis d'office par la Commission sur la base d'accords de coopération bilaté-

[194] Neuvième considérant du règlement (CE) n° 428/2009.

[195] Le règlement (CE) n° 3381/94 était, selon nous, plus explicite sur ce point vu qu'en vertu de son cinquième considérant les États membres s'engageait à prendre en considération lors de l'examen des conditions relatives à la réexportation ou à l'utilisation finale des biens à double usage, les principes pertinents du droit international. Les dispositions de ce considérant avaient été introduites à la fin des négociations relatives à l'adoption du système communautaire de contrôle (réunion du 17 mars 1994 du *groupe ad hoc biens et technologies à double usage*) et avaient fait l'objet d'aucun débat.

raux conclus avec un État tiers. Ainsi l'accord de coopération entre la Commission européenne de l'énergie atomique et les États-Unis d'Amérique dans le domaine des utilisations pacifiques de l'énergie nucléaire prévoit que les deux parties s'accordent mutuellement un consentement générique préalable visant le retransfert de biens nucléaires couverts par l'accord selon des modalités et des procédures précises[196]. Par ailleurs, l'introduction de clauses de *Prior consent* au sein des accords de coopération avec les États fournisseurs de matières fissiles – tels que l'Australie ou le Canada – conditionne directement le régime de retransfert des produits de transformations issus des matières fournies par ces États[197].

Finalement, précisons que si le Traité Euratom et le système réglementaire de contrôle n'établissent aucune disposition spécifique relative aux trois types de systèmes de contrôle et de vérification, le règlement instaure toutefois quelques dispositions particulières permettant de s'assurer, *a posteriori*, du respect des principes du système communautaire intégré. En effet, les exportateurs sont priés de constituer et de tenir des « registres ou relevés détaillés de leurs activités, selon la pratique en vigueur dans l'État membre respectif »[198]. Pour éviter une disparité trop grande entre les États membres, le règlement précise que ces relevés ou registres et en particulier les documents commerciaux tels que les factures, les manifestes, les documents de transport ou autres documents d'expédition, doivent permettre d'identifier au minimum la désignation et la quantité des biens à double usage, les nom et adresse de l'exportateur et destinataire et, dans les cas où ceux-ci sont connus, l'usage final et l'utilisateur final des biens à double usage[199].

Ces documents doivent être conservés pendant une période d'au moins trois ans à compter de la fin de l'année civile au cours de laquelle l'opération de transfert a eu lieu.

Ces mesures de contrôle, à caractère essentiellement documentaire, permettant de vérifier le respect des principes du système intégré par les exportateurs, sont complétées par des obligations reposant sur les États membres et visant à assurer que ceux-ci adoptent les dispositions

---

196 Sur le contenu de cet accord, voir R. LENNARTZ, « Les droits de consentement dans le nouvel accord de coopération entre la Commission européenne de l'énergie atomique et les États-Unis d'Amérique dans le domaine des utilisations pacifiques de l'énergie nucléaire », *Bulletin de droit nucléaire*, n° 57, juin 1996, Agence pour l'énergie nucléaire, OCDE, p. 59.

197 Voir notamment, *Réglementation du commerce nucléaire non-prolifération, approvisionnement, sécurité*, volume I : Aspects Internationaux, Agence pour l'énergie nucléaire, Paris, 1988, p. 151.

198 Article 14(1) du règlement (CE) n° 3381/94.

199 Article 20 du règlement (CE) n° 428/2009.

nécessaires pour permettre aux autorités nationales compétentes, d'une part, de recueillir des informations sur toute commande ou opération portant sur des biens à double usage et, d'autre part, de vérifier la mise en application correcte des contrôles, notamment en ayant accès aux locaux professionnels des personnes concernées par une opération d'exportation[200].

B. Les sanctions

En termes de sanctions, tant externes qu'internes, le système réglementaire comme le Traité Euratom se montrent à peine plus prolixes qu'en termes de contrôle.

Pour ce qui est des sanctions externes, il convient d'opérer ici une distinction importante entre la sanction des violations issues du non-respect par l'État destinataire des principes de non-prolifération imposés par l'autorisation et la sanction du non-respect par un État membre ou une autorité communautaire des dispositions du Traité Euratom ou du système réglementaire. Dans le premier cas, il s'agit de conditions requises individuellement par l'acte d'autorisation et imposées à un État tiers. Sous réserve des conditions objectives requises par la Commission pour les transferts de matières[201], celles-ci ont toujours été considérées par certains États membres, en particulier la France et le Royaume-Uni, comme relevant exclusivement de la politique étrangère et de sécurité des États membres et ne pouvant, par conséquent, faire partie intégrante d'un règlement communautaire[202]. Il n'est donc guère étonnant de ne trouver aucune disposition particulière, visant à sanctionner le non-respect des conditions d'autorisation par l'État destinataire au sein du règlement ou du Traité Euratom. Remarquons, toutefois, que si le système réglementaire ne prévoit pas de dispositions particulières, cela ne signifie pas pour autant qu'une certaine concertation entre États membres, en réaction à une violation des conditions de transfert par un État destinataire, ne puisse être organisée dans le cadre de la PESC. Celle-ci pouvant se concrétiser par l'adoption d'une décision du Conseil engageant les États à prendre les sanctions nécessaires contre l'auteur de la violation[203].

---

[200] Article 17 du règlement (CE) n° 1334/2000.

[201] Encore que cette conception n'est pas admise par tous les États membres.

[202] Rappelons, que le règlement 428/2009 a entamé partiellement cette approche en intégrant les lignes directrices des conditions de transferts au sein même du projet de règlement. Cf. Article 8 du règlement (CE) n° 1334/2000.

[203] Remarquons que, lorsque les matières visées relèvent de la compétence de la Communauté européenne, la décision du Conseil est souvent suivie et complétée par un règlement.

Dans le deuxième cas – la sanction du non-respect par un État membre ou une autorité communautaire des dispositions du Traité Euratom et du système réglementaire – il convient également de distinguer la violation des engagements imposés par le traité et le règlement de ceux souscrits en vertu d'une décision du Conseil prise dans le cadre de la PESC.

Pour ce qui est des manquements aux obligations imposées en vertu des chapitres VI, VII et VIII du Traité Euratom et du règlement 428/2009, ce sont les principes du droit communautaire à l'intervention de la Cour de justice de l'Union européenne qui sont d'application. Il s'agit, en ce qui concerne les actes pris par les autorités communautaires, essentiellement des renvois préjudiciels en interprétation ou en appréciation de validité, du recours en annulation, de l'action en carence et de l'action en réparation[204]. Pour les manquements des États membres à leurs obligations, il s'agit de recours introduits par la Commission à son initiative ou à la demande d'un État membre[205]. Dans l'hypothèse où l'État membre ne prend pas dans le délai déterminé les mesures nécessaires pour se conformer à l'arrêt constatant le manquement, la Commission peut saisir à nouveau la Cour afin que celle-ci, inflige à l'État récalcitrant une amende ou une astreinte[206].

Notons finalement, qu'en principe, les recours formés devant la Cour de justice n'ont pas d'effet suspensif. La Cour peut toutefois prescrire, si elle estime que les circonstances l'exigent, les mesures provisoires nécessaires afin d'éviter qu'un préjudice grave et irréparable ne soit occasionné par l'application immédiate de la mesure faisant l'objet du recours principal. Ainsi il peut être ordonné le sursis à exécution des actes des institutions communautaires, voire même des actes posés par des États membres ou des particuliers.

Quant aux manquements d'un État membre aux dispositions d'une décision PESC, il n'y a que la pression individuelle ou collective des autres États membres pour inciter celui-ci à respecter ses engagements. En effet, il n'est guère possible d'envisager une quelconque intervention de la Cour de justice de l'Union européenne, dans la mesure où cette dernière n'est pas compétente en ce qui concerne le contrôle du respect des obligations des États membres contractées dans le cadre des dispositions du Titre V du Traité UE concernant une politique étrangère et de

[204] Voir pour le renvoie préjudiciel (article 267 TFUE), le recours en annulation (article 263 TCE), le recours en carence (article 265 TCE) et le recours en responsabilité (article 268 TCE), du Traité CE, 150, 146 148 et 188 du Traité Euratom.

[205] Articles 258 à 259 TFUE et 141 à 143 du Traité Euratom.

[206] Articles 171 TCE et 143 du Traité Euratom.

sécurité commune[207]. Rappelons, toutefois, que la Cour de justice est compétente pour examiner, à la lumière du TFUE, une décision du Conseil prise sur la base des titres V et VI du Traité sur l'Union afin de vérifier si l'acte n'affecte pas la compétence de la Communauté et pour l'annuler s'il devait apparaître qu'il aurait dû être fondé sur le Traité CE.

En matière de sanctions internes – infligées aux particuliers, notamment aux entreprises, pour les violations des obligations imposées par ou en vertu des instruments examinés – on ne retrouve pas une identité comparable à celle constatée pour les sanctions externes entre les sanctions imposées par le Traité Euratom et celles requises par le système réglementaire de contrôle des transferts des biens à double usage.

L'article 83 du Traité Euratom prévoit bien des sanctions spécifiques non financières[208] à l'égard des entreprises, privées et publiques, et des personnes mais celles-ci ne sont applicables qu'aux seules violations des dispositions du chapitre VII visant à garantir le non-détournement des matières fissiles vers les utilisations auxquelles elles sont destinées[209]. Le transfert frauduleux de matières fissiles soumises au chapitre VII devrait donc, en vertu de ces dispositions, entraîner en principe la sanction des exploitants communautaires concernés. Encore faut-il que leurs responsabilités soient effectivement démontrées. Ces dispositions n'ont vraisemblablement pas connu d'application.

Le TFUE ne comporte pas de disposition similaire permettant d'infliger des sanctions à l'égard des entreprises et particuliers qui ne respecteraient pas les dispositions du règlement 428/2009. Précisons, toutefois, que le Conseil aurait pu incorporer au sein de celui-ci des sanctions frappant les opérateurs. Il semblerait, en effet, raisonnable de considérer que « dans toutes les matières où il jouit d'un pouvoir réglementaire, le Conseil peut assortir de sanctions la violation des règles qu'il édicte. C'est d'ailleurs ce que paraît confirmer la pratique, même si, en dehors de la concurrence, les règlements prévoyant expressément des amendes ou des astreintes demeurent très rares »[210]. Si le règlement ne comporte pas de sanctions communautaires, il stipule toutefois comme principe général que chaque État membre détermine « le régime de sanctions applicables aux violations des dispositions du présent règlement ou de celles adoptées pour son application. Les sanctions ainsi prévues doivent

---

207 Article 46 (ex-article L) du Traité sur l'Union européenne.

208 Il s'agit par ordre d'importance de l'avertissement, du retrait de l'assistance technique et financière, de la mise sous administration forcée, du retrait total ou partiel des matières brutes ou fissiles spéciales.

209 Voir J. ERRERA, E. SYMON, J. VAN DER MEULEN, et L. VERNAEVE, *Euratom, analyse et commentaires du traité*, *op. cit.*, p. 158.

210 Cf. J. VERHOEVEN, *Droit de la Communauté européenne*, *op. cit.*, p. 379.

être efficaces, proportionnées et dissuasives »[211]. Ces dispositions, inspirées pour partie de la directive sur le « blanchiment des capitaux »[212], n'ont guère fait l'objet, tout long des négociations, de réserves de la part des délégations des États membres. La version définitive de l'article 24 est d'ailleurs globalement identique à celle du règlement 3381/94. L'objectif des États membres était, sans ambiguïté, de laisser à la seule appréciation des autorités nationales le choix de la nature et de l'étendue des sanctions en cette matière. Il n'aurait pas été inutile de préciser quelque peu le contenu de ce principe général. Dans la mesure où la qualité des sanctions constitue un des éléments essentiels pour freiner toute tentation proliférante, il est dommageable que le caractère « effectif, proportionné et dissuasif » de ces sanctions n'ait pas fait l'objet d'une interprétation commune. Ceci est d'autant plus nécessaire que la Commission avait, elle-même, expressément mentionné dans une Communication au Conseil et au Parlement européen que « l'éventail des amendes et des peines d'emprisonnement est très large : l'amende maximum varie entre un montant légèrement supérieur à 16 000 écus et un montant illimité, tandis que la peine maximum d'emprisonnement va de 2 à 7 ans selon les États membres »[213].

On peut, toutefois, supposer que, dans le cadre du groupe de coordination, une certaine harmonisation pourrait être envisagée.

Notons qu'à l'inverse du règlement 3381/94 l'article 24 du règlement 428/2009 ne s'attache, au-delà du principe général de sanction, à imposer aux États membres de définir et de qualifier la nature de l'infraction en droit interne résultant du non-respect par l'exportateur des obligations issues de la *catch-all clause* obligatoire et à déterminer le type de sanction à appliquer.

L'insertion d'une disposition spécifique relative à la qualification de ces infractions dans le règlement 3381/94 était issue d'un compromis général sur l'article 4 visant à lever les réserves de certains États membres vis-à-vis de l'insertion au sein du règlement d'une *catch-all clause* obligatoire en leur garantissant la pleine latitude quant à l'interprétation à donner à celle-ci en droit interne. Pour certains États membres, il paraissait extrêmement difficile de prévoir des sanctions pénales pour une violation qui, selon eux, serait impossible à démontrer.

---

211 Article 24 du règlement (CE) n° 428/2009.

212 Voir article 14 de la directive 91/308/CEE du Conseil du 10 juin 1991 relative à la prévention de l'utilisation du système financier aux fins de blanchiment de capitaux (JO, L 166, 28 juin 1991, p. 77).

213 Communication de la Commission au Conseil et au Parlement européen du 17 janvier 1992 relative aux « Contrôles à l'exportation de biens et technologies à double usage et achèvement du marché intérieur », indexée sous III/2305/91, p. 2.

Ce n'est qu'en qualifiant, sur le plan national, le sens de certains termes du paragraphe 2 de l'article 4[214] qu'une violation précise pourrait être démontrée et une sanction éventuelle alors infligée.

[214] En particulier, les termes « l'exportateur a connaissance de ce que ».

Non-Proliferation

Cette collection a pour principal objectif de traiter les différents aspects de la problématique des risques associés aux activités humaines. Parmi celles-ci, le développement scientifique, technologique et économique s'impose de plus en plus comme un moteur fondamental du changement social. Dans cette perspective, le concept de risque se révèle un outil pertinent d'analyse des processus de transformation sociale. À titre d'exemple, les recherches en génie génétique, de même que l'utilisation civile de technologie militaire, soulèvent inévitablement des questions d'éthique, de santé publique, d'environnement et de gestion des politiques publiques. Il est dès lors souhaitable d'envisager la problématique des risques à la lumière d'une approche multidisciplinaire qui mobilise tant la communauté scientifique que le monde politique et économique, voire la société civile. Cette collection intègre des monographies et des ouvrages collectifs, principalement en langue française ou anglaise.

Directeurs de la collection

Quentin Michel et *Sébastien Brunet*,
professeurs à l'Université de Liège

Titres parus

N° 6 – Quentin MICHEL, *Concilier l'inconciliable. Les régimes internationaux et européens de contrôle du commerce nucléaire*, 2012

N° 5 – Quentin MICHEL (ed.), *Sensitive Trade. The Perspective of European States*, 2011

N° 4 – Quentin MICHEL (ed.), *Terrorisme. Regards croisés / Terrorism. Cross Analysis*, 2005

N° 3 – Sébastien BRUNET, Anne BERGMANS, Anne BERTRAND & Patrick BIREN (dir.), *L'expertise en questions. Domestiquer l'incertitude dans la société du risque*, 2002

N° 2 – Pierre HUPET (dir.), *Risque et systèmes complexes. Les enjeux de la communication*, 2001

N° 1 – CD-Rom, Quentin MICHEL, *Articles nucléaires et articles à double usage : régulation du commerce au sein de l'Union européenne. Doctrine, jurisprudence et législation*, 2001

Kolibri 360 GmbH
Ferdinand-Jühlke-Straße 7
99095 Erfurt, Deutschland
produktsicherheit@kolibri360.de